中国城市规划学会学术成果

中国城乡规划实施研究 7

——第七届全国规划实施学术研讨会成果

李锦生　主编
陈思宁　于洋　副主编

中国建筑工业出版社

图书在版编目（CIP）数据

中国城乡规划实施研究. 7，第七届全国规划实施学术研讨会成果 / 李锦生主编. —北京：中国建筑工业出版社，2020.7
中国城市规划学会学术成果
ISBN 978-7-112-25080-6

Ⅰ.①中… Ⅱ.①李… Ⅲ.①城乡规划－研究－中国 Ⅳ.①TU984.2

中国版本图书馆CIP数据核字（2020）第076368号

责任编辑：毋婷娴
责任校对：王　瑞

中国城市规划学会学术成果
中国城乡规划实施研究7
——第七届全国规划实施学术研讨会成果
李锦生　主编
陈思宁　于洋　副主编
*
中国建筑工业出版社出版、发行（北京海淀三里河路9号）
各地新华书店、建筑书店经销
北京雅盈中佳图文设计公司制版
北京建筑工业印刷厂印刷
*
开本：880×1230毫米　1/16　印张：$14^1/_2$　字数：416千字
2020年9月第一版　2020年9月第一次印刷
定价：106.00元
ISBN 978-7-112-25080-6
（35846）

本书编委会

前　言

改革开放以来，城乡规划对我国城乡经济社会的快速发展起到了重要的作用，一座座大都市、城市群的崛起和中小城市、小城镇的迅速壮大无不体现着中国特色城乡规划发展引领和实践探索，城乡规划也发展形成了完善的法律体系、管理体系和学科体系，特别是在城乡规划实施上，创造出不少中国实践、地区经验和优秀案例，促进了城镇化健康发展。但综观走过的路，城乡规划实施也出现过一些偏差及失误，城乡规划依法实施、创新实施、管理改革的任务还十分艰巨。今天，中国经济和社会发展进入重要的转型调整期，新型城镇化背景下城乡规划转型发展强烈呼唤规划实施主体、实施机制乃至实施效果评估全面转型，面对发展的"新常态"，我们城乡规划工作者也面临着规划实施的新任务、新挑战、新问题和新对策。

为了应对新时期规划实施发展的挑战和任务，2014 年 9 月 12 日，中国规划学会在海口召开的四届十次常务理事会上，讨论通过了关于成立城乡规划实施学术委员会的决定，作为中国规划学会的二级学术组织。12 月 5 日城乡规划实施学术委员会在广州市召开了成立会议，会议确定了学委会主任委员、副主任委员、秘书长及委员，通过了学委会工作规程，提出今后几年的学术工作规划。会议议定规划实施学术委员会的主要任务，一是总结规划实施实践，系统总结我国城乡规划在不同时期的实施经验，研究不同区域、典型城镇的城镇化实践；二是探讨和建设规划实施理论与方法，结合国情，研究大、中、小城市和小城镇、乡村的规划实施特点，提高城乡规划实施科学水平，促进城乡健康可持续发展；三是研究规划实施改革，开展城乡规划政府职能转变、依法进行政策改革创新和学术研究，探索实践机制和管理体制；四是交流规划实施经验，积极推进各地规划管理部门技术交流合作，加强管理能力建设，提升公共管理水平；五是开展国际交流合作，研究国外城市规划实施管理先进经验，扩大我国规划实施典范和实践经验的国际认知；六是普及规划科学知识，广泛宣传城乡规划法律法规、先进理念和科学知识，提高全社会对规划实施过程的了解、参与和监督，维护规划的严肃性。

围绕主要任务，学委会计划以系列化的形式逐年出版学术论文成果和典型实践案例，也欢迎大家踊跃投稿、参加学术交流活动、提供优秀案例。

李锦生

目　录

分论坛一　健康城市与规划实施

分论坛二　国土空间规划实施与治理创新

分论坛三　规划实施机制与技术创新

分论坛四　专项规划实施与方法

分论坛一

健康城市与规划实施

生态文明背景下江心洲城市设计的思考
——以武汉天兴洲为例

陈舒怡* 郭 林

【摘 要】党的十八大以来，生态文明建设工作不断推进，城市规划价值取向也随之转变。本文立足生态文明建设，通过对江心洲的城市设计规划理论的研究，剖析其规划的限制因素，并以武汉天兴洲为例，合理确定洲岛的发展定位和功能布局，并从生态保护、景观风貌、绿色交通和安全保障四个方面提出规划指引，最后与上一轮规划进行对比，总结新时期、新形势下生态要素相对复杂的江心洲的规划思考，提出规划建议，以期提升区域城市环境品质，并对未来相关规划建设有所借鉴。

【关键词】生态文明；城市设计；武汉；天兴洲

1 引言

随着我国经济的飞速发展，资源匮乏、环境污染等生态问题日趋严峻。党的十八大报告将生态文明建设纳入中国特色社会主义“五位一体”的总布局中，使其重要性被提升到了空前的高度。武汉作为长江经济带的重要一环，在践行生态文明建设上有着举足轻重的作用。习近平总书记曾多次强调长江经济带发展要“共抓大保护、不搞大开发”，并在2018年4月视察湖北时提出，牢固树立“绿水青山就是金山银山”的理念，要让湖北天更蓝、地更绿、水更清。天兴洲作为长江流域面积较大的江心洲，位处长江武汉段中心，紧邻长江新城，区位优势独特，洲上自然生态资源丰富。长期以来，因“行洪民垸”的定位一直处于被动保护的状态，洲上居民生活环境品质低下，未能充分发挥其自然资源优势。因此，转变规划思路对其城市设计要点进行详细探究，在保护良好的生态资源的基础上，合理引导其功能发展，对实现生态惠民、生态利民、生态为民，有着十分重要的现实意义（图1）。

2 相关研究综述

对于兼具特殊区位和良好自然环境的江心洲，往往成为各个城市公园的重点开发区域。国外对江河中的洲岛开发利用较早，许多位于城市河流中的洲岛伴随着城市的形成和发展，被规划为城市公园和绿地。如：加拿大多伦多岛、法国圣路易岛、日本大阪中之岛、匈牙利玛格丽特岛等，皆作为生态敏感的城市公园区域而备受关注。

国内学者对江心洲的规划研究也主要集中于公园规划和景观设计方面，包括旅游开发、景观设计、植物配置等，对于洲岛的整体功能把控的研究较少。戴欣提出以公园植物配置为媒，分析江心洲植物景观设

* 陈舒怡，女，硕士，就职于武汉市规划研究院，规划师。

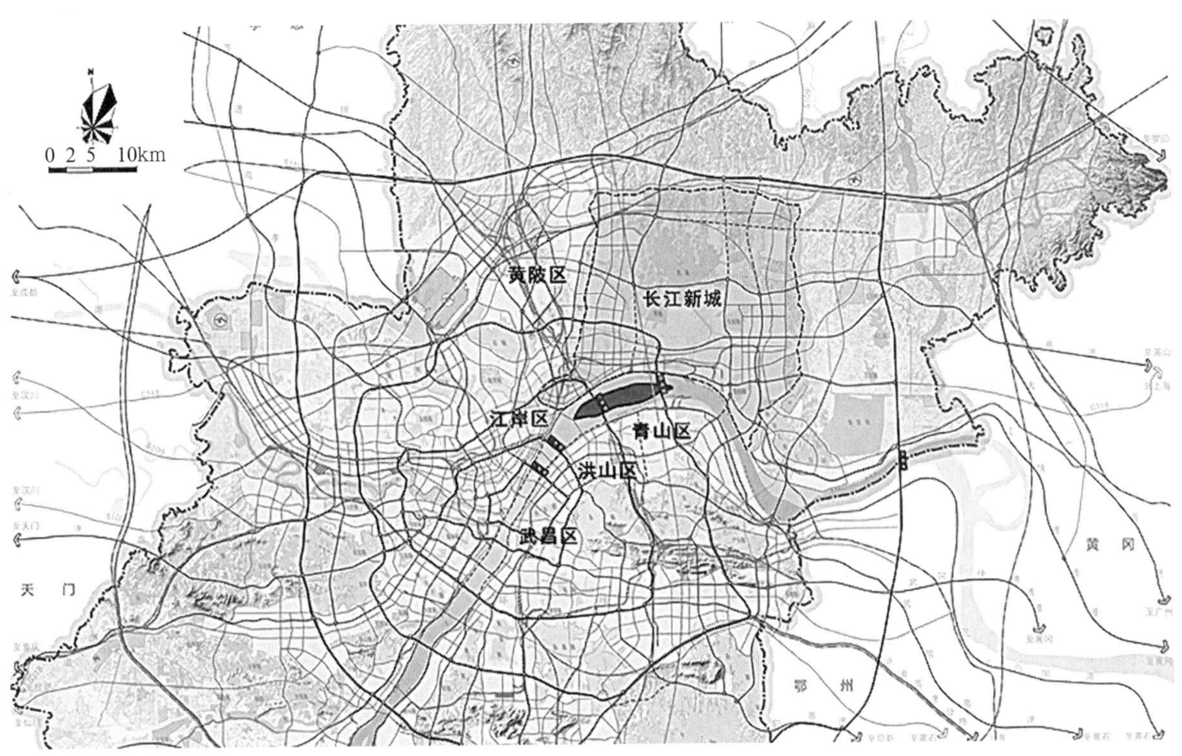

图1　武汉天兴洲区位图

计的特点，探讨其设计中所存在的问题，并总结规划建议。夏臻和刘小钊等人以南京新济洲为例，引入弹性景观理念，通过采取调整用地比例、提高景观多样性、提高景观修复和再生能力、打造多维景观等措施，增强景观对干扰的缓冲与调节能力，探讨江心洲岛的景观利用途径。潘琴和游志雄则重点考虑江心洲的自然生态敏感性，综合考虑其游憩景观生态设计多方面的因素，以襄阳市鱼梁洲为例，进行景观规划设计探讨。

也有学者对洲岛的可持续发展、移民搬迁、防洪安全等社会问题进行深度关注。韩忠和袁本宇对湖北省近城江心洲可持续发展进行研究，认为宜加强江心洲可持续发展的系统性研究，不仅要探讨生态经济开发模式，更要关注移民等社会问题。李荣锦和鲁小珍提出江心洲规划应以农业为基础，以工补农，开发旅游业，建设生态环境与环岛综合开发保护区等可持续发展规划的建议。翁奕城和连一航肯定了江心洲对城市生态环境的重要性，同时强调防洪安全问题，并以吉安白鹭洲书院公园为例，认为应突出防洪安全性与功能性、美观性的和谐统一，从而促进江心洲公园的可持续发展。武艺指出了江心洲规划的必要性，应以防洪安全为主，兼顾旅游功能及景观效果。

对于武汉天兴洲，也有众多学者对其进行研究 ，但由于“单退民垸”的定位，研究侧重点多集中于提高防洪安全。胡春燕、杨宇和曾令木通过对武汉河段近期河道演变特点和三峡工程运用后武汉河段防洪形势变化进行研究，认为适当提高天兴洲分洪运用水位，对改善天兴洲水土资源的利用条件、促进天兴洲建设及武汉市经济社会的健康发展具有重要的作用。研究其景观设计策略多以城市滨水空间为研究对象，分析城市滨水空间的构成要素，缺少对洲岛整体生态要素的梳理。

综上所述，生态保护、防洪安全是洲岛规划建设考虑的核心问题。国内外尤其是国内各个江心洲越来越重视生态环境保护，规划的价值取向逐渐由被动开发转变为主动保护利用，功能植入均以生态保护为前提，主要发展农业、旅游、创意、休闲、运动、度假、会议等生态型功能，同时最大力度保护原有自然资源，修复受损生态肌理，实现生物多样性，最终实现防洪安全、生态保护、适度开发三者的平衡，打造安全可靠、健康生态、宜人亲水、高尚品质、独具特色的江心洲。

3 规划设计中的生态约束条件梳理

3.1 防洪行洪约束条件

1998 年大洪水后，天兴洲被长江委确定为“单退民垸”（退人不退耕），为确保武汉市防洪安全，当汉口站处于高水位运行时，天兴洲仍需扒口行洪。按照当前的法律法规及防洪政策，天兴洲行洪民垸的定位难以改变。

3.2 动植物保护约束条件

依据武汉市观鸟协会监测，天兴洲有鸬鹚、黑鹳等野生鸟类 160 种，占全市鸟类种类的 42.21%。每年的十一月底至来年的三月都会有大量的冬候鸟来此越冬。已连续三年在天兴洲发现国家一级重点保护野生动物黑鹳，已成为国家一级保护野生动物黑鹳等候鸟的越冬栖息地。按照国内湿地保护区的管理经验，应通过划定保护区保护鸟类及其赖以生存的自然环境，同时加强建设活动的管理，控制流量。

3.3 水源地保护约束条件

天兴洲河段内现有一处取水口，位于南汉左岸，供应黄陂武湖水厂，日供水能力 10 万吨，远期日供水能力 25 万吨，且下游至阳逻河段很难再选到合适的城市饮用水取水口。按国家及湖北省相关规范规定取水口上下游应设置保护区，禁止新、改、扩建与供水设施和保护水源无关的建设项目活动。

3.4 血防安全约束条件

20 世纪 80 年代长江支流府河上游血吸虫疫区的钉螺顺流而下，滞于天兴洲北堤外滩并滋生繁殖，使天兴洲一度成为血吸虫病重疫区。经过多年的科学防治，天兴洲钉螺分布面积正持续压缩，疫情处于控制标准，但垸外现仍有钉螺滋生区域，并且上下游均存在血吸虫病流行区，存在一定的传播风险。

3.5 基本生态控制线约束条件

《武汉市基本生态控制线管理条例》对生态底线区、生态发展区的准入项目进行了明确规定，生态底线区内除以生态保护、景观绿化为主的公园，自然保护区、风景名胜区内必要的配套设施，对区域具有系统性影响的道路交通设施和市政公用设施等之外，不得建设其他项目；生态发展区内在生态底线区的基础上，除生态型休闲度假项目、必要的公益性服务设施等之外，不得建设其他项目。天兴洲堤防以外区域为生态底线区，堤防以内区域为生态发展区。

4 武汉天兴洲城市设计

4.1 基本概况

4.1.1 资源特色：一村一水三滩五分田

天兴洲本底资源独特，集“田、滩、渠、塘、林”等多样要素于一体，呈现“一村一水三滩五分田”的资源基底特征。全洲滩涂资源丰富，由于洲头守护工程的建成，洲头形成了稳定的沙滩，沙质松软细腻，环洲自然生态岸线长达 24km。

4.1.2　核心资源：西沙滩、东湿地、中田园

天兴洲的自然肌理呈现出东西分异的特质，全洲中部堤防内地势平坦，乡村小路、村舍、农田相间，一派田园风光；全洲西部洲头区域为沙滩，视野开阔、可望主城长江两岸，为上洲游客必去之地；全洲东部洲尾区域为湿地，野草茂密。

4.1.3　区域功能：生态为主，周边互补

天兴洲位处长江生态轴与三环城市生态带、武湖生态绿楔的交汇节点，北望布局国际交往、科学研发、新兴金融等高端功能的长江新城起步区，南望武钢，西临主城汉口片区，东接阳逻国际港，均为城市功能密集区域（图 2）。

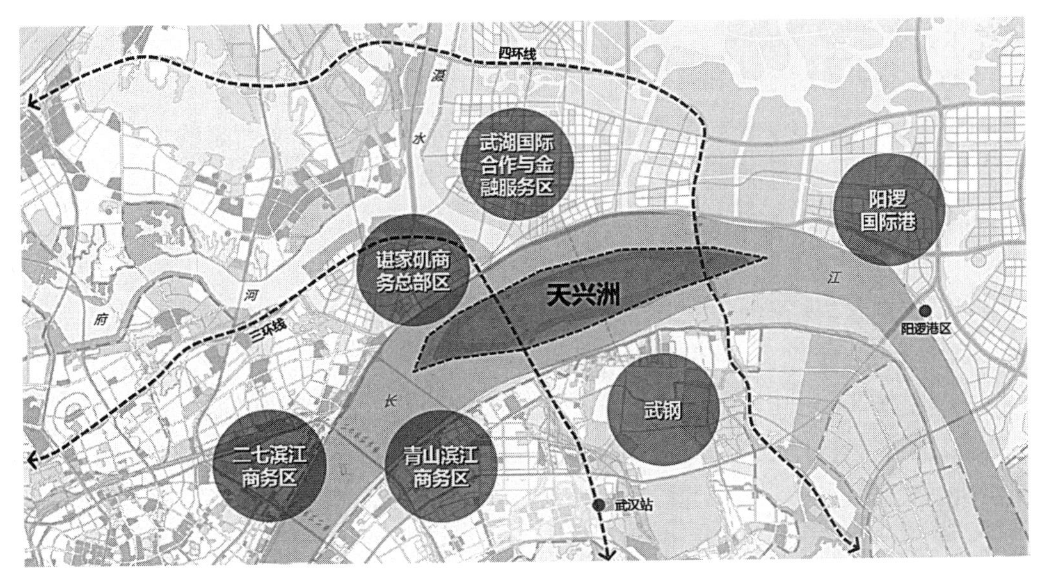

图 2　天兴洲周边区域功能图

4.2　总体定位

作为武汉长江主轴上最具特色的生态战略空间，天兴洲未来发展应以长江为脉、洲滩为基、生态为底。发挥其生态资源和区位优势，建设集生态保育、科普教育、休闲游憩于一体“长江生态绿洲”，打造长江主轴绿色发展的璀璨明珠，对长江经济带的绿色发展发挥引领示范效应，在生态保育、湿地修复等方面做出表率。落实长江经济带“共抓大保护、不搞大开发”要求，保护江心洲相对脆弱的自然生态基底，践行持续的生态环境保护与自然生态修复，成为长江经济带生态环境大保护的标杆与典范。通过保护长江水体自然生境和天兴洲湿地滩涂资源，打造国内具有影响力的鸟类天堂、湿地生物乐园。践行环境友好、创新绿色发展模式，探索低影响开发建设路径，实现高度发达的人类文明与美丽自然的田园生态和谐共存。

武汉东湖绿道的开放赢得了广大市民和游客的追捧与点赞，发挥了巨大的生态效益、社会效益，成为武汉市一张靓丽的城市名片。天兴洲的规划建设应与东湖绿心一样，将生态保护与市民休闲相结合，一方面加大生态环境保护及修复的力度，另一方面植入适量的休闲游憩、科普教育功能，打造市民郊野休闲游的目的地及以长江生态保护为主题的自然博物馆，共筑“美丽中国”典范城市。

4.3　核心功能

围绕“长江生态绿洲”的总体定位，发挥生态优势，提升生态价值，注入生态型功能。突出强化生态保育，建设国内具有影响力的长江水生动植物天堂、鸟类天堂和城市绿肺氧吧，通过洲上生态环境修复，增加

湿地规模及森林覆盖率，全面加强长江水生动植物多样性保护与研究，打造长江生态岛、长江经济带绿色发展的先行示范区；合理安排科普教育，建设武汉长江生态保护的科普教育基地，结合洲上动植物保育，开展江豚、中华鲟等长江水生动物、黑鹳等野生鸟类、水杉等湿地植物的科普展示，以及低碳绿色技术、农耕文化展示，作为全市百万中小学生的自然生态课堂；适度发展休闲游憩，建设国内外知名的江心旅游岛，打造广大市民的“添兴洲”，以“原生态、郊野味、江滩风”作为生态体验定位，适度植入湿地公园、生态农庄、露营基地、文化创意等功能，积极策划天兴洲西瓜节、音乐节、徒步之旅等生态友好型活动与赛事，形成武汉城市休闲新地标。

4.4 空间布局

1. 生态优先，划定生态功能区划

借助 ArcGIS 空间叠加方法，对天兴洲的生态资源进行综合评估，将天兴洲生态绿洲划分为核心保护区、生态修复区、游憩活动区。核心保护区原则上禁止游客进入，施行最严格的生态保护措施，生态修复区以湿地保育为主，兼顾休闲功能，游憩活动区内合理布局游憩设施。

2. 退耕还湿，修复湿地生态系统

借助于现有通江闸，将水引入堤内，在低洼地形成新的湿地，进一步增大浅滩湿地面积，浅滩湿地可吸引大量水生动物栖息，大量的鱼、虾等会吸引更多的鸟类停留，增强生物的多样性。

3. 总体形成“一带、两片、四区”的空间格局

洲岛内部，堤防外 8.15km^2 区域以生态保育为主，堤防内 9.7km^2 区域形成“一带、两片、四区”的总体格局。洲脊以北打造湿地原生态风貌片，洲脊以南打造都市田园风貌片。洲头至洲尾从静到动，依次布局洲头野生鸟类湿地保护区、洲北湿地植物保育区、洲尾湿地休闲游乐区、洲南都市田园风情区等四个主题园区，并通过洲脊休闲服务带串接（图 3）。

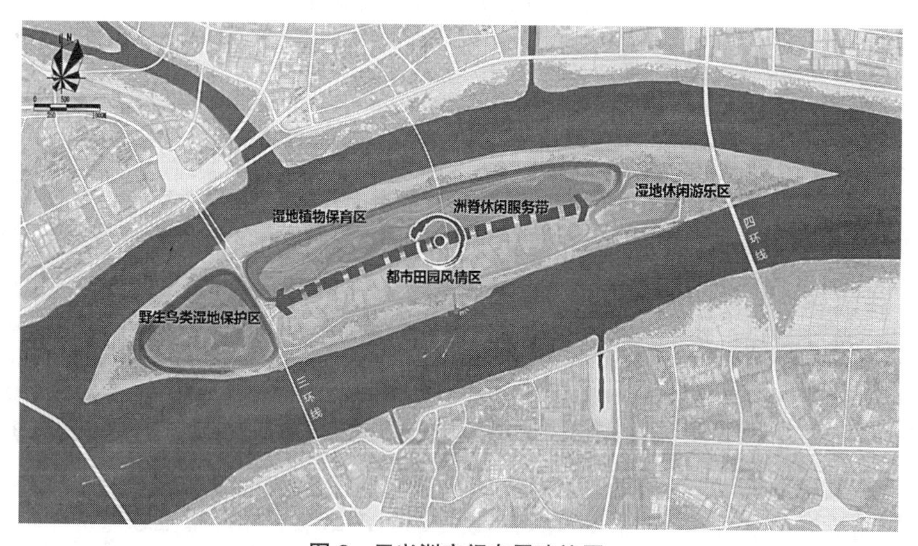

图 3 天兴洲空间布局建议图

4.5 支撑专项

4.5.1 制定全面持续的生态保护措施

修复湿地生态系统。连通湿地带、本土植被恢复等策略对湿地进行生态修复，将全洲塘渠湿地、人工湿地进行串接，形成自循环的湿地系统，实现通过生态工程的措施净化水体。利用岛上现有水道渠网，

以生态自然的方式营织岛内水系。规划以岛上东西向的水渠和原有的水塘为基础，形成由主水道、景观水体和生态水道共同组成的水系。由外部长江、雨水、中水回收等提供水源，并通过洲尾通江闸与长江相连，形成自然流动的水系。充分利用天兴洲现有滨江滩涂湿地及洲内低洼湿地，创造多样化的湿地景观体验；配合周边的用地功能，设置人工湿地科普区、湿地观赏区、湿地涵养区等景观区，创建国家级湿地公园。

强化生态技术应用。实施雨污分流收集系统，污水集中收集，经污水处理厂深度处理后，排入人工湿地生态净化系统。同时，建设中水回用设施，补充岛内景观用水及浇洒道路、绿地用水。建议设置垃圾转运站，垃圾进行统一收集后运送至城市垃圾处理厂处理，实现垃圾处理的减量化、无害化。岛上所有建筑以绿色建筑为主，建筑设计遵从低碳策略，强化节能减排，尽可能使用风能、太阳能等可再生能源进行照明。划定水源地保护区，保障洲上用水安全。洲脊休闲服务带设置直饮水系统，提升天兴洲的服务品质。

4.5.2　塑造洲岛韵味的景观风貌格局

自然做功的植物规划。恢复生态系统之外，尽量减少人工种植，让自然做功，形成原生植物群落。根据地形地貌特征尽可能考虑种植耐水湿、耐水淹植物，种植浆果植物、种子植物（农作物）、蜜源植物、易筑巢或构成掩蔽体的植物，为鸟类提供食物及栖息地。植物选择既要体现当地植物群落特征，也要考虑后期维护费用。首先考虑乡土树种，其次为地带性植物，尽量避免园林管理精细化植物品种。在尊重自然的原则下，充分利用植物的花、叶、果、种子、树干等观赏要素，创造四季各异的季相景观特色。

保障生态环境多样性。长江水位变化、洲内水位变化将影响栖息地类型的变化，遵循自然规律将栖息地类型划分成水域、湿地、滨岸带、高地这四种类型。根据不同的栖息地类型，有时序、有计划地进行生态修复，建立沉水植物、浮水植物、挺水植物、湿生草本到滨水林地和高地林地的完整水生陆生植物群落，与洲内浮游、底栖生物、鱼类、两栖类、哺乳类动物以及鸟类共同组成完整的生态系统。营造适宜的栖息环境，预留足够安全距离，针对涉禽、游禽、鸣禽、攀禽、陆禽等不同鸟类筑巢环境、食物种类的差异性，设计不同的栖息地环境。

4.5.3　倡导低碳高效的绿色交通方式

坚持“快到慢行，绿色低碳”的发展理念，通过多样化交通选择，提升绿洲交通可达性，洲内以慢行交通为主，倡导绿色、低碳交通出行。基于生态承载力分析，确定洲岛游客容量，严控机动车上岛，并以电瓶车、自行车、步行等绿色交通为主要出行方式。构建智慧化的交通管理系统，合理引导上岛交通；建立客流预警机制，在客流量达到最大客流量的80%时，系统智能化提出交通管制措施。

4.5.4　构建科学韧性的安全保障系统

在“后三峡时代”的大背景下，为进一步稳定河势和航道，保障青山长江大桥的安全，需有序推动天兴洲洲尾守护工程。坚持天兴洲行洪“单退民垸”的总体定位，洲上不新增建设量，旅游休闲配套设施以存量建筑改造为主。洲上不设阻水建筑，新、改、扩建建（构）筑物尽可能采用轻质结构，建筑架空层，架空层高程不低于29.50m，底层架空作为停车、露天休闲、景观绿化之用。

通过生物处理和工程处理相结合的方式，解决天兴洲北汊血吸虫问题，利用生物种群等生物学方法，形成钉螺生存或繁殖不利的环境，控制或消灭钉螺。同时，对湿地进行动态防控监测，通过架设木栈桥，禁止游人直接接触湿地。

4.6　与上一轮规划的对比

早在2009年，武汉市政府就编制完成了《武汉天兴洲生态绿洲控制性详细规划》（图4）。规划提出，

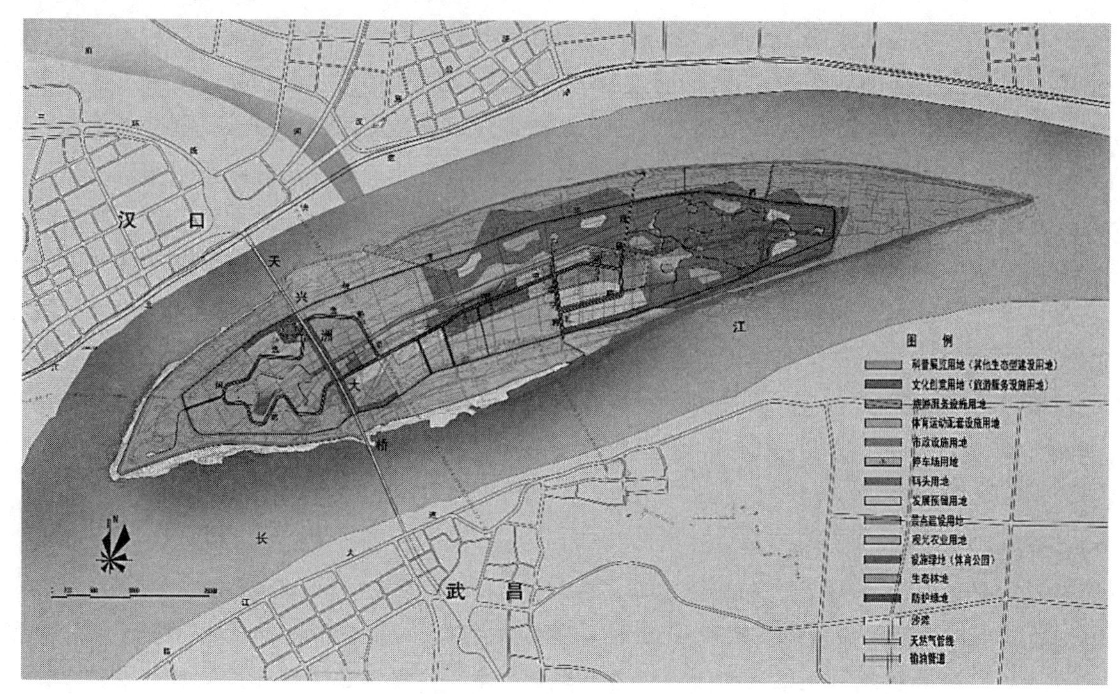

图 4 《武汉天兴洲生态绿洲控制性详细规划》（2009 年）用地规划图

建设生态的、开放的、创新的，集生态旅游、园艺博览、体育运动、休闲游憩于一体的世界级旅游目的地，打造中部地区“两型社会”试验区和“生态文明”示范岛。在功能业态上，形成生态、文化、运动、商务、休闲等多元体验，自洲头至洲尾依次布局生态博览园、生态创意园、体育运动园及生态涵养园四个主题园区，洲头、洲尾分别形成生态展示、休闲服务两处服务核心，由洲脊特色生态创意街作为串接。

与上一轮规划进行比较，本次规划主要体现了“两减一增”的思路转变：一是建设规模减少，按照“减量为先、存量活化”的理念，不新增建设量，仅通过对洲上原有村民建（构）筑物更新改造，提供旅游配套服务。二是城市功能减少，功能结构进行调整，舍去原规划中洲头位置的会议展览功能，尽最大可能降低人类活动对自然生态产生的干扰。三是生态功能增加，增加了野生鸟类、江豚、湿地的保护功能，提升天兴洲生物多样性，恢复洲岛自然生境。

5 结语

目前，随着生态文明建设的深入人心，绿色理念已经贯穿城市规划各阶段始末，城市设计所关心的问题也逐渐偏向于环境品质与生态保护，加强生态环境保护已成共识。在我国，为有效遏制城镇空间的环境污染、文化缺失等问题，通过城市设计的管控和引导，提升居民的生活环境品质，已是政府规划管理的基本手段。本文结合武汉市天兴洲城市设计，从“生态惠民、生态利民、生态为民，让市民共享生态资源”的理念出发，由生态限制因素入手，强化“保护优先、有序利用”理念，对上一轮规划提出“两减一增”的绿色思路转变，希望能够为今后江心洲规划提供一定的借鉴意义：

（1）防洪安全。严格遵循洲岛的防洪要求，确保行洪的安全，建（构）筑物采取顺水流方向布置，保障各类服务、科普等设施的安全。

（2）生态优先。尊重“田、滩、渠、塘、林”的生态资源基底，以资源承载能力和生态环境容量为前提，严格保护生态保育空间，强化生态资源对洲岛空间布局的硬约束。

（3）减量规划。按照“减量为先、存量活化”的思路，不新增建设量，以挖潜存量村民宅基地、存量村民房屋为主，通过改造提升原有村民住宅布局洲上旅游服务设施。

（4）绿色发展。树立“低影响开发”的理念，广泛应用绿色建筑、绿色能源、绿色交通等绿色技术，最大限度降低开发利用对环境的影响。

（5）分时利用。充分利用候鸟越冬、汛期更替的时间规律，分季节、分区域地引导市民或游客的休闲休憩活动，最大程度减少人为干扰。

（6）公众参与。鼓励多种形式的公众参与，加强政策制定和区域协调策略，协调发展，带动本地社会经济的整体提升。

参考文献

[1] 成金华，王然．基于共抓大保护视角的长江经济带矿业城市水生态环境质量评价研究[J]．中国地质大学学报（社会科学版），2018，18（4）：1-11．

[2] 周向红．加拿大健康城市经验与教训研究[J]．城市规划，2007（9）：64-70．

[3] 王波，翁林敏．创造生态文明先驱城市的会客厅——中国太湖生态博览园规划与设计[J]．建筑技艺，2009（8）：81-83．

[4] Hartley，P．Rediscovering fitzgerald river national park[J]．Landscope，2014，29（4）：28-32，34．

[5] De la Reguera，A.F．RIVER LLOBREGAT PARK[J]．Topos:European Landscape Magazine，2012，81（5）：60-65．

[6] 戴欣．江心洲公园的植物景观设计——以巴溪洲水上公园植物景观设计为例[J]．低碳世界，2017（24）：119-122．

[7] 夏臻，刘小钊，吕龙．基于弹性景观理念的江心洲岛规划设计研究——以南京新济洲为例[J]．中外建筑，2015（2）：92-93．

[8] 潘琴，游志雄．江心洲游憩景观规划设计——以襄樊市鱼梁洲经济开发区为例[J]．小城镇建设，2006（11）：60-63．

[9] 韩忠，袁本宇．湖北省近城江心洲可持续发展研究述评[J]．农村经济与科技，2013，24（6）：5-7．

[10] 李荣锦，鲁小珍．南京江心洲的可持续发展规划建议[J]．江苏林业科技，2003，30（2）：48-50．

[11] 翁奕城，连一航．基于防洪安全的江心洲公园设计——以吉安白鹭洲书院公园为例[J]．建筑与文化，2016（9）：172-173．

[12] 武艺．基于旅游开发的江心洲景观设计策略研究——以宜宾市古贤坝江心洲为例[D]．成都：西南交通大学，2016．

[13] 熊继红．武汉天兴洲生态文明示范区建设研究[J]．湖北第二师范学院学报，2011（6）：76-78．

[14] 胡春燕，杨宇，曾令木．天兴洲分洪水位确定及生态建设的初步研究[J]．人民长江，2009，40（16）：5-7．

[15] 张磊．城市滨水空间设计策略研究——以武汉市天兴洲为例[J]．华中建筑，2015（7）：88-92．

福州海绵城市建设中屋顶绿化的截水作用研究①

林 璐 许章华 黄旭影 吕福康 林 倩*

【摘 要】城市屋顶绿化具有截留水分、改善生态环境等作用，可作为海绵城市建设的重要内容。以福州市的鼓楼、台江和仓山 3 区为研究对象，选取 Landsat 8 OLI 遥感影像为主要数据，基于连续最大角凸锥（Sequential Maximum Angle Convex Cone，SMACC）方法提取屋顶绿化率，建立其与全局植被湿度指数（Global Vegetation Moisture Index，GVMI）的关系模型，并对屋顶绿化率进行模拟与分析。结果显示：福州市 3 区现状屋顶绿化率总体较低，平均值仅为 17.34%，绿化率为 10% ~ 20% 的比例为 66.55%，而绿化率高于 50% 的仅占 5.11%；绿化率不同，湿度亦有变化，表明屋顶植被具备不可忽视的截水能力。屋顶湿度 h 与绿化率 r 的关系模型为 h=1.01，r^2−0.33，r+0.08；当屋顶绿化率高于 16.30% 时，截水效果开始明显；而在绿化率从 30% 升至 60% 过程中，截水能力提高速率最快，平均可达 57.9%。选取 2 个典型小区对屋顶绿化率进行模拟分析，进一步证明上述模型的合理性。该成果证实了屋顶绿化的截水功能，并确定了截水目标下的屋顶绿化率阈值，可为海绵城市建设提供重要参考。

【关键词】海绵城市；屋顶绿化率；湿度；全局植被湿度指数（GVMI）；福州市

1 引言

近年来，城市内涝问题日益突出，人们开始重新思考既定的城市规划思路及其对环境、生态、社会等要素的多重影响。对此，学者们提出了“海绵城市”的规划理念，即打造具有“海绵”特性的绿色城市，既能吸纳、净化雨水，又可在缺水时将收集的雨水释放出来。Dietz 利用低影响开发（Low Impact Development，LID）技术增强城市在应对气候变化时维持生态的能力；Church 认为雨水花园是城市水资源管理的最佳设施；海绵城市的规划理念使人们进一步意识到城市绿地、城市湿地和雨水资源的利用潜力；俞孔坚用“让水流慢下来”的思想对六盘水明湿地公园的建设进行了研究；刘昌明等则认为城市规划要多考虑生态容纳能力等问题。

屋顶绿化能截留、净化雨水，可逐步改善城市水环境，且工程量小，与海绵城市的 LID 与最佳管理设施（Best Management Facilities，BMFs）设计理念相吻合。仇保兴将屋顶绿化建设定义为改善城市环境工程中不可缺少的项目之一，认为屋顶绿化应被广泛应用于公共建筑，以使海绵城市变得更加灵动；不仅如此，屋顶绿化还有净化城市空气、缓解热岛效应、增加生物多样性的作用；邵天然等亦强调屋顶绿化能带来良好的生态效益。然而，屋顶不同于森林、草地等自然地物，其连续面积虽小，但数量庞大，且大小、形状各异，实地调查难度大。国际上对屋顶绿化的研究方法趋于多样化，如利用数学模型、计

---

* 林璐，女，福州大学硕士研究生，主要研究方向为环境与资源遥感。
许章华，男，博士，福州大学副教授，硕士研究生导师，主要从事资源环境遥感、国土空间规划与 GIS 应用研究。

① 福建省自然科学基金面上项目“福州新区生态本底遥感调查及控制线划定研究”（编号：2016J01188）资助。

算机软件建模等方法从城市、社区、建筑等多尺度开展相关研究。Gettern 等结合 RS 和 GIS 技术调查雨水在绿色屋顶上的滞留情况；李沛鸿等指出利用 RS 技术调查屋顶绿化能节约时间、降低经济成本。本文以福州市为例，分析海绵城市建设中屋顶绿化率对水分的影响机制，研究绿化率处于何种水平时具有明显的截水作用。

2 研究区概况

福州市为福建省省会，地处东南沿海，地理范围在 E118°08′ ~ 120°31′，N25°15′ ~ 26°39′ 之间。该市属典型的河口盆地地貌，地势西高东低，森林覆盖率 57.8%；年均气温 19 ~ 21℃，降雨充足，但四季分布不均，暴雨洪水和台风活动强烈。福州市在福建省发展与海西建设中发挥着带头作用，是国家第二批海绵城市建设试点，虽已开展了多项建设，但城市内涝问题依然严峻，不仅影响市民生活与工作，还造成重大经济损失，使城市形象受损。福州市的鼓楼区、台江区和仓山区经济繁荣，建筑密度与人口密度大，本文选择此 3 区作为研究区（图 1）。

3 研究方法

3.1 数据收集与影像预处理

收集的主要数据有：① Landsat 8 OLI 多光谱遥感影像 1 景，获取时间为 2015 年 9 月 27 日，轨道号 / 行号为 119/42；②气象数据，包括温度、湿度等；③典型小区的 Google Earth 高分辨率影像。利用 ENVI 对 Landsat 8 OLI 多光谱影像进行辐射校正、融合、几何纠正及裁剪等预处理，得到覆盖研究区的基础影像（图 2）。

3.2 建筑提取

不少学者基于遥感影像开展了建筑提取技术研究。沈小乐等基于建筑方向性的纹理特征实现对建筑区的提取；强永刚等将数学形态与小波变换结合，成功提取出建筑信息；乔伟峰则利用单景影像中的特征线实现对无参数高分辨率影像建筑的快速提取。杨山发现，建筑物的短波红外与近红外波段的反射率与其他地物有明显差异，依此构建出仿归一化差值植被指数（Normalized Difference Vegetation Index，NDVI），查勇等将其改称为归一化差值建筑指数（Normalized Difference Building Index，

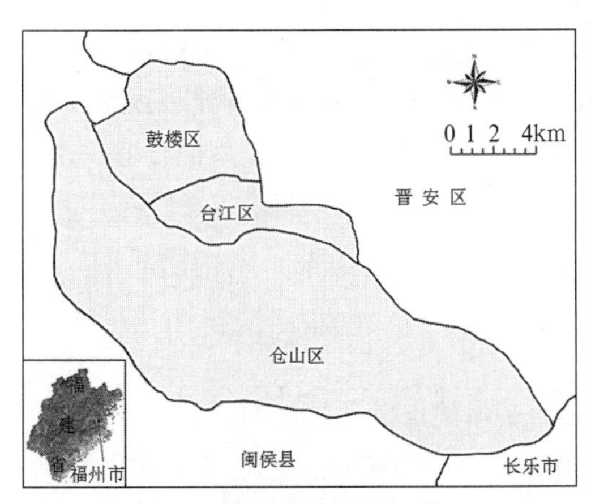

图 1 研究区地理位置示意图

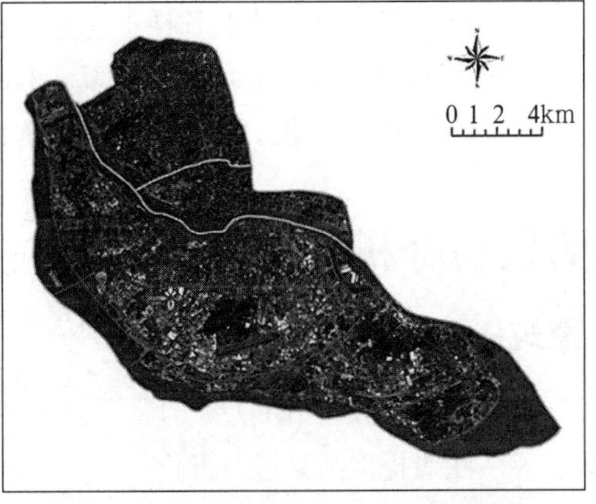

图 2 预处理后的福州市 3 区 OLI 影像

（OLI B4（R）B 3（G）B 2（B）假彩色合成影像）

NDBI)；徐涵秋基于影像的土壤调节植被指数（Soil Adjustment Vegetation Index，SAVI）、改进的归一化差值水体指数（Modified Normalized Difference Water Index，MNDWI）和 NDBI，提出建筑用地指数（Index-based Built-up Index，IBI）。本文经过多次试验与比较，采用 IBI 提取建筑，即

$$IBI = \frac{[NDBI - (SAVI+MNDWI)/2]}{[NDBI + (SAVI+MNDWI)/2]} \tag{1}$$

式中：IBI 为建筑用地指数；NDBI 为归一化差值建筑指数；SAVI 为土壤调节植被指数，一般取值 0.5；MNDWI 为改进的归一化差值水体指数。

3.3 屋顶绿化率提取

崔一娇等通过探究植被的光谱特征来提取绿化率；崔天翔等则通过建立植被端元模型实现绿化信息的提取。本文采用混合像元分解的思维提取屋顶绿化率。

混合像元的分解方法一般有模型法、端元提取法等。如：Roberts 等从光谱数据库中获取混合像元的端元，实现对地物信息的提取；Ichoku 则用线性波谱分离法来研究混合像元。SMACC 可从影像中提取纯净像元与各类地物的丰度图像，在节约时间成本的情况下得出屋顶上像元的植被丰度，本文选用此法进行混合像元分解。

3.4 屋顶湿度提取

湿度反映了植被对水分的截留能力。张雪红等为提高红树林的提取精度，将地物的温度与湿度信息相结合，提出温湿度指数；徐涵秋在生态评价指数构建研究中，采用缨帽变换的湿度指标；周秉荣等沿袭了 K-T 变换的思想，利用归一化算法辅以实地调查，从 MODIS 影像中提取数据，建立湿度模型；谷松岩等利用低频波段反演地表层的湿度信息；Ceccato 等提出全局植被湿度指数（Global Vegetation Moisture Index，GVMI），GVMI 基于比值计算，提取湿度效果好。本文采用 GVMI 提取屋顶湿度信息，其计算公式为：

$$GVMI = \frac{(NIR + 0.1) - (SWIR + 0.02)}{(NIR + 0.1) + (SWIR + 0.02)} \tag{2}$$

式中：NIR 为近红外波段反射率；*SWIR* 为短波红外反射率。

3.5 模型构建

随机生成 11573 个样本点，获取各样本点对应的屋顶绿化率 r 与 GVMI。采用线性模型、对数模型、倒数模型、二次曲线模型、三次曲线模型、复合模型、成长模型及指数模型构建屋顶湿度 h 与屋顶绿化率 r 的关系，并统计其 R^2 和 P 值，P 值即拒绝原假设的值，P 值越小，代表模型拟合越好。

4 结果与分析

4.1 建筑提取效果

依据式（1），计算研究区 IBI（图 3）；并设置阈值，提取建筑信息（图 4）。

利用精度评估法对提取结果进行评价（表 1），结果表明，IBI 的提取精度为 91%，总 Kappa 为 0.9023。

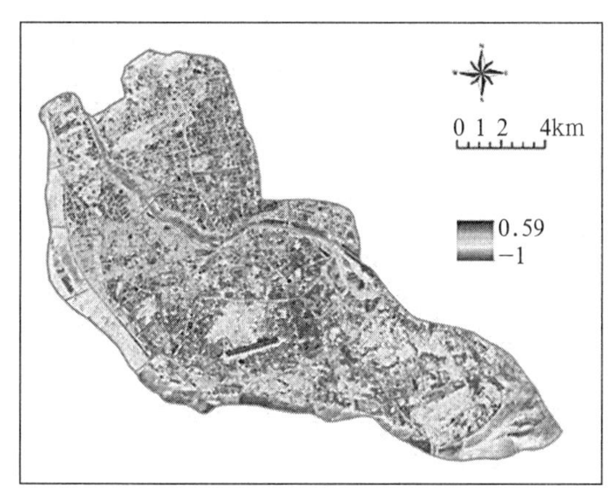

图 3　福州市 3 区 IBI 图

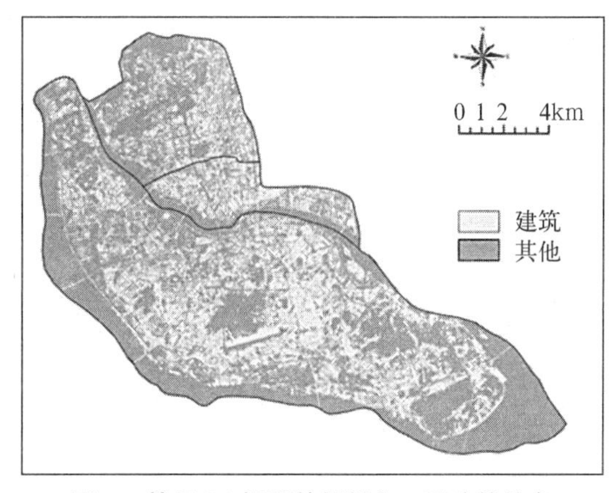

图 4　基于 IBI 提取的福州市 3 区建筑信息

基于 IBI 提取的建筑信息精度评估表　　表 1

类别	参考合计 / 个	分类合计 / 个	正确数 / 个	生产者精度 /%	使用者精度 /%
建筑	172	171	155	90.12	90.64
非建筑	328	329	300	79.37	79.16
总计	500	500	455	—	—
总精度 /%	91.00		总 *Kappa*	0.902 3	

基于 IBI 建筑提取结果，分割出福州市 3 区建筑影像（图 5）。

4.2　屋顶绿化率与湿度提取效果

利用连续最大角凸锥（Sequential Maximum Angle Convex Cone，SMACC）方法对建筑遥感影像进行混合像元分解，得到绿化丰度图（图 6）。

应注意的是，由于建筑与植被混合的情况不仅限于屋顶绿化，故在混合像元分解时，应尽量保证屋顶绿化信息的提取精度，并通过人机交互剔除非屋顶绿化信息。为验证绿化丰度与屋顶绿化率的对应关系，收集相近时期的 Google Earth 高分辨率遥感影像，随机选取屋顶绿化率分布范围在 10% ~ 80% 的 8 个（片）屋顶，用 CAD 勾绘并计算 15m × 15m 范围内的植被覆盖比例（与融合后的 Landsat 8 OLI 影像空间分辨率一致），将此作为屋顶的实际绿化率数据，并评价绿化丰度对屋顶绿化率的估测精度。从表 2 可以看出，

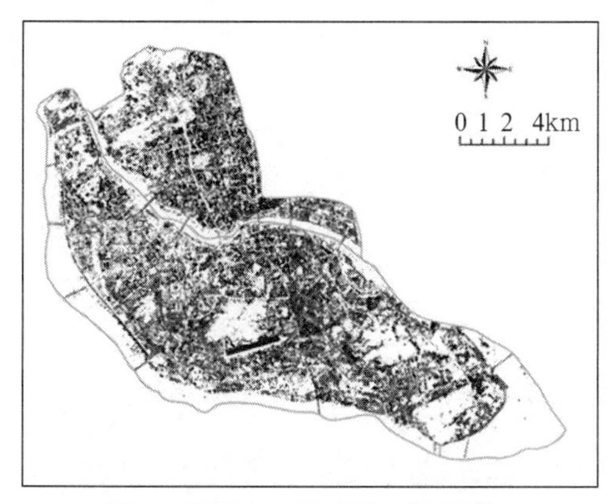

图 5　福州市 3 区建筑 OLI 影像
（OLI B4（R）B 3（G）B 2（B）真彩色合成影像）

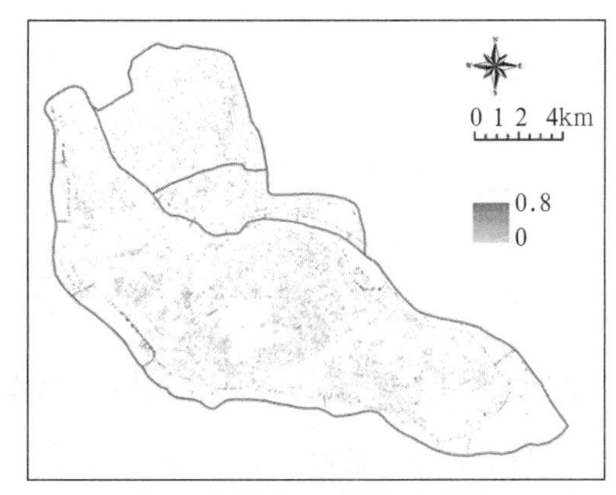

图 6　福州市 3 区绿化丰度图

绿化丰度与屋顶实际绿化率差异< 5.5%，平均估测精度达 90.8%，表明可用混合像元分解后的绿化丰度代表屋顶绿化率。

绿化丰度对屋顶绿化率的估测效果评价 表 2

屋顶编号	屋顶实际绿化率 /%	绿化丰度 /%	估测精度 /%
1	10.16	11.95	82.38
2	19.60	15.63	79.74
3	30.45	32.18	94.32
4	41.89	47.21	87.30
5	50.07	51.36	97.43
6	62.74	66.53	93.96
7	70.10	71.82	97.55
8	79.95	84.97	93.72

图 7 福州市 3 区 GVMI 图

利用式（2）提取研究区建筑 GVMI，以此作为屋顶湿度指标（图 7）。

对随机点进行统计（表 3）发现，福州市 3 区的平均屋顶绿化率为 17.34%。将其值按 0% ~ 20%、20% ~ 50% 和 50% ~ 80% 分为低、中和高 3 个等级，比例依次为 66.55%、28.34% 和 4.93%，表明福州市 3 区屋顶绿化亟待提升。湿度代表了屋顶植被截留水分的能力，植被截水能力随着屋顶绿化率的增高而变化，当屋顶绿化率很低时，植被的截水作用不太明显；当屋顶绿化率提升至 40% 时，植被的截水能力提升显著。

屋顶绿化率与湿度的对应关系 表 3

等级	屋顶绿化率 /%	随机点 / 个	比例 /%	平均湿度 /%
低	[0，10)	4395	37.89	6.44
	[10，20)	3323	28.66	6.14
中	[20，30)	2007	17.31	6.15
	[30，40)	953	8.24	6.23
	[40，50)	324	2.79	16.54
高	[50，60)	326	2.81	24.53
	[60，70)	178	1.54	28.62
	[70，80]	67	0.58	35.33
	合计	11573	100.00	—

4.3 屋顶湿度 / 绿化率模型建立与截水作用分析

基于 11573 个随机点数据，建立屋顶湿度 w 与绿化率 r 的线性模型、对数模型、倒数模型、二次曲线模型、三次曲线模型、复合模型、成长模型及指数模型（图 8），并统计各模型的 R^2 和 P 值（表 4）。

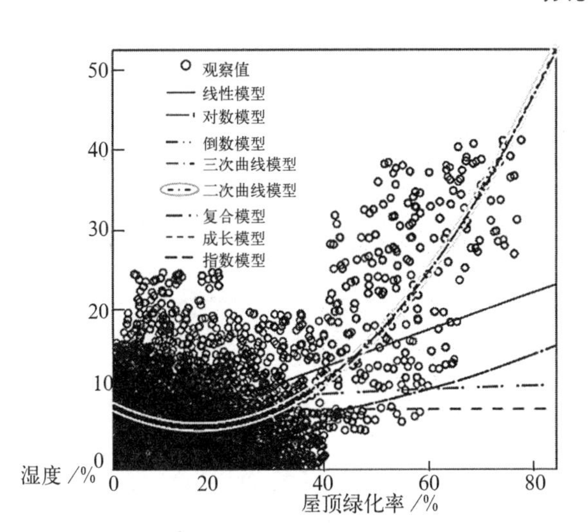

图 8　屋顶湿度 / 绿化率关系模型

屋顶湿度 / 绿化率模型拟合度与参数估计　　表 4

模型	模型拟合度		模型参数			
	R^2	P	c	b_1	b_2	b_3
线性模型 $h=b_1\ r+c$	0.236	0.000	0.036	0.234	—	—
对数模型 $h=b_1\ln\ r+c$	0.057	0.000	0.109	0.015	—	—
倒数模型 $h=b_1/r$	0.001	0.009	0.077	−1.251E−5	—	—
二次曲线模型 $h=b_2r^2-b_1r+c$	0.434	0.000	0.081	−0.327	1.014	—
三次曲线模型 $h=b_3r^3+b_2r^2+b_1r+c$	0.426	0.000	0.080	−0.317	0.973	0.043
复合模型 $h=cb_1r$	0.052	0.000	0.035	5.868	—	—
成长模型 $h=e^{b_1r+c}$	0.052	0.000	−3.347	1.769	—	—
指数模型 $h=ce^{b_1r}$	0.052	0.000	0.035	1.769	—	—

分析结果表明，二次曲线的 R^2 最大而 P 最小，拟合优度最佳，由此，$h-r$ 模型为：

$$h=1.01\ r^2-0.33\ r+0.08 \tag{3}$$

式中：h 为屋顶湿度；r 为屋顶绿化率。

利用数学求导思维，求出模型 $h=1.01\ r^2-0.33\ r+0.08$ 的极值点为（0.163，0.053），表明当屋顶绿化率高于 16.30% 时，植被截水效果开始显现，亦即在截水目标下，屋顶绿化率的阈值为 16.30%；当绿化率小于 16.30% 时，植被对于水分的截留作用不明显甚至呈负相关，这可能是由于截留的水分不足以弥补植被蒸腾、生长消耗的水分，以及自然环境中蒸发的水分量。曲线斜率即湿度增长率在极值点后逐渐增大；在绿化率从 30% 升至 60% 过程中，截水能力提高速率最快，平均可达 57.9%（图 9）。

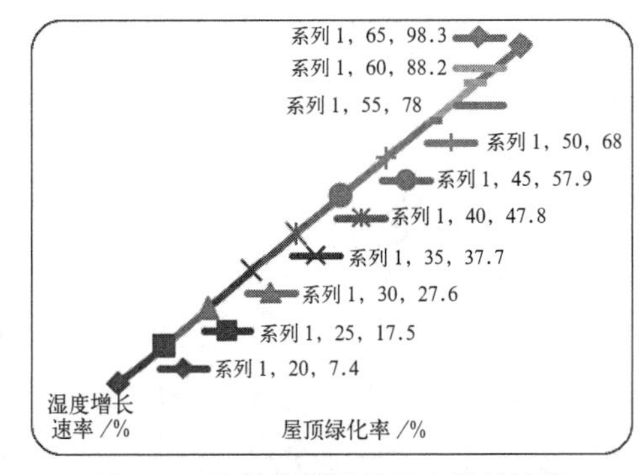

图 9　二次曲线模型的湿度增长速率

4.4　典型小区验证与模拟

4.4.1　屋顶湿度 / 绿化率模型的反验证

以凯旋花园和新农村公寓小区为案例，对典型小区屋顶绿化率与湿度的关系进行分析，反向验证模型的合理性。基于绿化丰度与 GVMI 图，提取 2 小区的屋顶绿化率和湿度；将屋顶绿化率代入模型

$h=1.01r^2-0.33r+0.08$，计算屋顶湿度值；比较 GVMI 提取湿度与模型估测湿度的吻合度。表 5 显示，2 个湿度值的差异均控制在 1% 左右，模型平均估测精度达 81.49%，进一步证明了 $h-r$ 模型的合理性。

典型小区屋顶湿度 / 绿化率模型验证　　表 5

小区名称	屋顶平均绿化率 /%	GVMI 湿度 /%	$h-r$ 模型估测湿度 /%	估测精度 /%
凯旋花园	27.12	7.74	6.55	88.04
新农村公寓	10.67	4.51	5.64	74.94

4.4.2 屋顶绿化截水作用的模拟与分析

以 10 个百分点为步长，模拟典型小区不同绿化率下的屋顶湿度。如图 10 所示，随着屋顶绿化率的提高，屋顶湿度亦在上升，反映屋顶绿化的截水效果更为显著。对模型的增长速率进行分析（表 6），湿度的增长速率反映了屋顶植被截水能力强弱的变化；新农村公寓与凯旋花园小区的屋顶绿化率为 30% ~ 60% 时的平均增长率分别为 50.63% 和 48.12%，与 $h=1.01r^2-0.33r+0.08$ 模型计算的湿度增长率接近。

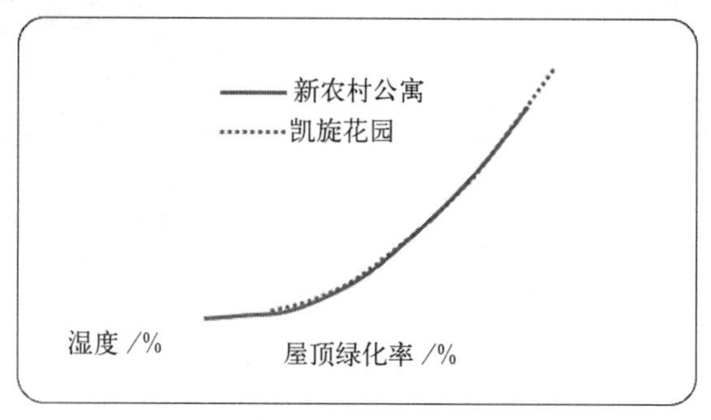

图 10 典型小区屋顶绿化率模拟

典型小区屋顶湿度增长率与绿化率的对应关系　　表 6

新农村公寓小区		凯旋花园小区	
屋顶绿化率 /%	湿度增长率 /%	屋顶绿化率 /%	湿度增长率 /%
[10.67，20.67)	22.70	[27.12，37.12)	49.69
[20.67，30.67)	34.98	[37.12，47.12)	53.98
[30.67，40.67)	53.21	[47.12，57.12)	49.07
[40.67，50.67)	52.55	[57.12，67.12)	41.31
[50.67，60.67)	46.13	[67.12，77.12)	35.89
[60.67，70.67)	39.56	[77.12，87.12)	31.13
[70.67，80.67)	34.07	[87.12，97.12]	27.34
[80.67，90.67]	29.69	—	—

5 结论

以福州市鼓楼区、台江区和仓山区为研究对象，利用 RS 与 GIS 技术提取 Landsat 8 OLI 影像的建筑信息；基于 SMACC 提取屋顶绿化率，建立其与湿度指标 GVMI 的关系模型，确定截水目标下的屋顶绿化率阈值；选取 2 个典型小区对屋顶绿化率进行模拟与分析，进一步证明了上述模型的合理性。得出如下结论：

（1）利用 IBI 提取建筑信息，提取精度为 91.00%，总 Kappa 为 0.9023。

（2）经 SMACC 混合像元分解的绿化丰度与屋顶实际绿化率差异＜ 5.5%，平均精度达 90.8%，表明可以用绿化丰度代表屋顶绿化率信息。

（3）屋顶湿度反映植被的截水能力，绿化率 r 不同，湿度 h 亦有所变化，二者的关系模型为 $h=1.01,r^2-$

0.33,r+0.08。利用数学求导思维，求出 $h-r$ 模型的极值点为（0.163，0.053），表明当屋顶绿化率高于16.30% 时，植被截水效果开始显现，亦即在截水目标下，屋顶绿化率的阈值为 16.3%；而在绿化率从 30% 升至 60% 过程中，截水能力提高速率最快，平均可达 57.9%。

（4）福州市 3 区的平均屋顶绿化率为 17.34%，略高于 16.3%；将其值按照 0% ~ 20%、20% ~ 50%、50% ~ 80% 分为低、中、高 3 个等级，比例依次为 66.55%、28.34% 和 4.93%，低绿化屋顶占比过大，表明福州屋顶绿化亟待加强。

（5）选择凯旋花园和新农村公寓 2 个小区模拟不同屋顶绿化率下的湿度变化，得出类似结论，并验证了屋顶湿度 / 绿化率模型的合理性。

本文证实了屋顶绿化的截水能力，并确定了截水目标下的屋顶绿化率阈值，对屋顶绿化建设具有指导价值；并借此文强调，应多方面挖掘海绵城市内涵，多角度思考海绵城市建设问题，将屋顶绿化作为海绵城市建设的重要内容。本文仅研究了像元内屋顶绿化对湿度的影响机制，而对于邻近像元的影响，则可作为未来研究的方向。

参考文献

[1] Dietz M E. Low impact development practices：A review of current research and recommendation for future directions[J]. Water Air & Soil Pollution，2007，186（1）：351-363.

[2] Church S P. Exploring green streets and rain gardens as instances of small scale nature and environmental learning tool[J]. Landscape and Urban Planning，2015，3（134）：229-240.

[3] Akbari H，Rose S L，Taha H. Analyzing the land cover of an urban environment using high resolution orthophotos[J]. Landscape and Urban Planning，2013，63（1）：1-14.

[4] 俞孔坚．海绵城市的三大关键策略：消纳、减速与适应[J]. 南方建筑，2015，4（3）：4-7.

[5] 俞孔坚，栾博，黄刚等．让水流慢下来——六盘水明湖湿地公园[J]. 建筑技艺，2015，3（2）：92-101.

[6] 刘昌明,张永勇,王中根等．维护良性水循环的城镇化 LID 模式:海绵城市规划方法与技术初步探讨[J]. 自然资源学报，2016，31（5）：719-731.

[7] 明冬萍，骆剑承，沈占锋．高分辨率遥感影像信息提取与目标识别技术研究[J]. 测绘科学，2005，30（3）：20-31.

[8] Huston R，Chan Y C，Chapman H，et al. Source apportionment of heavy metal and lonic contaminants in rainwater tanks in a subtropical Urban Australia[J] .Water Research，2012，46（4）：1121-1132.

[9] 仇保兴．生态城改造分级关键技术[J]. 城市规划学刊，2010，13（3）：1-13.

[10] Oberndorfer E，Lundholm J，Bass B. Green roofs as urban ecosystems：Ecological structures，functions and services[J]. Bioscience，2013，57（10）：823-833.

[11] 邵天然，李超骕，曾辉．城市屋顶绿化资源潜力评估及绿化策略分析——以深圳市福田中心区为例[J]. 生态学报，2012，32（3）：4852-4860.

[12] Niu H，Clark C，Zhou J T，et al. Scaling of economic benefits from green roof implementation in Washington，DC[J]. Environmental Science and Technology，2010，44（11）：4302-4308.

[13] Tito M，Joan R，Gasol C M，et al. Model for economic cost and environmental analysis of rainwater harvesting system[J]. Journal of Cleaner Production，2015，23（87）：613-626.

[14] Mariana C M，Andrea J M，Fabricio N R，et al. Simultaneous design of water reusing and rainwater harvesting systems in a residential complex[J]. Computers and Chemical Engineering，2015，14（76）：104-116.

[15] Ward S, Memon F A, Butler D. Perfomance of a large rainwater harvesting system [J]. Water Research, 2012, 6 (46): 5127–5134.

[16] Gettern L K, Rowe B D, Jeffrey A. Quantifying the effect of slope on extensive green roof stormwater retention [J]. Ecological Engineering, 2007, 31 (4): 225–231.

[17] 李沛鸿，张晓玉．遥感在屋顶绿化调查中的应用研究 [J]. 江西理工大学学报，2011，32 (5)：16–18.

[18] 沈小乐，邵振峰，田英洁．纹理特征与视觉注意相结合的建筑区提取 [J]. 测绘学报，2014，43 (8)：842–847.

[19] 强永刚，殷建平，祝恩等．基于小波变换和数学形态学的遥感图像人工建筑区提取 [J]. 中国图象图形学报，2008，13 (8)：1459–1464.

[20] 乔伟峰，刘彦随，项灵志等．无参数高分辨率遥感影像的建筑高度快速提取方法 [J]. 地球信息科学学报，2015，17 (8)：995–1000.

[21] 杨山．发达地区城乡聚落形态的信息提取与分形研究——以无锡市为例 [J]. 地理学报，2000，55 (6)：671–678.

[22] 查勇，倪绍祥，杨山．一种利用 TM 图像自动提取城镇用地信息的有效方法 [J]. 遥感学报，2003，7 (1)：37–40.

[23] 徐涵秋．一种基于指数的新型遥感建筑用地指数及其生态环境意义 [J]. 遥感技术与应用，2007，22 (3)：301–308.

[24] 崔一娇，朱琳，赵力娟．基于面向对象及光谱特征的植被信息提取与分析 [J]. 生态学报，2013，33 (3)：867–875.

[25] 崔天翔，宫兆宁，赵文吉等．不同端元模型下湿地植被覆盖度的提取方法——以北京市野鸭湖湿地自然保护区为例 [J]. 生态学报，2013，33 (4)：1160–1171.

[26] Roberts D A, Gardner M, Church R, et al. Mapping chapanal in the Santa Monica Mountains using multiple endmember spectral mixture model [J]. Remote Sensing of Environment, 1998, 2 (65): 267–279.

[27] Ichoku C. A Review of mixture modeling technology for subpixel land cover estimation [J]. Remote Sensing Review, 1996, 12 (13): 161–186.

[28] 杨苏新，张霞，帅通等．基于混合像元分解的喀斯特石漠化地物丰度估测 [J]. 遥感技术与应用，2014，29 (5)：823–832.

[29] 张雪红，田庆久．利用温湿度指数提高红树林遥感识别精度 [J]. 国土资源遥感，2012，24 (3)：65–70.

[30] 徐涵秋．区域生态环境变化的遥感评价指数 [J]. 中国环境科学，2013，33 (5)：889–897.

[31] 周秉荣，李凤霞，申双和．从 MODIS 资料提取土壤湿度信息的主成分分析方法 [J]. 应用气象学报，2009，20 (1)：114–118.

[32] 谷松岩，李万彪，张文建．利用 TRMM/TMI 资料提取地表层湿度信息试验 [J]. 遥感学报，2005，9 (2)：166–175.

[33] Ceccato P, Gobron N, Flasse S, et al. Designing a spectral index to estimate vegetation water content from remote sensing data part 2. validation and applications [J]. Remote Sensing of Environment, 2002, 82: 198–207.

基于城市空间治理体系的“五年—年度”空间实施规划——厦门的实践与思考

何子张　旺　姆　魏立军 *

【摘　要】规划是中国特色社会主义国家发挥政府作用，实行城市治理的重要工具。“五年—年度”规划是中国独特的城市治理制度安排。以远景蓝图构建为价值追求的规划体系和以开发控制为核心的规划管控模式，使得城市规划难以与“五年—年度”城市建设体制深度融合，出现了“以项目为中心”的城市规划，进而产生国土空间开发失控和城市治理整体失调等问题。十多年来全国各地在“五年—年度”空间实施规划的探索，由于外部制度环境的局限，成效有限。厦门的“五年—年度”空间实施规划，基于国家改革战略部署，以“多规合一”工作构建整体性的城市空间治理体系，探索空间实施规划的运行平台和操作体系。讨论新时期的国土空间规划改革，国家层面上如何将“五年—年度”规划嵌入到国土空间治理体系，如何在城市层面将“五年—年度”规划融入城市空间治理体系，建构城市空间实施规划的运行平台和操作体系。提出规划转型要向空间治理，规划服务主动融入城市空间治理体系中。

【关键词】规划实施；空间治理；五年规划；年度规划；厦门

1 “五年—年度”规划与中国城市空间治理体系

1.1 “五年—年度”规划与中国城市治理

中国实行社会主义市场经济，基本含义是市场在资源配置中起决定性作用，更好发挥政府作用。十八届三中全会指出，“政府要加强战略、规划、政策、标准等制定和实施”，要“健全国家发展规划和规划为导向、以财政政策和货币政策为主要手段的宏观调控体系”。十九大提出“发挥国家发展规划的战略导向作用”。因此在中国编制和实施规划，是发挥政府作用的重要内容，是国家治理的重要工具。在城市治理中，地方政府通过编制发展规划和空间规划，发挥了凝聚社会共识，引导资源配置，界定政府职责和约束市场行为等功能（杨伟民，2018）。

“五年—年度”规划作为社会主义中国独特的城市治理制度安排，最开始源自计划经济时代。中国自1953年开始编制五年规划，到目前为止已经编制和实施了13个五年计划或规划。从“十一五”开始，计划改成规划。从五年计划向五年规划转变，计划的有形之手在微观经济领域被削弱，在公共服务领域却被强化。市场与计划相互补充与相互促进，才能创造出最佳经济发展绩效，是中国经济体制转型的内在历史逻辑，也是五年计划转型的历史逻辑（胡鞍钢，2010）。在五年计划转型的过程中，也遇到了规划体

---

* 何子张，男，厦门市城市规划设计研究院副总规划师，教授级高级工程师，城市规划博士。
旺姆，女，厦门市城市规划设计研究院规划研究部规划师，工程师，硕士。
魏立军，男，厦门市城市规划设计研究院规划研究部部长，高级工程师，硕士。

制改革的问题。随着社会主义市场经济体系不断成熟以及中国城镇化水平的不断提升，发展规划向空间领域的渗透不断加深，发改系统深入到主体功能区规划、区域规划、城市群规划等空间性规划中。但是“五年—年度”规划如何与空间规划融合，如何在实施中嵌入城市治理体系缺乏深入的研究和实践。

城市政府通过编制五年规划，制定城市发展的指标，引导资源配置。它是由发改部门牵头各部门参与编制，由地方政府向人大汇报，并由人大批准的。横向上各主管部门还会制定部门的五年规划，纵向上区县政府会制定本级政府的五年规划。在时间层面上，每年还要制定年度计划，发改部门的年度计划主要是关注财政投资的公共项目的项目安排和投资规模，土地部门制定土地储备、经营性出让年度计划，财政部门制定财政资金使用年度计划，而发展改革部门的项目主要来源于各行业部门和基层政府上报的项目清单。可见“五年—年度”规划主要是围绕公共投资项目开展的。随着市场经济的发展，非财政性投资项目比例逐步增加，如何通过财政项目引导市场投资的项目布局成为关键。同时在很多经济发达地区空间资源成为制约项目落地的重要因素，因此空间实施的规划如何与“五年—年度”规划协同成为普遍关注的问题。

1.2 “五年—年度”城市空间实施规划的探索

1.2.1 中国城市规划实施的制度缺陷

在中国，空间规划主要是以城市规划和土地利用规划的形式出现的，其中城市规划更多反映地方政府意图。改革开放以来，我们所构建的法定城市规划体系是由总规—控规两个层次构成，是以远景蓝图构建为价值追求的规划体系，更多地反映中央政府通过城市规划（尤其是城市总体规划）实现调控地方发展的意图。另一方面，以地方政府强势主导、城市竞争为特征的城市发展模式是中国经济快速增长的动力源，也是中国城市规划必须接受的基本工作背景。“蓝图导向”的规划体系无法适应城市竞争时代地方政府“主动推进”城市发展建设的强烈需求。地方政府倾向于在法定规划之外通过战略规划、行动规划寻求突破，使得中央批准的城市总体规划屡屡被突破，甚至被架空。在国家治理的层面，城市规划发挥的空间治理效能受到质疑。

在城市层面，“五年—年度”规划体系运作结果就是形成了以项目运作为核心的城市空间发展机制，而以“蓝图”构建为核心价值追求的规划没有融入项目运作的“五年—年度”规划体系中，形成的却是《城乡规划法》所界定的、以开发控制为核心的规划实施管控模式。以财政投资项目为例，在项目前期策划阶段，一般是各部门已经确定好投资规模、立项甚至是提出选址方案之后，再推送至规划部门。规划部门再根据现有规划核发“一书两证”。其实项目进入规划审批之前，相关部门已经耗费巨大的人力和财力，甚至已经完成市政府的决策，规划部门后置的开发控制就非常被动，如果项目选址不符合规划，规划调整程序复杂经常被误解诟病为阻碍经济发展，或者为了保项目，不得不调整规划，导致规划的系统性被肢解。

这种以项目为核心的城市发展机制，还产生了另一个弊端，就是形成了围绕项目编制规划，结果就是空间规划的宏观调控职能弱化。发改部门行使年度建设项目确定与管理的综合协调职能，规划管理部门只承担单个项目是否符合规划及选址，而对建设总量、用地供应结构、哪些建设项目可以实施、哪些要抓紧实施、哪些要靠后实施却缺乏平衡调控权，只能是五年发展规划和年度计划的被动落实。围绕项目编制规划另一个结果就是规划类型和数量非常多，造成规划的重复和大量浪费，结果却是整个规划体系的严肃性、完整性和连续性被项目规划肢解。此外，由于城市规划无法主动介入项目的前期策划中，原来所构建的规划体系，在实践中转化为以规划落实规划的间接影响层次，与城市开发建设的推进步骤和时序安排相脱节。即使很多城市大力推进控规甚至是城市设计的全覆盖，但其作用主要是被动控制，缺乏主动推进项目的功能。所谓“规划规划，墙上挂挂”的悲剧也就成为必然。

1.2.2　“五年—年度”城市空间实施规划的实践探索

针对城市规划实施乏力的问题，规划界展开了大量的研究和探索，包括从规划编制创新的层面，探索了行动规划、战略规划等非法定规划。也有的关注到规划实施的体制机制问题，特别是在沿海发达的深圳、广州、杭州等市，在近期建设规划和年度实施计划方面做了很有意义的探索。

广州市十年前探索年度建设土地实施计划，加强政府对土地市场的宏观调控力度，严格控制土地供应总量、土地批租时机、空间分布，并与城市总体规划所确定的城市基础设施建设计划的目标相协调，做到科学决策、和谐发展（吕传廷，2007）。杭州 2008 年也开始试行近规和年度实施计划（汤海孺，2011）。最系统开展近规和年度计划的是深圳，深圳从 2001 年开始以近期建设规划为突破口，探索分步骤推进规划实施的行动规划模式（王富海，2002）。搭建了一个不同于传统规划思路方法的分阶段、分步骤推进的系统框架，包括从近期目标和策略、重点地区、重要行动计划到重大项目安排和实施政策的完整技术链条（邹兵，2014）。但由于缺乏规划实施的制度环境支持，规划通过与国民经济和社会发展计划的对接，形成政府公共投资的合力来带动市场投资并引导城市发展方向的设想并没有实现，反映出以完善技术为手段的规划改革对城市开发建设的调控难以奏效。2005 年深圳以市委市政府文件形式确立了年度实施计划制度。从年度实施计划的工作内容和性质分析，并不是传统意义上的空间规划，而是一项制度安排（陈宏军，施源，2007）。它直接与政府的项目运行机制紧密结合，是直接进入行政运作体系的一项工作。在制度设计上，最开始建立了建设项目预申报制度，后针对项目落地难等问题，建立预选址和预整备制度。2008 年之后，又针对存量用地的二次开发，开始同步编制城市更新和土地整备专项年度实施计划。2010 年规划国土职能整合之后，编制统一的城市建设和土地供应年度实施计划（邹兵，2013）。通过这种制度安排强化规划的空间统筹职能，并与政府经济社会发展年度计划、政府投资项目计划等充分对接协调，形成调控城市发展的“双平台”制度，共同发挥对政府投资和城市建设活动的引导作用。

住房和城乡建设部也认识到近期建设规划和年度实施计划的意义，国务院、住房和城乡建设部有关文件（国发〔2002〕13 号、建规〔2002〕218 号、建规〔2005〕142 号）以及《城乡规划法》，都明确要求各地应组织开展近规编制工作，城乡规划行政主管部门审查建设项目，必须符合近规，凡不符合近规的，城乡规划行政主管部门不得核发选址意见书。令人遗憾的是，文件只是要求要编制，而对于如何监管如何评估却没有体系化的配套措施。近规和年度计划一直难以走出规划部门，各地编制的近期建设规划，很多都停留在部门规划层面。规划所提出的项目清单，也没有成为城市政府统筹全市项目安排的法定依据，由于规划信息平台和保障机制的缺乏，各个部门也缺乏相应的项目空间协同的操作体系。

1.2.3　新时期规划改革语境下的“五年—年度”规划

2013 年以来国家从生态文明体制改革的角度，部署开展了“多规合一”、空间规划、城市开发边界划定等规划改革试点工作。针对“五年—年度”规划如何融入规划体制改革，城市规划界也呼吁以近期建设规划为平台，开展“三规合一”工作，建立年度实施计划，与土地利用年度计划、国民经济社会发展规划年度重点项目协同，同步在空间上落实各有关部门的项目，形成一张蓝图分头实施的合力，促进规划实施工作的建议（张少康，等，2014）。自然资源部所主导的空间规划体系改革，也是强调“一年一体检、五年一评估”，“五年—年度”实施规划被再次纳入规划改革议程中。

2　厦门“五年—年度”空间实施规划实践

厦门近年来开展了一系列的规划改革探索，特别是通过“多规合一”构建城市空间治理体系，为空间实施规划奠定制度运行环境，形成了一套操作体系，在“五年—年度”实施规划方面提供生动的实践样本。

2.1 以“多规合一”工作构建城市空间治理体系

2.1.1 “一张蓝图”构建全过程强调实施性规划

2014 年以来，厦门市作为全国“多规合一”试点城市之一，根据构建统一的空间规划体系的战略要求，分“三步走”构建了“一张蓝图”，首先是制定《美丽厦门战略规划》，凝聚全市发展共识，做好“一张蓝图”的底板。其次基于战略共识，开展各项规划的统筹协调，解决部门规划打架问题，形成控制线管控体系。再基于明确的部门管控边界，开展全域空间规划体系梳理工作，细化各控制线内部的土地使用，形成事权对应，面向审批管理的“一张蓝图”。在“一张蓝图”构建的过程中，始终强调了规划编制与规划实施的相结合。

《美丽厦门战略规划》是城市发展顶层设计，但不局限于战略层面，而是就强调战略谋划和行动计划的整体统筹，不仅制定了对城市发展具有宏观引导作用的两个愿景、五大目标、三大战略，也突出对战略实施的计划性，提出了十大行动计划、五十项行动工程，并后续配套编制三年行动计划及年度实施方案，滚动推进（图 1）。

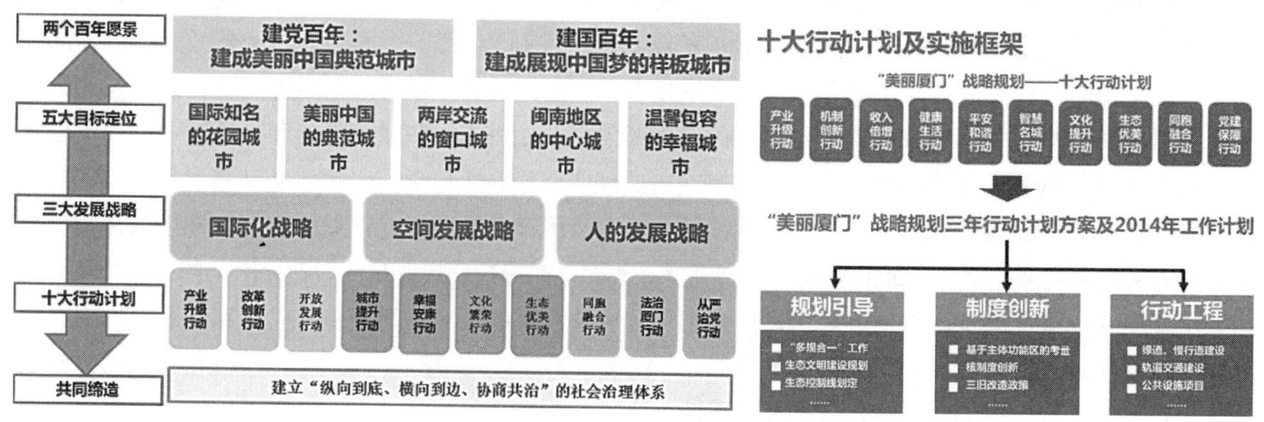

图 1 《美丽厦门战略规划》技术框架图

在各项规划的统筹协调工作阶段，厦门市通过信息化手段，统筹主体功能区规划、城乡规划、土地利用总体规划，以及环保、林业、水利、海洋等部门规划，统一基础数据、统一分类标准、统一坐标系、统一目标指标、统一管控边界、统一用途管制，划定了城市开发边界、生态控制线、永久基本农田等管控控制线。统筹协调各项规划用地空间边界的同时，更加注重了保障十三五和近期重点建设项目的用地空间，共梳理全市重大项目 548 项，保障了民生发展和基础设施项目用地空间落实。

解决了各部门规划管控边界打架问题之后，厦门面向审批管理，明晰部门事权，进一步深化梳理各控制线内部用地空间，共梳理了以往编制过的市、区共 100 余项部门规划，该工作把系统的项目策划作为工作重要组成部分，并将项目同控规再进一步校核，最终形成以战略规划为引领、以生态为本底、以专项规划为支撑、以详细规划为核心的“一张蓝图”。该“一张蓝图”直接支撑项目审批，涵盖了土地使用和城市设计内容，是规划审批管理的直接依据。通过“一张蓝图”体系构建工作，各部门都能找到与其事权对应的一张图，便于部门协同空间管理，同时又实现了空间要素的全域覆盖，保障设施的系统性。

2.1.2 构建空间信息平台协同推进空间规划实施

“一张蓝图”的构建为城市统筹全域空间发展提供了基础，而“一张蓝图”的实施需要城市各层政府各部门共商共管、协同实施，因此需要建立统一的空间信息平台是促进业务协同。厦门市在开展“多规合一”工作过程中，建立了全市统一的“多规合一”业务协同平台，接入市、区部门和指挥部等。平台上汇集各部门的空间现状和规划数据，实现各部门信息共享和业务协同，并支持规划实施和监测评估，确保规划实施和项目决策过程中各部门间的充分协调及决策共商。特别是对接“五年—年度”空间实施规划，在信息平台建立了五年和年度两级项目储备库，并形成“项目储备—项目生成—项目审批”的全流程管理机制，为强化规划对项目的空间统筹、保障项目有序落地提供了操作平台。

2.1.3　创新体制机制优化空间规划实施的外部制度环境

厦门还建立了一套机制保障“多规合一”工作的有序运行，强调通过体制机制创新，促进政府职能转变，优化空间规划实施的制度环境。包括成立“多规合一”领导小组及办公室，建立纵向市—区、横向各部门统筹协调的工作机制，形成强有力的综合治理合力。推进规划部门的机构改革，理清事权划分，突出规划统筹协调职能，创新差异化的政绩考核机制与规范透明的财政转移支付制度。深入推进审批流程改革和管理方式的转变，建立一系列配套政策机制。市政府出台规范性文件《厦门市多规合一业务协同平台运行规则》，完善了依托业务协同平台的各部门协同工作体系，并且明确了项目储备、生成及监督管理机制等。

2.2　创新“五年—年度”空间规划实施体系

2.2.1　城市空间治理体系是空间实施规划的制度支撑

十八届五中全会明确了建立由空间规划、用途管制、差异化绩效考核等构成的空间治理体系。编制实施性规划固然对规划的实施有重要作用，但决定规划实施起决定性因素的却是规划运行的制度环境。因此不能局限于从规划编制的层次，创造新的规划概念和类型，而是要从整体性治理的视野改革城市空间治理体系。整体性治理理论当前国家空间治理体系改革的理论基础，它强调政府部门提供服务的整体性，依靠信息技术手段，对治理层级、功能、公私部门关系和信息系统的碎片化问题进行有机协调与整合，建立一种跨部门紧密协作的治理结构，使政府治理从分散走向集中、从部分走向整体、从破碎走向整合。它强调以网络信息技术为平台，提高政府整体运作效率和效能，尤其是有助于强化中央政府对政策过程的控制能力。厦门通过“多规合一”工作构建的整体性的城市空间治理体系，是开展空间实施规划的制度支撑。首先，通过构建统一的城市空间规划体系，形成了城市的“一张蓝图”，这一张蓝图涵盖了战略、总体规划、专项规划、详细规划和城市设计，并且都集成在信息平台上。层级叠加的一张图实现了空间层级别的逻辑传导，消除了部门之间的空间冲突。这一张图是开展项目策划的基础，也是支撑项目落实和推进审批提速的基础。其次，通过信息平台使各个部门都有与事权对应的“一张图”，这就为项目策划和实施的部门空间协同提供了操作平台。最后，这一张图也为落实用途管制，实现差异化绩效考核提供操作平台。特别是加入现状一张图之后，通过年度滚动实施，借助“一年一体检，五年一评估”，落实总体规划的指标，实现城市空间发展的预警监测。

2.2.2　优化城市空间实施规划体系

1）做实五年规划，提升发展规划与近期建设规划的协同性

为落实《美丽厦门战略规划》的战略安排，厦门加强五年期发展规划的空间属性。发展规划以五年期的政策规划为主，以多类型的行业规划、专项规划为支撑，具有较强的目标性、政策性，但一直存在空间上的虚化问题。为加强发展规划落地实施的空间保障，厦门在编制十三五规划时创新编制方法，强化发展规划提出的建设项目的落地安排，保障项目基本具备空间条件（图 2），使发展规划能够更好地衔接战略目标，更具实施条件。

在五年规划环节，厦门还做实了近期建设规划，解决以往近期建设规划与政府项目调控难以衔接，对城市建设宏观引导职能难以发挥的困局。在《厦门市近期建设规划（2016—2020 年）》编制过程中，特

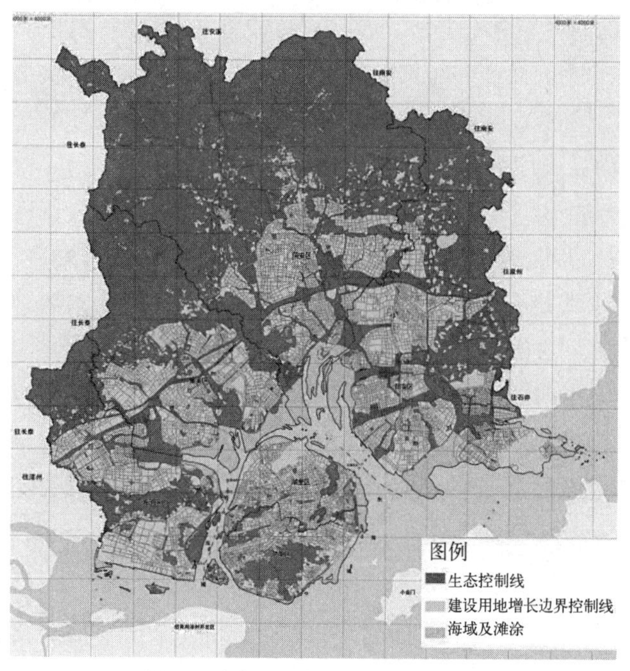

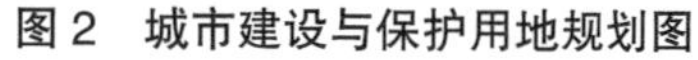
图 2 城市建设与保护用地规划图

图 3 近期重大建设项目布局图

别强调了对于政府可以统筹的空间资源的规划安排及空间落实，包括重要的城市片区、重大的交通市政等基础设施、重要的民生项目等（图 3）；同时，加强编制部门的联动协作，通过近期建设规划与发展规划的同期编制，使五年规划在建设项目的安排上既实现资金统筹、又做到空间统筹，保障五年规划的实施及其效用（何子张，等 2016）。

2018 年启动了《厦门市国土空间规划（2017—2035 年）》编制工作，同步对上一版近期建设规划进行修编。新版近规更加明确了“五年—年度”规划实施制度，突出“两重点、两层次”。两重点即以建设用地管控和重大项目建设为重点，强化规划统筹作用；两层次即为以五年和年度两个层次滚动编制为路径，有序推进规划实施。确定了规划实施时序传导机制，在“总体—五年”阶段，主要通过与发展规划的政策和目标相衔接，确定五年近期目标指标；在“五年—年度”阶段，将五年目标指标进一步传导到年度空间实施规划去逐年落实。在实施监管上，依托多规合一信息平台的评估和检测功能，监测规划实施效果，及时调整和纠偏，确保“一张蓝图”落地实施（图 4）。

2）做好年度空间实施规划，强化年度建设项目的策划与空间落实

规划部门以“一张蓝图”为基础，发挥统筹引导的作用，在发改部门以资金统筹建设项目的年度投资计划基础上，制定了年度空间实施规划。依托“一张蓝图”从城市空间发展战略的高度策划项目，提升城市竞争力，补足民生短板。依托“一张蓝图”，各部门落实年度建设项目的空间安排与实施时序，强化建设项目落地的可操作性。通过年度空间实施规划，可实现两个目的：一是编制市级层面年度空间实施规划，明确了城市建设的年度方向，提出规划实施的重点片区与项目建议，提出用地储备的指引，根据项目成熟度推进项目生成工作。二是制订分区层面的建设项目空间实施规划，根据市级年度

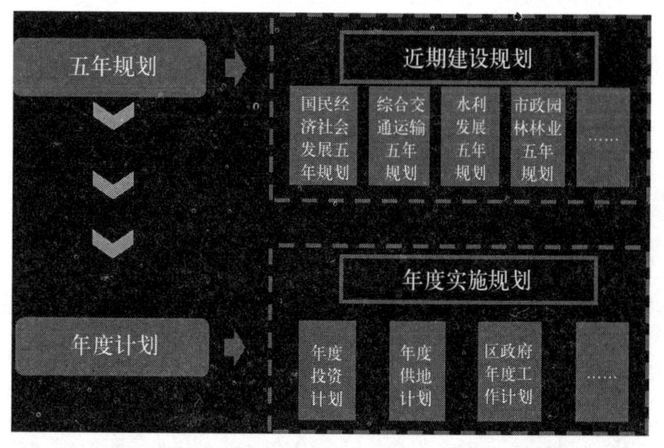

图 4 “五年—年度”实施规划关系示意

规划确定的目标策划具体建设项目并对用地情况进行落实。

年度空间实施规划在规划实施体系中起到了承上启下、统筹协调的作用。承上指的是突出规划统筹，将规划对未来的谋划，细化落实到年度具体项目建设中，从空间资源配置的角度安排项目及其建设时序，最大程度发挥协同效益。启下指的是保障项目落地，强调项目的经济绩效、空间安排、用地落实，做到“条专块统”。按照行业类型划分管理，将项目划分为各种专业类型，由相应主管部门牵头负责，利于分配任务、明确责任。按照属地划分管理，将各类项目分解到各区、各指挥部，落实属地管理，利于片区内系统的完整性，确保成片开发、成片建成。统筹指的是形成常态化工作机制，由市政府公布规划，实现规划编制与政府管理的衔接。协调指的是部门协调，在编制过程中编制过程各区、相关职能部门密切配合，实现资金、项目、空间的耦合，提前谋划谋定项目。

2016 年 9 月起，规划部门牵头启动 2017 年规划实施计划编制工作，与各相关部门、各区政府、指挥部、管委会充分对接，形成项目清单，落实用地情况；策划提出策划项目总计 627 项，其中经营性用地项目 161 项，可直接实施项目 81 项，划拨用地项目 466 项，可直接实施项目 138 项。2018 年城市空间实施规划初步共策划 720 项，包括经营性项目 131 项，可直接实施项目 48 项；划拨用地项目 589 项，可直接实施项目 104 项。2018 年度我们优化了工作方法，通过“三上三下”的工作流程，加强规划引导，使各部门提前介入项目生成，确保规划统筹于项目生成阶段取得成效。

2.2.3　厦门空间实施规划体系的特点

1）形成了全市统筹分级实施的项目生成机制

年度空间实施规划提出的项目纳入储备库后，规划实施就进入具体项目生成环节。过去由于缺乏统筹协调的平台，项目生成是由发改部门牵头、各部门线下配合，通过下达分批次的建设项目工作前期计划完成的。这种工作方法难以发挥规划的统筹作用，也难以及时有效地协调相关部门的意见，业主单位是协调主体，容易导致生成的项目到审批环节出现不符规划等情况，影响了审批效率。为此，厦门转变工作方法，形成以发改、规划和国土部门为主体，多部门线上线下协同的项目生成机制。在协同平台上，设立了划拨用地和出让用地的项目生成流程，各部门依照流程启动项目，依序落实资金、用地、合规与否等事项意见，使项目具备空间条件、资金要求，强化了项目落地的可操作性（图 5）。在项目生成过程中，规划部门充分发挥了“一张蓝图”的空间引导作用，强化了对于项目空间安排的话语权，强化了规划统筹项目的能力。同时根据项目责任主体，分成市级项目和区级项目。

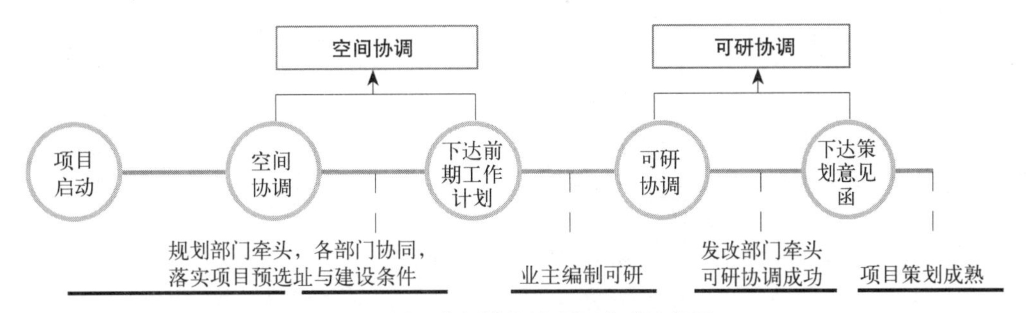

图 5　厦门市划拨用地项目生成流程图

2）以城市功能策划和项目承载力分析保障项目统筹的整体性

厦门突出具有针对性的城市功能策划，主动以规划生成项目。在五年规划阶段，开展城市发展评估工作，以阶段性目标完成情况、规划实施情况为重点，动态把握城市阶段性发展特征和规划适应性。在战略规划引导下，结合评估结论，明确近期建设的主要任务与重点发展片区，提出重要行动计划、重大项目安排和配套政策保障。按照战略规划与五年规划确定功能与传导指标，编制功能区规划方案，落实上位规划提出的功能区单元目标、定位、规模、空间布局以及考核指标，并进行多方案比选和多情景模拟。如以划拨类的开发项目为片区主导属性，促进经营性项目跟进开发，形成不同供地方式融合、功能布局合理的发展片区（图 6）。在年度规划阶段，从片区统筹角度策划生成具体项目，落实用地，并且对于条件较为成熟的项目，以“规划一张图”为基础，对给水、排水、电力、电信、医疗、卫生等配套设施进行设施承载能力分析，评估当前项目建设需要配套的基础设施和公共服务设施，这些项目以新项目生成的方式纳入建设流程。通过这种方式，保障建设项目的配套完整，促进片区空间协调发展。通过项目生成，有效解决项目布局无序、建设不配套的问题（图 7）。

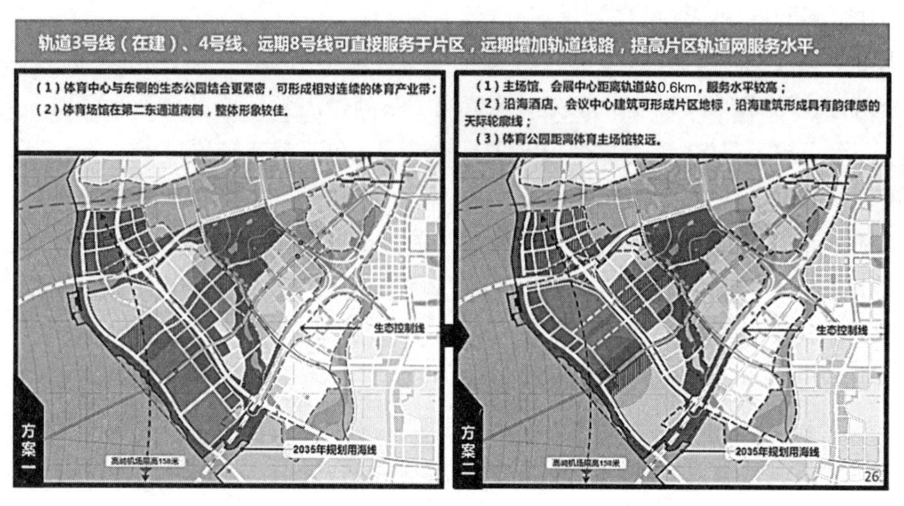

图 6　厦门市翔安区“一场两馆”片区规划多方案比选论证图

项目	配套情况	是否具备出让条件
道路	地块东侧为现状快速路滨海东大道，红线宽度50m；南侧为规划滨海旅游路，红线宽度30m，下穿滨海东大道；北侧30m次干路和西侧22m支路尚未建设。	初步具备，待完善
给水	地块东侧道路上已敷设给水管，管径为DN300-DN400	具备
雨水	地块东侧道路上已敷设雨水管，管径为d1800，但管底标高较高，该地块雨水无法排入滨海东大道雨水管道	暂不具备
污水	地块东侧道路上已敷设污水管，管径为d300，但管底标高较高，该地块污水无法排入滨海东大道污水管道	暂不具备
电力	地块东侧200米左右村庄内有一条10kV线路末端	初步具备，待完善
通信	地块东侧道路上已敷设通信管道	具备
燃气	地块东侧道路上已敷设燃气管，管径为DN200，但内垵大道（滨海东大道-万家春路）未敷设燃气管道，天然气无法输送过来	暂不具备

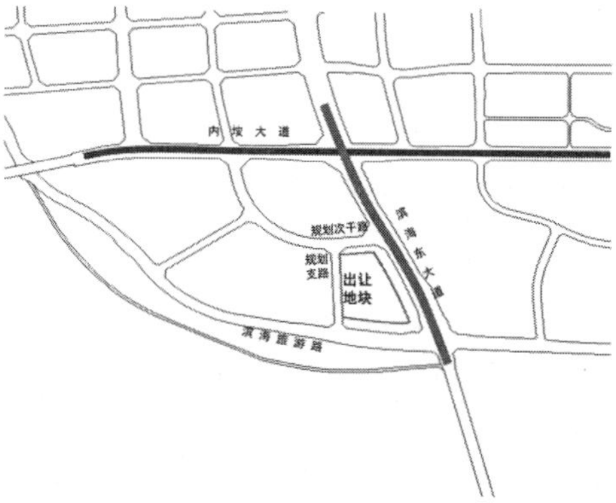

图 7　项目承载力评估

3）以专题研究提升项目生成的科学合理性

对于市场主导的经营性用地，通过开展专题研究细化供地总量、供地时序及布局方向的计划安排，把握好经营性用地供应规模及结构的科学合理性。例如通过编制《厦门市住房建设发展规划（2017—2021 年）》，预测分析未来五年住房供应规模和供应结构，制定五年商品住房和保障性住房的建设计划，对于推动厦门市房地产市场健康稳定发展做出了科学指导。以专题研究提出的规模及布局为基础，在“五年—年度”规划阶段，结合“一年一体检、五年一评估”的规划评估机制，提出经营性用地项目布局指引并策划生成相关项目或提出可供用地用于招商。通过这种方式，主动策划引导市场需求，并确保片区其他功能相耦合，从而推进片区整体统筹建设与发展。

4）建立市区联动、部门协同的工作组织及机制保障

厦门市“五年—年度”规划改变各部门申报项目计划的组织方法，突出规划引领，由规划部门牵头策划项目，依托平台征询意见、线下对接沟通、市区多规办专题会议研究等方式，建立市区联动、部门协同的工作组织，形成具有共识和可操作性强的实施项目清单。规划编制完成后由市人民政府组织审议并公布，同时规划中的项目均明确了实施责任单位，后续由各责任单位协同推进项目实施，并纳入部门考核。工作组织和实施考核要求在《厦门市多规合一业务协同平台运行规则》中予以具体明确，形成了常态化的机制（图 8）。

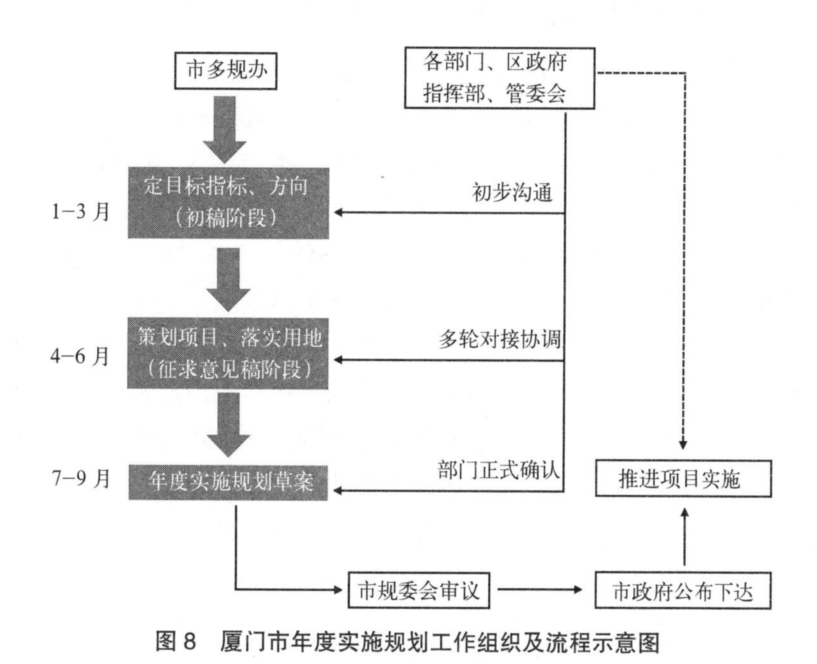

图 8　厦门市年度实施规划工作组织及流程示意图

3　面向城市空间治理体系现代化的“五年—年度”空间实施规划思考

3.1　国家层面：嵌入国土空间治理体系的“五年—年度”空间实施规划

当前规划体系的改革，前所未有地同国家的改革进程深入密切地联系在一起。在全面深化改革的进程中，国家空间治理体系和治理能力现代化是改革目标的重要组成部分，是规划工作者在理论和实践上面临的重大课题（张兵，2019）。空间规划体系是国家空间治理体系的重要组成部分，包括规划编制、规划实施、规划监测评估的全流程。现有的城市规划体系最大的问题就是过分迁就地方政府的发展要求，而忽视了区域资源、环境承载力、耕地保护的制约及区域发展的统筹，造成规划弹性过大而刚性不足，起不到宏观调控的作用外，其中城乡规划缺少对建设项目进行宏观调控抓手是重要原因。但是先前住建系统所推动的近规和年度计划，更多是规划编制体系的技术创新，由于在规划实施和监测评估体系上缺乏相应配套制度支持，实际上成了实施性规划，尚未形成配套的规划实施制度。

新时期国土空间规划改革重要意图就是中央对地方规划权力上收，加强空间规划实施的管控。从中央深化改革委员会通过的《关于建立国土空间规划体系并监督实施的若干意见》，自然资源部正在

抓紧推进建立统一的国土空间基础信息平台和国土空间规划监测评估预警管理系统工作来看，规划实施和监测评估制度体系将成为国土空间治理体系重要组成部分，国家将更深度地介入对地方政府规划实施的监测和宏观调控上。国家批准的国土空间规划更加强调通过指标分析、底线管控，通过“一年一体检、五年一评估”的制度安排，强化对地方政府规划实施的监督检查。这种自上而下的制度安排，为地方的“五年一年度”规划提供了制度保障，也倒逼地方政府必须在本次的国土空间规划编制中，认真考虑规划实施制度安排和操作体系。此外，信息技术发展使得国家的空间精细化治理有了可操作的监管手段，实际上原先的国土系统通过卫星遥感监测，国家可以对地方政府的具体项目进行实时监测。

3.2 城市层面：构建城市空间实施规划建构操作体系

厦门的“五年—年度”空间实施规划之所以能取得较好的成效，一方面是由于国家正在大力推进规划体制改革，厦门也正是站推进城市治理能力和治理体系现代化的高度，在地方政府的事权范围内努力推进整体性空间治理体系的改革，构建了可实施的“五年—年度”规划操作体系。当然各地的规划实施面临的制度环境和城市发展阶段，以及面临的问题差异很大，实施规划的操作体系也不尽相同，但都应该注意以下方面：一是高度重视“一张图”系统搭建。“一张图”是保障空间规划系统性和完整性的基础，只有体系化的“一张图”为基础，才能确保不再因项目肢解规划。其次是涉及空间使用的各个部门都必须有自己的“一张图”，包括规划图和现状图并对这些信息负责，只有这样部门才可能掌握各自事权的设施的空间信息，也才能为项目策划以及项目空间落实提供意见。二是要高度重视空间信息平台的协同建设和使用。涉及空间协同的各个职能主管部门和各层级政府都应该接入平台。三是要有相应配套机制支撑。实际上，在项目策划和落地的过程中，必然会产生规划调整的问题，以及项目协调过程中的各种行政流程问题等，都需要地方政府根据地方实际制定相应的政策法规和技术标准。

3.3 规划院层面：面向空间治理的规划转型

从规划编制的视角，“五年—年度”空间实施规划对地方规划院提出新的要求。从厦门的实践看，规划一张图实际上是地方规划院的自我革命，经过五年的努力，厦门的一张蓝图已经逐步稳定，如2019年的工作重点转向了市政管线一张图和城市设计，以及现状一张图的完善。地方规划院将从以往的不断编制新规划转向一张图的维护、实施和评估，而且要特别重视规划和现状成果信息化，重视转为规划成果信息化后如何便捷友好地服务于规划实施和管理。围绕“五年—年度”实施规划成为规划院重要的规划服务任务，包括项目生成过程中产生的规划调整论证，为更好地支持项目策划开展规划评估，为支持招商工作开展一系列的土地收储、住房、酒店等产业的专题研究等。以及为提升城市公共服务效能，利用一张图数据开展职住平衡，公共服务设施覆盖度分析，等等。国家转型大背景下地方规划院必须嵌入到城市空间治理的全过程，城市空间治理体系的构建和维护，涉及规划编制、实施和管理，涉及信息平台和制度建设，需要稳定的地方化的技术机构长期跟踪服务。这就需要建立综合性的新型规划智库，多学科的专业技术队伍，长期收集更新城市空间数据，实时监测评估和预警城市运行状态，为规划实施和规划决策提供数据支撑和规划支持。因此各地应加大新型规划院建设的财力和人力储备，重视利用信息化技术手段，同时不断拓展专业和知识领域，为全域国土空间的立体化、精细化治理提供全方位的技术服务。

结语

当前规划界高度关注新时期国土空间规划的编制工作，但是新时期的规划改革并不是简单的规划编制改革，而是形成致力于发展转型的空间治理体系，因此不仅要关注规划编制，也要关注规划的实施和监督。将空间规划的实施如何融入“五年—年度”规划作为中国独特的城市治理制度安排，如何形成可实施的操作体系是一个值得研究的重大课题。需要对包括厦门在内的城市实践进行认真的总结，也需要在理论和制度设计上不断深化。

参考文献

[1] 王富海等．近期建设规划：从配菜到正餐——《深圳市城市总体规划检讨与对策》编制工作体会 [J]．城市规划，2002（12）：44-48．

[2] 邹兵．行动计划制度设计政策支持——深圳近 10 年城市规划实施历程剖析 [J]．城市规划学刊，2013（1）：61-68．

[3] 陈宏军，施源．近期建设规划年度实施计划——逻辑自洽与制度保障 [J]．城市规划，2007（4）：20-25．

[4] 邹兵．实施性规划与规划实施的制度性要素 [J]．规划师，2011（17）：20-22．

[5] 崔会敏．整体性治理：超越新公共管理的治理理论 [J]．辽宁行政学院学报，2017（2）：12-18．

[6] 吕传廷，王玉，林太志．广州年度建设用地计划的探索与实践 [J]．规划师，2007（6）：32-35．

[7] 汤海孺．构建推进城乡规划有效实施的新平台——杭州近期建设规划年度实施计划探索 [J]．城市规划，2011（4）：49-54．

[8] 胡鞍钢，鄢一龙，吕捷．从经济指令计划到发展战略规划：中国五年计划转型之路（1953—2009）[J]．中国软科学，2010（8）：14-24．

[9] 何子张，蔡莉丽，王秋颖．基于“降成本”的厦门规划供给体系改革策略 [J]．规划师，2016（6）：50-56．

[10] 张少康等．以近期建设规划为平台，开展“三规合一”工作 [J]．城市规划，2014（12）：82-83．

珠三角宜居海湾城市模式的起源、发展和演变

朱惠斌*

【摘　要】改革开放后，珠三角地区形成两种宜居海湾城市发展模式，分别为以经济为导向的东岸模式和以生态为导向的西岸模式。立足于宜居视角，回溯海湾城市的思想内涵及发展历程，与古希腊海湾城市的规划建设经验与发展核心要素相类比，以深圳和珠海为例，分析珠三角地区宜居海湾城市模式的起源、发展和演变。

【关键词】宜居；海湾城市；发展变迁；经济模式；生态模式

1　引言

宜居城镇建设实践较早出现于西方国家，是城市发展水平进入高质量阶段的客观选择。回溯城市发展历史，霍华德“田园城市”理念提出改善城市质量和关注城市生活质量的思考。《雅典宪章》和《马丘比丘宪章》系统地阐述了宜居的城市观，一致认为要争取获得城市生活基本质量以及人与自然环境的协调，使城市成为一个“宜人化”的生存空间。大卫·史密斯在其著作《宜居与城市规划》中，倡导宜居的重要性，并进一步明确其内涵包括三个层面：公共卫生和污染问题层面，舒适和生活环境层面以及历史建筑和优美自然环境层面的宜居。1961 年，世界卫生组织（WHO）提出了人居环境的基本理念，即安全性、健康性、便利性和舒适性。1996 年土耳其伊斯坦布尔召开的联合国人类住区大会通过《人居议程》，提出为所有人提供可支付住房和实现人类住区可持续发展的两大目标。

宜居城市实践建设随之逐步开展。2001 年《巴黎城市化的地方规划》提出将城市生活质量作为巴黎规划建设重要内容，确保城市功能多样性和居民社会融合目标的实现，发展经济的同时致力于保护社会文化和环境。2003 年《大温哥华地区长期规划》将“宜居城市”作为重要目标，指出宜居城市是能够满足所有居民的生理、社会和心理方面需求，有利于居民自身发展的城市系统。2004 年《伦敦规划》中，将“宜人的城市”作为核心内容加以论述，提出建设宜人城市、繁荣城市、公平城市、可达城市和绿色城市的发展目标。宜居城市已成为世界范围内各城市主要发展目标之一。

宜居城镇空间是我国新型城镇化时期的重要空间发展方向，提倡“生产、生态和生活”间的协调，讲究“自然、经济和环境”间的平衡和优质生活的塑造。中国城市由于文化与价值观趋同化，形成相似的城市风貌，城市特色与城市魅力日渐丧失。海湾城市由于其滨海的特殊地理区位优势，便于形成依山傍水的良好城市空间格局，拥有相对优越的发展机遇。海湾城市空间的开阔易塑造自由精神与开明制度，创造人本空间与优质生活。

* 朱惠斌，男，本科毕业于清华大学，博士毕业于北京大学，研究方向为健康城市与规划实施。

2　宜居海湾城市发展核心要素：以古希腊米利都城为例

宜居海湾城市起源需追溯到古希腊时期，其独特的政治管理制度有助于形成独立鲜明的城市形态，重视个人精神与公共空间，形成宜居海湾城市发展雏形。在众多海湾城市中，古希腊米利都城因其合理性和高适应性成为重要的标志性城市。

2.1　自由的精神与开明的制度

古希腊时期基于人本主义思潮发展，形成开明的管理制度与个人追求自由的精神，米利都成为海湾城市的发展雏形。和谐共生的城市社会、促进民生的城市政策、高效健全的公共服务、多元包容的城市治理、充分保障的就业机会、平等普惠的社会福利、舒适宜人的居住环境、完善便利的市政设施、精心呵护的历史遗存和丰厚多样的文化生活等城市质量的关键要素在米利都城得到充分的体验。个人充分的表达权与公共的管理相配套形成独特的海湾城市精神。

2.2　人本的空间与公共的生活

公元前 5 世纪，“城市规划之父”希波丹姆斯规划的米利都城采用方格形道路网，采用中心广场作为市民活动中心。规划提倡几何形体的和谐、秩序与不对称均衡，充分反映了当时社会对人的尊重和理解，形成城市空间结构的统一性、内部开放性、自然平衡性和人口规模控制性。贝纳沃罗曾说“住宅之所以狭小而简朴，是因为当时的私密生活并不重要，白天大部分时间是在室外公共广场上度过的。分布在城内各处的纪念性建筑物都确切地表明两个观念：一为“城市属于所有的人”，二为“雅典的富裕主要反映在公共生活上，而个人的消费只起次要作用”。城市空间结构是人本空间与公共生活的基本保障。

2.3　标志的景观与滨海的联系

“向海发展”成为现今海湾城市的主导发展方向，“向海要空间”和“向海要贸易”是主要发展策略。古希腊海湾城市已开始注重此项要素，灯塔成为海湾城市标志性景观。灯塔作为家的要素，象征着空间与贸易的结合。海湾城市大多经历数个发展阶段，包括物流业贸易阶段、旅游业阶段和多重功能复合阶段。第一阶段海湾城市仅为城市商品交换窗口；第二阶段海湾城市已融入跨界交往，形成重要的旅游贸易到达地；第三阶段海湾城市已融入城市网络，形成重要网络结构节点，拥有自身腹地与较高对外连接度。

3　珠三角海湾城市发展：经济模式或生态模式

改革开放后，国家设定四个沿海经济特区，以此为战略高地和空间支点，带动周边腹地发展。与古希腊海湾城市的资源禀赋不同，珠三角海湾城市近年凭借毗邻香港和澳门的独特地理区位，发展外向型经济，取得长足发展，创造了珠三角独特的宜居湾区雏形。因城市发展阶段与重心不同，海湾城市发展已呈现与古希腊传统海湾城市大相径庭的发展模式。地理区位与资源禀赋的差异形成珠三角东岸以经济为主导发展模式与西岸以生态为主导发展模式。

3.1　东岸模式：以经济为导向

改革开放初期，深圳依托毗邻香港的地理区位条件，以香港的需求为基础规划建设城市。自划为经济特区后，深圳首先从通路、通水、通电、通航、通信和平整建筑用地“五通一平”基础工程开始建设，为投资者创造与开办各种企业提供条件，逐渐形成蛇口－南头、罗湖－上步和沙头角三个城市组团，选择罗湖、蛇口和沙头角三个点进行小区式开发。深圳通过承接香港的传统工业带动城市组团发展，为深圳城市化提供了充分驱动力，因此形成“带状组团式”空间结构。

确定“以工业为重点的综合性经济特区”发展方针后，深圳先后建立蛇口工业区、南油开发区、科技工业园、华侨城、莲塘工业园和盐田港等重要城市产业功能区，城市规划区覆盖到全市域范围，确立以西、中和东放射发展轴为基本骨架和轴带结合的网状组团空间结构。全市划分功能组团和独立城镇，以组团为基本单位进行产业布局。

确定“经济特区、全国性经济中心城市和国际化城市”发展方针后，深圳规划以中心城区为核心，以西、中和东三条发展轴以及南和北两条发展带为基本骨架，形成“三轴两带多中心”的轴带组团结构，发展重心已移至原特区外。龙华、龙岗、光明和坪山四大新城成为城市重点开发地区，建设重心也逐渐转向龙岗和宝安。

确定“谋求全面融入珠三角地区，发展深港同城化”发展方针后，深圳由相对独立发展走向全面融入区域阶段，试图强化珠三角区域发展“脊梁”，加强与东莞、广州和香港联系。通过跨珠江通道建设，深圳有力加强了与珠江西岸、惠州和粤东北等东部地区联系。“罗湖－福田－前海”都会核心区的建设有效提升了城市的国际化水平。

3.2 西岸模式：以生态为导向

珠海毗邻澳门，澳门的城市及人口规模、以娱乐业和旅游业为主的产业形态难以辐射带动珠海发展。因此珠海客观条件决定了其以生态为导向发展海湾城市。珠海有别于珠三角其他城市“先发展、后治理”的模式，城市发展始终重视宜居城市建设，把保护生态、改善环境和提高居民生活质量作为城市发展重要战略目标，形成良好人居环境。

改革开放后，珠海作为珠三角西岸国家级“经济特区”，选择与传统珠三角模式相异的发展路径，城市空间与自然景观充分结合的特点得到保护，获得“国际花园城市”在内的多个国际及国家级荣誉称号。进入 21 世纪后，珠海相继以“出口商品基地，风景游览区和新型的边境城市”和“外向型综合性经济特区和现代花园式海港城市”为目标，在保护原有城市空间格局和重视公共空间与绿化空间基础上推动产业发展，同时先后引进高新技术产业及重化工产业带动地区经济发展。在城市空间与自然景观结合基础上谋求城市空间与经济活动的结合，探索成为可持续发展的人性化城市之路。城市核心价值主要体现在“以生态环境为典范、以现代人文关怀为特色、以产业与项目创意为特征和以海洋为主题的城市……宜居、宜创业的现代海滨城市”的发展目标。

珠海重视经济发展规划和环境可持续发展结合，重视当前建设和长远发展结合，重视宜居生活和人才文化结合的宝贵发展经验成为独特的珠海路径，对新时期城市宜居空间发展有重要引导作用。与世界先进国家相比，珠海宜居城市发展仍然存在差距。城市产业发展过程中逐步加剧的城市蔓延现象，导致基本农田保护受到破坏。城市空间拓展速度快，但质量有待提高，出现局部地区土地利用率较低的现象。城市内部区域差异较大，城市中心区与城市边缘地区亟需统筹。

“宜居”作为珠海的核心竞争力，是城市空间发展的重要诉求。珠海以横琴新区开发，港珠澳大桥建设和高栏港经济区升级为国家级经济技术开发区为契机，以“率先转型升级、建设幸福珠海”为主旋律，引导城市有序健康发展。通过优化城市空间体系和划定城市发展边界，以港口、自然景观和公共空间为核心资源，营造低成本营商环境，塑造宜居城市空间，建设生态文明新特区、科学发展示范市和珠江口西岸核心城市，成为宜居示范区和生态环境示范区，推动城市与自然、经济、文化间的结合。

4　小结：海湾城市与生态经济城市

珠三角海湾城市形成了东岸以经济为主和西岸以生态为主的两种不同发展形态与模式。在新型城镇化进程的影响下，单纯以经济或生态为导向的海湾城市发展模式已难以满足现代城市发展需要。因此需以生态经济城市为发展目标，以经济发展为基础，关注生态发展。以古希腊海湾城市为借鉴和比较目标，结合海湾城市特点，试图形成自由精神与开明制度、人本空间与公共生活、标志景观与滨海联系，致力于“向海要空间，向海要经济”，以珠三角海湾城市为试点，探索形成新型城镇化时期的新型海湾城市发展模式，建设生态环境与经济发展并重的生态经济城市。

参考文献

[1] 吴良镛，毛其智，张杰．面向21世纪——中国特大城市地区持续发展的未来——以北京、上海、广州三个特大城市地区为例[J]．城市规划．1996（4）：22-27.

[2] 路旭，李贵才．珠江口湾区的内涵与规划思路探讨[J]．城市发展研究，2011（1）：97-102.

[3] 陈德宁，郑天祥，邓春英．粤港澳共建环珠江口“湾区”经济研究[J]．经济地理，2010（10）：1589-1594.

[4] 江伟辉，邵骏．亚运会与城市次区域发展——亚运会背景下广州市荔湾区发展策略[J]．规划师，2010（12）：11-15.

[5] 王唯山．将“湾区”作为滨海城市人居环境发展新载体——以厦门为例[J]．规划师，2006（8）：11-13.

[6] 贾颖伟．美国旧金山湾区的城际轨道交通[J]．城市轨道交通研究，2003（2）：69-73.

[7] 陈少锋，马威．珠江·广州城·湾区城市——由“广州港湾广场”规划与建筑设计国际邀请赛引发的思考[J]．时代建筑，2002（3）：40-41.

[8] 袁凌．主题公园特色景观的创造——深圳华侨城欢乐谷二期主题公园景观规划及施工实践[J]．中国园林，2002（4）：50-53.

[9] 陈静敏，张研．“双向互动”机制——推动社区服务设施建设的根本途径[J]．规划师，2002（9）：85-88.

[10] 段险峰，王朝晖．旧城中心区更新规划的价值取向——以广州市荔湾区更新规划为例[J]．城市规划汇刊，1998（4）：46-49.

[11] 陈志华．外国建筑史[M]．北京：中国建筑工业出版社，2004.

[12] 王富海，李贵才．对深圳城市规划特点和未来走向的认识——写在深圳特区成立20周年之际[J]．城市规划．2000（5）：24-27.

[13] 李红卫，吴志强，易晓峰，彭涛，杨涛．Global-Region：全球化背景下的城市区域现象[J]．城市规划．2006（8）：31-37.

[14] 崔功豪．城市问题就是区域问题——中国城市规划区域观的确立和发展[J]．城市规划学刊．2010（1）：24-28.

[15] 胡序威．经济全球化与中国城市化[J]．城市规划学刊．2007（4）：53-55.

[16] 唐子来，寇永霞．面向市场经济的城市土地资源配置[J]．城市规划．2000（10）：21-25.

[17] 孙施文，奚东帆．土地使用权制度与城市规划发展的思考[J]．城市规划．2003（9）：12-16.

[18] 彭震伟，孙捷．中国快速城市化背景下的城乡土地资源配置[J]．时代建筑．2011（3）：14-17.

[19] 董晓峰，史育龙，张志强，李小英．都市圈理论发展研究[J]．地球科学进展，2005（10）：1067-1074.

[20] 张京祥，邹军，吴启焰，陈小卉．论都市圈地域空间的组织[J]．城市规划，2001（5）：19-23.

分论坛二

国土空间规划实施与治理创新

广州市城市总体规划实施评估回顾、反思与展望

朱寿佳　王建军　詹美旭　王　龙

【摘　要】广州市城市总体规划实施评估的发展、探索与创新是我国城乡规划实施评估发展变化的缩影和代表。研究回顾广州市城市总体规划实施评估的发展历程，分析其发展变化的背景和作用，认为其存在重目标落实评估轻成效、重视规划项目轻引导调整，实施性差和预测性不足等问题。并从广州市实际情况出发，构建以国土空间总体规划与行动计划为核心，层次清晰、目标分解的规划实施评估内容框架体系，强化规划实施评估的政策性与时效性，推动规划动态调整、绩效考核与实施。

【关键词】总体规划实施评估；发展历程；回顾；反思；展望；广州市

在我国，城市总体规划作为指导城市建设与发展的蓝图，在协调城市发展过程中方方面面的利益和关系上起着至关重要的综合调控作用。总体规划发挥更多指导、引导和管控作用。《中华人民共和国城乡规划法》强调"地方各级人民政府应当向本级人民代表大会常务委员会或者乡、镇人民代表大会报告城乡规划的实施情况"，《住房和城乡建设部关于城市总体规划编制试点的指导意见》（建规〔2017〕200 号）强调新一轮总体规划要建立"一年一体检，五年一评估"的规划评估机制，评估结果报审批机关和同级人大常委会，并向社会公开。随着国土空间规划统一空间规划体系，更强调规划指标的监测与评估。按照相关法律和规范要求，各大城市开展总体规划实施评估更多为总体规划修编做准备，对其年度规划实施关注性不足，其五年评估重难点分析数据支撑性较差。上海、北京等城市也开始探索年度规划实施评估。广州从 2011 年开展年度规划评估，积累相关年度评估经验。本文尝试结合广州市 10 余年以来关于总体规划的实践与探索，对总体规划实施评估的研究方法以及实施评估影响下的规划动态调整展开初步的讨论，提出"体检与评估"实施评估内容框架体系。

1　广州市城市总体规划实施评估发展历程回顾

广州实施评估工作可以分为四个阶段。第一阶段（2003—2006 年）为广州战略规划评估阶段，主要内容为广州战略规划的实施开展跟踪评价研究。第二阶段（2007—2011 年）为新城新区建设阶段，主要针对行政区划调整及重点地区建设实施开展规划检讨和动态更新。第三阶段（2011—2016 年）为总体规划实施评估阶段，主要根据规划评估办法，对总规年度实施情况进行评估基础上开展五年评估阶段。第四阶段（2017—2019 年）为规划实施评估阶段，结合各专项评估、各区各专项自评报告等开展规划实施全面评估（表 1）。

广州市各阶段总体规划实施评估内容和重点　表 1

规划实施评估阶段	评估性质	评估内容	规划评估重点
第一阶段（2003—2006 年）	广州战略规划评估阶段	2003 年战略规划实施评估	对空间结构、生态环境和综合交通实施成效进行回顾分析
		2006 年战略规划实施评估	侧重于城市空间实施效果的全面检查
第二阶段（2007—2011 年）	新城新区建设评估阶段	2009 年战略规划	结合新城新区建设，对战略规划进行全面回顾分析
第三阶段（2011—2016 年）	总体规划实施评估阶段	2011 年总规实施评估	重点开展人口、用地等两个专题的评估
		2012 年总规实施评估	按照《城市总体规划实施评估办法（试行）》第十二条的要求，从规划理念、规划目标实现、城市空间布局实现、总规强制性内容执行、规划决策机制、相关政策影响、规划编制体系等内容方面尝试进行评估
		2013 年总规实施评估	在延续 2012 年评估框架基础上新增总规下层次规划编制情况评估，并尝试提出下一年规划编制计划
		2014 年总规实施评估	构建“市区联动”评估机制。进一步新增各区重点建设项目实施情况、各区规划编制完成情况评估
		2015 年总规实施评估	“回头看”，对“十二五”时期的规划实施情况进行整体评估，对“十三五”规划尝试提出规划建议
		2016 年总规实施评估	新增规委会决策机制评估，探索建立“纵向分层，横向分类”的评估体系和“1+1+X+Y”的成果体系
第四阶段为（2017—2019 年）	规划实施评估阶段	总体规划实施评估及各专项规划实施评估	规划修编前评估：广州历史文化名城保护利用实施评估、广州市城市总体规划交通专项年度实施评估及近期实施建议 常态规划评估：广州市生态廊道动态维护与年度实施评估等 重点工作规划评估：广州市村庄规划实施评估、总体城市设计动态维护

1.1　广州战略规划评估阶段

2000 年 6 月，广州市启动城市总体发展战略规划编制工作；2001 年 4 月，战略规划通过市政府常务会审议；并于 2003 年 11 月，广州市政府组织召开“广州市城市总体发展战略规划实施总结研讨会”，探索并初步建立了城市总体发展战略规划层面的动态实施检讨机制，开展两次，有效确定城市发展战略。

2006 年的实施总结，指导了城市“中调”“从拓展走向优化提升”战略的确立。进而影响了《广州 2020：城市总体发展战略规划》（2009 版战略规划）。通过评估研究，使得广州市以战略规划为核心的规划编制和建设实施得以与城市社会经济发展条件的动态变化基本同步，丰富了战略规划的内涵。主要特点包括三方面：一是沿用较为常用的经验，借助 GIS 手段，检查物质空间建设与原有规划的吻合程度；二是运用定性分析的方法，检讨原有规划中设定的政策目标是否实现，实现的程度如何及其原因；三是定性分析影响规划实施的若干因素。

1.2　新城新区建设评估阶段

2007 年广州市委市政府在“南拓、北优、东进、西联”的基础上，增加了“中调”战略，形成了“十字方针”。2007 年，开展新一轮总体规划编制，广州开展深入完成了《广州 2020：城市总体发展战略规划》，对规划实施成效及存在问题进行系统回顾总结，研讨面向 2020 年的广州市总体发展战略。2009 年，结合新一轮战略规划、总体规划的编制，广州运用上述理论，对 2000 年战略规划实施情况进行了全面的检讨。对发展目标与要点、战略指导下的规划编制、规划目标实现与城市空间结构、战略执行与支撑机制的取得成效、问题和下一步规划编制对策建议进行总结。

1.3　总体规划实施评估阶段

2009 年住建部下发《城市总体规划实施评估办法（试行）》（建规〔2009〕59 号），进一步确定了总规实施评估的具体要求。2012 年《关于开展城市总体规划评估及充实完善工作的通知》(粤建规〔2012〕20 号)明确规划评估重点。探索系统化和定量化的科学评估方案，创新技术手段，加强规划评估的系统性、科学性。广州总规年度实施评估历经多年的探索，依据“规划实施”的多层次含义，逐年突破创新，对总体规划实施进行多维度的评估探索。

2011 年，广州第一次开展总规年度实施评估工作，重点对人口、用地等规划内容的实现情况进行评估。2012 年，广州按照住建部《城市总体规划实施评估办法（试行)》，从规划理念、规划目标实现、城市空间布局实现、总规强制性内容执行、规划决策机制、相关政策影响、规划编制体系等七大方面展开年度评估，评估内容全面但评估深度较浅。2013 年，广州开始建立“市区联动”的评估工作机制，在对城市发展目标，人口与建设用地规模、空间管制、城市空间结构与布局等规划内容实现情况评估的基础上，新增加对总规下层次规划编制情况的评估，并依据评估结论提出下一年度的规划编制计划。2014 年，广州延续“市区联动”的评估工作机制，评估除了关注规划编制情况之外，还将落实总规目标的重点项目建设情况纳入评估内容，对全市重点项目的实施情况进行跟踪评估。2015 年，广州在延续历年年度实施评估内容的基础上，对“十二五”期间的总规实施成效进行了综合评估。2016 年进一步完善相应报告，对总体规划城市综合发展指标趋势性分析，对指标完成情况进行判断。

1.4 规划实施评估阶段

2015 年中央城市工作会议时隔 37 年重新召开，明确城市规划重点。广州市 2017 年落实城市工作会议要求，印发《中共广州市委 广州市人民政府关于进一步加强城市规划建设管理工作的实施意见》，明确定期开展各类规划的实施评估和动态维护要求。截至 2019 年，广州市各专项规划开展落实规划动态调整，包括交通规划实施评估、村庄规划实施评估、城市设计实施评估、历史文化保护实施评估，以往规划修编都是在专项规划的修订基础上专题基础上，目前都是单独立项作为重点核心要点进行研究，对其规划调整和实施成效进一步细化深化。

1.4.1 规划修编前评估

规划修编前评估是规划实施评估中最常见类型。广州历史文化保护规划实施评估及交通规划实施评估，是在广州市新一轮国土空间规划编制背景下，开展历史文化名城保护规划和广州市交通战略规划修编需要。如历史文化名城保护规划实施评估从文本编制、规划体系、制度构建和实施机制 4 个方面，对历史文化保护实施方面进行评估。文本编制体现在文本内容的规范性、价值特色的准确全面性、保护名录体系的覆盖面。规划体系评估维度主要通过保护类主干规划的编制推进情况，保护类规划与法定规划协同情况。制度构建评估维度重点突出法规政策的制定、管理机构的设置、保护资金的来源和公众参与情况。实施机制评估主要通过总结政府、企业、市民等多个主体保护关系。历史文化保护规划实施评估对保护规划的保护绩效和发展绩效做总结，梳理其存在问题提出合理建议，为下一轮保护规划编制提出针对性规划编制建议。

1.4.2 常态化评估及动态维护

部分规划实施评估工作成为常态化年度工作，如广州对城市生态线、村庄规划、多规合一、生态廊道等进行评估及动态维护，保障规划实施延续性。广州市多规合一工作重点通过规划比对和重点建设项目梳理，引导控规、村规和总规、土规调整达到合一目的，保障规划实施。通过重点建设项目合规性审查，引导项目红线优化调整或规划调整，保障重点建设项目落地实施。年度规划评估重点通过常态化工作引导其他部门熟悉工作流程，纳入规划动态调整计划，维护规划的权威性和实施性。

1.4.3 重点规划编制后评估

部分重点工作开展评估，满足其整体工作完善，如城市设计评估。城市设计管理评估，与各层级法定规划的衔接，如衔接总体城市规划、衔接规划管理平台的情况。城市设计编制评估是指对下一层级城市设计的衔接，包括对重点地区和一般地区城市设计的指导。社会影响效果评估是通过城市设计指导实施的社会反响，如形成文件手册和社会宣传影响力。通过对城市设计年度计划（2018—2030 年）实施 72 项内容的进行年度评估其规划实施效果。

2 广州市总体规划实施评估的反思

经历 10 余年的规划实施评估发展，广州市城乡规划实施评估体系和内容不断完善，但体系构建和成果运用等仍然存在很多问题，具体表现在以下三个方面：

2.1 缺乏对各区实施评估报告统筹指导，各区评估报告深度有差异

各区填报规划实施内容缺乏重点，导致规划实施评估汇总存在困难。数据和内容提交缺少正规程序，成果内容审核力度不够，导致后期汇总校对存在困难，总体评估报告各区实施情况总结权威性不足。

规划实施重点内容不突出，数据支撑力度不够，成果权威性不足。规划实施评估内容涉及面广，前期调研力度不够，各区、局委办、和职能部门资料和数据针对性收集不足。在成果阶段征求各区、局委办、委处室意见不够，成果未形成各方共识，对全委主要工作支撑性不足。

规划实施评估平台尚未充分发挥作用，资料管理系统和规划编制数据应用系统数据缺失较多。规划评估涉及内容和资料多，需要分门别类按照空间属性与否，纳入资料管理系统和规划编制数据应用系统，形成规划评估资料基础数据库，方便查阅应用。

2.2 评估机制局限于规划行业内部

总体规划的实施需要通过行业内部的下位规划和行业外部其他部门的相关规划进行支撑与落实。虽然广州总规年度实施评估已经建立了“市区联动”的工作机制，但是评估工作仍局限于规划行业内部，对行业外其他部门的总规实施情况并不掌握。且由于相关部门实施责任不明晰、实施积极性不够等原因，导致总体规划的实施具有很多不确定性和实施效果不佳的问题，难以实现总规的统筹作用。基于这样的现实情况，需要将规划评估工作进行全市各部门统筹考虑，对各部门的规划编制和实施情况开展评估，全盘监督总体规划的实施，从而提升总体规划的实施效果。

2.3 评估结论未能深入到实质层面

无论是指标评估、空间布局评估还是项目实施评估，目前广州总规年度实施评估结论仅是对总规实施成效的总结和分析，缺乏对规划目标实施背后的过程分析、政策层面的原因分析等，不能全面客观评价总规在建设实施中起到的作用。因此需要对规划实施的路径进行判断，不仅要关注规划目标的实现程度，更要深度分析评估规划实施的实质原因，并且明晰评估对象，包括规划编制和项目。

3 广州市城市规划实施评估发展展望

城市规划实施体系是一个发展的体系，没有最终状态，只能不断对其进行充实、改进和完善。且国土空间规划对规划实施、传导和监督提出更高的要求。基于此，本次研究重点在对规划实施评估的框架进行简化和完善，构建适合广州城市发展的规划实施评估体系框架。

3.1 构建"年度体检＋五年评估"规划实施评估体系

年度体检更侧重指标监测，法定规划实施评价，更加聚焦，内容较为简洁。可以包括年度体检报告（含主报告、分区报告、专项报告、白皮书）。侧重评估重要指标、关键事件和重点项目，判断规划实施的符合性判断和趋势分析，面向下一年下层次规划修编、项目立项和年度建设计划。五年评估，侧重总结阶段性实施效果与作用评价、主要进展与存在问题，面向未来规划修编或重大调整、近期建设规划。侧重系统评估，规划作用评价和实施绩效评价，更加全面，内容更为深入。成果包括五年评估报告（含主报告、分区报告、专项报告、专题研究、规划调整建议等）。且五年评估报告充分结合常态体检报告、规划修编前实施评估报告和重点工作落实监督评估成果，实现规划实施评估总报告对规划重点工作指导作用。

3.2 "市区联动、部门协同、专项支撑"

工作组织模式创新，提高项目成果应用出口，提高对专项规划实施。对十三五规划体系的评估等统筹落实评估工作，特别是涉及空间规划的实施评估，对于其指标评估应统筹系统工作应简化。其他局委办对其专项工作开展规划实施评估，加强衔接对应不同部门重点工作及其指标，作为总体规划实施评估更应强调空间性规划实施评估，需加强部门联动，在实地调研、收集资料、征求意见、成果统筹等方面充实完善，为专项规划落实总规的实施评估工作奠定更扎实的基础。

3.3 提高成果应用性，明确监督法律地位

目前总体规划实施评估成果作为人大汇报材料重要支撑，未来应更关注对其规划编制引导性和规划修编、重点建设项目实施方面，从而更好发挥评估及动态维护作用。建议需加强市级层面的综合统筹，形成相对稳定的数据采集渠道和工作机制，需加强与统计、发改、工信等部门的对接，加强"多规合一"管理平台和工信大数据平台的运用，才能够真正实现反映城市发展建设目标和实施状况的指标量化，让规划实施可衡量、可监督。

4 总结

广州市总体规划实施评估发展以来，仍在不断创新适应，围绕工作组织、数据与指标采集、部门协同、规划编制与项目建议等方面开展系列创新性探索。未来会更强调在监测评估平台上使用量化指标对比、空间叠加分析、平台辅助支撑等评估方法，摸清城市家底、认清实施问题、强化市区部门联动、提升总规时效性和引领性，适应新时期强化规划实施评估的政策性与时效性要求，推动规划动态调整、绩效考核与实施。

参考文献

[1] 程茂吉，王波．南京市城市总体规划实施评估及相关思考 [J]．现代城市研究，2011，26（4）：88-96．

[2] 韦梦鹍．城市总体规划实施评估的内容探讨 [J]．城市发展研究，2010，17（4）：54-58．

[3] 潘宁宁，贺卫东．温州城市总体规划实施评估方法与经验借鉴 [J]．规划师，2014（3）．

[4] 周凌，方澜，孙忆敏．城市总体规划实施年度评估方法初探——以上海为例 [J]．上海城市规划，2013（3）：39-45．

[5] 廖茂羽，罗震东．城市总体规划实施评估的方法体系与研究进展 [J]．上海城市规划，2015（1）：82-88．

[6] 冯经明．上海市城市总体规划实施评估若干问题的战略思考 [J]．上海城市规划，2013（3）：6-10．

治理视阈下深圳市国土空间规划监测评估框架研究

张吉康　罗罡辉　钱　竞*

【摘　要】国土空间规划监测评估是规划实施的重要保障，现阶段我国规划监测评估的制度、机制、思路和方法仍存在不足。借鉴国外规划评估发展历程中积累的理念、方法和实践经验，结合现阶段深圳作为高密度超大城市对空间治理的新要求，围绕“一项法律、一套机制、一张指标、一份报告、一个平台”提出空间规划监测评估框架和思路方法，用于支撑空间规划重构下规划实施监督职责发挥，旨在推进城市空间治理体系和治理能力的现代化建设。

【关键词】治理；空间规划；监测评估；深圳

国土空间是一个国家赖以生存发展的宝贵资源，是生态文明实践的空间载体。改革开放以来，各种空间规划成为政府开展城市空间开发和管控的政策工具，以城市规划、国土规划、土地利用规划为代表的空间规划在城镇化进程中发挥了重要作用，但也存在国土空间过度开发、空间结构失衡、低效粗放利用、环境污染破坏等问题。当前，我国空间治理能力相落后的局面，凸显出与人民群众生产生活持续增长的空间需求之间的矛盾，迫切需要在生态文明建设背景下完善国土空间治理体系，全面提升国家空间治理能力和效率，加快转变国土空间开发利用方式。党的十八大之后，《中共中央关于全面深化改革若干重大问题的决定》提出“推进国家治理体系和治理能力现代化”的改革要求以来，一直把空间治理作为推进治理体系和治理能力现代化的重要目标和重要组成部分；《生态文明体制改革总体方案》提出构建以空间治理和空间结构优化为主要内容，全国统一、相互衔接、分级管理的空间规划体系；2018年《深化党和国家机构改革方案》赋予新组建的自然资源部“负责建立空间规划体系并监督实施”重要职责，现阶段空间规划体系重构工作深入推进，如何重构空间规划体系并有效实施监督，成为首要解决的关键问题。

空间规划监测评估是政府了解空间政策工具影响和实现战略目标的重要手段，也是规划实施的重要支撑。我国传统空间规划实施制度和体系不完善，极大影响国土空间管控和规划的实施效果，削弱了规划应有的权威性和约束性，这是导致空间治理的系统性和完整性不强的重要原因。从根本上解决空间治理乱象、规范国土空间开发秩序等问题，满足现阶段社会经济转型发展和高质量发展的整体要求，必须发挥国土空间规划的监测评估作用，改革创新空间规划体系重构后的监测评估机制、思路和方法。近期规划监测评估成为空间规划体系改革重构时期研究关注点，学者从不同方面对我国空间规划实施监测评估提出建议和策略，汪军等人介绍西方成熟的规划评估体系，起源、原理和内容方法的演变过程、席广亮等人提出大数据时代给规划评估带来的新思维模式和技术手段，周姝天等人以英国区域空间战略的构建策略和地方规划指标监测框架实践经验，提出对我国规划实施评估的启示建议，

* 张吉康，男，深圳市规划国土发展研究中心，工程师，规划师。
罗罡辉，男，深圳市规划国土发展研究中心，教授级高工，所长。
钱竞，男，深圳市规划国土发展研究中心，高级工程师，副所长。

基于此，本文试图在治理视阈下，分析现阶段西方发达国家的先进经验和我国现阶段规划监测评估特征和问题，结合深圳作为高密度超大型城市对空间治理的需求，提出国土空间规划监测评估总体框架和思路方法。

1 西方规划评估理论演化和主要经验

1.1 西方规划评估理论演化

规划监测评估是通过城市环境、经济、社会以及基础设施等的变化对方案进行系统性评价，所涉及的领域并非单一，既包含规划自身专业领域，又涉及政治、经济、社会及地理空间范畴。规划与评估两者关系紧密，良性互动，拥有一项优质的评估工作是规划成功的必要前提。20 世纪 60 年代西方城市规划开始从“蓝图规划”向“公共政策”转型变革，其中涵盖空间政策实施的评估，并成为规划实施的重要工作，20 世纪 70 年代，规划领域的学者提出了“理性规划”理念并形成系统性观点，认为存在科学的规划评估规则，对规划方案提出最优的安排和空间决策安排，且存在对规划的实施效果做出准确评价的方法。随着城市规划涵盖的专业范畴和空间要素增加，给规划研究和评价带来更多系统复杂性和不确定性，20 世纪 80 年代，针对“理性规划”出现质疑的声音，指出基于绝对理性的规划思想和方案决策判断虽然可以反映空间规划人与自然行为特征，但是无法准确反映城市规划的本质特征，开始转变从追求“最优方案”到“相对优化方案”，作为规划的决策方向，建立一项科学的绩效尺度对空间质量衡量。20 世纪 80 年代后期，“交互规划”学评估理论开始兴起，认为规划评估结果的指导性较规划评估过程的效率性更有意义，强调规划目标和过程的互动关系。经济、社会和环境不同空间要素的引入不断改变规划评估的内涵，西方的规划评估理论和方法经历了“理性”向过程“动态性”和“交互性”的演化历程。

1.2 主要经验

英国和荷兰的空间规划作为西方国家公共政策的典型，在空间规划体系变革和实践中逐步形成一套法定规范的规划监测评估框架和法律保障体系，在各层各类规划中发挥着重要作用，现阶段我国国土空间规划正处于重构期，借鉴发达国家的规划评估理论和实践经验十分必要。

1.2.1 法定化和制度化的监测评估制度

英国的空间规划体系经历了不断改革重构历程，改革前空间规划体系为“区域空间战略”和“地方发展框架”两个层次，2004 年颁布的《城乡规划（区域规划）（英格兰）条例 2004》(The Town and Country Planning (Regional Planning) (England) Regulation 2004) 要求区域和地方规划部门对战略目标实施进度和空间政策影响开展年度评估规划，并规定以“年度规划监测报告”形式向副首相办公室提交。2011 年后英国响应规划精简改革要求，颁布了《地方化法案 2011》(localism Act 2011) 和《城乡规划（地方）（英格兰）条例》(The Town and Country Planning (Local Planning) (England)) 等法律，改革重构后形成更具地方实施性的地方规划 (Local Plan) 和邻里规划 (Neighborhood Plan) 两层规划体系，推动规划管理事权地方化，但仍然规定了以“权威规划监测报告”向基层社区汇报，改革前后均保证了规划监测评估制度的法定地位。荷兰政府在 2008 年通过对国家现行规划实施情况的评估，认为规划存在评估制度过于滞后和法律定位不到位等问题，颁布了新的《空间规划法》，其中明确空间规划的编制和评估机构需相互独立，其中空间规划和环境部 (I&M) 负责编制空间规划，荷兰环境评估署 (PBL) 专门负责规划的监测评估、荷兰环境评估委员会 (NCEA) 负责评估环境影响，按照两年的周期定期发布监测报告，向议会汇报现阶段规划实施情况和调整对策，并提出下一阶段行动计划，并核准建设项目预算。规划监测报告制度和法定独立的评估机构是英国和荷兰空间规划评估体系中基本特征，是其实现规划目标和完善规划政策的重要基石。

1.2.2　科学化和系统化的监测评估理论方法体系

英国政府为保证规划政策的行为完整性和系统性，由财政部颁布了《中央政府的评估》，其中阐述了所有政策评估分为可行性分析、目标确立、方案预估、实时监测、结果预估和反馈六项政策循环过程，并指出各类城市规划必须经过预估（appraisal）、监测（monitoring）和评估（evaluation），在实施中检验规划的目标实施情况和空间影响，形成闭合反馈流程，保障规划的编制和实施的动态调整优化。另外在指标方面，规定在开展监测评估工作前需制定筛选标准、指标更新计划，构建由面向规划目标的核心指标、地方特色指标和重大影响指标构成的指标体系。

荷兰国土空间规划体系主要分为国家和省主导编制的结构远景规划非法定规划。市政府编制的法律效力的土地利用规划。荷兰空间规划监测评估体系积累的技术方法成熟，以荷兰国家层面编制的《基础设施与空间规划愿景》为例，重点关注提升国土空间竞争力、完善交通基础设施和适宜的生活环境三大战略目标实现，监测评估体系贯穿规划编制和实施全过程，主要环节包括编制规划前基础阶段开展预评估（Ex-ante Evaluation）和战略环境影响评价（Strategic Environmental Impact Assessment）、规划实施过程中动态监测和实施后的结果评估。其中预评估和战略环境影响评估为规划方案可行性评估和环境影响评估，过程动态监测和结果评估主要是动态掌握空间政策动态实施效用和结果情况，及时反馈给政府做出相应调整和安排。

2　我国规划监测评估特征和主要问题

在我国现行多规的空间规划体系中，均开展针对各自规划内容的监测评估，其中城市总体规划主要有规划发展战略、空间格局以及社会经济综合发展等方面，土地利用总体规划主要侧重对耕地、基本农田、建设用地规模等核心指标进行目标实施评估，都存在共性的特征和问题。

2.1　“终极蓝图”式监测评估流程，导致规划适应性和动态性不强

我国现阶段评估尚未形成连续、动态的监测评估反馈过程，主要是为“终极蓝图”的空间绩效静态评估，内容上关注规划末期实施与规划目标的一致性情况，且大多数集中在宏观结果评估，缺少对实施的过程中指标变化规律和趋势分析，导致规划适应性和动态性不强，流程设计对规划动态调整滞后，单一静态评估难以适应规划期内出现的复杂的社会经济动态变化外部因素。近年来北京等地改变“被动式”规划评估，逐步建立常态化的年度城市体检评估机制，对实施情况进行实时监测、定期评估、动态调整，形成年度城市体检报告并纳入政府工作报告，及时对特大城市可能出现的城市问题进行矫正。

2.2　过多注重物质空间评估的指标设计，导致规划缺少对人本感知的评估

传统的城市规划和土地利用规划主要以耕地、基本农田、建设用地规模等宏观指标为核心，评估内容主要是各类管控分区和控制线等物质空间的实施情况，由于城市规划运行环境中包含政府、企业、社团、居民等多元主体，规划评估缺少了面向多主体的感知指标，容易忽视规划的空间政策对个体生产生活方式的影响，容易导致评估结果可解读性和可参与性不足，不利于空间规划的思想深入人心。2016年上海颁布《上海市15分钟社区生活圈规划导则》，正是强调了以人为本的规划理念，旨在达到规划人

性化、高品质、富有活力的公共空间目标，规划理念和目标的改变也促使监测评估更多关注个体对空间动态感知。

2.3 缺少对空间经济属性的重视，导致规划在空间资源优化配置中失灵

高质量发展和存量规划背景下，规划日益成为城市发展转型和土地资产增值的重要手段，空间规划的本质是土地资源的优化配置，传统的规划评估侧重对土地的规模和结构的研究，对各类用途土地的经济属性认识不足，缺少“资源、资产、资本”三位一体的认识，缺少对自然资源利用质量和国土空间资产增值效益的评估，对规划期内自然资源、资产“家底”和变化情况缺少关注，容易导致土地资源的闲置浪费、低效粗放利用和结构性失衡等问题出现，影响空间规划政策在空间优化配置中基础性作用。

2.4 获取数据途径单一，导致评估结论全面性和精准性不足

基础国土空间数据的来源和质量是规划评估科学性的重要保障，传统的规划评估主要是以土地变更调查、地理国情普查、统计年鉴、统计公报和其他专项调查数据为基础，数据的时效、精度和质量不尽相同，主要支撑规划用地变化和阶段性效用空间评估，缺少对城市主要空间要素流动及各类功能用地作用的大数据获取，难以支撑编制前和实施中对人类动态活动、空间功能流向等重要问题的研判，导致规划评估的结论的全面性和精准性不足。

3 治理视阈下深圳市空间规划监测框架

3.1 高密度超大城市对城市治理新要求

深圳经济特区设立以来城市发展历程快速迅猛，从初期的 31 万人口发展到 2017 年的 1253 万人口、实际管理人口超过 2000 万的超大城市，形成了高度城市化地区，在国家和粤港澳大湾区的规划战略中发挥了重要引领作用。但全市陆域面积仅 1997km^2，2017 年建设用地已达 996km^2，逼近 50% 开发强度警戒线、紧约束成为制约深圳空间发展的普遍性问题，空间格局凸显高密度特征，给城市规划和土地管理带来很大挑战，也给转型发展期城市的治理水平提出了更高要求。

3.1.1 更加规模复合的空间

高速发展带来外来大量人口涌入，一方面给城市创造竞争力和活力，另一方面也给城市带来交通、住房、学校、医院等各种公共服务需求，过多的城市人口和功能要素在极有限空间内集聚和相互作用，导致城市综合承载能力濒临极限水平。深圳市 2012 年存量土地的供应规模首次超过新增土地供应，现阶段主要是对存量低效利用土地进行再开发，未来城市发展迫切需要城市空间从单一功能的平面开发模式转变为复合利用的立体开发模式，规划评估也应从“二维”转变到“三维”视角，测算空间要素在“多维度”和“多功能”等角度给城市中人与人、人与社会和人与自然接触带来的变化，促进城市中多元空间要素更具效率的互动碰撞，提升人居环境品质，迸发创新产业萌芽。

3.1.2 更加结构优化的空间

早在 2004 年深圳通过名义上土地国有化实现了全域的城市化，但仍有大量未经补偿土地由原农村集体组织掌握，政府无法对这部分土地统筹规划管理，也无法在土地市场进行合法流转得到有效配置，由于城中村中较低的生活成本，大量外来人口积聚在原特区外的城中村，给基础设施、人居环境和城市管理带来了巨大的压力和挑战，导致经济社会空间异化加剧，呈现出原特区内外二元化的空间结构失衡，迫切需要更加精细准确的城市规划技术方法，设计一套动态评估机制支撑城市空间结构优化调整。

3.2 国土空间规划监测评估思路和方法

面向治理体系和治理能力现代化，按照城市空间治理赋予空间规划的新目标和新要求，以支撑规划监测评估预警全过程综合决策为目的，通过引导城市、感知城市、调整城市等手段，围绕“一则法律、一套机制、一张指标、一份报告、一个平台”，形成全流程闭环规划实施管理体系，探索面向城市空间治理的规划动态监测评估新思路和方法（图1）。

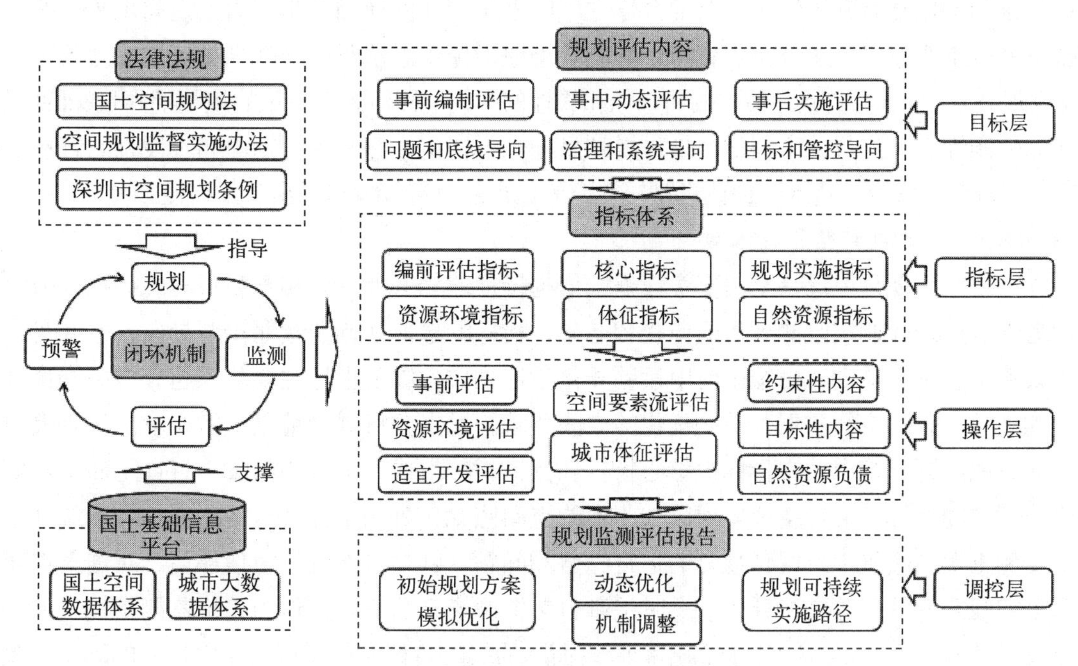

图1 深圳市国土空间规划实施监测评估框架

3.2.1 保障国土空间监测评估法律定位

在国土空间规划改革重构期，规划实施监督的法律定位，是保证规划目标在时间和空间上不偏离规划愿景和目标的重要保障。按照《国土空间规划法》和《国土空间规划实施监督办法》等上位法的基本要求，将监测评估作为国土空间规划实施的一项基本法定程序，将评估过程常态化和制度化，确定一套与深圳市国土空间规划重构体系相协调适应的规划实施运行制度体系，将监测评估制度纳入《深圳市空间规划条例》修订重点内容，规定监测评估的内容、主体、责权、公共参与和配套政策等内容，评估的主体由国土空间规划编制技术单位和第三方专业研究机构组成，确定年度城市体检工作报告制度，作为政府年度工作报告的专题内容，对规划监督中总体规划、专项规划和详细规划的强制性内容进行界定，监督对象包括市、区两级政府及相关主管部门，按照事权划分要求，将空间规划的影响反映给全市各责任主体部门和协会组织，作为市区两级政府和相关主管部门施政工作绩效考核一项重点内容。明确评估结果对社会各界公开透明的环节，定期公示接受市民的监督。强化国土空间规划的基础作用和指导约束作用，保障国土空间规划有效实施，从法律层面避免规划监测评估沦为形式化环节，督促政府官员改变对空间规划实施的随意性。

3.2.2 构建过程贯通的规划监测评估预警机制

将“目标—指标—操作—调控”理念导入国土空间规划实施评估的全流程，建立围绕规划监测评估预警过程贯通的规划实施机制，将规划监测评估分为“事前”“事中”和“事后”三类，其中“事前编制评估”按照问题和底线导向，结合“创新、协调、绿色、开放、共享”发展理念，研究上轮各项规划的空间实施情况、社会经济综合发展情况、资源环境承载力和适宜开发建设基本情况，判断城市在现阶段遇到的空间治理问题和挑战，为规划的编制方案及优化起基础作用。“事中动态评估”是按照治理和系统的导向，对城市中的空间要素流监测和城市综合体检评估，例如城市交通中通勤时间和职住平衡情况等与居民生活舒适满意密切相关的要素流的监测，能及时发现城市运行过程出现的痛点和难点；城市综合体检评估主要是通过分析空间要素规模和结构年际变化趋势情况，及时发展城市运行状况变化趋势，对制定规划实施配套政策做重要参考，例如综合分析土地的闲置浪费、低效利用的情况、新增用地的土地开发综合效益和土地复合利用情况，对配套建立“国土年度开发计划”与“国土空间规划”的反馈调校机制和政策具有重要意义，通过制定新增计划流量土地指标动态矫正土地规划指标的管理政策，满足高质量转型发展要求。“事后实施评估”按照目标和管控的导向，评估规划实施的规划期内目标的实施情况，对涉及规划强制性内容进行结果评估，检讨规划目标实现情况，评估规划期内和阶段性的自然资源负债情况，实现“资源、资产、资本”评估思路转变，为城市的可持续发展提出实施路径。

3.2.3 建立动态监测评估指标体系

指标体系是空间规划中反映空间要素规模或结构特征的相对独立又相互联系的统计指标所组成的有机整体，是进行规划编制或监测评估的前提和基础，指标的选取和筛选按照治理导向、空间管控、深圳特色和以人为本为基本原则，由编制前中后差异化指标构成，编前指标主要基于超大型高密度城市治理提出的更加规模复合的空间和更加结构优化的空间要求，重点分析规划编制中需要解决的重大空间治理和资源环境底线问题；编中动态指标由核心指标和体征指标组成，前者为国家、省自上而下对发展的强约束的管控型空间指标，后者主要体现以人为本的空间感知，更侧重社会经济综合性和系统性；编后实施指标主要侧重发现实施中阶段性规划的运行趋势和问题，针对自然资源负债评估，对国土空间利用的效果、国土空间开发效益等进行评价。适时编制自然资源资产负债表，作为实施监测指标表的补充，支撑城市理清“经济账”。结合城市发展的不同阶段面临的战略目标变化，探索建立指标的动态调整和退出机制和计划。

3.2.4 搭建纵向传导和横向协同的国土空间基础信息平台

国土空间基础信息平台是以国土空间全域全要素信息化为本底，也是保障空间规划实施中一张蓝图动态更新、规划实施监督和公共参与的重要基础。搭建国、省、市纵向贯通、各行业部门横向协同的架构，实现国土空间大数据和城市运行大数据协同共享共用，基于现有深圳“多规合一”空间信息平台，充分整合覆盖自然资源的国土空间数据体系和数据标准体系，建立各级政府部门的数据标准协调机制，统一阐述对各专业的信息的数据定义和标准，保证数据来源精度、格式标准化，为实现自然资源管理“一张图”奠定基础，基础平台中嵌入规划监测平台预警系统，更好地支撑规划成果管理和建设项目部门并联审批，提高行政效率，逐渐实现“可感知、能学习、善治理和自适应”的智慧治理平台。

4 总结

发展转型期中城市面临更加复杂的经济社会的空间治理需求，迫切需要对空间规划实施监测评估进行顶层制度设计和思路方法的创新。综合分析城市中的空间发展不确定因素，增加监测评估制度的弹性和调整机制，充分运用信息化、数字化等新技术手段为规划评估方法和手段进行变革，对城市空间中要素流动、物质空间规模和支撑要素服务水平动态监测分析，并通过不同时间序列的针对性、系统性的监测评估，发现空间要素在规模、结构、格局的变化趋势和支撑要素的配置实施情况，推动空间规划实施监测评估向动态化、常态化的社会经济综合评估、规划实施空间效用和空间质量系统评估的转变，从而引导城市精细化、系统化和人本化的空间管理理念，更好地发挥空间规划在引导空间合理有序配置、社会经济可持续发展的作用，促使公共价值和利益的实现，使之成为城市智慧管理提升治理水平和治理能力的重要空间政策工具。

本文在分析西方规划评估发展历程和基本经验的基础上，结合转型发展期深圳面临的空间治理问题，主要从理论方面提出了治理视阈下国土空间规划监测评估整体框架，研究分析规划监测评估中制度、机制、指标和平台等方面创新思路和方法，在国家推进国土空间规划体系改革背景下，如何实现规划重构体系、规划实施体系和信息化技术方法的三者统一，构建服务自然资源管理全过程全周期管理的支撑体系，是未来规划监测评估的难点和重点。

参考文献

[1] 董祚继．从机构改革看国土空间治理能力的提升[J]. 中国土地，2018（11）：4-9.

[2] 樊杰．我国空间治理体系现代化在“十九大”后的新态势[J]. 中国科学院院刊，2017，32（4）：396-404.

[3] 黄征学，张燕．完善空间治理体系[J]. 中国软科学，2018（10）：31-38.

[4] 汪军，陈曦．西方规划评估机制的概述——基本概念、内容、方法演变以及对中国的启示[J]. 国际城市规划，2011，26（6）：78-83.

[5] 席广亮，甄峰．基于大数据的城市规划评估思路与方法探讨[J]. 城市规划学刊，2017（1）：56-62.

[6] 周姝天，翟国方，施益军．英国空间规划的指标监测框架与启示[J]. 国际城市规划，2018，33（5）：126-131.

[7] 吴江，王选华．西方规划评估：理论演化与方法借鉴[J]. 城市规划，2013，37（1）：90-96.

[8] Khakee A.Evaluation and Planning：Inseparable concepts[J]. Town Planning Review，1998，69（4）359-374.

[9] Breheny M，Hooper A.Rationality in Planning：Critical Essays on the Role of Rationality in Urban and Regional Planning[M]. London：Pion Limited，1985：43-51.

[10] 孙施文，周宇．城市规划实施评价的理论与方法[J]. 城市规划汇刊，2003（2）：15-20，27-95.

[11] 邹兵．增量规划向存量规划转型：理论解析与实践应对[J]. 城市规划学刊，2015（5）：12-19.

[12] 宋彦，江志勇，杨晓春，陈燕萍．北美城市规划评估实践经验及启示[J]. 规划师，2010，26（3）：5-9.

[13] 周艳妮，姜涛，宋晓杰，黄澍．英国年度规划实施评估的国际经验与启示[J]. 国际城市规划，2016，31（3）：98-104.

[14] 王伟，张常明，邢普耀．新时代规划权改革应统筹好十大关系[J]. 北京规划建设，2018（4）：43-48.

[15] 顾翠红，魏清泉．英国“地方发展框架”的监测机制及其借鉴意义[J]. 国外城市规划，2006（3）：15-20.

[16] 苏建忠，杨成韫．英国和加拿大规划监测评估的最新进展及启示[J]. 国际城市规划，2015，30（5）：52-56.

[17] 张尚武，汪劲柏，程大鸣．新时期城市总体规划实施评估的框架与方法——以武汉市城市总体规划（2010—2020年）实施评估为例[J]. 城市规划学刊，2018（3）：33-39.

整体性治理视角下的业务融合 EEISA 创新实践
——以成都市规划和自然资源局为例

张 佳 黄春艾 邱 伟 李 莉 戴雪峰*

【摘 要】在中央深化机构改革的背景下，为实行最严格的生态环境保护制度，构建政府为主导、企业为主体、社会组织和公众共同参与的环境治理体系，为生态文明建设提供制度保障，规划和自然资源业务亟待整合。本文通过研究全国各省市的规划和自然资源业务融合现状，科学调研先进城市的融合经验，以成都市规划和自然资源局为例，运用 EEISA 业务融合法，实现了规划和自然资源业务的有机融合，探索出一条行之有效的业务融合实施路径，并取得了阶段性成果，期望能够为其他城市提供参考和借鉴。

【关键词】整体性治理；业务融合；EEISA

1 引言

《中共中央关于深化党和国家机构改革的决定》于 2018 年 2 月 28 日在中国共产党第十九届中央委员会第三次全体会议上审议通过。决定指出，当前，面对新时代新任务提出的新要求，党和国家机构设置和职能配置同统筹推进“五位一体”总体布局、协调推进“四个全面”战略布局的要求还不完全适应，同实现国家治理体系和治理能力现代化的要求还不完全适应。决定中要求，要改革自然资源和生态环境管理体制，实行最严格的生态环境保护制度，构建政府为主导、企业为主体、社会组织和公众共同参与的环境治理体系，为生态文明建设提供制度保障。

成都市规划和自然资源局按照中央和部、省、市机构改革工作要求，科学调研分析，大胆探索实践，站在整体性治理的视角下，以 EEISA（减、放、并、转、调）为主要融合方法，优化机构设置和职能配置，改革自然资源和生态环境管理机制，为实现国家整体性治理和治理能力现代化提供保障，探索出规划和自然资源业务融合的成都模式，期望能够为其他城市提供参考和借鉴。

---

* 张佳，男，成都市规划和自然资源局副局长，西南交通大学兼职教授。
黄春艾，女，四川大学锦城学院副教授。
邱伟，男，四川知行智库企业管理咨询服务有限公司总经理。
李莉，女，成都市规划和自然资源局综合处副处长。
戴雪峰，男，成都市规划和自然资源局地籍管理处副调研员。
成都市规划和自然资源局业务融合课题组：王坚、李莉、李刚、戴雪峰、沈晓晋、郑在春、刘琦、陈涛、陈雪梅、王怡平、张冬晖。
感谢四川大学商学院余伟萍教授、左仁淑教授等专家在本文研究和写作过程中提供指导和帮助。

2　理论基础

2.1　整体性治理理论

整体性治理理论是20世纪90年代由佩里·希克斯在对英国地方治理案例分析的基础上创建的。希克斯在1997年至2002年间，先后撰写了《整体性政府》《圆桌中的治理——整体性政府的策略》《迈向整体性治理》等著作,分别提出了整体性政府、整体性治理的思想,构建了整体性治理理论的体系。2002年，佩里·希克斯的《迈向整体性治理》一书，标志着整体性治理体系的完备，此时，佩里·希克斯将整体性学说由关注政府内部取向改革转向了关注政府、社会、市场等主体间的关系改革，实现了从整体性政府理论到整体性治理理论的转变，使整体性治理学说更具有广泛性与适应性的特点。

在《迈向整体性治理》中希克斯指出，整体性治理就是政府机构组织间通过充分沟通与合作，达成有效协调与整合，彼此的政策目标连续一致，政策执行手段相互强化，达到合作无间的目标的治理行动。整体性治理理论作为后工业时代和信息时代产生的治理模式，“为了满足服务对象的不同需求，在不消除现有管辖边界或不建立超级结构的情况下”，通过治理活动机制、协调与整合机制，运用责任与信任的运行机制以解决政府功能裂解型症结，强调公共管理主体之间的合作性整合，注重协调目标与手段的关系，依赖信息技术的运用，进而构建一个整体性、预见型、结果导向型、改变文化型的政府，为公民提供无缝隙的公共服务。整体性治理的关键机制是“协调——整合”机制。整体性治理“着眼于政府内部机构和部门的整体性运作，主张管理从分散走向集中，从部分走向整体，从破碎走向整合”。整体性治理认为，在面对复杂问题时，政府应该通过整合及协调，将政府机构政策目标与执行手段进行充分整合，以实现整体性效益。

2.2　EEISA

EEISA方法原是业务流程再造的重要方法之一，即通过对现有流程的清除无价值活动、填补、简化、整合以及自动化（EEISA）等活动来进行系统化改造。随着越来越多的领域认识到EEISA方法的有效性，EEISA的应用从业务流程再造逐步推广到业务整合、组织重组、合并等更广泛的领域，EEISA不再单一的只是从流程的角度做优化，而是更多地从系统的角度对组织及其业务的更优融合提供科学方法，从而使得组织的运行绩效更优。在全面深化机构改革的工作中，要求不适应现代化发展需求的机构合并、重组，就是要解决机构重叠、职责交叉、权责脱节等系统性问题，EEISA方法就是机构合并重组后的业务融合方法的最优选择。在原有EEISA方法的基础上，结合机构改革中的“减、放、并、转、调”手段，我们提出全新内涵的EEISA业务融合法，来指导规划和自然资源业务融合工作的开展（图1）。

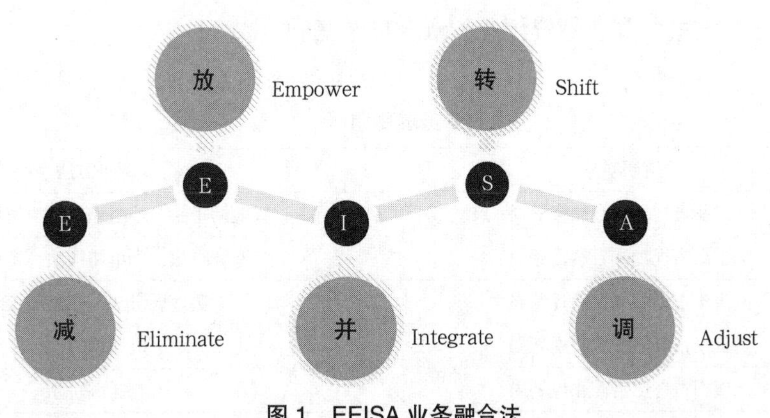

图1　EEISA业务融合法

“Eliminate（减）”是指精减原国土和规划重复的业务职能、不必要和不合理的审批事项和前置条件；“Empower（放）”是指根据需要下放可以下放给下级的权限；“Integrate（并）”是指合并相似的职能、合并办理审批事项；“Shift（转）”是指转变管理方式，从粗放的管理转变为精准管理，从不统一的管理方式转变为系统化的管理方式；“Adjust（调）”是指调整优化自然资源管理体系、调整工程建设项目审批时序。通过 EEISA 方法，对规划和自然资源业务融合提供方法论基础。

3 国内规划和自然资源机构改革的现状

《中共中央关于深化党和国家机构改革的决定》和《深化党和国家机构改革方案》的发布标志着新一轮机构改革在全国拉开序幕。深化党和国家机构改革是推进国家治理体系和治理能力现代化的一场深刻变革。转变政府职能，是深化党和国家机构改革的重要任务。中央和国家机关机构改革、省级党政机构改革在 2018 年年底前落实到位。所有地方机构改革在 2019 年 3 月底前基本完成。

为加强和完善生态环境保护职能，《中共中央关于深化党和国家机构改革的决定》提出改革自然资源和生态环境管理体制。实行最严格的生态环境保护制度，构建政府为主导、企业为主体、社会组织和公众共同参与的环境治理体系，为生态文明建设提供制度保障。设立国有自然资源资产管理和自然生态监管机构，完善生态环境管理制度，统一行使全民所有自然资源资产所有者职责，统一行使所有国土空间用途管制和生态保护修复职责，统一行使监管城乡各类污染排放和行政执法职责。强化国土空间规划对各专项规划的指导约束作用，推进“多规合一”，实现土地利用规划、城乡规划等有机融合。

国务院整合原国土等 8 个部、委、局的规划编制和资源管理职能，组建自然资源部，作为国务院组成部门。自然资源部的主要职责是，对自然资源开发利用和保护进行监管，建立空间规划体系并监督实施，履行全民所有各类自然资源资产所有者职责，统一调查和确权登记，建立自然资源有偿使用制度，负责测绘和地质勘查行业管理等。

在机构设置上，各省市与中央总体保持一致，结合地方特色，因地制宜，组建不同的规划和自然资源机构。北京市成立规划和自然资源委员会；上海、天津、重庆 3 个直辖市成立了规划和自然资源局；海南省成立了自然资源和规划厅；四川、云南、贵州、陕西、宁夏、甘肃、西藏、湖南、湖北、广东、广西、福建等 26 个省、自治区成立了自然资源厅；成都、广州、深圳、杭州、南京等 5 市成立了规划和自然资源局；厦门、宁波、哈尔滨、青岛、济南、武汉、西安等 7 市成立自然资源和规划局；沈阳和大连 2 市成立了自然资源局。

在全国机构改革的大背景下，本文对国内先进城市的业务融合实践和成都市规划和自然资源局业务管理存在的问题及难点两个维度进行了科学调研。旨在学习先进城市业务融合经验，分析业务融合可能存在问题和难点，为成都市规划和自然资源业务融合奠定基础（表 1）。

业务融合调研 表 1

调研维度	调研对象	调研方法
省外城市	广州市规划和自然资源局	实地调研法、小组座谈法、资料调查法
	上海市规划和自然资源局	实地调研法、小组座谈法、资料调查法
	重庆市规划和自然资源局	实地调研法、小组座谈法
	武汉市自然资源和规划局	电话调研法
	厦门市自然资源和规划局	电话调研法

续表

调研维度	调研对象	调研方法
成都	武侯区规划和自然资源局	实地调研法、访谈法
	郫都区规划和自然资源局	实地调研法、访谈法
	邛崃市规划和自然资源局	实地调研法、访谈法
	新津县规划和自然资源局	实地调研法、访谈法

3.1　国内先进城市调研

1. 广州市业务融合调研

"五减一优"，深化放管服。2015 年 2 月，原广州市国土资源和规划委员会挂牌成立。2018 年 6 月，为深入学习贯彻党中央、国务院关于深化"放管服"改革和优化营商环境的部署要求，从推动政府职能转向减审批、强监管、优服务出发，以提高政府投资和社会投资工程建设项目审批制度的效率和质量为目标，着眼推动国土规划深度融合，围绕"五减一优"即"减环节、减事项、减成本、减材料、减会议、减时间、优服务"等方面，开展全流程全覆盖的改革，从 6 个方面明确了 31 条改革措施。

加减乘除法，审批再提速。2018 年 7 月，广州国规委把国土、规划审批链条上管理内容相近、审批时序上相互毗邻的审批事项进行合并办理，作为新一轮审批改革开篇之作来抓，创新"加减乘除"工作法，推动审批再提速、服务更优质。一是从实做好"加法"，延伸服务触角；二是从实做好"减法"，精简申报材料；三是从实做好"乘法"，提速审批效能；四是从实做好"除法"，消除办事堵点。2018 年 11 月《打造审批"高速公路"广州市发布立项用地规划许可阶段工程建设项目并联审批细则》出台，项目审批进一步提速。

5 大举措，优化服务效能。2019 年 3 月，广州接连推出 5 大举措，进一步优化不动产登记服务效能。一是优化档案利用，提升服务效能；二是推行"不动产登记 + 用电"一窗通办新模式；三是推进"不动产登记 + 民生服务"一体化工作；四是推行"广州市不动产 e 登记""不见面审批"服务模式；五是规范不动产登记资料的查询活动，加强不动产登记资料的管理和利用。

2. 上海市业务融合调研

职责转变是亮点。2008 年原上海市规划和国土资源管理局挂牌成立。2014 年上海市规划和国土资源管理业务融合时，共完成了 21 项职责的转变，具体包括取消了 3 项职责，下放了 12 项职责，整合了 2 项职责，加强了 4 项职责。

上海市业务融合的难点痛点主要集中在 6 个方面：一是技术标准和规范不统一；二是"多规合一"仍存在差异图斑；三是信息平台和数据库，双方坐标体系、技术路线等方面存在较大差异，无法满足业务深入融合需要；四是各单位测绘标准不统一；五是地籍资料和地形图、控规数据不对接；六是监管事项多而分散，监管结果无法做到实时传递，统筹管理。上海 6 大经验解决对应难点：一是"两规合一"将国土和规划用地分类及管理要求一一对接；二是空间规划编制过程中解决"多规合一"差异图斑问题；三是全面统筹数据和应用"合一"；四是通过立法统一"多测合一"测绘规范；五是开展地籍资料和地形图合一；六是实施"监管合一"，谁审批谁监管，并通过唯一平台实现全要素全生命周期监管。

2018 年，上海业务融合开展了《不动产登记服务改革》和《工程建设项目审批制度改革》两项改革。一方面，不动产登记服务改革，通过减少办理环节，办理时限不超过 0.5 个工作日，极大提升服务效率。另一方面，6 大举措提高工程建设项目审批效能：一是优化项目前期策划评估；二是再造项目审批流程；

三是精简项目审批环节；四是强化“五个一”的统一审批体系；五是强化监督管理；六是推出 5 大保障措施。

通过调研分析发现，广州市业务融合主要在工程建设项目审批流程上创新采用了“五减一优”和“加减乘除法”等手段和方法；上海市业务融合主要在职责融合和标准融合上领先一步，通过取消 3 项职责，下放 12 项职责，整合 2 项职责，加强 4 项职责，实现职责整合、机制创新，通过标准融合的难点痛点梳理，找到了较为有效的解决办法。两个先进城市的业务融合经验，在一定程度上值得借鉴和学习。

3.2 成都市规划和自然资源局业务管理问题及难点痛点

1. 业务管理存在的问题

（1）事权分散重叠，职能职责有待整合

土地、森林、水流、矿产、山岭、草原、荒地等自然资源调查监测职责分散在不同管理部门，调查监测的理念、标准、方法和评价体系不统一，调查监测结果分散在不同部门，造成地类图斑重合、资源统计重复、资源保有台账打架等问题，不利于整体掌握自然资源现状和禀赋，制约统一行使自然资源权利和资源整体保护。发改部门组织编制的主体功能区规划，原国土部门组织编制的土地利用总体规划、土地整治规划和乡村土地规划等，原规划部门组织编制的城市总体规划、控制性详细规划、乡村规划等，编制理念、编制重点不同，相关部门职责交叉重叠、分散用力，导致综合协调、衔接和落地困难，制约了规划效率和效力。

（2）资源利用粗放，保护开发有待统筹

土地利用方面存在供地计划重点不突出、时序和节奏把握不准、“摊大饼”分配指标以及供后监管乏力、工业用地准入把控不严等情况，造成土地使用效益不高，产业支撑不够，区域开发强度不均衡等问题。土地用途分类和规划用途分类存在标准不统一、不衔接问题，影响土地开发利用和工程项目建设及监管。

（3）用途管制不严，生态保护有待加强

由于规划编制上的职责不一、多头管理、没有全域覆盖、谋发展与保生态之间的价值取向矛盾等原因，导致国土空间用途管制存在上下不一致、落实不到位、规划局部调整频繁等问题，不利于国土空间用途管制的整体实施和生态保护。

（4）审批流程复杂，营商环境有待提升

对标国内外先进城市，聚焦营商环境建设国际化、法治化、便利化三个维度，成都市规划和自然资源局在服务企业方面还需深化和提高，在规划和自然资源业务管理部分领域、部分事项、部分环节、部分申请材料等方面存在改革深度不够、力度不足、可持续性不强等问题，与深化“放管服”改革要求和国际化营商环境建设标准还有差距。

（5）信息共享和应用不够，数据和平台有待整合

原规划和国土部门分别建立了服务于各自领域的信息平台和数据库，双方坐标体系、数据标准、体系架构、技术路线等方面存在较大差异，系统和数据库运行网络不一致，现有数据资源、业务系统不能满足规划和自然资源管理业务深度融合的发展需求。

2. 业务融合的难点痛点

通过对成都市规划和自然资源业务管理问题的梳理，课题组研究发现，主要在职责融合、流程融合和标准融合 3 个维度存在 6 大业务融合难点：一是职能职责分散重叠；二是职责边界上下不一；三是审批流程交叉；四是业务管理流程协同不足；五是工作标准不统一；六是技术标准不统一（表 2）。

成都市规划和自然资源管理业务融合难点　表 2

融合维度	难点	具体说明
职能职责融合	1. 职能职责分散重叠 2. 职责边界上下不一	1. 自然资源调查监测职责分散 2. 原规划、国土、发改部门职责交叉重叠、分散用力 3. 规划编制上的职责不一、多头管理 4. 部分郊区（市）县局与其他局外职能职责交叉，且不同的郊区（市）县局交叉的职责不尽相同 5. 部分县局林业职责大于市局 6. 非中心城区乡村规划和自然资源业务比中心城区比重大，且不同地区自然资源业务板块侧重不同 7. 郊区（市）县局还有下属机构，如：国土所
流程融合	1. 审批流程复杂交叉 2. 业务管理流程协同不足	1. 审批流程复杂、交叉、互为前置 2. 业务管理流程深度协同需时日 3. 郊区（市）县局因交通原因，流程周期增加
标准融合	1. 工作标准不统一 2. 技术标准不统一	1. 自然资源调查监测理念、标准、方法和评价体系不统一 2. 规划编制理念、编制重点不同 3. 竣工验收标准不一 4. 审批管理体系不统一 5. 信息平台数据标准不统一 6. 测绘标准不统一 7. 城市规划控制性详细规划的用地边界和征地线不一致 8. 郊区（市）县局地形图更新不统一

成都市规划和自然资源局业务融合存在一些痛点，需要法律法规及政策的支持保障，如《国土空间规划法》的立法推进；《土地规划法》《城乡规划法》等法律的修改完善；土地用途分类标准的统一；原规划和国土坐标体系的统一等。此外，还存在事权下放执行困难的问题，主要原因在于区（县）规划和自然资源局原国土和规划业务合并后，对应专业人员结构不合理，人员专业培训保障不足。

4　成都市规划和自然资源局业务融合 EEISA 创新实践

4.1　业务融合目标

1. 职责重构，优化业务体系，助力建设美丽宜居公园城市

通过对职能职责进行重构，将之前独立运行的业务体系进行合并、优化并深度融合，提高对自然资源的统一管理和保护，推动城市整体性治理，助力建设有全球影响力的美丽宜居公园城市。

2. 流程优化，提升营商环境，助力全面建成国际门户枢纽城市

通过业务管理流程和工程建设项目审批流程的优化，提升成都国际化营商环境，吸引更多优质项目落地成都，服务好企业和办事群众，助力全面建成泛欧泛亚具有重要影响力的国际门户枢纽城市。

3. 标准统一，保障运行高效，推进全生命周期管理

通过信息平台数据标准、坐标体系、测绘标准、竣工验收标准等工作标准和技术标准的统一，保障运行高效，最终满足规划和自然资源管理业务融合后的全生命周期共享式发展。

4.2　业务融合 EEISA 创新实践

成都市规划和自然资源局对照中央和省市机构改革要求，结合成都市城市更新、生态保护、乡村振兴、营商环境建设等新要求，针对面临的问题和难点痛点，运用 EEISA（减、放、并、转、调）业务融合法，对规划与自然资源管理业务进行了融合实践。

4.2.1 减并（EI）联动，明晰职能职责

以“减”和“并”为主要手段，合并分散在不同部门、不同处室，相同、相似或结合紧密的业务职能，建立自然资源统一调查监测评价体系、自然资源统一确权登记体系、统一的测绘体系、“多规合一”的国土空间规划编制体系，进行统一行使、综合管理，消除内部矛盾，减少内部环节，提高整体效能，解决职能重复、职责交叉问题，明晰职能职责、统一业务体系。

4.2.2 调转（AS）相融，科学资源管理

以“调”和“转”为主要手段，优化和完善自然资源利用政策体系、经营性建设用地上市出让及管理机制、自然资源督察监管机制，解决资源利用分散，土地保护和开发不统筹的问题，促进自然资源集约节约利用、经营性建设用地上市出让及管理科学合理、自然资源监察监管更为有效、推动验收环节“多图合一”，实现自然资源科学管理。

4.2.3 转调（SA）结合，完善管理机制

以“转”和“调”为主要手段，优化土地利用年度计划、做好耕地保护、乡村规划，解决国土空间用途管制不严的问题，优化地质环境管理体系、完善生态修复和矿产管理体系，解决生态环境保护不够的问题，通过构建分层分级的控规编审和管理机制、深化开展城市建筑规划管理、完善市政交通规划管理体系、完善城市更新管理机制，实现管理体系优化、管理机制完善，坚守底线，为自然资源生态持续发展及美丽宜居公园城市建设提供保障。

4.2.4 减并放（EIE）齐下，优化审批流程

以“减”“并”和“放”为主要手段，制定规划和自然资源系统标准化工作流程与规则，探索“容缺办理”“不见面审批”“全城通办”等做法，推行“统一受理、分头审批、限时完成、信息共享”运行机制，推动“事前审批”向“事中事后监管”转变，深度推进立项用地规划许可、工程建设许可、竣工验收三个阶段改进创新，进一步压减审批时限、提高审批效率，优化国际化营商环境，内外联动，助力城市开放发展。

4.2.5 并调（IA）合璧，共享信息数据

以“并”和“调”为主要手段，通过“互联网＋”和大数据技术，建立统一的数据标准和坐标体系，形成规划和自然资源管理“一张图”。通过业务审批和管理深度融合，开展业务系统优化、调整、重构工作，推进信息平台对内对外的全面整合和集成，实现规划和自然资源信息全生命周期管理，解决信息不畅的问题，实现信息系统互联互通，对内对外信息共享。

4.2.6 业务融合实施步骤与保障措施

1. 四阶段实施步骤

成都市规划和自然资源业务融合的实施，需要有计划、分阶段地进行，确保业务融合的可操作性和可持续性。成都市规划和自然资源局将业务融合计划分四阶段实施。

（1）第一阶段，构建业务融合整体思路，做好顶层设计

成都市规划和自然资源局 2019 年 1 月挂牌成立之后，于 2 月组建了业务融合课题组，站在整体性治理的视角，通过对政策要求、国内外先进城市、行政相对人及成都市规划和自然资源局系统内部的需求进行深度调研和分析，3 月底确定了业务融合的战略定位、整体思路及实施计划，从顶层设计上确定业务融合的目标、手段及具体步骤。

（2）第二阶段，详细厘清内设机构职能职责，制定标准化工作口袋书及办事指南

第二个阶段则是在前期调研的基础上，分析交叉点和盲点，运用部门职能界定法，依法确定各处室的职能职责，分析确定核心职能及辅助职能，区分市局、中心城区局、非中心城区局与郊区（市）县局的职责、分工及下放事权，特别是郊区（市）县局与市局不对应的职能职责的厘清和确定。然后梳理对

外的权责清单，同时运用360度岗位职责分析法，确定各岗位职责，形成岗位说明书，最后形成对内的标准化工作口袋书及对外的办事指南，让机构人员和办事人员都能“一看就懂、一做就对”。该阶段计划在2019年5月完成。

（3）第三阶段，全面梳理业务流程，分解形成业务流程图

第三阶段的工作是全面的梳理规划和自然资源业务流程。首先优化工程建设项目审批流程，通过对经办处室和行政相对人的深度访谈调研，同时分析外部职能涉及的流程，查找出“堵点”、关键节点（MOT）及可以进一步优化的点，分解流程动作，运用网络图法，进行流程二次优化，形成“对外一张图、对内一套图”；然后全面梳理内部业务流程，包括横向维度的各处室业务流程的梳理，纵向维度的市局与各中心城区局、非中心城区局、郊区（市）县局的业务流程梳理，斜向维度的与外部机构流程关系梳理，分解动作，找出关键节点，形成业务流程全景图；最后全面开展系统内培训工作，统一认知、统一规则，针对中心城区和非中心城区的特殊情况，开展专项培训，以帮助其解决差异化的问题和难点，快速融合。该阶段计划在2019年7月完成。

（4）第四阶段，逐步完善信息化建设，打造国土规划一体化信息平台

在前期信息化水平的基础上，先做信息化建设的整体规划，然后在第二、第三阶段的成果基础上，进行动作拆解，分别形成内部系统及业务审批系统，并与外部相关系统进行对接和协同，通过建设—试运行—完善的循环，最终打造成为通畅、高效的国土规划一体化信息平台，实现业务融合的现代信息技术保障。该阶段计划在2020年12月完成。

2. 六方面保障措施

为解决前述所提业务融合的痛点，还需要配套6个方面的保障措施，其中已经配套的措施包括：一是全过程监督监管，一方面强化“双随机、一公开”监管，另一方面，健全信用评价制度，制定并实施4类诚信管理办法；二是加强党风廉政建设，监督督促全员廉洁守法，做好服务保障工作。急需配套的措施包括：一是坐标体系的统一；二是土地用途分类标准的统一；三是法律法规保障，如亟需积极推进《国土空间规划法》的立法工作，以及《土地管理法》《城乡规划法》等相关法条的修改完善；四是加强对直属机构和郊区、县局的专业人才指导和培训，提升专业能力，也解决上下职责界限不一带来的难题。

4.3　业务融合阶段性成果

4.3.1　职能职责融合成果

原市国土资源局和城乡规划管理局机关共设27个处（室）、16个局属事业单位，职能职责融合后共设有23个处（室）。第一，保留了5个业务处（室）和2个综合管理职能处（室）；第二，通过“并”的手段，融合形成了5个业务处（室）和4个综合管理职能处（室）；第三，通过“调”的手段，新增、调整形成了7个处室。

同时，在职能融合的前提下，通过新增13个职责事项，调整8个职责事项，下放15个职责事项，着力解决职责分散重叠、职责边界不一的难点。

4.3.2　流程融合成果

1. 业务管理流程融合成果

业务管理流程融合之后，由融合前的6大业务板块，变为7大业务板块；资源调查评价、空间规划编制、空间用途管制和自然资源确权登记4大业务板块名称发生改变，内涵扩大；之前相对独立的地质灾害防治、防护板块转变为生态修复与地质环境融入新的业务管理流程中；工程建设审批增加进流程链条中（图2）。

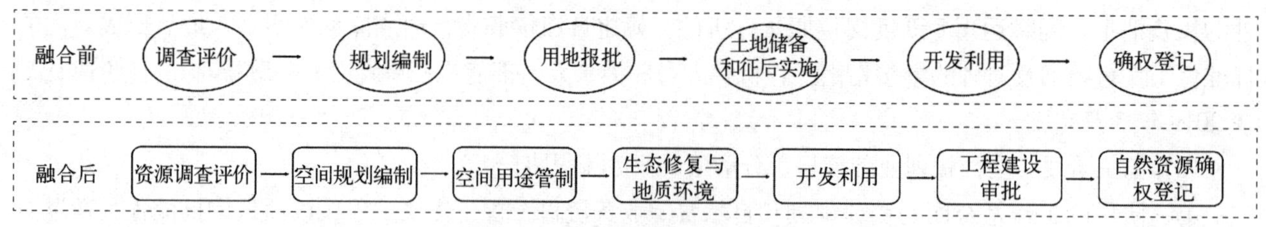

图 2 业务管理流程融合对比图

2. 审批流程融合成果

原国土和规划在融合之前，已经试点工程建设项目审批制度改革，截至 2019 年 1 月，已实现的改革成果如下（表 3）：

审批流程融合试点成果 表 3

序号	审批阶段	审批流程融合试点成果
1	项目生成	推行"16+"部门并联并行审查模式，督促相关部门限时（5 个工作日）提出建设意见，实现"一次性"生成建设意见，及时编制供地方案，确保项目落地。目前，已有 51 个项目通过了空间协调阶段的合规性审查，纳入项目合规库
2	立项用地规划许可	12 个审批事项共需提交要件 67 件，可系统共享要件 38 件，共享率为 56.7%。推行并联并行审批，实现了审批总时限控制在 13 个工作日以内（含市政府审批时间）
3	工程建设许可	工程建设许可阶段 13 个审批事项共需提交申请材料 40 件，去重合并后，精减到 21 件，精简率达到 47.5%；推行并联审批，实现了审批总时限控制在 18 个工作日以内（含规委会时间）
4	竣工验收	目前，已完成"多测合一名录库"建设，已有 40 余家测绘机构入驻，已开展了 6 个项目竣工阶段"多测合一"改革试运行
5	用地预审管理	将用地预审意见作为使用土地证明文件申请办理建设工程规划许可证
6	供后监管	探索将用地预审与规划选址、建设用地规划许可证与国有建设用地使用权批准合并，目前，已实现在"建管平台"上统一申请、部门并联审批、同步出具结果的并联并行审批功能合并

此次审批流程融合，实现了一张图绘制成都市原国土局和原规划局的所有审批事项和审批流程，下一步在规划和国土业务深入融合中，将通过减少交叉重叠环节、简化复杂环节，由加法变乘法，进一步实现审批环节减少、审批实现压缩，审批更加便利化。

4.3.3 标准融合成果

针对前述标准融合的难点，成都市规划和自然资源局通过多种方法和努力，已经找到行之有效的解决方案，建立了 4 类工作标准的统一、3 类技术标准的统一，并逐步地实施（表 4）。

标准融合成果 表 4

标准类别	序号	标准融合成果
工作标准	1	整合原国土、规划、农业、林业、水务等部门的土地、矿产、森林、湿地、水流、草原等所有自然资源基础调查、专项调查和监测评价职责，建立统一的调查监测评价指标体系和统计标准
	2	"双验（国土和规划验收）合一"，避免了办事群众多跑路的麻烦
	3	工程建设项目立项用地规划许可阶段，实行"统一受理、分头审批、限时完成、集中回复"的运行机制，实现"一份办事指南、一张申请表单、一套申报材料，完成多项审批"工作新模式
	4	统一业务管理体系，整合业务管理流程，协同工作方式和管理方式，实现业务深度融合
技术标准	5	规划编制：土地利用规划和城市总体规划纳入多规合一平台，协调差异图斑消除
	6	开发并运行"多测合一"管理信息系统。"多测合一"工作的实施，将实现工程建设项目竣工验收阶段"测绘机构统一、技术标准统一、成果数据统一、结果应用统一"测绘新模式
	7	使用统一业务信息平台，并与外部相关联的系统直接做集成或接入，消除信息孤岛，避免重复录入数据，信息不对称等导致的效率低下和信息鸿沟

4.3.4　创新成果

运用“转”和“放”，全国首创建设工程规划许可告知承诺制；通过“转”的方法，移动办公应用（含日常办公、土地调查、巡查监管等）已处于全国领先水平；运用“转”的方法，“以图管地”模式在全国属于领先水平；通过“并”的方法，邛崃分局不动产登记实施通窗受理，存量房登记实现最快两个工作日完成，全国前列水平，并试点了乡镇网上面签预审介入，减去办事群众路途奔波的麻烦，创新性地解决了乡镇群众的办事需求，提升了群众获得感。

5　结束语

本文在全面深化党和国家机构改革，推进国家治理体系和治理能力现代化，加强生态环境保护职能，完善自然资源和生态环境管理体制的背景下，在整体性治理理论的指导下，总结国内先进城市规划和自然资源管理业务融合的成功经验，结合成都市规划和自然资源管理业务融合实际，分析成都市规划和自然资源业务管理存在的问题以及业务融合的难点的基础上，重点研究了 EEISA 在成都市规划和自然资源管理业务融合过程中的创新实践，对成都市规划和自然资源管理业务融合已经形成的阶段性成果进行梳理和总结，对在业务融合的预期成果进行了展望。未来课题组将持续关注 EEISA 在成都及其他城市或地区的运用效果和经验总结。期望整体性治理视角下的业务融合 EEISA 创新实践，能为我国正在进行的机构改革、规划和自然资源业务融合提供借鉴和支持，能为成都市推进治理体系建设和治理能力现代化提供参考和帮助。

参考文献

[1]　Perri. Holistic government [M]. London：Demos，1997.

[2]　Perri，Diana Leat，Kimberly Seltzer，Gerry Stoker. Towards Holistic Governance [M]. The New Reform Agenda，Houndmills，Basingstoke，Hampshire：PALGRAVE，2002.

[3]　郑容坤．整体性治理理论的演进与意蕴探析 [J]. 行政科学论坛．2018，(11)．

[4]　广州市国土规委会．广州市国土规划委“五减一优”促改革，合并办理优服务 [Z]. 2018.

[5]　广州市规划和自然资源局．市规划和自然资源局持续推进不动产登记优化营商环境专项行动 [Z]. 2019.

[6]　上海市人民政府办公厅．上海市人民政府办公厅关于印发上海市规划和国土资源管理局主要职责内设机构和人员编制规定的通知 [Z]. 沪府办发〔2014〕40 号．2014.

[7]　上海市规划和自然资源局，上海市人民政府．上海市工程建设项目审批制度改革试点实施方案 [Z]. 沪府规〔2018〕14 号．2018.

新时代背景下疏解腾退空间管控方案研究
——以北京市通州区为例

张　健　李　梦*

【摘　要】新时代背景下，疏解腾退空间的高效利用对城市的高效发展起着至关重要的作用。本文以北京市通州区为例，梳理腾退空间类型，剖析腾退空间存在的问题，借鉴国内腾退空间管控策略，从土地类别、历史遗留问题解决、多主体开发、完善配套机制等方面，提出科学、系统、有针对性的管控与引导方案。
【关键词】存量；疏解腾退；非首都功能；管理方案

1　引言

三十多年来的快速城镇化发展和城市扩张建设取得了一定的成就，但是粗放式发展导致通州区增量土地利用潜力接近极限，进一步收紧了城市发展的约束条件。新时代的背景下城市发展需要新的空间秩序作为支撑。城市副中心的发展定位给通州区带来新的发展机遇，通州区城市发展的水平与质量、产业结构、社会结构都将面临质的提升，但由于生态、交通、能源供应紧张、用地结构和配置效率的不合理，土地资源已成为制约通州区发展的重要因素。因此，实施减量与存量规划，将土地利用方式由外延发展型转变为内生增长型来促进通州区整体发展势在必行。同时，城市副中心的发展定位要求通州区必须实施存量优化。在空间资源硬约束和减量发展模式之下，通州区需要考虑的不仅仅是向地上、地下拓展新的发展空间，更需要考虑的是城市发展重心转移到挖掘存量空间资源的发展潜力，优化配置与重组空间资源，提高空间利用的质量与效率，实现科学发展上来。

2　疏解腾退空间现状

2.1　总体情况

从土地利用现状角度出发，存量空间广义上指城乡建设已占有或使用的所有土地，狭义上指已占有或使用且具有二次开发潜力的土地，包括低效利用的土地、闲置土地、已批未建土地等。疏解腾退空间主要是指不符合城市功能定位的产业调整退出后的遗留用地。

通州区作为北京城市副中心，是调整北京空间格局、治理大城市病、拓展发展新空间的需要，也是推动京津冀协同发展、探索人口经济密集地区优化开发模式的需要，规划范围为原通州新城规划建设区，总面积约 155km^2，外围控制区即通州全区约 906km^2。本文所指疏解腾退空间是结合《北京城市总体规

* 张健，女，北京工业大学，教授，北京工业大学建筑与城市规划学院院长。
李梦，女，北京工业大学。

划（2016—2035年）》和《京津冀协同发展纲要》等相关战略指导性文件的要求，根据《北京市规划更新产业禁止和限制目录（2015版）》及《通州区规更产业的禁止和限制目录（2015年版）》等指导意见对通州区不符合首都功能定位、不符合北京城市副中心建设的产业调整退出后的遗留用地。906km^{2}范围腾退用地共118.76km^2，其中腾退为非建设用地78.86km^2，腾退再利用用地面积39.9km^2（图1）。

图1　通州区疏解腾退空间总量（截至2018年底）

2.2　疏解腾退空间类型划分

从目标导向与需求导向两个维度出发，对位北京市“国际一流的和谐宜居之都”发展目标，2020年的“主要功能区建设和承接中心城区功能疏解取得明显成效”，2035年“基本建成北京新两翼的一翼”的阶段目标，结合通州区城市空间的发展需求，按类型疏解腾退空间，为后续腾退空间的管控及再利用提供有效的基础数据。截至2018年底通州区已上账的非首都疏解腾退空间数量如下：

一般制造业腾退用地：分布相对零散，单个地块面积小，全区547家企业，占地面积3.41km^2。点状分布的一般制造业主要用于发展创新型产业，打造文创产业示范基地；集中分布的一般制造业腾退空间的再开发形式主要为建设集科、工、贸、住为一体，总部经济、研发创意和高端制造三轮驱动发展的复合型城市功能科技园区。

违法建设拆除地块：分布均匀，单个地块面积小，且形状不规则，空间灵活度高，全区31635个地块，占地面积39.25km^2。规模较大的违法建设用地用于城市公园、街道客厅、机动车停放设施（包括立体停车、地面停车等）；规模较小的违法建设用地用于口袋公园、迷你广场、街头绿地、健身场地、街巷微空间等。

有形市场腾退用地：分布零散，单个地块面积较小，且大多数位于老城区，全区59家，占地面积0.48km^2。规模较大的市场重点发展高端生活服务业、时尚创意产业、高端商务和配套商务服务业；农副市场距居住区较近，可优先保障符合区域定位的生活性服务网点建设和农副产品市场升级改造（图2）。

图2　通州区疏解腾退空间分类梳理（截至2018年底）

3　腾退空间现存问题

3.1　用地信息统计困难

在与各委办局及街道乡镇等进行腾退数据对接时发现，疏解腾退空间用地的基本情况复杂，数据类型和数量规模庞大，现有数据分散在规划分局、乡镇、街道办事处、市规土委执法队、区商委等各个部门。由于各部门的职责不同，其掌握的数据信息通常为与本部门相关性的数据，大量数据类型缺失，不能涵盖疏解腾退空间管控所需的用地权属、现状建设用地类别、腾退时间、规划用途、再利用方向等全部内容，并且表格所登记的信息与图纸及实际位置的出入较大。

3.2 土地权属关系模糊

通州区疏解腾退土地存在着产权不清、法律关系不明确等问题。我国是土地公有制国家，土地性质主要有国有和集体两种形式。受城乡二元体制限制，国有土地、集体土地的土地用途较为模式化，国有土地用于二、三产业即工业、服务业建设，集体土地用于发展第一产业即农业生产。随着改革开放后经济迅速发展，各类建设项目对土地的需求增加，当时对于建设用地项目的用地条件限制较宽松，因此许多企业为了降低投资成本，采取了挂靠、租赁等不符合法律规定的方式来进行投资建设，但是这些项目单位只是土地的使用者，土地的性质依然为集体土地，土地的所有人和土地的使用人不一致导致土地权属无法分清，法律关系不明确等问题。疏解腾退的国有用地存在一个厂区内有多个企业的现象，用地界限难以划分、产权关系较为混乱（图 3）。

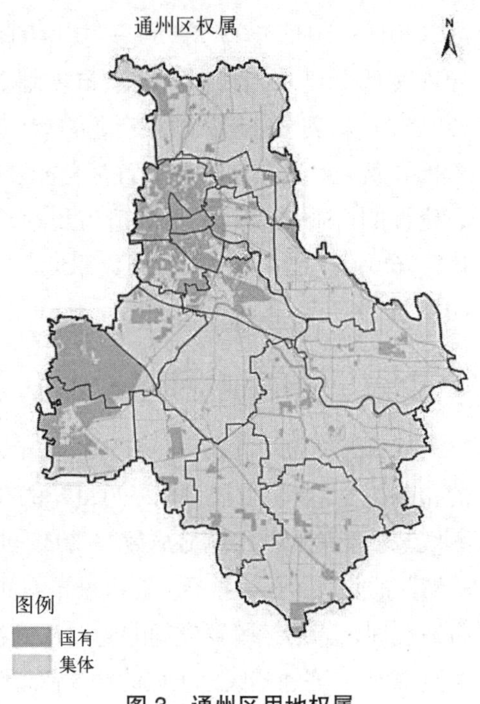

图 3 通州区用地权属

3.3 土地结构不合理

通州区的疏解腾退空间，存在着用地结构不尽合理，产业用地分散、发展定位不明确、集中度不够、效益低且缺乏项目支撑等问题。从城市副中心的发展定位来看，通州区城市发展的水平与质量、产业结构、社会结构都将面临质的提升，大量的工业用地必须尽快实现空间的存量优化。村庄内部的集体产业、农村宅基地呈现无序分布，村落处于膨胀蔓延状态。同时，通州区在城市快速发展过程中出现了土地利用结构失衡、城市功能结构不清晰、空间集聚效应不足，城市面貌与国际化城市差距较大，对人的生活需求、对城市精细化发展等考虑不够等问题，因此存量规划不仅体现在用地的集约，也要关注优质城市空间的打造。

3.4 缺乏实操性的规划编制

疏解腾退空间存在权利主体分散、产权关系复杂、经济利益多元、历史遗留问题众多等特点，交易成本高，开发难度大。现存存量土地政策尚不具备系统性、稳定性，多是以委办局向政府请示、政府签报及委办局发文方式发布。对存量土地的用途转换、强度提高等变更尚无完备的管控体系，导致疏解腾退空间再利用的约束和激励机制缺失。

4 管控策略借鉴

4.1 调查摸底和上图入库

广东在全省范围内进行了“三旧”改造地块上图入库工作，要求各地按照要求合理确定改造范围，将可实施改造的地块标图入库，作为享受“三旧”改造优惠政策的基本前提。浙江组织各地开展城镇低效用地及再开发潜力调查，查清了城镇低效用地的结构、数量、分布。江苏、上海也分别建立了全省（直辖市）工业企业用地调查成果数据库、历史遗留用地数据库等。

4.2　科学编制实施规划

广州、深圳等地普遍组织编制了城镇低效用地再开发专项规划，明确了改造利用的目标任务、性质用途、规模布局、时序安排和保障措施，并做好与控制性详细规划的协调衔接，统筹城市功能再造、产业结构调整、生态环境保护、历史人文传承，确保再开发工作顺利推进。在专项基础上，按照“突出重点、先易后难、分步推进”的原则，进一步制定了年度实施方案，落实改造项目。

4.3　厘清利益关系

创新改造模式，充分调动市场主体积极性。浙江通过完善土地增值收益分配机制，对收回、收购存量建设用地用于再开发的，在依法补偿的基础上给予原土地权利人一定奖励；同时推出差别化城镇土地使用税征管机制，实行分类分档的城镇土地使用税减免政策。上海针对土地收储模式下，原土地权利人积极性不高的问题，允许原土地权利人以单一主体或联合开发体形式，采取存量补地价的方式自行开发，并规定对于被收储后公开出让的工业用地，原土地权利人可以分享一定比例的增值收益。福建泉州实行土地使用权与经营权“两权”分离机制，如“源和1916”创意产业园，从原土地使用权人手中租赁厂房进行改造后重新出租，实现土地使用权与经营权“两权”分离和利益共享。形成多种开发模式，关于再开发实施主体，各地结合地方实际，积极探索政府收储、原国有土地使用权人自行改造、原集体经济组织自行开发、新引入市场主体改造开发、政府与社会力量联合开发、社会多方合作开发等多元化的开发模式（图4）。

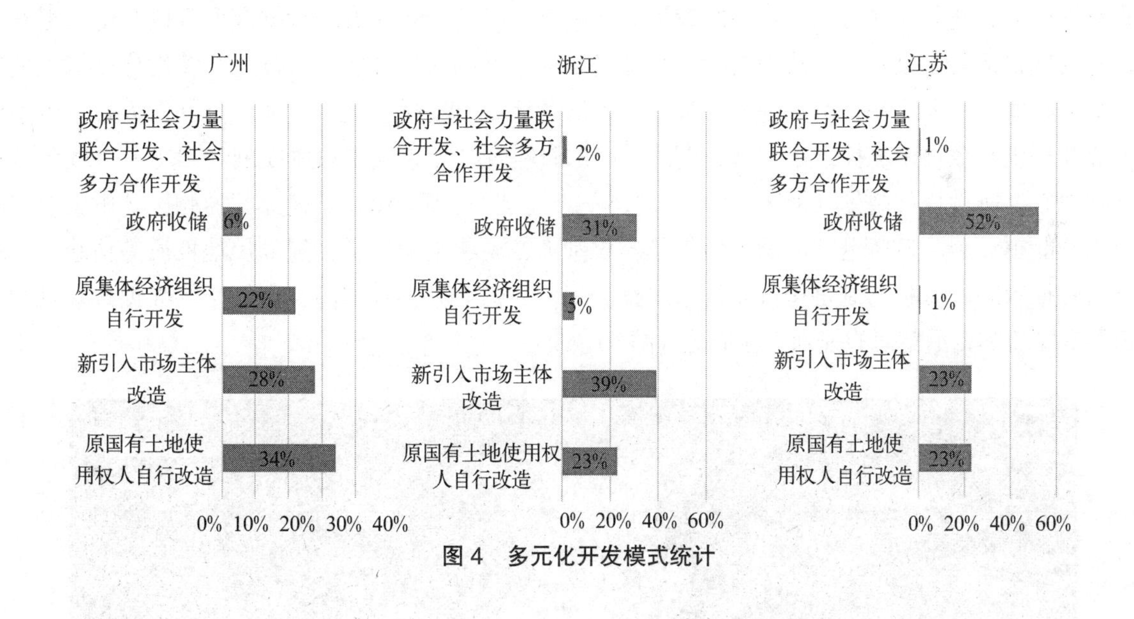

图4　多元化开发模式统计

4.4　完善政策激励体系

完善考核激励机制，充分调动地方政府的积极性。广东将“三旧”改造工作作为地级人民政府耕地保护责任目标履行情况考核的重要内容。浙江建立新增建设用地计划指标分配与存量建设用地盘活挂钩机制，根据各市县上一年度盘活存量建设用地规模，按照存量与增量3：1比例核定新增建设用地计划指标额度，激励地方积极盘活存量建设用地。各地城镇低效用地再开发土地供应有划拨、招拍挂出让、协议出让、租赁等方式，其中以招拍挂出让方式为主（图5）。

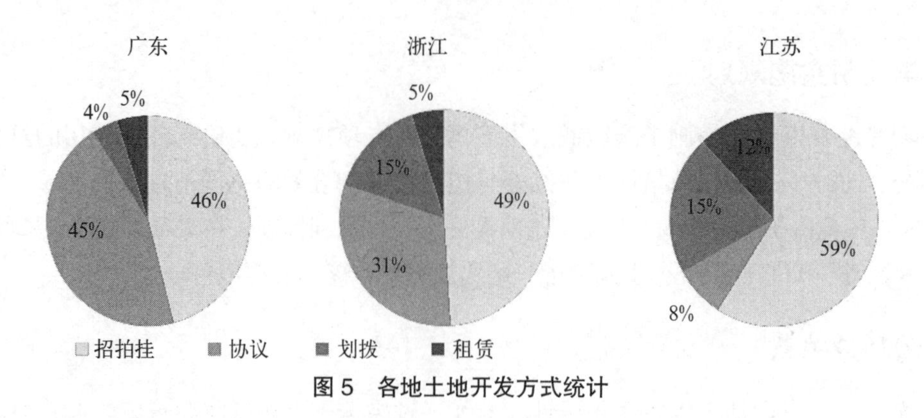

图 5 各地土地开发方式统计

5 通州区疏解腾退空间管控方案

根据通州区实际存在的问题，借鉴广州、深圳等城市的实施经验，通州区的疏解腾退空间管控需要将公共要素的“补缺”作为腾退空间再利用的前提，以《北京城市总体规划（2016—2035 年）》、《北京城市副中心控制性详细规划（街区层面）（2016—2035 年）》为基础，分析地区发展趋势，建立动检监测平台，摸清疏解腾退空间的“家底”，统筹平衡疏解腾退空间的利益关系，有序调整空间结构，完善配套体制机制。

5.1 建立动态监管平台

针对疏解腾退空间的用地信息统计困难问题，需要构建覆盖全区的疏解腾退空间数据本底库，形成统一的数据标准，建立了多部门、多领域数据共享机制。以科学、有效的数据获取手段及动态更新机制整合散落的城市运行基础信息，从而实时掌控疏解腾退空间的实施现状，智能化、精细化监测土地的使用人、交易时间、交易金额，产业情况等数据，对通州区统筹安排土地、产业、空间、人口、生态环境等各项资源提供有效技术支撑。本文结合调研收集的资料及《北京城市总体规划（2016—2035 年）》《北京城市副中心控制性详细规划（街区层面）（2016—2035 年）》规划图初步建立了通州区疏解腾退空间数据本地库，能够完善疏解腾退空间的土地权属、权利人、现状土地性质、规划用地性质等信息，为疏解腾退空间管控策略的分析与制定提供了技术支撑。下一步仍需完善多部门、多领域的数据共享机制，以便于全面掌握疏解腾退空间的规划实施情况（图 6）。

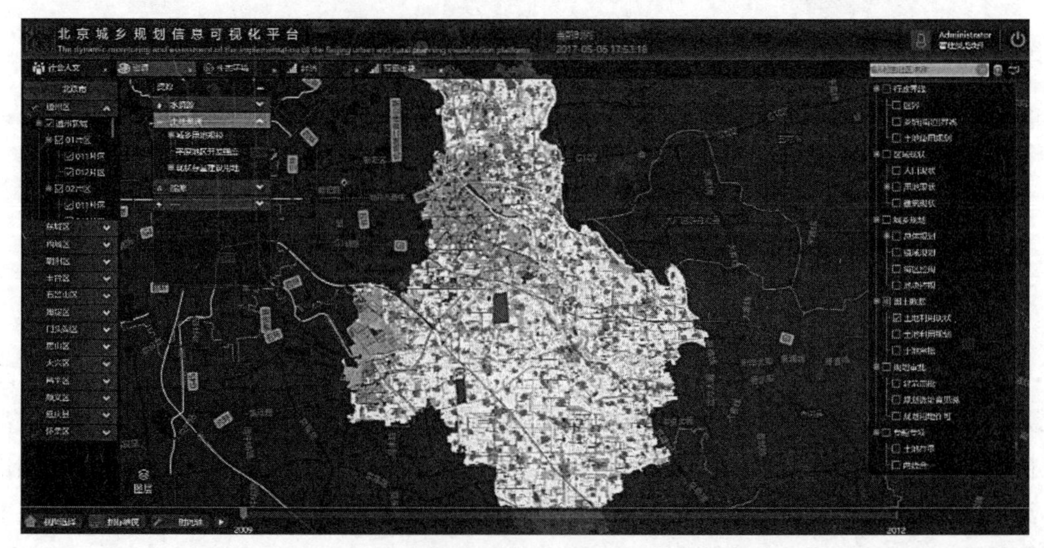

图 6 动态监测平台

5.2 统筹平衡利益关系

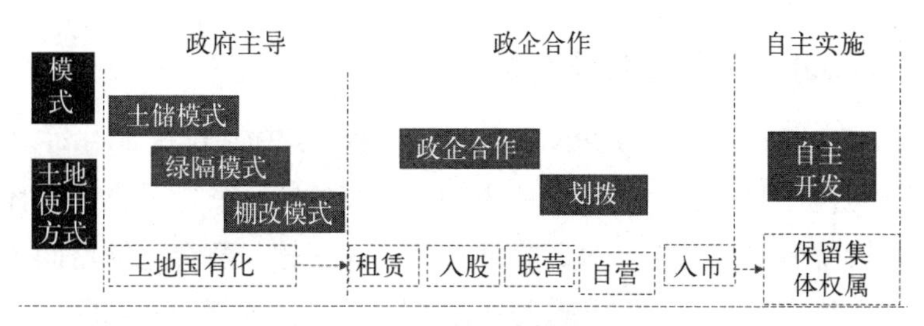

图 7 创新开发模式

由于存量土地的权属关系相对复杂，涉及的利益主体较多，在再利用的过程中需要平衡好各方的利益关系。目前土地空间释放主要采用成片综合开发为主、城市更新及土地整备为辅的模式，土地空间开发模式采用差异化实施土地供应、统筹化考虑土地开发的模式。结合通州区疏解腾退空间的现实情况，存量土地的再开发主要涉及土地产权人、政府、市场、农民集体及公众等几方面的关系。本文将疏解腾退空间分为国有土地和集体土地两种类型，提出政府主导、政企合作、自主实施三种实施方式。腾退用地落在集体土地上，需采用政府主导的开发模式，由政府收储后重新供地；腾退用地落在国有土地上，政企合作可采用政企合作的开发模式，如规划性质不变则不需要重新供地，如规划为其他商业用途则需要重新供地；保留集体土地权属的用地类型不用重新供地，采用企业自主实施的模式，补充土地出让金（图 7）。

5.3 有序调整空间结构

腾退空间的管控遵循立足长远、统筹考虑、优先补足城市短板、注重实施的原则，从通州区的总体目标和区域协调发展的需求出发，统筹制定规划，鼓励不同功能区域整体提升。腾退用地优先用于补足城市公共服务设施，完善城市功能。根据通州区的发展历史及北京城市副中心的功能定位将其分为老城区范围、副中心范围及乡镇范围，老城区普遍存在功能缺失、风貌散乱、服务缺失等主要问题，疏解腾退空间着重用于补充服务设施短板、便民设施。副中心范围为新建区域，内部划分了 12 个不同功能的组团，行政办公区后期着力推动基础设施建设，保障职工生产生活需求。文化旅游区发展旅游业及配套服务业，运河商务区发展高精尖产业。根据土地产权、自然地理现状、建设现状、规划愿景等要素，整合片区零散空间，副中心内宜以 12 个组团为依据，实施组团综合开发。台湖、宋庄、漷县等乡镇地区宜以乡镇作为实施单元利用疏解腾退空间推进特色小镇和美丽乡村的建设（图 8）。

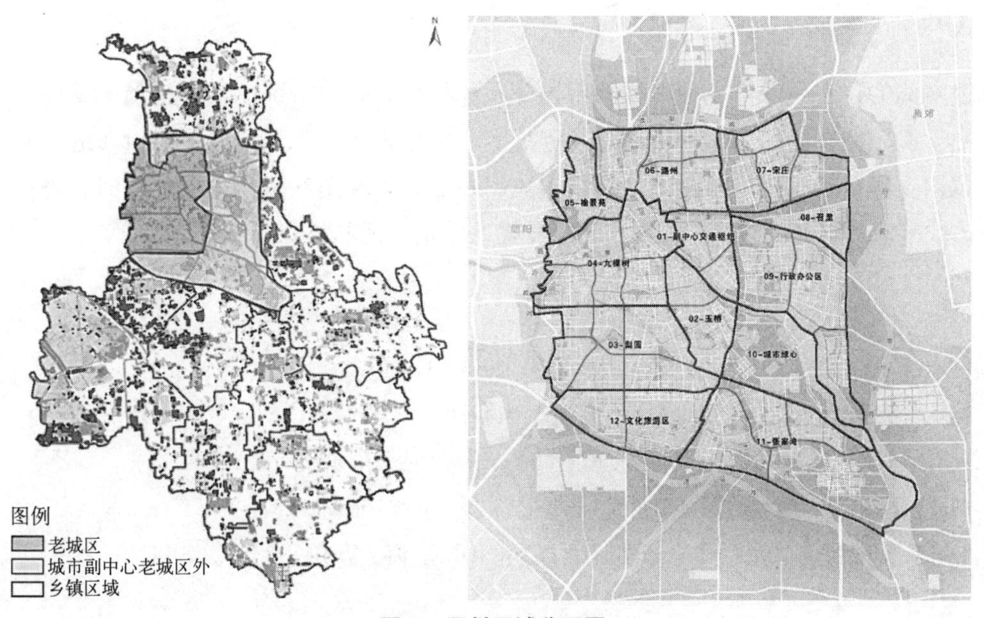

图 8 通州区城分区图

5.4 完善配套体制机制

针对土地产权复杂、历史遗留问题多，建成区土地分布零散、功能混杂，基于权利主体实施意愿强、土地控制和成片开发运营能力和效率高的特征，需要充分发挥市场主体的土地开发经营作用，运用综合手段统筹解决片区土地、资金、产业等问题，整合土地空间资源，释放更多、更高品质空间，完成通州区整体环境的提升。在政策体系方面，强化各部门协同联动，建立专家咨询和责任规划师、责任建筑师制度，在土地资源整理、产业发展政策、投融资体制机制、审批制度等重点领域率先进行探索，并且加强公众参与的工作机制，政府协同各级规划部门制定可操作性的实施计划及政策（图 9）。

图 9 通州区疏解腾退空间各方关系梳理

6 结语

疏解腾退空间的信息统计、土地权属关系梳理是挖掘疏解腾退空间的潜在价值的基础，合理编制科学的实施规划、制定完善的配套体制机制是统筹规划、利用好疏解腾退空间的关键步骤。新时代背景下新的城市定位需要进一步改变粗放的土地利用模式，在提升土地集约利用效率的同时，更合理地完善城市功能，补足城市公共服务设施、完善城市功能、提升城市生活品质。

参考文献

[1] 邹兵．增量规划、存量规划与政策规划[J]．城市规划，2013，37（2）．

[2] 赵燕菁．存量规划：理论与实践[J]．北京规划建设，2014（4）．

[3] 施源，王广洪，夏欢．存量发展时期深圳规划国土管理改革与时间[J]．城市规划，2019（1）．

[4] 毕继业，刘斌，天亮．国有企业自有低效用地开发路径浅[J]．中国土地，2015（7）．

[5] 邹戴丹，城镇低效用地在开发路径研究——以无锡市为例[D]．上海：华东政法大学，2014．

推进空间治理现代化的落地实施
——北京“后总规时代”国土空间规划的实践与探索

舒　宁*

【摘　要】在围绕生态文明建设的改革征程中，以实现空间治理体系与治理能力现代化为目标的新一轮机构整合与空间规划体系重构正在如火如荼地进行。本文在系统梳理国土空间规划与空间治理关系的基础上，着重分析了国土空间规划这一现代化的空间治理政策体系在我国的演变历程与基于当前诸多实践表现出的特点与问题，并提出了优化建议。最后，结合北京“后总规时代”开展的实施层面国土空间规划编制实践与创新理念，来进一步探讨空间治理现代化由理论层面走向落地实施的改革路径。

【关键词】空间治理体系；空间治理能力；现代化；国土空间规划

1 “国土空间治理现代化”是国家治理体系与能力现代化的基础

2013年11月，党的十八届三中全会审议通过了《中共中央关于全面深化改革若干重大问题的决定》，正式作出了“全面深化改革”的重大部署，这是我党在总结改革开放40年得失的基础上，审时度势，为建设富强、民主、文明、和谐、美丽的社会主义现代化强国而做出的英明决策。《决定》着重提出：“全面深化改革的总目标是完善和发展中国特色社会主义制度，推进国家治理体系和治理能力现代化。”可见，在全面深化改革的进程中，国家治理体系和治理能力现代化是改革目标的重要组成。

1.1 国家治理体系与治理能力现代化的内涵

“国家治理体系”是指在党领导下管理国家的制度体系，主要包括管理和规范国家政治、经济、社会、文化、生态文明和党的建设等各领域行为的体制机制、法律法规安排，是一整套紧密相连、相互协调的国家制度。“国家治理能力”是指国家各行政主管部门将各项制度付诸实践，并力求取得预期效果的能力。而“现代化”则在“全面深化改革”的时代背景下，“国家治理体系与国家治理能力”未来应达到的目标，即努力建立一套适用于新时代中国特色社会主义的优良制度体系和一个事权精简但行使有效的“好政府”，这也是实现国家改革目标的必要且充分条件。

当前，我国的改革开放已经历了40多年的风雨洗礼，在取得巨大成就的同时也付出了诸如资源过度使用、生态环境破坏严重等沉重代价。随着社会主义法治体系的逐步健全，近年来，国家各项事业发展更加有章可循，形成了一系列更适用于解决新时代我国主要矛盾的科学制度体系。然而，囿于长期以来形成的部门众多、事权模糊、程序繁杂等问题，政府的制度执行能力并不高效，导致好的制度实施不力，因此，如何在持续完善各项制度的同时切实提高政府的执行能力，是今后我们面临的重要课题。

---

* 舒宁，男，北京市城市规划设计研究院，高级工程师。

1.2 “国土空间”的治理体系与治理能力现代化是一项重要的基础性工作

国土空间[①]是政治、经济、社会、文化等一切行为的载体，国土空间治理体系也就是通过对国土空间要素（陆地、陆上水域、内水、领海、领空等）进行控制和有效引导的一系列制度安排，直接或者间接地影响政府治理、市场治理、社会治理等国家各个领域治理的过程与结果。因此，构建现代化的国土空间治理体系与能力对于全面深化改革，实现“两个一百年”的奋斗目标意义重大。

当前，国家组建自然资源部，统一管理国土空间内的全部自然资源资产，标志着在国土空间治理能力方面已较国土空间治理体系先行步入现代化进程[②]。这一重大举措彻底终结了过去涉及国土空间的多头调查、多头规划、多头管理，部门之间相互矛盾、相互掣肘、相互摩擦的局面，为在社会主义市场经济条件下更好地发挥政府作用，奠定了坚实的组织、制度基础。在另一方面，自然资源部的成立也反映出国家在新时期对于国土空间治理现代化的高度重视与殷切期望，这也更加彰显了国土空间治理在我国的基础性地位。

2 编制“国土空间规划”是实现“空间治理体系现代化”的重要手段

如前所述，自然资源部的组建标志着我国空间治理能力现代化的基础业已形成，目前亟待解决的问题主要在于空间治理体系现代化方面，即如何构建一套空间治理的制度体系。

2.1 空间规划是空间治理“制度体系”的集成

长期以来，我国针对空间制定的治理制度主要依靠空间规划，这主要由规划的本质属性所决定。如果对照美国政治学家戴维·伊斯顿（1917—2014 年）对政治过程的定义：“是对社会价值的权威性分配、重大公共利益的决策和社会重要利益的制度性分配”，那么，今天我国的空间规划显然应该被视为一种政治过程——空间规划是对空间资源资产进行配置的过程，在此过程中必须以制定科学合理的空间配置政策为手段，充分体现上与下多元权益主体的诉求，使得公共利益、部门利益和私有利益得到最佳协调。因此，空间规划作为一种政治过程，其本质任务就是通过政府引导、多方参与，针对国土空间制定一套兼顾多元利益，实现最优配置的综合性、协调性“制度体系”。

2.2 推行“国土空间规划”对于实现“空间治理体系现代化”具有决定性作用

在原有机构及事权未整合的时代，空间规划种类繁多，主要有针对城镇集中建设区治理的城市规划、针对城镇集中建设区外的村庄及非建设空间治理的土地利用总体规划、针对产业空间发展的产业规划、针对不同类型自然空间（林、水等）的林业、河流、海洋规划等。目前，在机构整合的有利条件下，各类空间规划将整合为统一的国土空间规划，这对于制定更为科学合理的现代化空间治理制度体系具有极为重要的意义。

对于空间规划与空间治理体系的关系，十八大以来相关中央文件提出了明确要求，十八届五中全会通过了《中共中央关于制定国民经济和社会发展第十三个五年规划的建议》(2016 年),《建议》要求，建

---

① 国土空间，指国家主权与主权权利管辖的地域空间，是国民生存的场所和环境，具体可以分为陆地、陆上水域、内水、领海、领空等。目前，国土空间的分类尚未统一。按照自然特征，国土空间可分为陆地（土地）、陆上水体（水域）、海洋、领空；按照立体分布划分，可分为地表空间、地上空间、地下空间；按照提供产品的类别划分，可分为城市空间、农业空间、生态空间和其他空间。

② 国土空间治理能力的现代化中，规划部门的改革转型仅为目标实现的必要条件，只有金融、财税等多部门协同改革发力才能实现终极愿景。

立由空间规划、用途管制、差异化绩效考核等构成的空间治理体系。十八届三中全会审议通过的《中共中央关于全面深化改革若干重大问题的决定》（2013年）要求，建立空间规划体系，落实用途管制，完善自然资源监管体制，统一行使所有国土空间用途管制职责。2018年5月8日，自然资源部党组书记、部长陆昊主持召开研讨座谈会，就自然资源部履行统一行使所有国土空间用途管制职责、实现“多规合一”构建国土空间规划体系等听取规划领域有关专家学者意见和建议，并在湖北武汉市调研时提出：“规划既不是城乡规划，也不是土地利用规划，而应该是国土空间规划”。2018年12月29日，十三届全国人大常委会第七次会议审议通过《土地管理法修正案草案》，《草案》第四条规定经依法批准的国土空间规划是各类开发建设活动的基本依据，已经编制国土空间规划的，不再编制土地利用总体规划和城市总体规划。

从国家语境可以看出，空间规划应为国土空间规划，可以替代原有的城市规划和土地利用规划，是构成空间治理体系与实现空间治理现代化的基础与手段。

3　我国“国土空间规划”的引入、发展、已有实践特点与完善建议

当前推行的国土空间规划看似是一种新的规划类型与新的规划思潮，但实则不然，我国政府和学界早已有“空间规划”理念，只是囿于国家发展阶段及部门分异等因素，使得这种规划理念的“先进性”难以在上一阶段各类规划的编制与实施中有效发挥。因此，为了更好地理解与编制符合当前发展阶段的国土空间规划，笔者尝试在回顾与分析我国空间规划引入意图与发展历程的基础上，总结当前规划转型已取得的进展与尚存在的不足。

3.1　国土空间规划在我国的引入与发展

3.1.1　“加强区域统筹、注重约束性管控、实现均衡发展”是我国引入空间规划的根本目的

空间规划这一专业术语来源于欧洲，它主要有两个用法，一个是欧洲治理体系的意义上，它并不是一个规划，而是作为一种国与国之间诸如交通、区域政策和农业等部门政策的协同机制和方法，促进欧盟各国对发展问题达成共识；另一个用法是指在国家治理体系的意义上，指特定国家和地区对空间发展和／或物质性的土地使用的管理，尽管各国具体的名称不同，但是具体到一国，“空间规划”就是我们所说的“城乡规划”或者“城市和区域规划”（张兵，2019）[①]。

我国引入空间规划这一术语的时间大约在20世纪90年代后期。随着改革开放和计划经济向市场经济过渡，我国经济社会发展中的空间失衡问题日益严重，这种失衡主要表现在两大方面，一种是地域失衡，如城乡差距和地区差距不断扩大；另一种是要素失衡，如大规模城镇化带来的耕地、林地、水体、草原等自然生态要素被侵占与破坏。为适应社会主义市场经济的发展需要，促进我国国土空间由失衡向均衡发展，政府开始意识到空间规划对于空间治理的关键作用，尤其要加强区域规划，改革总体规划，突出全域全要素规划与战略规划内容，从而提升政府的宏观调控、统筹协调能力，为此1997—2000年，建设部开展了“社会主义市场经济下城市规划工作框架”课题研究，提出建立“空间规划体系”；2001—2002年，国家计委规划司发动地方计委和研究机构，研究规划体制改革，为十一五时期及持续至今的规划体制改革奠定了理论和思想基础。

3.1.2　我国空间规划发展中的“城乡二元结构”

根据笔者的观点，我国的空间规划在发展阶段呈现了与别国不同的特点，即“城乡二元结构”。这主

① 在英国习惯上称为城乡规划（Town and Country Planning），德国和奥地利被称为空间规划（Raumplanung），法国被称为城市规划或国土整治（Urbanisme or Amenagement du Territoire）。

要是指在我国全面推行社会主义市场经济的历史阶段下，针对统一的土地资源，以城市为界，形成了两种不同使用导向且彼此制约的空间规划类型。其中，针对用于城市建设的土地资源规划主要由建设部门管理，编制面向发展的城市规划，主要包括战略规划、区域规划、总体规划、详细规划、城市设计等；针对城市建设区以外的非建设及村庄建设土地资源规划主要由以国土资源管理为代表的各类自然资源管理部门监管（管辖范围虽为全域全要素各类土地资源，但重点在城市建设区以外），重点针对耕地、林地、水域等生态资源编制以"约束性管控"为理念的保护类规划（土地利用规划、土地整治规划、林业规划、水域规划等）。

值得强调的是，在这一"城乡二元结构"中，笔者认为各类保护类规划更能体现空间规划引入的初衷，其中以土地利用规划贡献最为突出。1998 年 3 月 10 日，九届人大一次会议第三次全体会议表决通过关于国务院机构改革方案的决定，由地质矿产部、国家土地管理局、国家海洋局和国家测绘局共同组建国土资源部。其主要职能是土地资源、矿产资源、海洋资源等自然资源的规划、管理、保护与合理利用，其核心职能主要在耕地保有量及永久基本农田保护方面，通过严格的空间管理，如耕地占一补一、基本农田不得侵占，确保了两者在数量上不减少、质量上不降低，有效遏制了市场经济蓬勃发展时期城市建设区的盲目扩张。而城市规划方面，随着空间规划理念的引入也产生了一系列的改革，首先在规划类型上开始更加强调区域规划、战略规划、总体规划等宏观层面规划的统领地位；其次在对象上开始由城市转为城乡。这些改革虽然在一定程度上遏制了空间失衡，但是其重点规划对象仍然是城市建设用地，规划意图本质上还是服务于以土地有偿使用推动经济发展，为国家各项事业发展积累"第一桶金"。因此，彼时的城市规划改革总的来说是对国家生产力进行了更为均衡的分配，更好地为"保增量发展、保 GDP 增速"服务，这也是符合国家发展阶段的必然选择。

3.2 当前我国国土空间规划的特点

3.2.1 规划理念业已转变——由"粗放发展下的被动管控"向"主动管控下的精明发展"转变

国家不同的发展阶段需要与之相一致的空间治理理念作为支撑，作为空间治理的重要手段，任何一种空间类规划都体现了并服务于相应的时代要求。当前，中国特色社会主义进入了新时代，为实现"两个一百年"的奋斗目标，我国已经开始新一轮的全面改革，笔者认为其改革出发点主要在于两个关键词：绿色与高效。为此，国家首先开展了新一轮的机构整合，通过"合"来统一事权，提高政府治理能力；其次，推行了供给侧结构性改革、"放管服"、减税降费、优化营商环境等具体举措，从而实现了各类资本的统筹合理配置，切实提高各类产业的运行与产出效率。

站在历史转折的关口，我国的空间规划已从"城乡二元"实现了"城乡一体"，其规划理念已由"重城轻乡轻生态，粗放发展下的被动管控"向"城、乡、生态均衡协调，主动管控下的精明发展"转变，国土空间规划固有的"先进性"终将得到充分体现。

3.2.2 国土空间规划体系总体框架初步建立

2019 年 1 月 23 日，中央全面深化改革委员会第六次会议审议通过了《关于建立国土空间规划体系并监督实施的若干意见》。《意见》明确提出了我国空间规划体系的总体框架（图 1）——编制国家、省、市、县、乡镇五级国土空间规划，属总体规划层面（自上而下，逐级传导，逐级细化落实）；在特定区域或针对特定行业编制专项规划①；在市县及以下编制详细规划②。

由体系分类与定义可以看出，我国的国土空间规划总体框架继承了原有城乡规划体系和土地利用规

① 《意见》提出专项规划是在特定区域或特定行业，体现特定功能，设计空间布局的专门安排。

② 《意见》提出详细规划是依据国土空间规划，对具体地块用途和强度做出的实施性安排。

划体系的共同特点和各自优势，体现了较好的延续性。首先，总体框架确定的规划体系与我国现行行政管理体系相对应，具有较强的可操作性；其次，总体框架借鉴了城乡规划体系中控制性详细规划对于建设用地开发利用的强力约束作用与城市设计等多种专项规划对于城市形态等方面有效的引导作用。

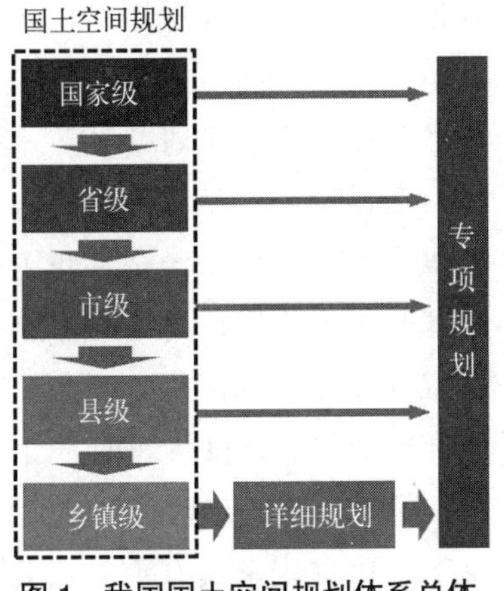

图 1　我国国土空间规划体系总体框架

3.2.3　*以底线管控为核心的宏观层面国土空间规划相对成熟*

为彻底解决空间失衡的问题，空间规划体系中的顶层部分必须先行改革。近年来，借助多个直辖市、副省级城市开始新一轮城乡规划及土地利用总体规划修编的机遇，国家通过试点等方式开展了一批特大城市的省市级国土空间规划编制探索工作，出台了《省级空间规划试点方案》；同时，结合 2014 年起先期开展的 28 个市县及以海南、宁夏等多个省域"多规合一"试点工作基础，我国的宏观层面国土空间规划已取得了大量实践经验，为改革的向下开展做好了顶层设计。

在规划编制的思路和重点内容方面，笔者认为宏观层面国土空间规划主要延续了土地利用规划"指标管控 + 空间约束 + 用途管制"的"基于现状规模与空间的刚性管控 + 底线划定"逻辑，这在 2017 年年初中共中央办公厅、国务院办公厅印发的《省级空间规划试点方案》的总体要求中得到较为明确的体现，《方案》阐明了"空间规划"的主要内容是"以主体功能区规划为基础，全面摸清并分析国土空间本底条件，划定城镇、农业、生态空间以及生态保护红线、永久基本农田、城镇开发边界，注重开发强度管控和主要控制线落地，统筹各类空间性规划，编制统一的省级空间规划"。

3.3　空间治理现代化背景下已有国土空间规划框架与编制实践的问题与建议

宏观层面国土空间规划编制逻辑与核心内容的逐步成熟对于解决因无序开发、过度开发、分散开发导致的优质耕地和生态空间占用过多、生态破坏、环境污染等问题具有重要作用。但是笔者认为，当前国土空间规划总体框架与基于传统土地利用规划思路开展的已有国土空间规划实践尚存在待完善的方面。

在总体框架方面：第一，依据《关于建立国土空间规划体系并监督实施的若干意见》，所谓的国土空间规划主要指总体层面，包括五级，而专项规划与详细规划从定义上并不属于国土空间规划。笔者认为，详细规划作为规划实施的核心依据，承担着生态文明建设等国家战略真正落地的重要任务，根据《意见》，在城镇开发边界内的集中建设地区，编制控制性详细规划；在城镇开发边界外的乡村地区，可根据需要以一个或几个村为单元编制村庄规划，作为详细规划。由此可见，《意见》并未明确要求详细规划实现全域覆盖，尤其对于非建设空间如何在详细规划层面管控没有表述。因此，笔者建议应首先在总体框架上将详细规划纳入国土空间规划，即国土空间规划应分为总体层面与详细层面，从而为详细规划编制的全域覆盖提供了依据。另外，建议有条件的地区可将乡镇级国土空间规划与详细规划一体编制，即将乡镇级国土空间规划的编制深度达到详细规划要求，从而精简工作流程、提高效率，同时也与《意见》提出的乡镇国土空间规划要兼顾管控与引导，侧重实施性的精神相符。

第二，应进一步加强国土空间规划编制中的"高质量发展理念"，将城乡规划的优势更好地融入现有体系。当前，在以生态文明建设为统领的可持续发展大背景下，更加强调以原土规的"保护理念"作为各级国土空间规划编制的核心逻辑是十分必要的。但是，对于实现"两个一百年"的奋斗目标，"保护"并非是充要条件，必须强调以"发展方式转型"为前提的"高质量发展"，而这方面并不是原土规所擅长的。笔者认为，随着城乡规划工作者已将视野拓展至非建设空间，未来可将全域全要素的"发展理念"更多地体现在国土空间规划中，其中，在国家、省级层面应加强城规所擅长的发展战略谋划、区域统筹协调、城镇体系与空间结构等内容；在市、区级层面应加强城规对于城镇集中建设区内发展的精细化指导内容；在乡镇级及详细规划层面应主要以城规既有成熟经验为主，实现对全域全要素的开发保护的有效指导。

在已有国土空间规划实践方面：第一，传统土规长期以分布极为零散的现状图斑（主要为城镇集中建设区外的村庄、道路、非建设用地）等同于规划图斑，造成规划欠缺对于资源要素的科学配置（以永久基本农田为例，规划未考虑未来的集中连片发展，应有的规模化生产效益无法实现）。笔者建议应逐渐树立非建设空间的规划理念，在摸清现状家底的基础上，结合地区发展战略、特色优势与“双评价”科学合理地对非建设空间内的山水林田湖草要素进行统筹规划，从而发挥出最大的效益。

第二，传统土规针对非建设用地（核心是耕地和永久基本农田）实行严格的空间管控与指标总量管控，这对于粮食安全具有重要意义，但是，对于发展机遇较强的地区则存在过于刚性的问题。以北京大兴国际机场及周边地区建设为例，为机场配套新建的大量道路交通设施难以避免地会占用大量耕地与基本农田，如按政策，每占用一宗基本农田必须报国务院审批，每占用一宗耕地需相应等面积、等质量的异地补充，虽然目前国家已出台了关于重大建设项目占用永久基本农田新政[①]以及以精准扶贫为目标的耕地指标跨地区占补平衡政策，但是对于规划调整仍存在程序较为复杂、周期较长的问题。因此，未来在下一层次的国土空间规划中是否可以在继续强化指标总量刚性管理的同时适当松绑空间管理，提高规划前瞻性与弹性，实现对原有程序的优化调整是一个值得探索的问题。

第三，传统土规对于非建设用地的用途管制存在排他性，刚性较强，已无法适应空间治理现代化的要求。一方面，现状客观情况中大量存在水与田、田与林、林与水相互交织的问题，短期内无法采用“非此即彼”的处理方式进行单一用途管制；另一方面，2013 年 11 月通过的《中共中央关于全面深化改革若干重大问题的决定》提出了“山水林田湖草生命共同体”概念，同时在《关于建立国土空间规划体系并监督实施的若干意见》中针对城镇集中建设地区提出以主体功能、混合用地为重要原则，促进生产、生活、生态空间有机融合。因此，笔者认为在未来的非建设用地用途管制中应进一步贯彻“生命共同体”理念，鼓励采用混合用地、复区的概念，强调规划区内的主导用途、各类用地的比例要求及负面清单，从而避免了大量的行政协调成本，同时实现更为科学的空间治理。

4 实施层面国土空间规划编制是北京“后总规时代”探索的重点方向

当前，北京市已进入“后总规时代”，这一阶段的工作重心为全面落实总体规划的各项要求。为此，自 2018 年起，北京市开始了实施层面的国土空间规划编制与探索工作。其中，根据时序安排，首先于 2018 年开展了除核心区外的全部区的区级国土空间规划（分区规划），目前该项工作已进入收尾阶段；其次以分区规划为基础，在 2019 年即将开展重点乡镇的乡镇级国土空间规划（镇域总体规划）及街区层面控制性详细规划的编制工作。

作为指导实施的重要依据，该层级的国土空间规划是否继续按照总体层面国土空间规划编制的已有经验或依据原城规和土规在这一层面约定俗成的内容进行编制是一个需要思考的问题。在《生态文明体制改革总体方案》（2015 年）中，明确提出“构建以空间规划为基础、以用途管制为主要手段的国土空间开发保护制度”，这意味着我国的规划体制改革把“用途管制”定位为“通过空间规划构建国土空间开发保护制度”的核心抓手。由此，笔者进一步理解，“用途管制”应该贯穿于各级国土空间规划中，尤其在

① 党中央、国务院明确支持的重大建设项目，军事国防类，交通类等占用永久基本农田的重大建设项目纳入用地预审受理范围。并要求严格占用和补划永久基本农田论证，严格用地预审事后监管，同时划定基本农田整备区，为补划预留空间。

实施层面工作中，对于指导具体的“国土空间开发保护”具有更重要的实际意义。因此，北京在新一阶段的工作中，工作团队重点在用途管制方面提出了创新理念。

4.1　在已编制的区级层面国土空间规划中划定“全域覆盖、刚弹结合”的用途管制分区

北京市区级层面国土空间规划是保障总体规划各项战略要求进一步在详细规划层面实施的重要桥梁，为更好地发挥承上启下的作用，本次区级国土空间规划用途管制制定了“全域覆盖、刚弹结合”的总原则，重点提出了“全域空间用途分区”概念。

针对建设用地，本层级规划主要基于传统土规用途分区进行优化完善，将建设用地按建设形态和大类用途分为城镇建设用地区、村庄建设用地区、战略留白用地区、有条件建设区、对外交通用地区、对外交通设施用地区和特殊及其他建设用地区 7 类用途管制分区。其中，创新性地提出战略留白用地区，即在规划城乡建设用地内选择位于规划战略要地周边、规划远期实施及未来使用方向尚不明确的部分地区（优先选择空地）暂划为留白区，保留规划用地边界，内部暂不给予规划用地性质和规划建筑规模（战略留白用地区内部如有现状建设，优先建议腾退换绿或暂按现状使用用途保留，不得扩建、改建），从而为国家级、市级重大项目选址建设预留空间。

针对非建设用地，经多轮协商，考虑传统审批要求，本层级规划仍依据各主管部门的现状地类图斑空间布局划定用途分区。在具体的分区类型上主要包括基本农田保护区、林草保护区、水域保护区、生态混合区和自然保留地 5 类。其中，基本农田保护区①、林草保护区②、水域保护区③、自然保留地④属于刚性用途分区，对于彼此之间存在矛盾的地块本次规划制定了相应的处理协调要求。生态混合区属于弹性用途分区，主要是指除规划建设用地、基本农田保护区、水域保护区、林草保护区和自然保留地以外的地区。在这一分区中鼓励农用地复合利用，积极开展植树造林，提高综合生态价值，提升农用地生态休闲、观光旅游价值；不得破坏、污染和荒芜区内土地；现状建设用地原则上应当逐步调整退出；严控占用区内土地进行非农建设，确需建设的应做好选址论证，满足耕地、林地占补平衡的相关要求。随着下一层次规划或专项工作的深化，生态混合区内应进一步强化规划引导，结合绿色空间体系构建和各类生态、农业功能的优化，细化明确主导用途，可逐步纳入林草保护区、水域保护区、基本农田保护区等其他用途分区中。

4.2　在下一步乡镇国土空间规划及详细规划编制层面提倡划定“全域覆盖的主导功能分区”

根据上文论述，笔者建议进一步完善乡镇级国土空间规划与详细规划的关系，以提高工作效率，即在北京中心城区外围的乡镇、乡镇级国土空间规划的编制深度应至少达到控规深度。另外，建立北京市控制性详细规划全域覆盖制度，将非建设空间正式纳入控规编制范围内；同时，调整完善北京市原有的控规编制层级，形成中心城区内外统一的“街区层面控规 + 地块控规”的“自上而下的传导体系”。其中，街区层面控规是建议改革的着力点，笔者认为按北京市地域特点划为两类改革区。

---

① 包含永久基本农田地块、基本农田整备用地，及为基本农田和生态建设服务的无法剔除的农村道路、农田水利、农田防护林、其他农业设施和农田间的零星土地。

② 以 2016 年度林地变更图中的一级林地、二级林地、生态公益林为基础划定，并补绘生态保护红线和平原区生态控制线范围内的林草地以及其他具有重要生态价值的林草地。

③ 河道、湖泊应按照划定的蓝线范围落实用地，水库水面以坝顶高程线为界定边界。原则上，蓄滞洪区应规划为水域用地，如结合各类公园、绿地等建设的蓄滞洪区则保持原有规划地类，不纳入水域保护区。水工建筑用地暂按照土地变更调查落实图斑，后续根据实际项目选址再行增补和动态完善。

④ 规划期内不利用或难利用、保留原有性状的土地，包括荒草地、沙地、裸地、盐碱地等。

一是优化中心城区和外围区县新城地区既有的街区范围，应将规划城镇建设用地周边的少量村庄和非建设用地纳入相邻街区内（图 2），从而实现“建设 + 非建设”全覆盖，同时，鼓励按照“生产、生活、生态三项主导功能”进一步细化既有街区或调整街区边界（图 3）。

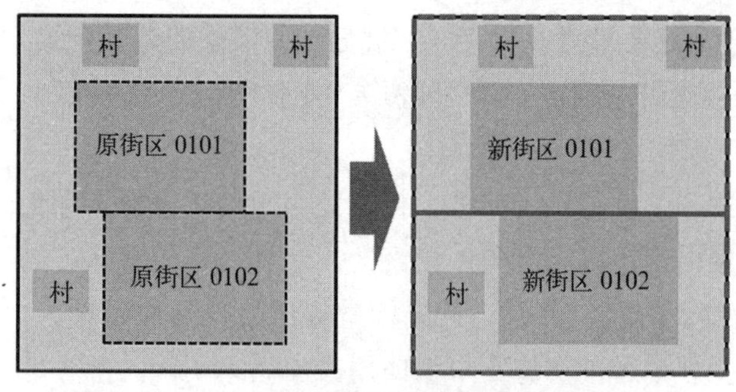

图 2　中心城区和外围区县新城地区既有街区范围优化调整示意图

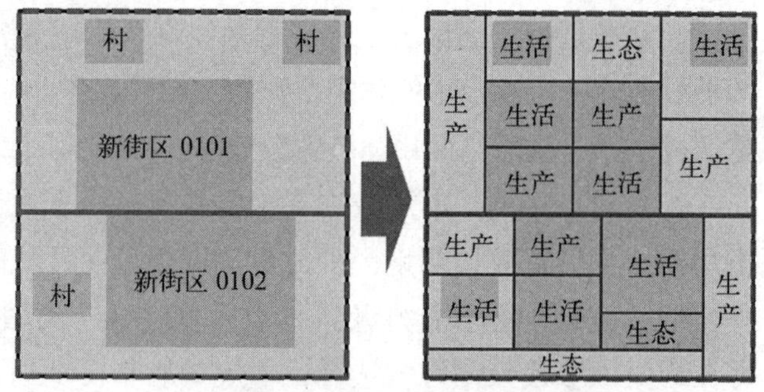

图 3　中心城区和外围区县新城地区街区细化示意图

二是在外围乡镇重点针对除镇中心区外的乡村地区按照生产、生活、生态主导功能补划街区。如在山区及浅山区乡镇范围内规划了等级较高的国家公园、濒危动植物保护区、水源涵养区等，应依据具体范围将其全部划为以生态保育为主导功能的街区；在平原乡镇范围内规划了以特色农业为主，供人们观光体验的园区，应依据园区范围将其划为以生活休闲为主导功能的街区；而对于现状耕地与规划永久基本农田集中连片程度相对较高、“双评价”中适宜耕作的地区应划为以农业生产为主导功能的街区。与此同时，进一步制定各主导功能街区的管制要求，如对于生活为主导功能的街区，可在街区内城乡建设用地配建上制定相对较高的比例要求，而对于生产和生态为主导功能的街区，该项比例应较低或禁止。在永久基本农田及重要林地等非建设要素保护方面，建议摒弃原有依据现状空间管控的思路，改为以全乡镇为规划单元、按内部不同街区规划主导功能统筹的思路，即永久基本农田等重要非建设要素的管控应秉承规划理念，可将现状零散分布的形态通过编制国土综合整治规划向以农业、生态为主的街区转移，实现集中连片的规划形态；未来，规划主管部门针对永久基本农田等的体检评估应主要依据规划单元内永久基本农田的数量与质量两项指标，只要规模总量未减少，质量未降低，则可以放宽现状空间布局的硬性要求。另外，这一系列改革也可应用于中心城区和外围区县新城地区非建设空间的规划中，同时，也有利于规划单元内占用部分现状耕地或规划永久基本农田的新增重大市政、交通等民生项目的规划审批与建设效率，对践行简政放权，进一步提高政府的空间治理能力具有重要作用。

5　结语

我国全面深化改革已经进入“深水区”，作为实现空间治理体系与治理能力现代化的重要手段，我国开展了全方位的规划体制改革，积累了大量宝贵的经验。北京作为我国的首都和特大城市，如何用好本轮规划改革的契机，寻求解决现有“大城市病”的出路，成为政府和规划工作者需要思考的重要课题。为此，已批复的《北京市城市总体规划（2016—2035 年）》已在总体层面为北京的转型发展制定了现代化的空间治理政策体系，为贯彻落实总规精神，北京市将在实施层面国土空间规划的编制中继续开拓创新，扎实推进生态文明建设，为实现“两个一百年”的奋斗目标提供“北京经验”。

国土空间规划及管制策略的国际经验启示
——以日本、英国、美国为例

赵勇健*

【摘　要】国家机构改革将国土空间规划事权统一到自然资源部，并逐步建立国土空间规划体系，明确了国土空间治理现代化改革的基本方向。本文从空间管制的相关国际研究出发，进一步以日本、英国、美国的国土空间规划体系与管制策略为例，梳理并比较了国内外空间规划体系的主要内容，探讨总结了相关国际经验；同时，展望了我国国土空间规划改革的基本方向，希望对我国国土空间治理现代化改革的探索有所启示。

【关键词】国土空间规划；空间管制；国际经验；对比分析；规划体系

国土空间规划以生态文明体制改革、完善自然资源监管体制为出发点，将国土空间用途管制和空间管制作为实施重点，同时聚焦全要素资源管理和空间边界控制。“国土空间规划”虽是新事物，但并非无源可寻，一方面其发源变革于已成熟的国土、城乡、主体功能区、生态保护规划等规划体系，以用途管制为施策重点；另一方面，从国外规划理论探讨和具体实践来看，很多国家规划体系已不仅局限于传统意义的土地用途规划，而更多地聚焦于国土空间全要素管理和社会治理，构建了较为完善的、符合本国国情的国土空间管制体系，如美国以成文法和增长边界为主的空间管理、日本全域管控的国土空间体系、英国多层级的、以用途管制为主的城乡空间规划体系等。总结梳理相关国际研究和实践经验，对比我国已有的规划体系，有助于探索符合我国国情的国土空间管制策略，深入思考国土空间规划体系构建的相关问题。

1　空间管制策略的国际研究进展

1.1　土地用途管制的相关研究

国际上土地开发、区划管理、城市边界等方面是土地用途管制研究的集中点。针对土地利用管制和居住区建设的关系，Christopher 等人研究发现土地用途管制能够明显降低住宅开发建设活跃度，并推测持续的土地用地管制政策能减少 45% 的住宅增长和 20% 的价格波动。Katharine 等人研究规划明确划定的湿地区域对土地利用变化率和居住用地增长量的影响，并得出管控边界明确的湿地区，明显降低了生态用地变为居住用地的速度，但却没有降低社区居住面积总量、住房密度，也就是说空间管制在控制用地扩张的同时，没有阻碍人口和经济增长。Erik 等人研究了土地用途管制和森林保护政策在为居住区提供开放空间方面的作用，研究得出开放空间的保护得益于森林保护政策和区划单

* 赵勇健，男，北京市城市规划设计研究院，工程师。

元最小规模限定的结论。

1.2 用地规模管控相关研究

国际上用地规模管控的重点集中在建设用地规模的控制和用地需求量预测等方面，以模型构建为主。国外学者研究梳理了英国规划许可制度、“绿带”控制和日本将土地划分为建设区与建设控制区的管制方法；国外从 20 世纪 70 年代开始研究土地需求预测方法，建立了较为完善的理论和方法体系，比较具有代表性的有 GIS 与土地调查相结合的方法、生长曲线模型、元胞自动机模型等。

1.3 空间边界管控相关研究

城市增长边界（UGB）管制是空间边界管制的典型手段，是一种控制城市蔓延的城市增长管理手段，最早在 1958 年美国提出并得以应用，国外学者对其研究较为充分，从理论内涵、方法创新到政策实施、实证研究丰富成果，同时 UGB 的经验还得到了各国学者和政府的广泛借鉴。

美国学者对城市增长边界的影响、理论模型研究较多，尤其是 20 世纪 90 年代以后一批从经济理论出发研究增长边界的最优模型、划定及其影响的理论，如最优动态模型、最优城市增长边界、复杂城市模型等。有学者认为城市增长边界提高了中心城区开发密度但无法阻止外部农村低密度蔓延，也控制不了城乡接合区的土地市场开发加速。

1.4 总结

国际上国土空间的空间管制研究成果丰富，在管制理论、管制体系探索和管制手段上研究较多。研究多以空间管制绩效评价为主，一方面建立政策绩效影响模型，利用数据统计分析得出空间管制对城市增量的控制；另一方面从政策角度出发，研究管制手段和具体政策机制，同时越来越多地讨论“管治”问题，即大都市区管治、多元利益协调机制手段等。在建设用地管制方面形成了一套体系手段，基本分区管制为主，主要手段有从用地性质出发的分区管制、从城乡角度的管制和从建设非建设角度管制。

2 国土空间规划的国际经验借鉴

2.1 日本国土空间规划与管制策略

2.1.1 完备协调的国土规划体系

日本在相当长的时间内受到城市空间过度极化的困扰，但通过日本完善、协调的空间管制体系与法律，将除东京都外的区域，城乡国土空间矛盾控制在合理状态。日本的空间规划体系由国土规划、区域规划和城市规划三个层级，各层次规划自上而下垂直管理，分别应对不同的空间对象（表 1）。前两种规划由国土厅负责编制，后一种由各城市编制，三个规划从宏观到微观将国土空间的发展策略、指导方针和建设实施措施囊括在内，形成完备协调的空间管制体系。

战后日本进行了五次“全国综合开发规划”，每次有不同的目标和实施策略，一定程度上在不同时期促进了国土复兴和区域社会经济的均衡发展。在地方，土地利用的基本规划首先根据国家层面国土规划进一步明确土地利用的类型与功能，将土地分为城市、农业、森林、自然公园和自然保护区 5 种土地利用类型区进行用途管制，并颁布法规和相关办法进行指导。

日本空间规划体系及其法律法规　　表 1

	相关规划和措施		法律法规
国土规划	全国层面规划		土地利用法
	国土综合开发规划		土地基本法
	地方层面规划		
	土地利用基本规划	城市地域	城市规划法
		农业农村地域	农用地促进利用法
		森林地域	森林法
		自然公园地域	自然公园法
		自然保护地域	自然环境保护法
区域规划	都市圈整备规划		都市圈整备法
			近畿圈整备法
	地方开发规划		北海道开发法
			东北开发促进法
	特殊地区开发规划		地开发地域工业促进法
	集聚地域开发规划		新产业都市促进建设法
城市规划	城市化地区和城市化促进区		建筑基准法
	地域地区		聚落地域整备法
	促进区域		城市绿地保护法
	促进空置土地利用区域		古都历史风貌特色保护法
	城市设施		新住宅地区开发法
	城市开发项目		新城市基础设施建设法
	城市开发项目预定区		土地区划整备法
	地区规划		生产绿地法

资料来源：作者根据相关资料整理

2.1.2　*以政策为主的土地用途管制*

日本土地利用规划中的空间管制主要由管制分区、法律法规、管制政策组成，划定明确分区的同时制定相应的政策法规是国土管制得以实现的重要保障（图 1）。土地利用规划中的分区管制重点在城市规划区，以防止城市蔓延为出发点。土地管制把城市规划区分成城市建设区和城市调整区，城市开发建设只允许在城市建设区内，从而实现有计划有步骤地发展城市。运作管理上讲，日本对城市空间的管制主

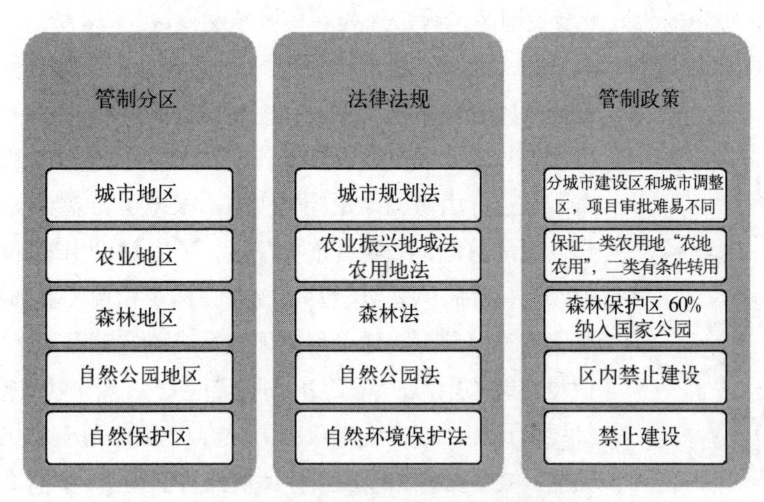

图 1　日本土地利用规划中的空间管制

资料来源：作者根据相关资料整理

要有三方面，分别为：城市规划、公共设施规划和开发计划，其中城市土地利用规划与国土规划中规定的分区与规划性质保持一致，是城市规划的核心内容，也是空间管制的关键。

2.2 美国规划体系与空间管控手段

2.2.1 美国规划体系概况

美国城乡规划主要有三类：综合规划、区划法规和专项规划，美国联邦制的国情，决定了其规划体系在联邦政府和州政府的层级性和差异性。联邦政府制定的规划法规对美国各级政府具有约束效力，但土地用途与区划管制只能控制联邦政府的土地；州政府通常将土地管制权力下放到各级市、县政府。

综合规划是关于地区社区发展、土地开发、公共设施、基础设施、相关财政预算等方面的综合性发展规划，通常是基础设施规划、经济发展规划、增长管理规划等各方面的综合；区划法规是美国政府进行城市土地开发和管理控制的主要规划，区划法规制定了土地性质、使用强度、开发密度等问题；专项规划是针对某一特定领域、内容的规划形式。

美国针对国土空间进行管理、控制城市蔓延的主要手段集中在城市增长管理、区划管制方面。城市增长管理手段以通常熟知的增长边界管理（UGB）为代表，是从环境和公共利益保护出发的引导控制城市土地开发、资源保护的行为，具有动态性、协调性和平衡性等特点。区划管制通常以生态自然资源为前提，对城市、农村、郊野、生态等空间进行划分与平衡。

2.2.2 城市增长管理的主要手段

（1）设施配套与基础设施引导政策

城市增长管理中对土地开发项目进行公共设施配套和基础设施建设要求，如相应配套标准的公共设施、TOD 开发要求等，是城市增长管理政策的显著特征。足量公共设施要求是指新的项目开发时，必须保证足量的道路、管线、学校等配套设施健全才可开始项目，如华盛顿州要求下级政府在开发许可前须确定具备足够的公共配套设施，达到要求政府才能审批许可证。

（2）刚性区划政策

总量控制。总量控制是指通过“量”的控制，如限制建设开发量、人口数量、开发密度等措施，达到管理地区发展速度的目的。如美国科罗拉多州在 1976 年通过市民投票，确定了一项限定建筑项目的规则，在五年内每年只能批准 450 个建设项目，使人口增长率不超过 2%。

绿带（Green Belt）。最初英国的大伦敦规划提出，通过绿带的构建，控制城市土地开发的边界，绿地内土地由政府买下，绿带内为城市增长地区，绿带外为农村城镇建设区。

城市增长边界（Urban Growth Boundary）。城市增长边界是城市增长管理的有效手段和方法之一，是为了区分城市开发用地和需要保护的农村、开敞空间用地，在城市周围预先划定的城市增长界限，有人认为是农村和城市的界限（表 2）。城市增长边界由俄勒冈州最先实施，根据发展需要预测未来一定时期内的建设用地总量，划定城市增长区，所有建设用地的增长均需要限制在界限以内，界限以外只能发展农业、林业和重要基础设施等。由于城市发展速度难以预测、建设用地规模难以确定等因素，增长边界的确定和维护往往较为困难。就 UGB 划定而言，一般至少需要考虑城市和区域人口规模预测、城市生态承载力评价、城市经济发展速度和阶段用地规模预测、城市灾害和地质条件评估四方面因素，同时综合考虑经济、社会、土地、生态、地质等方面的条件和因素综合确定（图 2）。

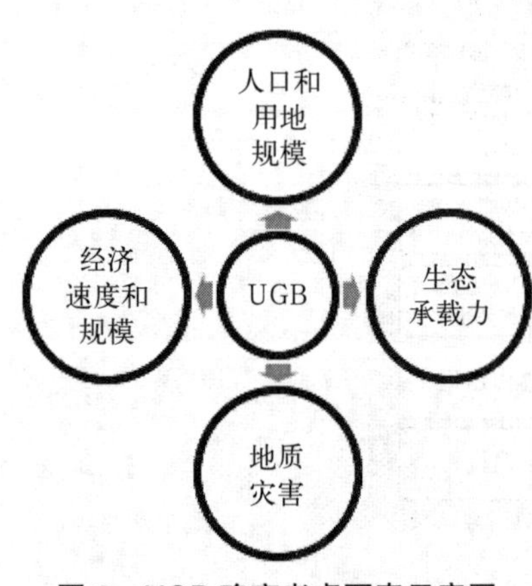

图 2　UGB 确定考虑要素示意图

城市增长管理主要手段　　　　**表 2**

	手段	内容及配套政策
区划类	分区分期管理	控制开发区的公共设施位置和密度，控制土地增长
	成长管制区	不同地区划分为不同类型的成长区划
	城市增长边界	划定城市增长边界，城市只在边界内增长，在内提高密度、用地混合度和效率
	郊区边界	郊区村庄、绿地、农用地保护边界
	绿带控制	城市周围绿带，控制城市增长
	开发权转移	开发权转移到适合开发地区进行建设活动
政策类	公共土地征用	政府购买具有保护作用土地的开发权
	总量控制	限制片区开发密度、住宅开工量、人口
	基础设施与配套设施引导	引导基础设施布局和位置，要求基础设施和配套公共设施达到一定要求才允许继续开发建设

资料来源：作者根据相关资料整理

以美国波特兰市为例，在 1995 年划定城市增长边界之前，规划进行了人口预测（预计 2030 年市区内人口达到 300 万人，就业岗位 215 万），在此基础上提出“向外发展”“向上发展”“卫星城市”（图 3）三种方案，并综合分析了其区域环境、自然资源、交通和公共服务设施影响，以供市民讨论，经过综合评估与市民讨论，最终确定耗费土地最少、相对环境污染程度小的方案，即“向上发展”方案。

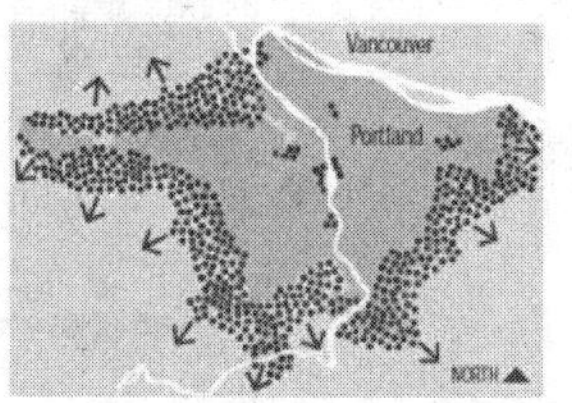

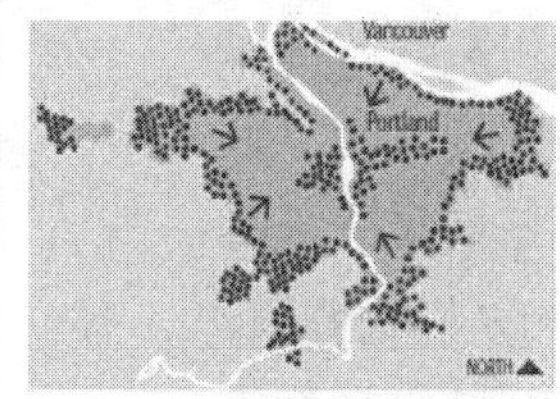

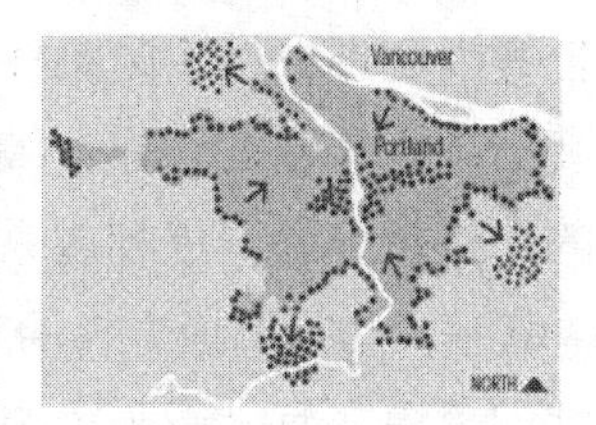

图 3　波特兰城三种区域发展方案

资料来源：Metro Council Regional Governance & Growth Managment Portland，Oregon，1995

（3）分区差异管制政策

分期分区发展政策。分期分区发展政策主要通过控制开发区的公共设施的位置和开发时序来控制土地开发，同时也将土地用途、开发类型和开发密度的不同政策和限制进行区分控制。

开发权转移。为了限制某区域的土地开发，将开发权与土地所有权分离，开发权可以转移到适合开发的区域，另外还有开发权购买，政府通过购买某些区域的开发权，但土地所有者可继续享受土地所有权，建设活动受到限制。

2.2.3　区划管制方法

区划管制以重要自然资源和生态敏感区为基础，划定发展区、限制发展区等内容，并制定相应规则与法律。华盛顿州增长管理法规定规划师在确定城市发展时应先对自然资源保护重要性较高的区域分类，如湿地、林地、海岸、农地和矿地，在此基础上进行规划编制；有的地区还确定了自然资源保护网络政策，如俄勒冈州实施农村保护激励计划，针对“何种农村景观资源应该得到保护”展开了大量研究，以自然廊道为代表的开放空间保护措施，是一种重要举措，廊道包括了自然资源、人工自然基础设施、生态基础设施等。

强调对发展的引导。在划定限制发展区之后，“增长管理法”在最适合发展的区域引导增长，如新区、基础设施完善的郊区。城市只允许在限定范围内发展，所带来的是对开放空间的保护。

相应法规手段。城市增长管理需要考虑城乡协调、可建设和不可建设的协调，在制定保护策略时必须考虑发展和不可发展问题，相应的法规可以使城市建设向适合发展地区引导。

2.3 英国国土空间规划与管理

2.3.1 城乡空间规划体系

英国开始的新一轮的城乡空间规划重新界定了城乡规划空间层次和管理体制，跳出了传统的只关注土地和空间的立场，开始更多地关注人、村庄和生态郊野空间。

从理念层面更加关注农村的发展和诉求，在规划体系中将农村纳入“国家－区域－地区”三级规划体系，在地方一级提高了规划的协调性和参与性。首先，从操作层面，新的空间规划体系将农村纳入核心位置。新的空间体系成果内容组织灵活、可操作性强，除核心政策外，生态评估报告等内容可根据实际条件和发展需求编制；其次，有一套动态修缮制度，除在编制阶段的“审查员制度”在内的严格审查外，规划成果每年需进行回顾、审查和调整；第三，其强调地方自治和多机构协调，打破行政区划和部门界限，要求政策内容的呼应和实施协调性（表 3，图 4）。

由此可见英国空间规划不再刻意区分城乡空间，而是针对不同地区发展阶段和目标，尤其是城乡集聚形态和人口分布情况，采取差异性发展手段，实现建设区和生态区的协调发展。

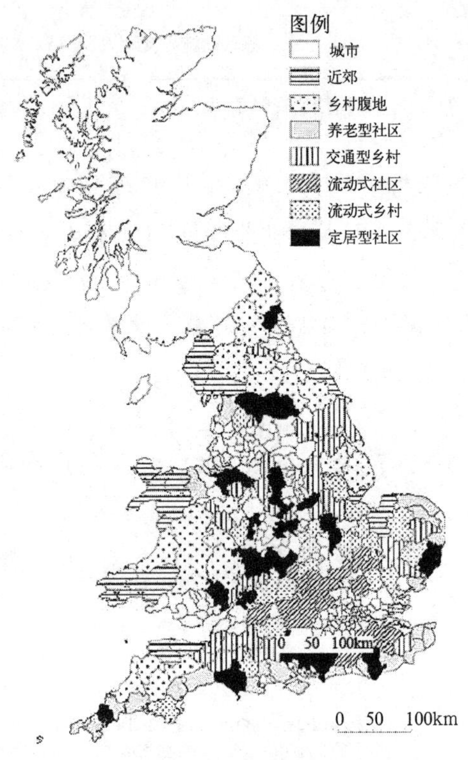

图 4 英国农村类型区划图

资料来源：Lowe P，Ward N. Rural Futures：A Socio-geographical Approach to Scenarios Analysis，Position Paper for Regions and Regionalism in European Beyond[J]. Institute for Advanced Studies，Lancaster University，Lancaster，2007

空间规划体系与农村的特征对应研究 **表 3**

空间规划体系的特点	农村特征
灵活的内容组织	多样类型、有限资源
持续的调整修缮	相对较小的尺度、强调机动性
地方政府自治和多方合作协调	薄弱的管理基础、责任的破碎和缺失

资料来源：吕晓荷．英国新空间规划体系对农村发展的意义 [J]. 国际城市规划．2014

2.3.2 国土空间规划管理机制

英国《城乡规划法》规定土地使用、土地开发和土地性质的变更必须获得政府批准。英国土地规划体系分为四级，分别为中央政府规划、大区政府规划、郡规划和市规划，各级政府制定相应本级的土地利用规划，其中市级土地利用规划最具体也具有更大的权力。市级规划重点在于对土地开发的引导和控制，规定了用地类型和建筑物本身的用途和特点，对土地转让、地价等没有规定。

英国没有统一的土地管理机构，一系列机构分别行使土地管理的相关职权，共同管理土地利用（图 5），主要机构有副首相办公室、环境食品和农业部、林业委员会和司法部四个部门，每个部门的具体事务不同。副首相室负责城市住房、城市发展、规划和其他综合性事务，环境食品农业部负责农用地管制、农村发展相关事务，林业部门负责林地管理，司法部下属机构负责英国土地所有权的审查登记、过户等工作。

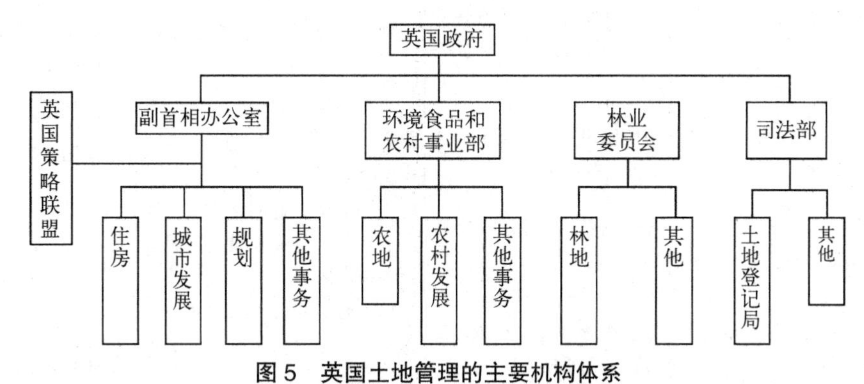

图 5　英国土地管理的主要机构体系

资料来源：王晓颖．英国土地管制经验对完善我国土地制度的启示[J]．西部论坛，2011

3　比较与经验借鉴

3.1　国土空间规划的国际比较

深入比较国土空间规划管制策略的国际研究和规划体系可以看出，国土空间规划体系因国情和政府机构设置而异，并没有统一的规则，管控重点基本集中在用途分区和边界管控上（表 4）。

美国形成了较为完善的从控制规划、区划法规到发展规划、专项规划的规划体系，空间管制手段以区划法等成文的控制规划和城市增长边界为主，同时建立在基础设施引导、开发权转移、容积率补偿等一系列政策之上。日本历次国土空间规划经历了由增长导向到发展导向、由空间安排到国土管控的过程，规划管制重点也由空间和功能逐渐向全域的国土利用管制转变，形成了包含国土规划、区域规划和城市规划内容的体系，以城市开发计划、地方开发管制、促进区等区划划分等空间管制手段为依托，构建多层级多类型规划体系。英国建立了由国家到区域再到地区的三级规划体系，从规划类型上以城乡发展规划、农村农业规划、环境生态规划、土地规划为主，空间管制策略将土地利用分区、空间规划分区等内容作为重点。

我国已形成多类型、多层级、多部门管理的规划体系，但现行空间规划在行政体制“条条分割”与“条块分离”的状态下，多规冲突、事权矛盾等问题较为突出。我国与国土空间用途管制、生态保护修复关系较为紧密的规划主要有国土规划、城乡规划、主体功能区规划、土地利用总体规划和土地整治规划等规划，规划管控重点不同，作用和服务目标也有所差异。国土规划全域、全方位统筹谋划国土空间的开发、保护和整治格局，从战略上建立了全域国土管控的管制体系；城乡规划将城乡土地使用、空间布局、各项建设的统筹协调安排为重点，不断优化城乡人居环境；主体功能区规划将强化主体功能差别化引导的区域利益协调机制作为重点；土地利用总体规划构建了五级规划体系，空间管控手段成熟，采用指标、生态管控、永久基本农田管控、“三界四区”等方式，框定建设和生态用地空间布局；土地整治规划侧重任务落地、重大工程、重点项目的统筹安排。

国内外国土空间规划与管制特点比较总结 表 4

	美国	日本	英国	中国
规划体系	州政府 – 大都市区 – 城市政府规划 控制规划：区划法规 发展规划：综合规划 专项规划：保护规划、增长管理规划等	三级规划：国土规划、区域规划和城市规划 空间管制：城市规划、城市公共设施规划和城市开发计划	国家 – 区域 – 地区三级规划体系 四类：城乡发展规划、农村农业规划、环境生态规划、土地规划	基本为国家 – 区域 – 镇村多级规划体系 多类：主体功能区规划、城乡规划、国土规划、土地整治规划等
管制手段	城市增长边界控制 区划法规	城市开发计划、地方开发管制、促进区等区划划分	土地利用分区、空间规划分区	主体功能区规划：差别化引导与开发强度控制 城乡规划：用地与指标控制 国土规划：三界四区、基本农田 土地整治：重大项目协调
实施政策	基础设施引导、开发权转移、容积率补偿等	土地使用、绿地保护、产业发展等政策	政策相对灵活 国家享有土地开发权	实施机制多样，全域管控国土空间
管理机构	各级政府 各级城市规划委员会	各级政府、各级国土交通部门	中央层面：副首相办公室、食品农业部、林业委员会、司法部各级政府	发改、国土、住建
其他内容	城市增长管理是控制城市增长的主要手段	多层级多类型规划体系，对国土空间控制	将城市和农村统一考虑的空间规划，跳出了传统城乡分离的方式	多类型多层级，需建立统一的自然资源和国土空间管控机制

资料来源：作者根据相关资料整理

3.2 启示与借鉴

空间管制方法作为一种政府对国土空间的管理手段，具有一定复杂性，各国因国情不同而异。目前，我国国土空间规划体系尚未建立，研究梳理国外空间管制和空间规划的相关研究实践，有助于夯实对国土空间规划的理解，促进构建更系统、符合国情且便于实施的规划体系，美国、日本、英国的案例研究对我国空间管制问题有如下基本启示：

（1）完整健全、职责范围明晰的规划体系对国土空间管制至关重要，不论是只有国土空间用途管制一种手段，还是城乡规划、区域规划、国土规划等手段并存，各项内容的权责范围、管制内容、机构设置、法规政策应分工明晰、统筹协调、互为补充。

（2）规划管制注重城市规划区内城市建设用地扩张控制的同时，应注重农村地区、生态空间的保护，使城市“像湖水一样被大坝围在一定范围内”和“像河流一样在保护用地之外的河道内流淌扩张”。

（3）城市增长边界、郊区边界、发展区划等限定片区、界限、控制范围的城乡空间管制手段，能够有效控制城市蔓延、引导建设活动；但必须同时制定合理、实用的政策要求，在片区内的引导建设活动、控制增长、基础设施布局、开发权转移等政策，能够保障刚性界线的遵守。

（4）应建立相应的法规机制，使国土空间管制手段有相应法规对应，加强管制的执行效力。

4 结语

对国土空间规划、空间管制策略的国际研究梳理和经验总结，有助于理清我国国土空间规划应重点关注的内容、发展方向和空间管制策略。梳理研究国际经验，理论研究基本集中在空间管制绩效评价、政策机制和协同治理等方面，在用地管制方面基本以用途分区管制为主，兼顾城乡、建设用地和非建设用地、功能布局的全域国土空间治理是规划管控的主要发展方向。从规划实践来看，完整健全、职责范围明晰的规划体系对国土空间管制至关重要，同时应注重用途分区、边界管控、基础设施等内容的统一安排；另一方面，应建立明确的相应法规机制，加强管制的执行效力。

面向新时代，国土空间规划应立足于生态文明建设，承担起基础性、指导性、约束性的功能，构建一张图全域管控的规划和管理体系，落实边界管控和指标控制，推动国土空间治理现代化。

参考文献

[1] Brian Stone, Jr. Paving over paradise：how land use regulation promote residential imperviousness[J]. Landscape and Urban Planning, 2004 (69)：101-113.

[2] Christopher J.Mayer, C.Tsuriel Somervilleb. Land use regulation and new comstruction[J]. Regional Science and Urban Econmics, 2000 (30)：639-662.

[3] Erik Lichtenberg, Constant Tra, Ian Hardie. Land use regulation and the provision of open space in suburban residential subdivision[J]. Journal of Environmental Economics and Management, 2007 (54)：199-213.

[4] Katharine R.E. Sims, Jenny Schuetz. Local regulation and land-ues change：The effects of wetlands bylaws in Massachusetts[J]. Regional Science and Urban Economics, 2009 (39)：409-421.

[5] 林坚，宋萌，张安琪．国土空间规划功能定位与实施分析[J]. 中国土地，2018 (1)：15-17.

[6] 林坚，吴宇翔，吴佳雨，刘诗毅．论空间规划体系的构建——兼析空间规划、国土空间用途管制与自然资源监管的关系[J]. 城市规划，2018 (5)：9-17.

[7] 邹兵．自然资源管理框架下空间规划体系重构的基本逻辑与设想[J]. 规划师，2008 (7)：5-10.

[8] 吕斌，张忠国．美国城市成长管理政策研究及其借鉴[J]. 城市规划，2005 (3)：44-48.

[9] 吕晓荷．英国新空间规划体系对农村发展的意义[J]. 国际城市规划，2014 (4)：77-83.

[10] 王晓颖．英国土地管制经验对完善我国土地制度的启示[J]. 西部论坛，2011 (3)：89-94.

[11] 谭纵波．日本的城市规划法规体系[J]. 国外城市规划，2000 (1)：13-18.

[12] 唐相龙．从三大线索解读城市相空间统筹规划运作体系——日本城乡规划体系及其法律保障[J]. 城乡建设，2010 (4)：78-80.

浅谈减量背景下国土资源管控评估——以北京市为例

李惠敏[*]

【摘 要】国家城镇化进入由数量扩张向质量提升的转型发展阶段，北京市是全国首个提出减量发展的特大城市。本文通过梳理国家和北京市相关国土管控政策，明确引导方向与施策重点，对接北京市总体规划目标建立国土资源管控评估机制，从规模总量、功能结构、利用效益三大方面对北京市国土资源管控情况和管控趋势进行评估，通过建立评估反馈机制，推进实现减量发展和高质量发展。

【关键词】减量；国土管理；北京

国土资源管理形势分析是原国土资源部参与制定宏观调控政策的重要途径，事关国土资源管理全局（关于加强国土资源管理形势分析工作的意见，国土资厅发〔2007〕192 号），是一项常态化的工作内容。面向国家城镇化转型的大背景，北京市总体规划首次提出减量发展的要求，实施人口规模、建设规模双控。面向减量发展要求，需进一步以国土资源管理为抓手，对标总规目标，加强管控评估，建立动态评估及跟踪反馈体系，推进城乡建设用地减量管控和城市高质量发展。

1 国家政策导向

国家城镇化进入以质量提升为主的转型发展阶段，从制订计划、政策创新、实施管理等方面进行了一系列顶层设计，重点关注建设总量管理和用地效益提升（表 1）。

国家相关政策梳理情况表 表 1

<table>
<tr><th colspan="4">国家政策梳理</th></tr>
<tr><td rowspan="2">宏观改革</td><td>制度改革</td><td>《国务院关于深入推进新型城镇化建设的若干意见》（国发〔2016〕8 号）等五项</td><td rowspan="3">制订计划</td></tr>
<tr><td>规划纲要</td><td>《全国国土规划纲要（2016—2030 年）》（国发〔2017〕3 号）
《国土资源“十三五”规划纲要》
《住房城乡建设事业“十三五”规划纲要》</td></tr>
<tr><td rowspan="2">土地利用与调控</td><td>土地利用计划</td><td>《2017 年全国土地利用计划》
《2016 年全国土地利用计划》</td></tr>
<tr><td>房地产市场调控</td><td>《利用集体建设用地建设租赁住房试点方案》（国土资发〔2017100 号）
《国务院关于进一步做好城镇棚户区和城乡危房改造及配套基础设施建设有关工作的意见》（国发〔2015〕37 号）
《住房城乡建设部 国家开发银行关于进一步推进棚改货币化安置的通知》（建保〔2015〕125 号）</td><td>政策创新</td></tr>
</table>

* 李惠敏，女，北京市城市规划设计研究院，工程师。

续表

<table>
<tr><th colspan="4">国家政策梳理</th></tr>
<tr><td rowspan="3">土地管理制度与管理政策</td><td>资源总量管理</td><td>《中共中央国务院关于加强耕地保护和改进占补平衡的意见》</td><td rowspan="2">政策创新</td></tr>
<tr><td>资源节约制度</td><td>《关于深入推进城镇低效用地再开发的指导意见（试行）》
原国土资源部办公厅关于印发《产业用地政策实施工作指引》的通知（国土资厅发〔2016〕38 号）等五项</td></tr>
<tr><td>土地整治</td><td>《全国土地整治规划（2016—2020 年）》
《国土资源部关于进一步做好新型城镇化建设土地服务保障工作的通知》（国土资规〔2016〕4 号）
《强化“土地整治 +”理念实现“1+N”综合效应》</td><td rowspan="2">实施管理</td></tr>
<tr><td>土地工程与技术</td><td>基础信息平台</td><td>《国土资源部 国家测绘地理信息局关于推进国土空间基础信息平台建设的通知》</td></tr>
</table>

1.1　建设总量管控

（1）双控行动：建设用地总量和强度双控，实施建设用地总量控制和减量管理

2015 年《中共中央关于制定国民经济和社会发展第十三个五年规划的建议》提出强化约束性指标管理，实施建设用地总量和强度双控行动；

2015 年《生态文明体制改革总体方案》提出构建以空间规划为基础、以用途管制为主要手段的国土空间开发保护制度，着力解决因无序开发、过度开发、分散开发导致的优质耕地和生态空间占用过多、生态破坏、环境污染等问题。实施建设用地总量控制和减量化管理，建立节约集约用地激励约束机制，调整结构，盘活存量，合理安排土地利用年度计划。

（2）分区施策：分类引导城镇化发展，严控超大及特大城市新增建设用地

2016 年《国土资源”十三五”规划纲要》提出用地计划向中小城市和特色小城镇倾斜，向发展潜力大、吸纳人口多的县城和重点镇倾斜，对超大和特大城市中心城区原则上不安排新增建设用地计划，促进大中小城市和小城镇协调发展。建立城镇建设用地增加规模同吸纳农业转移人口落户数量挂钩机制，保障农村转移进城落户人员的用地需求。共同维护进城落户农民土地承包权、宅基地使用权、集体收益分配权，支持引导依法自愿有偿转让。

2017 年《全国国土规划纲要（2016—2030 年）》提出分类引导城镇化发展。提升优化开发区域城镇化质量，将京津冀、长江三角洲、珠江三角洲等地区建设成为具有世界影响力的城市群，以盘活存量用地为主，严格控制新增建设用地，统筹地上地下空间，引导中心城市人口向周边区域有序转移。

（3）管控引导：增存统筹，人地挂钩

《2016 年全国土地利用计划》提出统筹存量与新增建设用地，新增建设用地计划、城乡建设用地增减挂钩计划、工矿废弃地复垦利用计划同时下达。要统筹未来 3 年各类各业用地安排，深入分析当地经济社会发展形势，加强与各地区各部门沟通衔接，保障用地需求，提高计划的科学性和针对性；要按照框定总量、限定容量、盘活存量、做优增量、提高质量的要求，统筹新增建设用地计划、增减挂钩计划和工矿废弃地复垦利用计划，实行建设用地总量和强度双控，逐步减少新增建设占用耕地，加大存量用地盘活和补充耕地的力度，落实最严格的耕地保护制度和节约用地制度。

2016 年《关于建立城镇建设用地增加规模同吸纳农业转移人口落户数量挂钩机制的实施意见》提出将城镇建设用地规模增加与农业转移人口落户数量挂钩。综合考虑人均城镇建设用地存量水平等因素，确定进城落户人口新增城镇建设用地标准为：现状人均城镇建设用地不超过 100m^2 的城镇，按照人均 100m^2 标准安排；在 100 ~ 150m^2 之间的城镇，按照人均 80m^2 标准安排；超过 150m^2 的城镇，按照人均 50m^2 标准安排。超大和特大城市的中心城区原则上不因吸纳农业转移人口安排新增建设用地。

1.2 用地效益提升：加强绩效考核＋鼓励盘活存量

（1）加强效益考核：土地供应突出实际供地率、明确单位国内生产总值建设用地使用面积下降目标

2014 年《节约集约用地的指标意见》提出制定促进批而未征、征而未供、供而未用土地有效利用的政策，将实际供地率（已供土地占征收土地比重）作为安排新增建设用地计划和城镇批次用地规模的重要依据，对近五年平均用地率小于 60%的市、县，除国家重点项目和民生保障项目外，暂停安排新增用地指标，促进建设用地以盘活存量为主。

2016 年《关于落实“十三五”单位国内生产总值建设用地使用面积下降目标的指导意见》提出到 2020 年末，确保实现全国单位国内生产总值建设用地使用面积下降 20% 的目标，各省（区、市）单位国内生产总值建设用地使用面积下降率不低于本指导意见设定的目标值，充分释放土地资源利用的空间和潜力，实现以较少的资源消耗支撑更大规模的经济增长。

（2）鼓励盘活存量：完善实施保障政策机制，协议补地价出让土地

2016 年《国务院关于深入推进新型城镇化建设的若干意见》《产业用地政策工作指引》提出完善城镇存量土地再开发过程中的供应方式，鼓励原土地使用权人自行改造，涉及原划拨土地使用权转让需补办出让手续的，可采取规定方式办理并按市场价缴纳土地出让价款。

2017 年《全国国土规划纲要（2016—2030 年）》《关于完善建设用地使用权转让、出租、抵押二级市场的试点方案》（国土资发〔2017〕12 号）提出完善建设用地使用权转让机制，明确建设用地使用权转让形式；完善建设用地使用权出租机制，以出让方式取得的建设用地使用权出租或以租赁方式取得建设用地使用权转租的，不得违反法律法规和出让合同或租赁合同的相关约定；以划拨方式取得的建设用地使用权出租的，应经依法批准，并按照有关规定上缴应缴的土地出让收入。

2 北京政策要点

面向新总规实施，北京市从核心问题和重点任务出发，出台针对违法建设管控、保障性住房建设、产业结构优化的一系列政策，推进落实规模总量管控，完善民生保障，提升土地效益（表 2）。

北京相关政策梳理情况表　　表 2

	北京市政策梳理
规模总量	《关于印发〈贯彻落实加强耕地保护和改进占补平衡意见〉任务分工方案的通知》（市规划国土发〔2017〕212 号） 《关于印发〈关于贯彻落实中共中央国务院关于加强耕地保护和改进占补平衡的意见〉的工作方案的通知》（市规划国土发〔2017〕317 号） 《关于进一步做好中央 4 号文件贯彻落实工作有关意见的函》（市规划国土函〔2017〕1675 号） 《北京市严禁严管浅山区新增违法占地违法建设的措施》 《北京市浅山区违法占地违法建设专项治理方案》 《北京市城乡建设用地供应减量挂钩工作实施意见》
用地结构	《北京市共有产权住房管理暂行办法》（京建法〔2017〕16 号） 《关于加快发展和规范管理本市住房租赁市场的通知》（京建法〔2017〕21 号） 《关于下达 2017 年利用集体土地建设租赁住房供地任务的通知》（京政字〔2017〕6 号） 《建设项目规划使用性质正面和负面清单》（市规划国土发〔2018〕88 号）
土地效益	《北京市人民政府关于加快科技创新构建高精尖经济结构用地政策的意见》 中共北京市委、北京市人民政府关于印发《加快科技创新构建高精尖经济结构》系列文件的通知（京发〔2017〕27 号） 《北京“高精尖”产业活动类别（试行）》（京统发〔2017〕32 号） 《关于进一步加强产业项目管理的通知》（市规划国土发〔2017〕121 号） 《关于进一步优化营商环境深化建设项目行政审批流程改革的意见》

2.1　建设总量管控：严控违法建设＋供应减量挂钩

2017 年《北京市城乡建设用地供应减量挂钩工作实施意见》提出以资源环境承载力为硬约束，坚决实行增减挂钩，合理把握拆占比、拆建比，严格控制城市开发边界和开发强度，实现城乡建设用地负增长。统筹安排城乡建设用地供应与减量腾退的时序和数量，建立城乡建设用地供应减量挂钩机制。各区政府作为城乡建设用地减量的责任主体，负责组织本辖区城乡建设用地减量规划、年度计划编制及实施工作。

2017 年《北京市严禁严管浅山区新增违法占地违法建设的措施》提出严禁严管新增违法建设，专项治理存量违法建设，一是严格控制新开发建设项目；二是严格农村土地用途管制；三是严格设施农业和种植大棚项目管理；四是严格控制畜禽养殖规模；五是严格落实快拆机制；六是严格执行建设用地增减挂钩政策。

2.2　完善民生保障：推进共有产权住房建设，利用集体建设用地建设租赁住房

2017 年《关于加快发展和规范管理本市住房租赁市场的通知》提出鼓励采用多渠道增加租赁住房供应，通过在产业园区、集体建设用地上按规划建设租赁住房等方式加大租赁住房供应。新建租赁住房优先面向产业园区、周边就业人员出租，促进职住平衡。鼓励发现规模化、专业化的住房租赁企业，支持住房租赁企业通过租赁、购买等方式多渠道筹集房源，支持个人和单位将住房租赁企业长期经营，满足多层次住房租赁需求。

2017 年《北京市共有产权住房管理暂行办法》提出市规划国土委、市住房和城乡建设委应当根据本市共有产权住房需求、城乡规划实施和土地利用现状、经济社会发展水平等情况合理安排共有产权住房建设用地，并在年度土地利用计划及土地供应计划中单独列出、优先供应；共有产权住房建设用地可采取“限房价、竞地价”“综合招标”等多种出让方式，遵循竞争、择优、公平的原则优选建设单位，并实行建设标准和工程质量承诺制。

2.3　提升土地效益：建立存量用地改建正负清单，构建高精尖经济结构

2017 年《建设项目规划使用性质正面和负面清单》提出发挥市场配置资源决定性作用，按照鼓励疏解非首都功能，鼓励补齐地区配套短板，鼓励完善地区公共服务设施，鼓励加强职住平衡的原则，分区编制建设项目规划使用性质正面和负面清单。

2017 年《关于加快科技创新构建高精尖经济结构用地政策的意见（试行）》提出深化供给侧结构性改革，突出创新驱动、高端引领、减量集约、产城融合、可持续发展，科学配置土地资源要素，为构建高精尖经济结构、推动高质量发展提供有力支撑。

2017 年《关于进一步优化营商环境　深化建设项目行政审批流程改革的意见》提出实现不动产登记、房屋交易、税收征管“一窗办理”，简化手续，减少重复收件。积极构建“互联网＋不动产登记”体系，推行不动产登记网上办理，对可通过政府信息共享获取的要件，不再要求申请人提供。不动产登记办理时限压缩到 1 ～ 5 个工作日。对可以公开查询的土地及不动产登记信息，推行线上申请查询机制，提高获取土地和不动产相关信息便利程度。

3　国土资源利用综合评估

3.1　建立评估机制

立足北京市总体规划对土地规模、结构、效益的管控目标，构建完善国土管理评估机制，建立一套指标体系，构建一套评估方法，对接跟踪国土数据管理，提出一系列优化调整建议，有效支撑城市体检

等相关工作。

（1）指标体系

提炼总规土地管理目标，聚焦国土管理实际，搭建两规衔接、规管衔接的指标体系，并提出数据对接的矛盾点和改进建议。将总体规划国土管理核心指标和年度指标要求作为整体评估的目标基准。基于国土管理和管控结果的对位关系，重点聚焦用地审批、用地供应、供应执行等国土管理过程，明确核心评估指标（表 3）。

国土资源利用综合评估指标体系表 表 3

目标层	指标	年度指标	基本情况判断	数据优化建议	趋势判断
用地减量	城乡建设用地总量	减量≥ 21km²	【估算】批准用地（不含特交水）—腾退用地（净减量）	地类调整对接	变更调查
	平原区开发强度	下降 0.25%	土地变更调查空间叠加分析	建立完善减量数据平台审批矢量数据建立共享机制	
	集体建设用地减量	减量≥ 19km²	—	加强对集体建设用地的监管	
	拆占比	0.5 ～ 0.7	—	—	—
结构优化	职住用地结构	供应职住用地比＞1 ： 2	用地供应－供应职住用地比		
	公共服务用地比重	—	用地供应－公共管理及公共服务用地比重	地类调整对接	—
			供应执行－公共管理及公共服务用地比重		
	保障性住房比重	30%	用地供应－保障性住房比重	—	历史用地供应及执行情况保障性住房比例变化
			供应执行－保障性住房比重		
	产业用地比重－城乡产业结构优化	用地比例下降 0.5%	用地供应－商业服务、研发用地占产业用地比重	减量数据平台—明确减量用地功能	宅与非宅建筑面积变化
	居住用地比重－城乡居住结构优化	用地比例增加 0.5%	—		历史供应及执行情况相关用地比重变化
土地效益	地均产值	达到国际先进水平	—	加强对产业项目地均产出的考核监管	城乡建设用地总量地均产出变化
	鼓励存量盘活	增存比逐渐提升	批准用地－增存比	—	批准用地－增存比变化
			供应计划－增存比		供应计划－增存比变化
			供应执行－增存比		供应执行－增存比变化
	土地市场	有偿出让比例适当	招拍挂用地占土地供应总量的比重	—	招拍挂用地占土地供应总量的比重变化
		土地价格有效调控	分类用地出让价格	—	分类用地出让价格变化

（2）评估方法

在对标总规目标进行达标评估判断的基础上，基于国土管理核心数据，加强对人、地、房、经济不同数据的耦合分析。通过对历年数据的统筹分析，加强对管控结果的趋势判断。通过耦合分析和趋势判断加强对用地管控效果的综合评估。

总规“减量提质”调控目标在管理上希望各项目标能协同实施，但目前对于各要素的独立研究多，对之间协调关系的评价标准研究较少。通过耦合性评估，可预警耦合性差的要素与区域，提出要素协同管理的优化调整建议（图 1）。

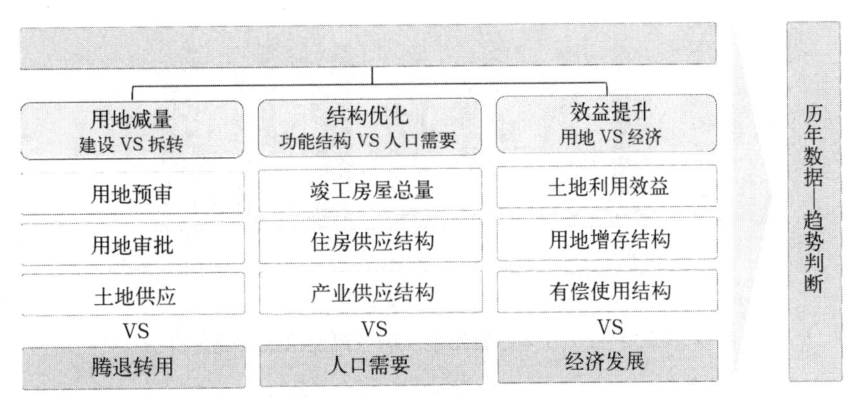

图 1　综合评估方法示意图

3.2　用地规模总量

落实总体规划提出的城乡建设用地减量要求，基于年度土地管理评估，加强对拆与占的统筹监管评估。在现有数据基础上，通过土地新增（批准建设用地）及土地减量（腾退建设用地）的统筹分析，结合土地变更调查的趋势判断，对用地规模的管控情况进行评估（表 4）。

土地规模总量评估指标体系表　　表 4

目标层	指标	年度指标	数据分析	数据优化建议	趋势判断
用地减量	城乡建设用地总量	减量≥ 21km^2	【估算】批准用地（不含特交水）—腾退用地（净减量）	地类调整对接 建立完善减量数据平台审批 矢量数据建立共享机制 加强对集体建设用地的监管	变更调查
	平原区开发强度	下降 0.25%	土地变更调查空间叠加分析		
	集体建设用地减量	减量≥ 19km^2	—		
	拆占比	0.5 ~ 0.7	—	—	—

（1）建设用地规模总量变化趋势

2009—2015 年建设用地由 3344km^2 增长至 3570km^2，年均增长 32.3km^2；城乡建设用地由 2728km^2 增长至 2921km^2，年均增长 27.6km^2。平原区开发强度由 2009 年的 43% 提高到 2015 年的 46%。建设用地总量提前突破 2020 年土地利用总体规划规模总量（图 2，图 3）。

（2）近年用地规模总量管控趋势

近 7 年，城乡建设用地的管控逐渐加强，年均批准用地控制在 27.45km^2 以内，每增加一个常住人口，城乡建设用地增量约 110m^2（道路按 20% 估算），低于总规确定的人均城乡建设用地标准（人均 120m^2）。

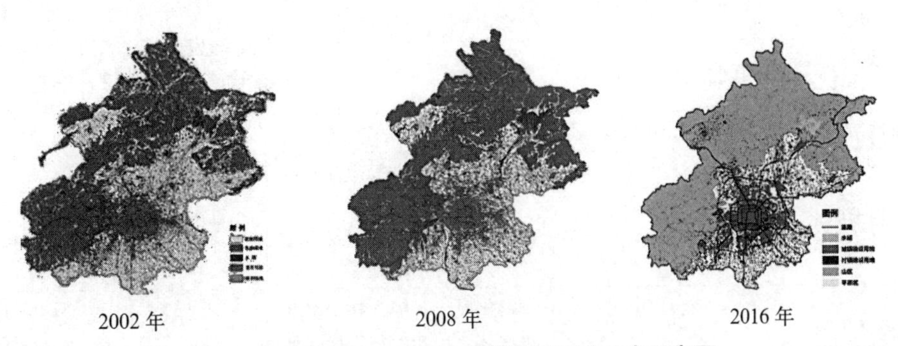

图 2　北京市 2002—2016 年份建设用地分布示意图

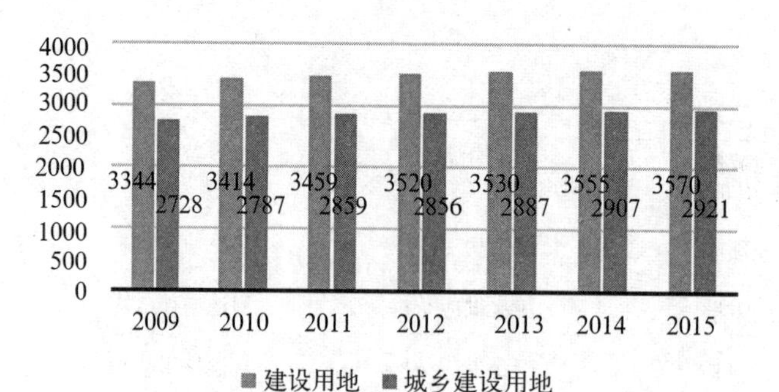

图 3　2009—2015 年建设用地及城乡建设用地规模分析图

2011—2017 年，批准城乡建设用地 5814 ~ 1218ha，人均城乡建设用地 92m²；2011—2017 年，供应计划城乡建设用地 5214 ~ 2090ha，人均城乡建设用地 119.7m²；2011—2017 年，供应计划执行城乡建设用地 4449 ~ 1158ha，人均城乡建设用地 86.7m²（图 4）。

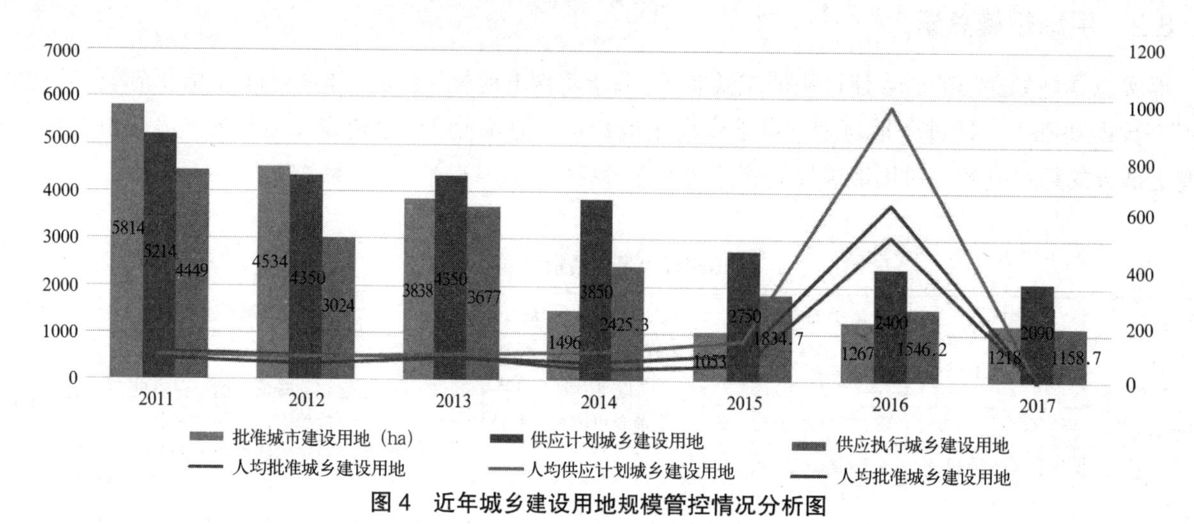

图 4　近年城乡建设用地规模管控情况分析图

3.3　用地功能结构

落实总体规划关于科学配置资源要素的要求，促进生产空间集约高效，生活空间宜居适度，重点加强人、地、房、经济的耦合分析。基于现有数据基础，重点考察职住用地结构、生活空间保障、生产用地结构的优化调整情况（表 5）。

用地功能结构评估指标体系表　　表 5

目标层	指标	年度指标	数据分析	数据优化建议	趋势判断
结构优化	产业用地比重 - 城乡产业结构优化	用地比例下降 0.5%	用地供应 - 商业服务、研发用地占产业用地比重	减量数据平台—明确减量用地功能	宅与非宅建筑面积变化
	居住用地比重 - 城乡居住结构优化	用地比例增加 0.5%	—		历史供应及执行情况相关用地比重变化
	职住用地结构	供应职住用地比 >1 ∶ 2	—		
	公共服务用地比重	—	用地供应 - 公共管理及公共服务用地比重 供应执行 - 公共管理及公共服务用地比重	用地类调整对接	—
	保障性住房比重	30%	用地供应 - 保障性住房比重 供应执行 - 保障性住房比重	—	历史用地供应及执行情况保障性住房比例变化

（1）职住用地结构

2002—2015 年北京市年均住宅竣工建筑面积 2278 万 m^2，非宅竣工建筑面积 1734 万 m^2，年均常住人口增长 57.5 万人，宅与非宅建筑面积比约 1 ∶ 1.4。自 2006 年以来，北京城市建设以产业为主，竣工房屋中非宅比重较高，整体占比超过 40%。

人均住宅面积按 35m^2 估算；劳均建筑面积按 40m^2 估算，职住比按 0.55 估算，人均非住宅面积 = 40 × 0.55，为 22m^2；住宅面积比重 =35/（35+22），人均住宅需求约为人均建筑需求总量的 60%（图 5）。

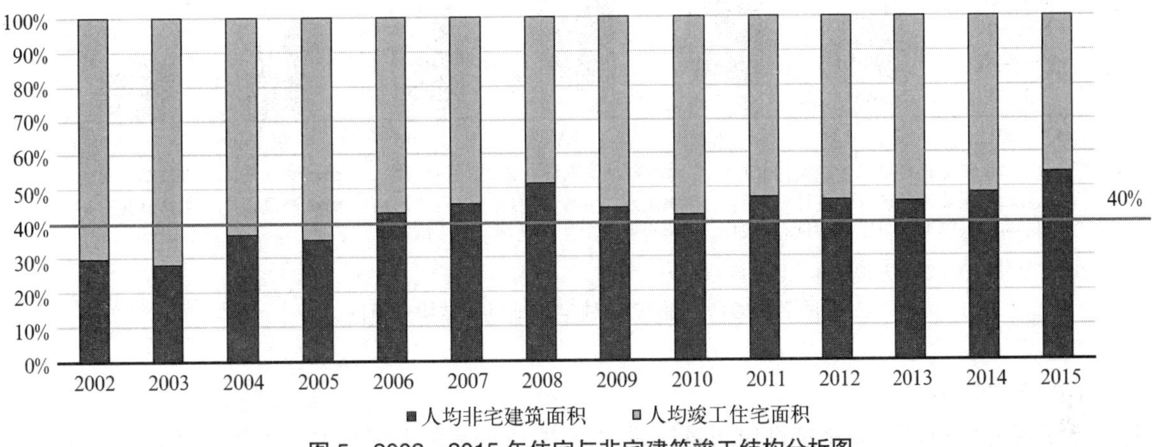

图 5　2002—2015 年住宅与非宅建筑竣工结构分析图

2011—2017 年住宅用地供应量稳中有降，产业用地供应量大幅压缩，职住用地供应比提升至 1 ∶ 2 左右。2017 年国有建设用地供应计划职住用地比约 1 ∶ 1.8，根据 1 ~ 12 月执行情况，实际供应职住用地比约 1 ∶ 2.7。

2011—2017 年居住用地供应从 2000ha 逐步下降至 1000ha 左右，供地执行比例 80% 左右；2011—2017 年产业用地供应从 1500ha 压缩至 300ha 以下，计划供应 1550 ~ 240ha，供地执行比例 80% 左右（图 6）。

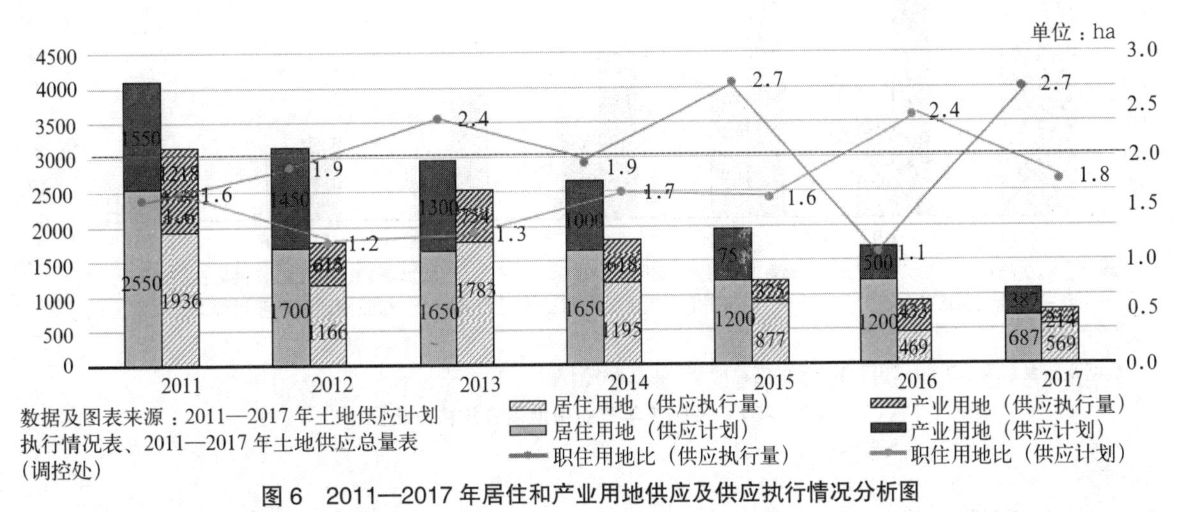

图 6　2011—2017 年居住和产业用地供应及供应执行情况分析图

（2）生活空间保障

近年用地供应计划保障性住房用地占住宅用地供应总量平均约 20%，整体执行情况良好，执行比例约 30%。2017 年计划供应保障性住房用地比例约 21%，实际执行比例约 29%，基本达到总体规划要求。

2011—2017 年住宅年均供应 1520ha，执行率约 76%，其中商品住房年均供应 841ha，执行率约 55%；定向安置住房年均供应 365ha，执行率接近 100%；保障性住房年均供应 313ha，执行率超过 100%（图 7）。

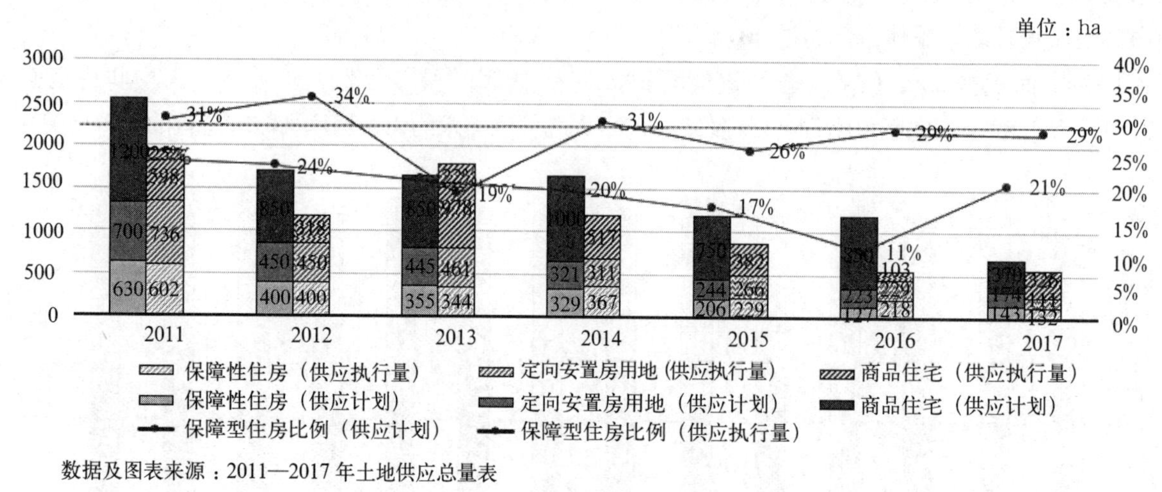

数据及图表来源：2011—2017 年土地供应总量表

图 7　2011—2017 年住宅用地供应结构分析图

（3）生产空间结构

近年商服用地供应占产业用地供应总量比重逐渐由 35% 提升至 60% 左右，逐步接近三产占 GDP 总量的比例（80% 左右）。2017 年商服用地供应比重达到 60% 左右，产业用地供应结构基本符合经济结构发展要求。

2011—2017 年产业用地年均供应 597ha，执行率约 62%，其中工矿仓储用地年均供应 322ha，执行率约 56%，商服用地年均供应 275ha，执行率约 69%（图 8）。

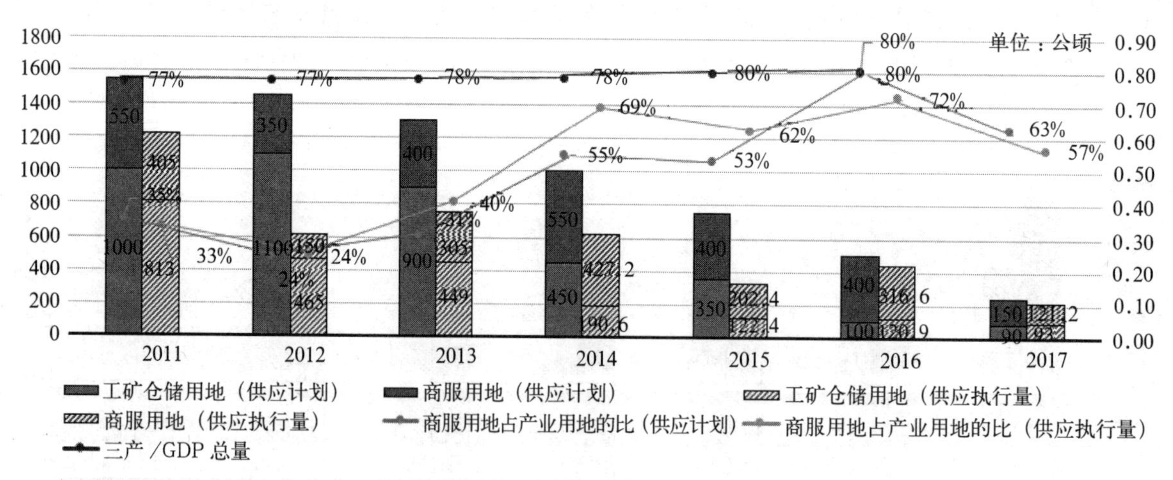

数据及图表来源：2011—2017 年土地供应总量表，北京市统计年鉴

图 8　2011—2017 年产业用地供应结构分析图

3.4　土地利用效益

北京市进入减量发展时代，存量用地的盘活、用地效益的提升是未来城市发展的重要驱动力。土地效益分析评估重点关注土地、经济的耦合关系，在现有数据基础上，重点考察产业用地地均产值变化情况，以及增存比及土地市场变化情况（表 6）。

土地效益评估指标体系表　　表 6

准则层	指标	年度指标	数据分析	数据优化建议	趋势判断
土地效益	产业用地的地均产值	达到国际先进水平	—	加强对产业项目地均产出的考核监管	城乡建设用地总量地均产出变化
	鼓励存量盘活	增存比逐渐提升	批准用地 - 增存比 供应计划 - 增存比 供应执行 - 增存比	—	批准用地 - 增存比变化 供应计划 - 增存比变化 供应执行 - 增存比变化
	土地市场	有偿出让比例适当	招拍挂用地占土地供应总量的比重	—	招拍挂用地占土地供应总量的比重变化
		土地价格有效调控	分类用地出让价格	—	分类用地出让价格变化

（1）地均效益评价

近年单位地区生产总值建设用地使用面积保持下降态势，按照年均下降 10% 的速度，能够实现国家 2016 年提出的全国单位地区生产总值建设用地 2020 年使用面积下降 20% 的目标。

2009—2016 年单位地区生产总值建设用地使用面积年均下降 9.4%，其中 2016 年下降 10%（图 9）。

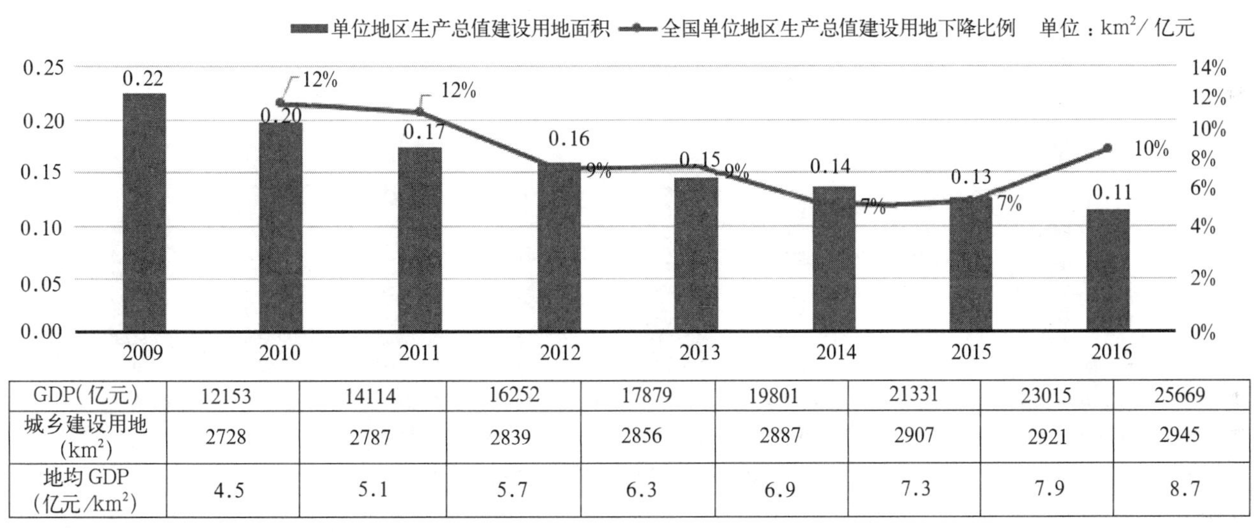

GDP(亿元)	12153	14114	16252	17879	19801	21331	23015	25669
城乡建设用地（km^2）	2728	2787	2839	2856	2887	2907	2921	2945
地均 GDP（亿元/km^2）	4.5	5.1	5.7	6.3	6.9	7.3	7.9	8.7

数据及图表来源：2009—2016 年北京市统计年鉴，2009 年土地二调，2010—2016 年土地变更调查

图 9　2009—2016 年城乡建设用地及 GDP 统计分析图

（2）用地增存结构

近年用地审批和供应阶段对新增建设用地管控逐渐放宽，批准建设用地存量利用比例由 30% 提升至 50%，但随着管理进程的推进，从用地审批，供应计划编制到计划执行，存量用地利用比例有所下降。

2010—2017 年年均批准建设用地 3090ha，存量用地占比由 40%提升至 60%；2010—2017 年年均供应计划建设用地 5280ha，存量用地占比在 50% 上下波动；2010—2017 年年均供应执行建设用地 2702ha，存量用地占比在 35% ~ 60% 波动。

（3）有偿使用结构

从近年用地出让结构看，招拍挂用地比重先降后升，达到三分之一左右，2017 年招拍挂用地比重约 26%。

2010—2017 年年均招拍挂用地 1096ha，占比约 48%；年均协议出让用地 493ha，占比约 21%；年均划拨用地 712ha，占比约 31%（图 11）。

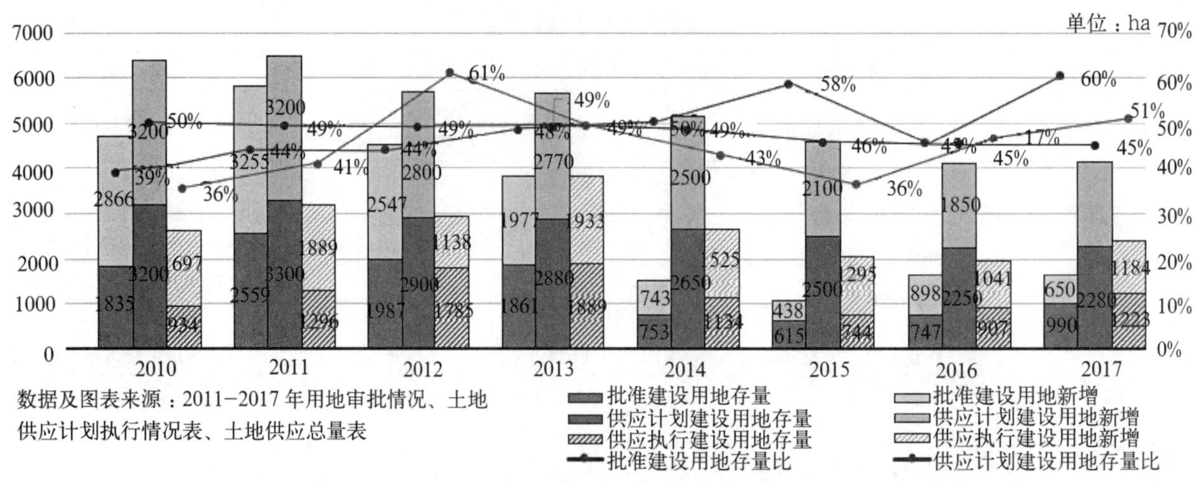

图 10　2010—2017 年用地审批、供应、供应执行阶段增存用地结构分析图

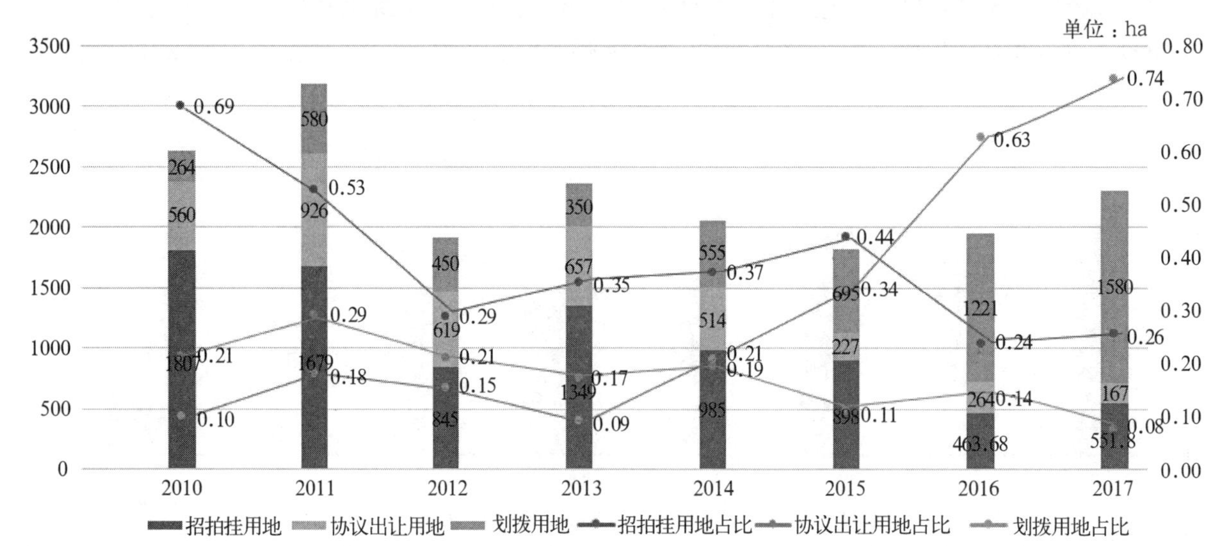

图 11　2010—2017 年用地出让结构分析

（4）土地价格变化

2013—2017 年招拍挂用地楼面价年均上涨 28% 左右，商品住宅、商服用地楼面价上涨幅度明显。根据统计，2013—2017 年商品住宅用地楼面价年均上涨 30%，商服用地楼面价年均上涨 26%，工矿仓储用地楼面价年均上涨 17%（图 12、表 7）。

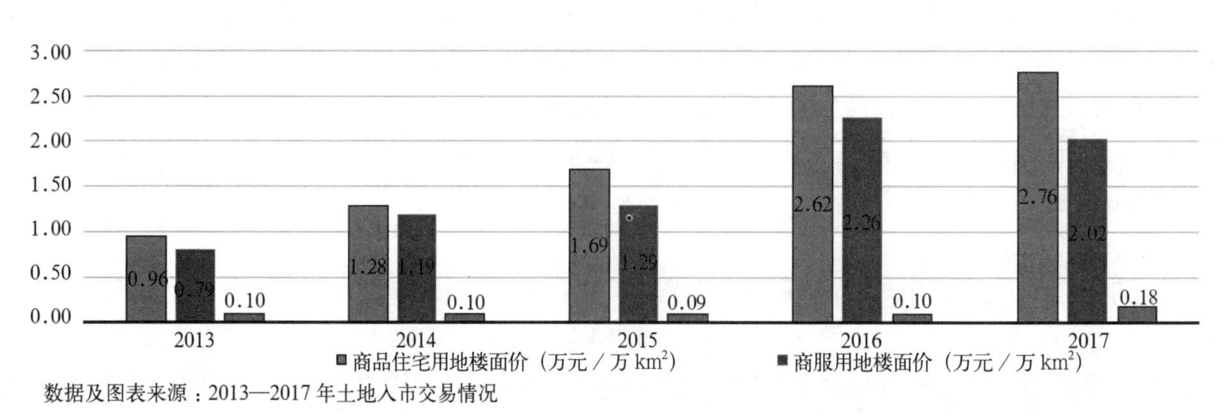

图 12　2013—2017 年各类土地价格变化情况分析

3.5 小结

整体综合评估情况汇总表 表7

目标层	指标	年度指标	2017年管理情况	趋势判断	
				近年管理情况	现状发展趋势
用地减量	城乡建设用地总量	减量≥ $21km^2$	城乡建设用地净减 $42.3km^2$	2011—2017年平均批准用地控制在 $27.45km^2$ 以内，每增加一个常住人口城乡建设用地增量约 $110m^2$	2009-2015年建设用地年均增长 $32.3km^2$，城乡建设用地年均增长 $27.6km^2$
结构优化	职住用地结构	供应职住用地比>1∶2	供应执行职住用地比约1∶1.88	住宅用地供应量稳中有降，产业用地供应量大幅压缩，供应职住用地比逐步提升	2006年以来，城市建设以产业为主，竣工房屋中非宅比重较高
	保障性住房比重	30%	保障房供应实际供应比例约30%	实际供应保障房用地比例约30%左右，保障房供应比例略微下降	—
	产业用地比重－城乡产业结构优化	用地比例下降0.5%	商业用地供应占产业用地供应总量的60%左右	商服用地供应占产业用地的比例逐渐由35%提升至60%左右	—
土地效益	产业用地的地均产值	达到国际先进水平	—	—	单位地区生产总值建设用地使用面积保持下降态势，年均下降9%左右
	鼓励存量盘活	增存比逐渐提升	批准建设用地存量用地利用比例约60%，供应计划及供应执行约50%，较2016年均有提升	新增建设用地管控逐渐加强，批准存量用地比例由30%提升至50%，但从批准，供应计划到计划执行，存量用地利用率用所下降	—
	土地市场	有偿出让比例适当	招拍挂比重约25%左右	招拍挂用地比重先降后升，达到25%左右	—
		土地价格有效调控	成交经营性用地实际楼面地价比2016年上升5%	商品住宅用地、商服用地楼面价年均上涨25%左右	—

达标／趋好　不达标／趋差

从用地规模看，2009—2015年建设用地快速增长，近年逐步加强建设用地管控，每增加一个常住人口，城乡建设用地增量约 $110m^2$，2017年大力推进拆违腾退，城乡建设用地净减 $42.3km^2$，可实现总体规划提出的年均减量 $21km^2$ 的目标。

从用地结构看，2006年以来城市建设以产业为主，竣工房屋中非宅建筑比重较高，近年住宅用地供应量稳中有降，产业用地供应量大幅压缩，供应职住用地比逐步提升。2017年供应执行职住用地比约1∶1.88，接近总规提出的职住用地比例达到1∶2以上的目标，需进一步提升保障性住房供应比例。

从土地效益看，2009—2016年单位地区生产总值建设用地使用面积保持下降态势，年均下降9%左右。近年对新增建设用地管控逐渐加强，批准存量用地比例由30%提升至50%，但从用地审批，供应计划编制到计划执行，存量用地利用比例有所下降。

4 结语

北京是全国首个提出减量发展的特大城市，面向人口和建设用地双控的发展要求，北京市的国土资源管控面对诸多挑战，需进一步加强增减挂钩管理，改变传统的对规模总量的准入管控，更加关注对土地效益的长效管控。通过评估机制的构建和评估方法的完善，建立长效评估反馈机制，推动落实总体规划提出的城乡建设用地减量发展目标。

厦门“多规合一”实施评估与深化路径研究

蔡莉丽*

【摘　要】“多规合一”承担着空间规划体系改革的历史使命，在机构改革、构建国土空间规划体系的新时期，“多规合一”又即将踏入新的征程。鉴往知来，本文以厦门为例，对厦门“多规合一”实施五年来的工作进行总结，并从实施效果、成功经验和存在问题三个角度展开评估。结合新时期新要求，研究厦门持续推进“多规合一”、构建国土空间规划体系的深化路径，为各地过渡期深化改革、完善国土空间规划体系提供参考。
【关键词】“多规合一”；实施评估；规划体系建构；厦门

1 “多规合一”工作审视

1.1 历史使命：空间规划体系改革探索

“多规合一”工作缘起于我国的空间规划体系庞杂且不健全（许景权，2017）。2013 年以来，为了探索构建统一的空间规划体系，中央城镇化工作会议、中央城市工作会议等会议，以及《生态文明体制改革总体方案》等文件提出，要支持市县推进“多规合一”，统一编制空间规划，一张蓝图干到底。

近年来，全国已经有超过四百个市县开展“多规合一”的工作，包括国家自上而下的试点工作和地方自下而上的实践探索。“多规合一”的探索经历了 2006 年以前的理论探索期、2007—2012 年的地方自发探索时期，从 2014 年后开始转入自上而下的国家试点，在全国不同地域（如东部沿海的嘉兴、桓台，中西部内陆的敦煌）、不同尺度（宁夏、海南的自治区级、省级试点，厦门的市级试点，开化的县级试点）进行多样化的实践，形成了不同的工作经验，如山东恒台“双层次”规划体系（林坚，2017），海南省总体规划统筹全域的规划体系（张兵，2017）。

但是，承担着空间规划体系改革探索历史使命的“多规合一”，却囿于现行法律法规的掣肘、规划职能机构的分散化和工作推动的部门化，探索形成的地方层面统领性规划、城市层面的规划层级与体系、各类控制线体系等，仍旧必须反馈到各部门的各类法定规划中，难以实质性的突破现有的规划体系（孙安军，2018）。

1.2 新的征程：机构改革及国土空间规划体系建构

2018 年 3 月，为了统一行使所有国土空间用途管制、解决空间规划重叠等问题，国家将各类空间性规划的编制统一整合后成立自然资源部。自然资源部的机构改革，既是基于“多规合一”实践经验积累的顶层体制变革，又对“多规合一”的深化提出了新的要求，例如，如何在机构整合后统筹好编制、实施、监督的权责划分，等等。同时，构建全国统一的国土空间规划体系成为新的使命；党中央做出重大决策部署，自上而下的体系构建要求已经明确，要将主体功能区规划、土地利用规划、城乡规划等空间规划融合为

* 蔡莉丽，女，福建莆田人，厦门市城市规划设计研究院规划师，地理学（城市与区域规划）硕士。

统一的国土空间规划，实现“多规合一”。但是，这一要求的落地仍旧需要一段时间的过渡和地方层面的细化，这就需要各地持续深化“多规合一”，探索地方层面体系完善的路径方法。

因此，在机构改革、推进国土空间规划体系建构的新时期，“多规合一”试点工作的历史任务已经基本完成，当下及未来一段时期，各地“多规合一”的工作重点在于，如何发挥地方自然资源和规划部门的统筹职能，运用“多规合一”的理念与手段，探索符合地方实际、具备普适性的国土空间规划体系的改革路径。

1.3　厦门“多规合一”实施评估与深化路径

在深化改革的新时期，对于历史的回顾有助于鉴往知来，需要对已经开展的“多规合一”工作进行总结评价，分析成功经验与存在问题，研究探索改革深化路径。作为国家“多规合一”试点市县，厦门从2014年来持续不断的推进“多规合一”，通过五年的工作积累，形成了具有地方典型性和普适推广性的“厦门经验”。研究以厦门为例，对厦门的“多规合一”实施进行总结评估，明确成功做法与经验问题，在此基础上结合新时期的新要求，研究提出地方深化“多规合一”、构建国土空间规划体系的路径。

2　厦门“多规合一”的实施情况

2.1　工作历程

厦门“多规合一”工作的实施主要经历了前期准备、中期整合和深化改革三个阶段。2013年的前期准备阶段：厦门通过编制美丽厦门战略规划，形成了统领各类规划矛盾协调的顶层规划；同时开展了市政、交通能源等重要专项规划的梳理。2014—2015年的中期整合阶段：按照“多规合一”试点工作要求，厦门统合主要的空间性规划、形成了“多规合一”一张图，搭建了信息共享、业务协同的信息化平台，开始推动建设项目审批改革以及“多规合一”配套机制的完善。2016年至今的深化改革阶段：厦门以全域空间、全类要素、三维立体管控为目标，深化“一张蓝图”、完善规划编制体系，逐步完善平台系统功能和配套机制，构建不断创新的规划实施体系。

2.2　主要内容

从工作内容上看，厦门“多规合一”工作主要是形成了“五个一”的工作成果。

一是制定“一个战略”，形成凝聚共识的顶层设计。以“尊重自然、顺应自然、天人合一”科学的理念，经多部门协调、专家把脉、全民参与，以市人大表决的形式形成了《美丽厦门战略规划》，形成了深化改革的顶层设计，真正成为能够切实引领厦门城市发展的规划，为处理各类空间规划矛盾冲突奠定了基础（邓伟骥，2017）。

二是绘制“一张蓝图”，统筹城乡空间的规划秩序。按照“一张蓝图绘到底”的要求，解决部门规划“打架”问题，在1699km^{2}的市域范围内划定了640km^{2}的城市开发边界与980km^{2}的生态控制线，奠定了城乡统筹发展的重要基础，解决了生态文明建设落地问题。在此基础上梳理了市、区共100余项部门规划，整合并形成了全市39类专项规划，形成以生态为本底、以承载力为支撑，以“生态控制线”“城市开发边界”“海域系统”“全域城市承载力”四大领域为基准，以各部门专项规划为落实的全域空间“一张蓝图”。今后，不断补充完善城市设计、地下空间和市政管线等内容，构建起“三维空间一张蓝图”。

三是搭建“一个平台”，实现信息共享的业务协同。率先全国构建“多规合一”平台，实现信息共享、决策共商、服务共管。平台汇集各部门11大类53个专题162个图层的空间现状和规划数据，实现接入平台的288个部门信息共享、空间共维。平台支持多部门在线上交互意见、反馈信息、协同作业，有效支持“五年—年度”规划实施和项目策划生成；自 2016 年项目策划生成工作机制运行以来，已储备划拨用地项目 1287 项，策划成熟 1026 项；自 2015 年工程建设项目审批流程改革实施以来，已有 3855 个项目以并联方式完成审批，从策划到落地明显提速。在平台策划了招商板块，推动“以商选地”变为“以地选商”。此外，建立政府和公众“双向”沟通的渠道，实现“共享共治、互联众规”。

四是实施“一张表单”，推进建设项目审批的改革转型。依托“多规合一”平台，实现从项目生成策划到竣工验收全流程再造。重划四大审批阶段，每个阶段实行“统一收件、同时受理、并联审批、同步出件”的运行模式。通过调整审批办理阶段、合并部分审批环节、简化部分审批手续、实行跨部门联合评审等措施，再造审批流程，大幅提高审批效能。通过改革，厦门实现从立项到竣工验收并联阶段总审批时限仅 40 个工作日，申请材料由 373 项减少至 76 项，基本实现“一份办事指南、一张申请表单、一套申报材料”完成审批。

五是创新“一套机制”，提供保障改革的法律保障。通过制定《厦门经济特区多规合一管理若干规定》《厦门经济特区生态文明建设条例》2 部特区法规，建立部门业务联动制度、优化建设项目审批制度、监控考核制度和平台动态更新维护制度等 52 件政府规章和政府文件，以及 169 件部门配套规则、方案，完善多规合一法制体系。

3 厦门“多规合一”的实施评价

3.1 实施效果

厦门“多规合一”的实施成效可以从三方面体现。一是重构空间规划编制体系，优化资源配置。厦门通过“多规合一”工作，在城市层面形成了深化改革的顶层设计，摸清城市发展的自然资源底数，通过划定生态控制线和城市开发边界，找到城市保护与建设的“平衡点”，奠定了集约发展、精明增长的基础。二是完善规划实施体系，推动规划蓝图高效、切实的落地。厦门搭建了“战略规划－五年规划－年度规划”的规划实施体系，创新了项目生成，强化了城市政府通过规划引领城市发展的统筹能力，促进城市管理方式从“项目主导建设”转为“规划引领发展”的发展方式转变，推动一张蓝图实施。三是优化审批流程，转变成服务型政府。通过审批改革，项目从立项到竣工验收，并联阶段总审批时限仅 40 个工作日，所需的申请材料由 373 项减少至 76 项，基本实现“一份办事指南、一张申请表单、一套申报材料”完成审批，推动管理型政府向服务性政府转变，提高审批效率、加快开工建设，提高群众对改革的获得感。

3.2 成功经验

2018 年 6 月，中央领导对厦门市的“多规合一”改革经验予以了充分肯定，要推广和复制“厦门经验”。主要可以从站位高、系统性和常态化三方面总结厦门“多规合一”实施经验。

3.2.1 出发点：立足城市空间治理的改革

不同于一些地方在简单编制完“一张图”或一本规划后，就认为达成“多规合一”试点改革任务，厦门并不止步于国家试点的工作要求，而是从一开始就是站在城市空间治理改革的高度来推进“多规合一”。因此，厦门“多规合一”不仅是解决规划打架问题，同时还重视平台搭建、规划实施、审批改革、制度完善等一系列问题，推动了“放管服”的政府职能转变，提升治理能力。

3.2.2 系统性：强化统筹规划和规划统筹

系统思维、统筹手段是厦门“多规合一”改革的重要特点。厦门通过统筹规划和规划统筹（王蒙徽，2016），推动了从规划编制、规划实施再到保障机制的一系列系统性的工作。

一是统筹规划。厦门从战略谋划开始，由粗到细、由地面到地上地下，逐步统筹各类规划的编制，形成了以战略规划为引领，以控制线体系为刚性管控底图，以各部门专项要素系统为支撑，以详细规划为具体落实的空间规划编制体系，形成全域空间一张蓝图（图 1）。

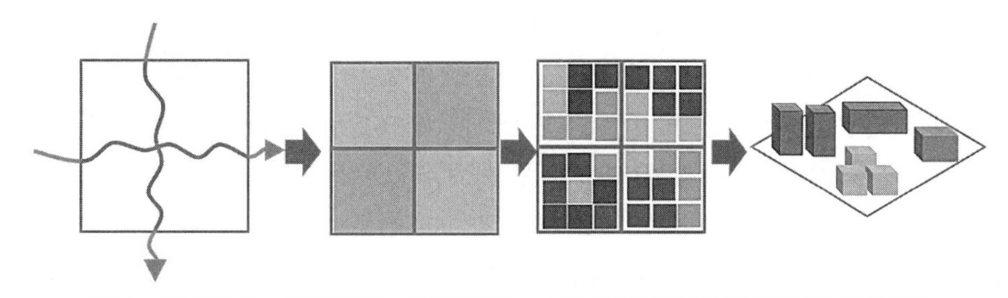

图 1　战略示意 – 刚性管控 – 细化管理 – 立体管控的统筹规划编制路径示意图

二是规划统筹。厦门用好的规划来统筹城市的建设发展，实现对项目建设全生命周期的统筹。首先构建“战略规划 – 五年规划 – 年度规划”的规划实施机制，五年通过近期规划等统筹近期重点片区与重大项目，年度通过年度空间实施规划统筹年度建设与项目条件，通过滚动规划形成具体的建设项目、推动成片集约发展，并实施动态化的项目储备管理；其次创新项目生成，统筹多部门协同的项目共商，完善项目落地条件；最后改革审批，提速项目落地效率，推动城市集约高效发展（图 2）。

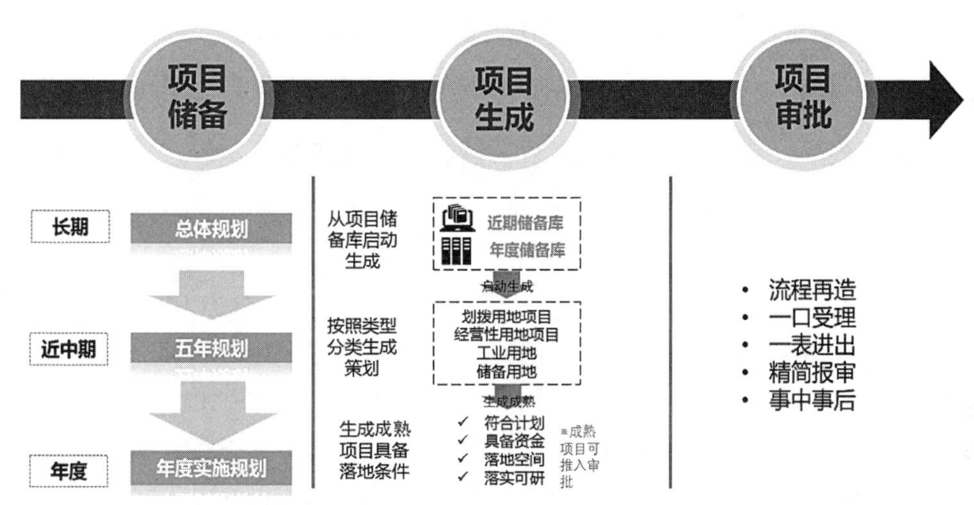

图 2　规划实施（项目储备）– 项目生成 – 项目审批的规划统筹建设路径示意图

3.2.3　常态化：部门协同的持续推进

厦门试点工作持续将近五年时间，已经将“多规合一”从一项试点工作转变为常态化的工作。厦门没有将“多规合一”作为一项运动式的工作任务，而是通过完善组织架构、编制年度工作计划等方式，形成常态化的多部门协同工作机制，持续不断推进改革工作。一是成立分级统筹、常态化的工作组织。从由市委书记任组长的“多规合一”领导小组，到各部门参与的协同的“多规合一”领导小组办公室，再到由技术人员为主的专责小组，自上而下、各层面协同的工作组织，推动工作开展。二是编制并实施“多规合”一试点工作计划，厦门从 2015 年开始连续四年编制“多规合一”工作计划，每年的计划编制在总结上一年度工作成效、不足的基础上，结合新的工作要求，提出下一年度“多规合一”工作任务的具体内容、责任分工、时限要求，将多规合一这一改革过程不断压实。

3.3　问题分析

厦门“多规合一”的改革是在不突破法律法规与体制机制的情况下在地方前沿探索，当前存在的问题也主要源于上位法、体制机制和新时期出现的自上而下的改革要求。一是，关于“多规合一”协调管理机构的地位；厦门通过特区立法明确“多规合一”的协调管理机构，但是立法实施后实体性机构一直未成立，而是暂时挂靠在市规划委，但是这一问题随着全市的机构调整，将由新机构的相应职能部门负责。二是，关于城市空间发展的顶层规划；厦门以美丽厦门战略规划作为改革期的顶层设计，根据新时期国家构建统一的国土空间规划体系的要求，其顶层地位是否需要调整。三是，以“战略规划—五年规划—年度规划”的规划实施机制为例。传统的近期建设规划强调的是对城市总体规划内容的实施，缺乏统筹各类规划近期实施的法定地位，难以发挥统筹作用，同时年度空间实施规划也仅通过部门规范性文件明确其作用、工作机制，同样缺乏统筹年度实施的法定地位。四是，厦门在国土空间规划编制的同时，也在同步部署规划监测评估系统。但该系统是需要上下联动、左右协调的，由于国家层面的系统建设标准、指标体系均尚未出台，目前的系统建设尚未完全到位。

4 新时期厦门深化“多规合一”构建国土空间规划体系的路径思考

新时期，国家对于国土空间规划体系改革的要求逐渐形成但仍未清晰，尤其地方具体实施的路径并未明确。厦门通过“多规合一”在构建空间规划体系方面已经形成一定经验，深化国土空间规划体系的改革路径需要延续已有的工作经验，坚持统筹规划与规划统筹的总体框架，同时衔接新时期新要求深入谋划“多规合一”。

4.1 深化统筹规划，完善规划编制体系，绘制好一张蓝图

需要根据新时期国家构建五级三类（国土空间总体规划—专项规划—详细规划）的国土空间规划体系的新要求，进一步深化统筹规划、完善一张蓝图。

4.1.1 编制好厦门市国土空间总体规划

2017 年 9 月厦门成为住建部新一版城市总体规划编制试点；随着国家机构改革，城市总体规划编制工作转为“两规融合”的国土空间规划编制，目前，已经形成国土空间规划文本和图纸的讨论稿文本和图纸讨论稿。下一阶段，需要贯彻《关于建立国土空间规划体系并监督实施的若干意见》等文件要求，编制统一的国土空间规划，科学布局生产、生活和生态空间，体现规划的战略性与科学性。

4.1.2 统筹编制专项规划，完善城市要素系统

从地上和地下两个层面完善城市要素系统规划。第一，做好地上空间管理，统筹编制专项规划。结合国土空间规划编制，统筹开展配套专项规划编制工作。在编制过程中，一是对接国土空间规划的编制内容、约束传导要求，年内加快推进配套专项规划编制，完善城市要素系统配置。二是深化专项规划编制内容，做好近期建设项目的用地与时序安排，完善与五年建设规划的对接，推进专项规划的落地实施。第二，开展地下空间梳理，系统建设市政一张图。以整合现状和规划综合管线为基础，依托多规合一空间规划成果管理和推动竣工规划条件核实，实现市政一张图的不断补充和完善。探索和提出后续市政一张图的应用和更新机制，构建协同管理的“一个平台”、整合覆盖全市的“一版数据”，创建保障改革的“一套机制”，以提升市政工程规划数据管理工作水平。

4.1.3 完善城市设计管控要素体系，加强立体空间管控

厦门当前已经编制完成总体城市设计、城市设计管控要素体系规划、城市设计标准与准则等。下一步，深化落实总体城市设计制定的各项细化工作，深入推进城市空间要素管控体系的建立，形成具有地方特色的城市风貌。一是不断完善城市设计体系的建立，强化城市设计对城市空间形态和城市风貌格局的管控地位和法定化，以“空间管控策略”为抓手，多层次深入开展城市设计研究和编制工作。二是进一步完善城

市空间景观形态管控的实效性顶层设计，强化空间形态"一张图"的管理。三是完善城市公共空间管理的新模式，发挥信息平台作用，建构多部门协同管理的实施路径，系统性解决城市建设各环节各相关要素在规划统筹下的协调统一，推动各项城市设计导则的落地管控，引领城市公共空间环境的品质建设和有效管理。

4.1.4　完善详细规划，严格土地使用的规划管理

推动详细规划精细水平的提升、管理范围的扩大，强化土地使用的规划管理。一是探索立体化、精细化管理。在当前控制性详细规划编制的工作基础上，对于建设发展的重点片区，运用城市设计的理念，探索空间详细规划编制，实现地上、地面、地下立体空间的精细化管理。二是扩大管理覆盖范围。针对开发边界以外的生态控制区域，利用机构整合契机，可根据需要以一个村或几个村为单元编制村庄规划，或探索编制郊野单元控制规划（在集中建设区外广大郊野地区划定郊野单元，作为实施规划和土地管理的基本单元，通过以郊野公园为代表的郊野单元规划为试点，将土地整治、增减挂钩、景观开发、村庄建设等一系列规划和研究进行融合，创新郊野公园），作为详细规划，优化生态控制区内的空间布局和用地结构，提升生态环境水平，保障经济社会转型发展建设与保护的综合管理。

4.1.5　构建审批管理一张图，便于规划审批决策

将国土空间总体规划、专项规划、详细规划以及城市设计要素管控体系等的空间管控要求落实到信息化平台，形成支持规划审批决策的审批管理一张图。一是以管理单元为基本单位，持续推动审批管理一张图的修改和维护。二是建立专项规划与详细规划的修改联动管理机制，实现一张图动态维护。三是完善分级管理的更新机制，借鉴控规维护经验，探索规划修改、规划局部修正、规划勘误的分级管理维护机制，并制定相应管理细则，明确管理主体、职责分工、工作流程等。

4.2　强化规划统筹，完善规划实施体系，实施好一张蓝图

在"多规合一"试点工作期间，厦门构建了全市统一的多规合一业务协同平台，依托平台建立了"五年—年度"的规划实施机制，创新项目生成机制，推动建设项目审批制度改革，将"多规合一"理念从规划编制贯穿到建设落地，推动城市有序发展。新时期，为了强化规划统筹、实施好一张蓝图，需要进一步提升平台功能，完善规划实施，加强监测评估。

4.2.1　推动 CIM 平台建设，以信息化赋能国土空间治理

以"多规合一"信息平台为基础，利用新技术和新手段，完善空间数据、优化业务流程，实现信息化辅助城市治理水平和治理能力现代化。一是支撑全市国土空间自然资源资产的管理。推进数据统一标准、优化共享管理，实现现状数据的高效利用，辅助城市管理"摸清家底"和"掌握变化"。二是整合优化国土空间规划业务框架。探索国土空间规划体系下规划实施和项目策划生成的工作新模式，实现城市发展要素空间布局合理、治理工作流程优化。三是挖掘扩展平台功能，逐步建成城市智慧管理综合管理平台。在多规合一平台的基础上逐渐搭建形成城市级 CIM 平台，并在此基础上开展深层研究，形成智慧城市的支撑架构。

4.2.2　完善以五年规划为主要抓手的规划实施机制

（1）创新五年建设规划编制，推动五年滚动的空间集约成片开发、项目有序管理。基于近期建设规划这一载体，转变传统的各部门分别编制部门五年规划做法，创新五年建设规划的编制方法。包括：第一，做好与发展规划的协同联动编制。创新联合编制的工作方法，将发展序列与空间序列的两大规划在目标指标、规划内容上进行充分的衔接，保障经济发展具备实施空间、建设规划符合发展需求。第二，做好项目时序安排与深度。协同各部门专项规划、五年规划，做好各类建设项目时序安排，明确三年、年度需要实施项目。对于年度需要落实的项目落实用地边界、责任部门等内容，便于年度实施的后续深化。第三，做好储备管理。压实主体责任，对五年项目储备库进行动态跟踪管理，使近期建设项目储备库中

的项目能够逐年滚动实施。

（2）完善规划与建设项目的联动调整机制，使规划蓝图能及时响应项目调整、系统指导片区建设、充分映射实际情况。现阶段，控规、五年建设规划在指导建设项目实施时多是单向指引的，建设项目变动对相关片区的建设项目或规划指标的影响难以及时反馈在规划中，使得规划蓝图与实际建设不相符，导致规划不好用、不管用，难以指导片区建设。因此，要完善控规、五年建设规划与建设项目的联动调整机制。在某个建设项目发生变化时，要及时对控规、五年建设规划进行联动调整（相关建设项目的布局、边界等，相关的规划指标等），并对储备库中项目信息进行实时更新，使片区规划指标保持科学性、项目布局保持合理性，保障规划能够对片区的成片建设发挥实际的统筹指导作用。

（3）对年度实施项目实施精细化管理，提升年度项目空间实施规划的项目生成率。五年建设规划的编制创新，解决了近期建设项目的时序安排、空间落地的基本工作，为年度空间实施规划提供良好的工作基础，所以年度空间实施规划工作要从精细管理上下功夫。第一，优化编制流程。在梳理现行工作难点、堵点的基础上，简化优化年度空间实施规划的编制流程，提升工作效率。第二，调整工作重点。将年度空间实施规划的工作重点放在项目深度的提升上，增加城市设计、市政等的指标调整，进一步丰富指标内容，使项目达到初步可研深度。第三，强化储备的跟踪管理。落实平台绩效考评办法，强化牵头部门责任制，对项目跟踪管理、定期检查和推动，提升年度项目储备的质量。

4.2.3 加强规划实施的“一年一体检，五年一评估”

一是，完善评估基础。对现状用地和建筑数据等进行系统性查缺补漏，多层次、多角度提升现状数据质量，加强各类现状与规划的空间数据库建设，完善信息平台功能，为规划实施的日常监测、年度体检、五年评估提供量化依据。二是，建立评估系统。依托信息化平台，探索建立规划实施的实时监测和“一年一体检、五年一评估”体检评估系统，明确监测、体检与评估的内容与标准、工作职责、工作方法等，建立制度规范。三是，完善反馈机制。突出体检评估作用，研究评估体检对于规划的反馈调整机制。年度体检结果作为下一年度实施计划编制的重要依据，五年评估结果作为五年建设规划编制、国土空间规划与专项规划调整的重要依据，由相关部门与规划编制技术小组结合评估对规划进行修正，确保空间规划科学合理。

4.3 完善统筹的配套制度与机制

“多规合一”试点时期，厦门出台有《厦门经济特区多规合一管理若干规定》《厦门市多规合一空间规划管理办法》《厦门市多规合一业务协同平台运行规则》等制度文件，保障统筹规划与规划统筹的实施。下一步，结合机构改革后的新形势、新需求，对已经出台的“多规合一”相关文件进行梳理，对有必要进行修正的，适时开展调研、评估、修订工作。对于审批一张图的管理开展机制研究，出台政策文件。同时，根据国家国土空间规划立法趋势与要求有预见性的开展地方条例、办法制定的前期研究工作，为规划体系改革提供法律支撑。

参考文献

[1] 邓伟骥，何子张，旺姆．面向城市治理的美丽厦门战略规划实践与思考[J]．城市规划学刊，2017（5）．

[2] 林坚，乔治洋，吴宇翔．市县“多规合一”之“一张蓝图”探析——以山东省桓台县“多规合一”试点为例[J]．城市发展研究，2017，24（6）：47-52．

[3] 孙安军．空间规划改革的思考[J]．城市规划学刊，2018（1）．

[4] 王蒙徽，李郇．城乡规划变革：美好环境与和谐社会共同缔造[M]．北京：中国建筑工业出版社，2016．

[5] 许景权，沈迟，胡天新等．构建我国空间规划体系的总体思路和主要任务[J]．规划师，2017，33（2）：5-11．

[6] 张兵，胡耀文．探索科学的空间规划——基于海南省总体规划和“多规合一”实践的思考[J]．规划师，2017（2）：19-23．

分论坛三

规划实施机制与技术创新

基于实施转移的山阳城市土地布局策略初探

吴左宾　李　虹*

【摘　要】认知城乡建设用地的时空分布和形成机理对城市制定土地管理政策和引导城市可持续发展具有重要意义。选取山阳城市作为研究对象，采用 2010 年与 2018 年土地利用现状与规划 2030 年用地布局数据，借助地学信息系统与 Microsoft Office Excel 中的空间叠置技术与数理统计分析功能，并使用上地利用转移矩阵模型，在对三组基础数据进行交叉比对分析的基础上，结合山阳城市的地域特性、现实问题与发展需求，分析山阳城区近年来土地利用的演变趋势与现状问题、城市总体规划的引导意志与实施效果以及现状实况发展对城市总体规划各项合理性的反馈，进而总结山阳城市在现状发展过程与规划引导进程中所显示出的突出问题，最终实现对山阳城区规划末期土地利用蓝图的修正完善，并探索有助于其在现实发展状况下可最大化完成规划目标的有效引导途径。

【关键词】山阳城市；土地利用转移；演变趋势；突出问题；反馈修正；引导途径

1　引言

建设用地的空间扩张是区域土地利用变化的主要特征，由之形成人地关系发展研究的焦点问题，受到自然地理、社会经济、区域发展、政策制度等因素的综合影响，城市土地空间的扩张特征、分布规律与转移过程往往蕴含着丰富的潜在信息，对于城市发展方向纠偏、土地资源效能挖潜与区域生态环境保育均具有重要意义。城市规划是关于城市发展的公共政策，是政府管理城市土地使用与建设活动的手段，重在保障城市空间资源的合理利用。但在快速变化的外部发展环境下，城市总体规划不得不展开以维护、适应、修正为目的的常态性工作，以解决不断产生和演化的各种矛盾与问题。由此而催生的城市规划实施评估，望在考察实施绩效在多大程度上与总体规划的目标相符，同时基于规划目标与实施结果的差距，剖析在规划实施过程中各种要素如何影响并作用于当前实施结果，并将城市规划指导下的阶段性城市发展结果置于新的政策要求、发展机遇、战略构想、发展定位、区域蓝图、项目落位等现实环境背景下，研究如何调试、改进规划措施与手段，并最终提出更适用的规划策略和实施方案。但就现实而言，规划实施评估工作往往仅是关注规划用地实施规模比例与经济目标实现程度，而忽视了城市总体规划实施的动态过程，不但难以反映规划实施的实际绩效，且无法回答规划实施偏差产生的根本原因，进而失去了对下一步规划实施调校和修编调整的参考借鉴作用。

山阳城市作为特殊地理条件下河谷城市的典型代表，其土地利用发展受到自然地理规律和社会经济规律的双重制约和支配，特殊的生长路径赋予其较大的研究价值。如何在新的发展契机与战略背景下，破除土地资源困境、彰显山水格局特色、提升城市发展效率、优化人居环境品质是山阳城市的现实发展

* 吴左宾，男，西安建大城市规划设计研究院，副院长。
李虹，女，西安建筑科技大学建筑学院，硕士研究生。

诉求。本文试图通过厘清山阳城市土地利用的数量结构与演变特征，把握空间发展的内在规律与驱动机制，明晰总体规划的实施效能与应用瓶颈，有针对性地提出城市土地空间的布局优化策略与发展实施路径，以实现土地资源的合理配置与高效利用，进而促进城市良性可持续发展。

2　土地实施评估的理论基础

随着全球变化研究的兴起，地学界在20世纪80年代以后利用遥感与GIS技术对不同区域的土地利用变化现象进行了大量的案例研究，并陆续提出了一系列分析区域土地利用变化的模型框架。已有研究中涉及的模型方法主要服务于三种目标。其一是从资源保护的角度探测资源数量及质量变化，大多包含对单个地类面积变化、区域土地利用程度、土地利用程度变化等特征的测度；其二是从过程的角度解释地类变化的状态，以实现对土地利用动态度、地类转移倾向、土地转换无序程度等指标的获取；其三是从空间角度透视变化的空间形式，主要是将景观生态学理论引入到区域土地利用变化研究中，通过邻接度、类型重心、多度等景观特征指数实现对热点区域差异、空间关系变化、空间格局变化等信息的获取。

在地类变化方向的揭示中，土地转移矩阵通常通过结合土地利用数量变化、程度变化、空间变化等指数对系统状态与状态转移进行定量描述，其不仅可以反映研究期初、研究期末的土地利用类型结构，还可以反映研究时段内各土地利用类型的转移变化情况，便于了解研究期初各类型土地的流失去向以及研究期末各土地利用类型的来源与构成。此外，转移矩阵还可以生成区域土地利用变化的转移概率矩阵，从而利用马尔柯夫随机过程分析模型来推测一些特定情景下区域土地利用变化的未来趋势。此外，单一地类变化的流向分析与流向百分比往往可以揭示区域土地利用类型变化的动因。

纵观学界已有研究成果，大多数案例集中在东部快速城市化地区和少量中西部大中城市，研究对象以平原城市为主，对城市化速度相对较低的中西部地区的研究则相对较少，围绕河谷城市所展开的研究更属空白领域。此外，土地利用变化动态研究主要停留于土地覆被层面，较少关注建设用地指标下土地的具体使用变化。而聚焦于建设用地演变的研究工作则或是缺乏过程力，多是对土地规模变化、空间位置变化与地类占比变化的结果式分析；或是缺乏挖掘性，少有对内在地域适应性与外部发展驱动性、空间自构生长与规划意志引导的全面思考；或是缺乏功能性，偏好于从宏观轮廓角度与形态组织角度出发，解析建成区外部形态的形状变化、规模变化与方向变化，获取个体形态层面的景观特征。

鉴于此，本文拟在建立具有研究针对性的用地分类体系与研究技术路径的基础上，将山阳城市作为实践对象，借助GIS空间分析模块与转移矩阵模型对山阳城区多组土地利用数据进行交叉比对与互动推演，并提取分析图谱与相关数据中所隐含的丰富信息，以对研究区域的土地利用演化机制与现实发展问题展开深入研究，进而对城市未来的土地资源配置与空间利用发展实行有效引导，期望为同类型城市与区域的土地利用发展提供借鉴。

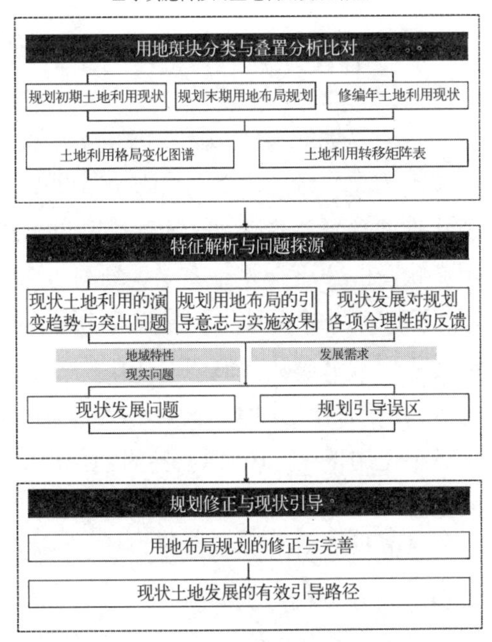

图1　研究技术路线图

3　研究技术路径

土地转移矩阵是对土地利用类型间相互转化的数量特征及

方向特征展开定量研究的主流方法，其通过将土地利用变化类型转移面积按矩阵形式列出，可细致反映各地类之间的相互转化关系，进而了解转移前后土地利用变化的结构特征和各类型之间的转移方向。转移矩阵的数学形式可以表示为：

$$S_{ij}=\begin{bmatrix} s_{11} & s_{12} & \cdots & s_{1n} \\ s_{21} & s_{22} & \cdots & s_{2n} \\ \cdots & \cdots & \cdots & \cdots \\ s_{n1} & s_{n2} & \cdots & s_{nn} \end{bmatrix}$$

式中：s 代表土地的转移面积；S_{ij} 表示 i 类型用地向 j 类型用地转移的面积，其中横向代表转出关系，纵向代表转入关系。

首先，依据研究对象现行城市总体规划中的相关图纸以及在修编工作开展年进行现场实地踏勘所得的土地利用现状数据，在 ArcGIS 平台中对规划初期土地利用现状、规划末期用地布局、实时土地利用现状三组土地利用数据图进行两两叠置融合，进而生成土地利用格局变化图谱并提取斑块类型属性信息，同时利用 Excel 软件数据透析工具生成土地利用转移矩阵，以对不同类型土地的转移方向以及转移数量进行对比分析研究。

其次，基于规划初期土地利用现状与实时土地利用现状的叠置比对结果，分析研究对象在实际演进过程中建设用地与非建设用地的互动情况以及建设用地内部的自我演化情况，并进一步分析其内生原由机制与外部影响因素；利用规划初期土地利用现状与规划末期用地布局的叠置比对结果探究城市管理部门与规划工作者之于未来发展所显示的规划愿景、之于现实问题所作出的应对策略以及在具体空间层面所形成的引导方向；借助规划末期用地布局与实时土地利用现状的叠置比对结果解析现状土地发展相对规划蓝图的实现效果与偏离程度，同时结合地域特征、现实因素以及发展需求评估现状城市用地各项形态相对于规划末期用地布局蓝图各项指标的可实现性以及难易程度，进而对城市土地利用总体规划形成反馈与修正完善建议。

在此基础上总结城市土地利用在其演变过程中的现实问题以及城市总体规划在具体应用实践中所出现的不相适用的引导误区；最后通过对用地布局规划蓝图的修正与完善，提出基于城市发展的现实状况，在规划期限内可最大化完成规划形态指标，合理高效配置土地资源（图 1）。

4 山阳城市土地利用发展的实证探讨

本文以地处秦岭山区，山水格局优越、生态资源禀赋良好，同时空间发展受限、土地资源紧缺的山阳城市为实践对象，依据山阳城市 2010 年城市总体规划成果、2018 年城市总体规划修编工作中所获取的现状土地利用信息以及多次现场踏勘调研中所进行的补充完善工作，整理并获取山阳城区 2010 年土地利用现状图、2030 年用地布局规划图与 2018 年土地利用现状图三组数据信息。

同时结合山阳城市实际状况，并依据《城市用地分类与规划建设用地标准》（GB 50137—2011）与《土地利用现状分类》（GB/T 21010—2017）等国家标准与相关文献资料，将山阳城区土地利用类型划分为八类：城市居住用地类（R）、道路市政用地类（S+U）、工业生产用地类（M+W）、公共服务用地类（A）、广场绿化用地类（G+E1）、其他建设用地类（H2+H3+H4+H5+H9+H12+H13）、村庄居住用地类（H14）、商业服务用地类（B）。

进而借助 ArcGIS 地理信息处理平台与 Microsoft Office Excel 数据处理工具对三组数据进行类型化处理、叠置分析与关联统计，形成土地转移过程的可视化与直观化表达，进而为山阳城市的特征解析、问题探源、策略构建与发展引导建立研究基础。

4.1　用地叠置与转移分析

4.1.1　2010 年土地利用现状—2018 年土地利用现状土地转移情况

山阳城区近年来的空间发展建设主要是从非建设用地获取土地资源，其在转化过程中整体向建设用地供应土地 990.70ha，其中村庄居住用地类的获取量为 489.08ha，占比高达 49%；其他建设用地类在原有 2.59ha 的基础上实现了 37.01ha 的增长，在所有地类中变化最为显著；道路市政用地类的变化不大，但在其变化过程中出现了与非建设用地类、商业服务用地类以及城市居住用地类高达 75.90% 的双向转化；工业生产用地类由于地处中心城区的边缘地带，加之政策机遇的扶持与引导而获得了较大的发展空间，增长率达 254.32%，基本与规划用地布局指向相符；但从发展时序而言，现有工业生产用地类的发展相对较为独立，内部配套服务与周边居住空间发展不足的同时与城区联系也较为薄弱，进而造成了现有产业经济发展动力不足的现实状况；公共服务用地类整体呈现出其他用地类向其转化的显著态势，从现状人均占有水平与城市建设用地占比来看基本符合国家标准，但根据居民调查访问结果，现状医疗设施、教育设施等与居民生活息息相关的公共服务设施的享有率与满意度普遍偏低；广场绿化用地类则仅与非建设用地产生互动，增长量为 67.95ha，但通过对其次级地类的分析，发现广场绿地规模相比于 2010 年实际减少了 22.6ha，其增长量主要来源于河流水域用地的增长；商业服务用地类由于其较高的土地兼容性与布局的相对灵活性，与其他地类均存在一定的互动情况，其土地增长来源主要为非建设用地，转出方向则主要为城市居住用地，但总体增长量仅为 7.3ha。此外道路市政类用地在城市建设范围大幅扩张的情况下出现了 3.46% 的降幅（图 2 ~图 4、表 1）。

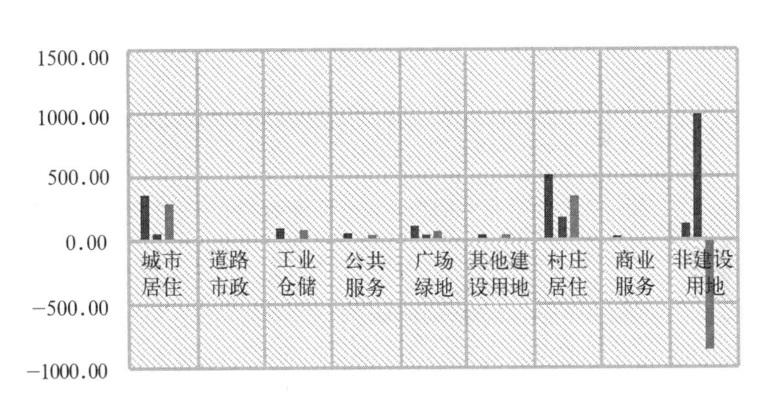

图 2　现状 2010 年—现状 2018 年山阳城区各地类规模变化图

规划 2010 年—现状 2018 年山阳城区土地利用转移矩阵表 单位（ha）　　表 1

		现状 2018 年									
		城市居住	道路市政	工业仓储	公共服务	广场绿地	其他建设用地	村庄居住	商业服务	非建设用地	共计
现状 2010 年	城市居住	180.33	0.46	2.94	5.64	1.36	0.08	20.14	5.14	21.56	237.64
	道路市政	3.60	2.62	0.32	0.26	0.22	0.00	0.02	2.68	1.14	10.86
	工业仓储	4.57	0.00	18.63	1.48	0.03	0.00	1.55	0.08	7.02	33.36
	公共服务	6.92	0.68	0.27	22.15	0.17	0.00	0.18	0.34	1.55	32.25
	广场绿地	5.60	0.20	0.01	0.21	65.99	0.00	0.00	0.26	38.92	111.18
	其他建设用地	0.15	0.00	0.89	0.15	0.00	1.11	0.00	0.00	0.28	2.59
	村庄居住	116.65	0.00	0.57	2.28	0.27	0.00	32.88	0.31	52.39	205.35
	商业服务	11.28	0.05	1.55	0.92	0.01	0.00	0.00	6.30	2.35	22.47
	非建设用地	203.94	6.48	93.02	38.26	106.87	38.41	489.08	14.65		
	共计	533.04	10.49	118.20	71.35	174.93	39.60	543.83	29.76		

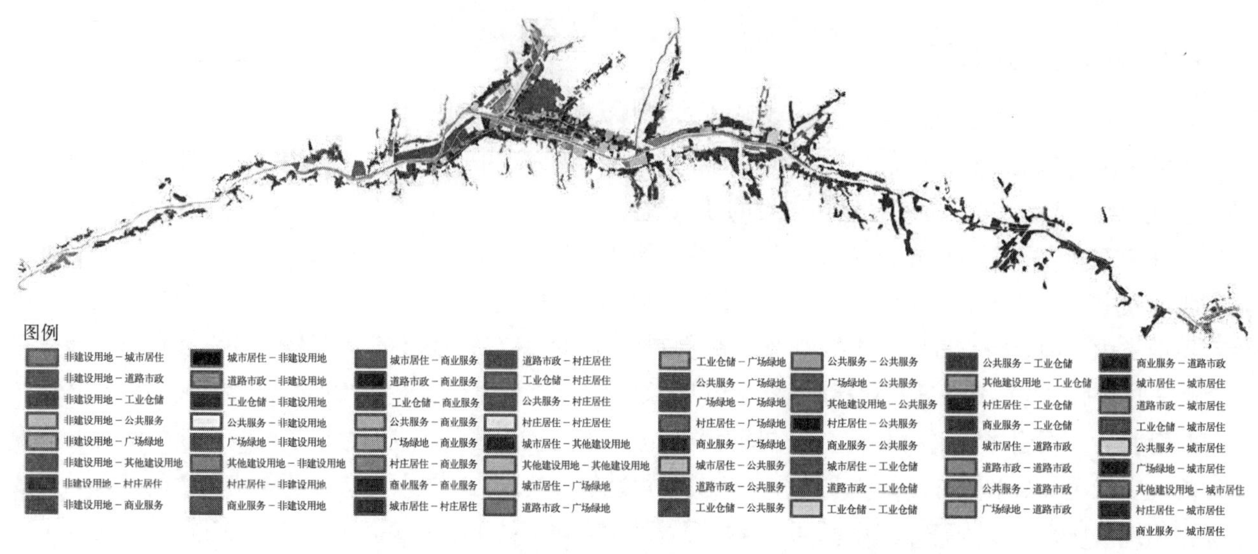

图 3 现状 2010 年—现状 2018 年山阳城区土地利用转换图谱

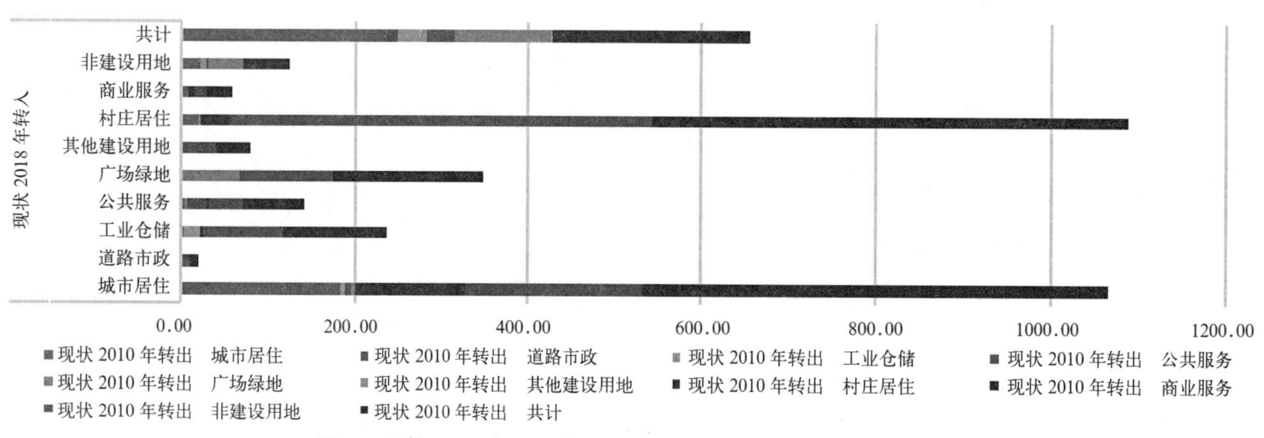

图 4 现状 2010 年—现状 2018 年山阳城区土地利用转换信息

4.1.2 2010 年土地利用现状—规划 2030 年用地布局土地转移情况

由于山阳城市于现状 2010 年仍处于建设相对不成熟的阶段，因而规划用地布局对城区内闲置的大量非建设用地进行了充分利用，各类建设用地的转入来源中，非建设用地的贡献率基本维持在 65.72% ~ 91.70%。规划中城区内的村庄居住用地类将在 2030 年全部转换为城市居住用地与非建设用地；现有的特殊建设用地拟大量转向城市居住与公共服务建设，规模消减至原有量的 16.24%。在城市建设用地类中，广场绿化用地类在其原有土地占有的基础上，主要是从非建设用地类、城市居住用地类与村庄居住用地类单向获取土地来源，主要用于对苍龙山山体公园与翠屏山山体公园的集中建设，最终广场绿化用地类的增长比例达到 410.21%，其增长程度在所有地类的变化中最为剧烈；商业服务用地类的土地增长来源与广场绿化用地较为相似，即非建设用地与居住用地类，但居住用地类的贡献率相对较高，现状商业服务用地沿街分布的格局被打破，拟在西河与丰阳河的交汇处、山阳第三中学附近以及必康产业园西侧利用现状空闲地形成集聚型商业片区。

规划 2010 年—规划 2010 年山阳城区土地利用转移矩阵表　单位（ha）　　表 2

		规划 2010 年									
		城市居住	道路市政	工业仓储	公共服务	广场绿地	其他建设用地	村庄居住	商业服务	非建设用地	共计
现状 2010 年	城市居住	134.39	3.00	5.43	18.62	26.17	0.41	0	18.52	33.05	239.60
	道路市政	1.24	2.53	0.01	2.78	1.98	0	0	3.61	2.05	14.20
	工业仓储	5.94	0.29	13.02	3.64	3.36	0	0	0.01	7.46	33.72
	公共服务	2.55	0.36	0.09	22.58	1.93	0	0	0.86	3.42	31.79
	广场绿地	2.81	0.46	1.44	0.83	91.63	0	0	0.48	14.03	111.67
	其他建设用地	1.25	0.04	0.00	1.10	0.00	1.06	0	0.00	0.24	3.69
	村庄居住	138.58	1.42	6.96	4.40	9.07	0	0	8.26	37.17	205.85
	商业服务	1.48	0.40	0.74	2.12	1.50	0	0	11.40	5.22	22.86
	非建设用地	404.47	38.13	138.93	93.23	486.55	0.05	0	60.84		
	共计	692.71	46.63	166.61	149.31	622.19	1.52	0	103.99		

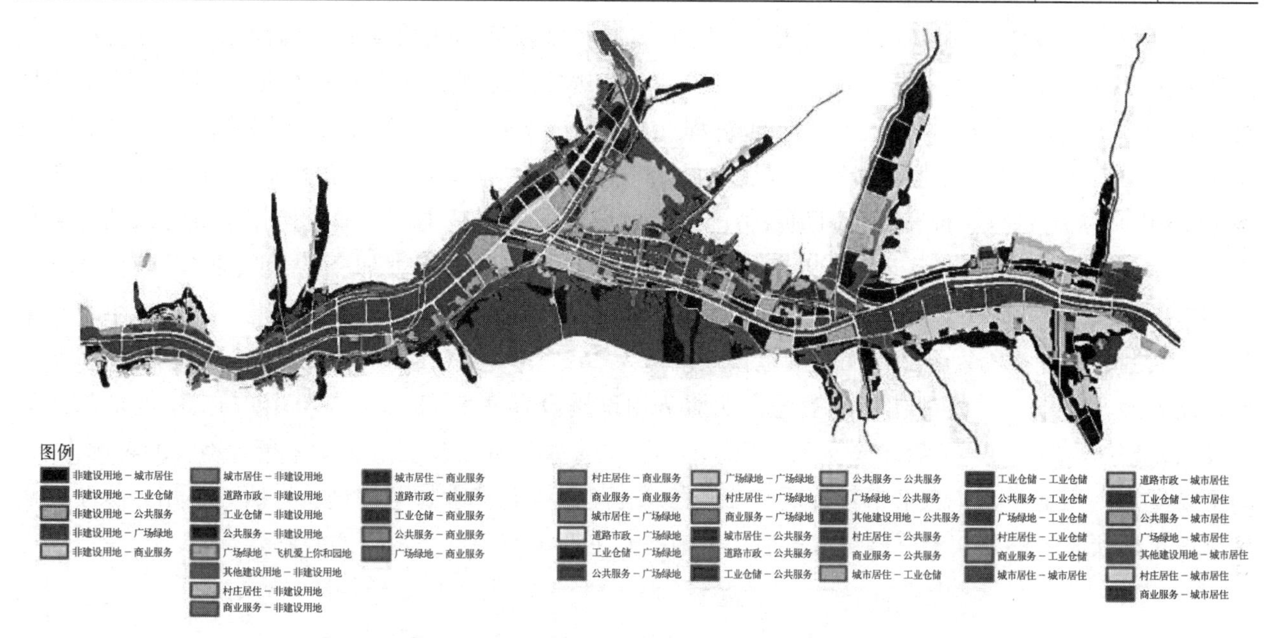

图 5　现状 2010 年—规划 2010 年山阳城区土地利用转换图谱

4.1.3　2018 年土地利用现状—规划 2030 年用地布局土地转移情况

山阳城区发展至 2018 年，仅从城市形态扩张上即可看出其在很大程度上偏离了既定的用地布局规划，规划中大量的非建设用地在城市发展中，演变为蔓延而松散的村庄居住用地类，其量值高达 469.23ha，生态维育的目的不仅未能有所实现，反而较 2010 年生态环境更趋恶化。原有计划发展的城市建设用地大多仍处于荒废状态，其间城市居住用地类闲置 345.58ha，道路市政用地类闲置 27.19ha，工业生产用地类闲置 108.55ha，公共服务用地类闲置 57.33ha，广场绿化用地类闲置 428.57ha，商业服务用地类闲置 38.97ha，在各类用地的总额中均具有很大的占比水平。

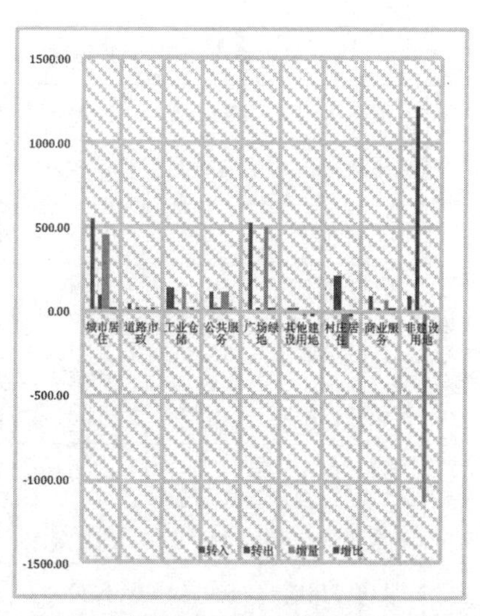

图 6　现状 2010 年—规划 2010 年山阳城区各地类规模变化图示

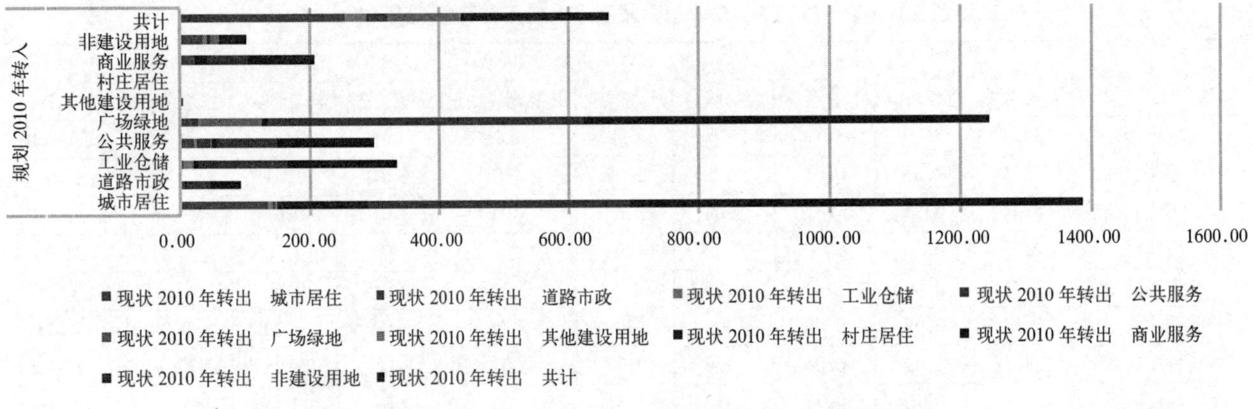

图 7 现状 2010 年—规划 2010 年山阳城区土地利用转换信息

进一步通过各地类用地规模建设进度、空间布局契合程度与建设发展错位性三个指标对城市总体规划的实施效果进行度量，从规模建设来看，城市居住用地类、工业生产用地类与公共服务用地类均处于超前发展，与预期相比分别超越进程 36.73%、26% 与 30.62%。而道路市政用地类、广场绿化用地类与商业服务用地类则处于落后发展状态，其落后建设的量化值分别为 16.84%、12.18% 与 11.30%；从规划用地布局的空间预留情况来看，城市居住用地类、工业仓储用地类与公共服务用地类基本符合预期目标，而道路市政用地类、广场绿化用地类与商业服务用地类则分别有 34.6%、23.77% 与 31.41% 的建设空间未能填补；两者综合比对，即可获知城市居住用地类、工业生产用地类与公共服务用地类与规划用地布局的建设差距即为 262.10ha、48.12ha 与 32.02ha 的违规建设用地。而道路市政用地类、广场绿化用地类与商业服务用地类则存在 8.28ha、72.05ha 与 20.85ha 的违规建设，以及 16.13ha、147.77ha 以及 32.57ha 的空间需要加速补足。而进一步分析各地类的来源去向，即可发现规划用地布局中道路市政用地类、广场绿化用地类与商业服务用地类等服务类用地除了处于非建设用地状态，即处于大比例被城市居住用地类与工业生产用地类占据的状态。

规划 2010 年—现状 2018 年山阳城区土地利用转移矩阵表 单位（ha） **表 3**

		现状 2018 年									
		城市居住	道路市政	工业仓储	公共服务	广场绿地	其他建设用地	村庄居住	商业服务	非建设用地	共计
规划 2010 年	城市居住	269.42	1.70	6.62	7.81	4.46	0.13	56.12	4.89	345.38	696.53
	道路市政	8.05	2.52	4.55	0.64	1.04	0.00	0.99	1.67	27.19	46.65
	工业仓储	20.72	0.03	61.90	0.17	9.30	0.00	4.92	0.46	72.95	170.45
	公共服务	35.54	3.17	7.10	39.33	1.92	1.08	1.74	2.65	57.33	149.86
	广场绿地	53.85	3.79	17.22	3.71	100.85	3.68	10.73	2.54	428.57	624.94
	其他建设用地	0.32	0.00	0.00	0.11	0.00	1.08	0.00	0.01	0.00	1.52
	村庄居住	0.00	0.00	0.00	0.00	0.00	0.00	0.00	0.00	0.00	0.00
	商业服务	43.83	1.06	0.80	4.91	3.68	0.00	1.59	8.91	38.97	103.75
	非建设用地	109.69	1.42	25.39	15.41	54.82	34.71	469.23	10.32		
	共计	541.42	13.69	123.58	72.09	176.07	40.68	545.32	31.45		

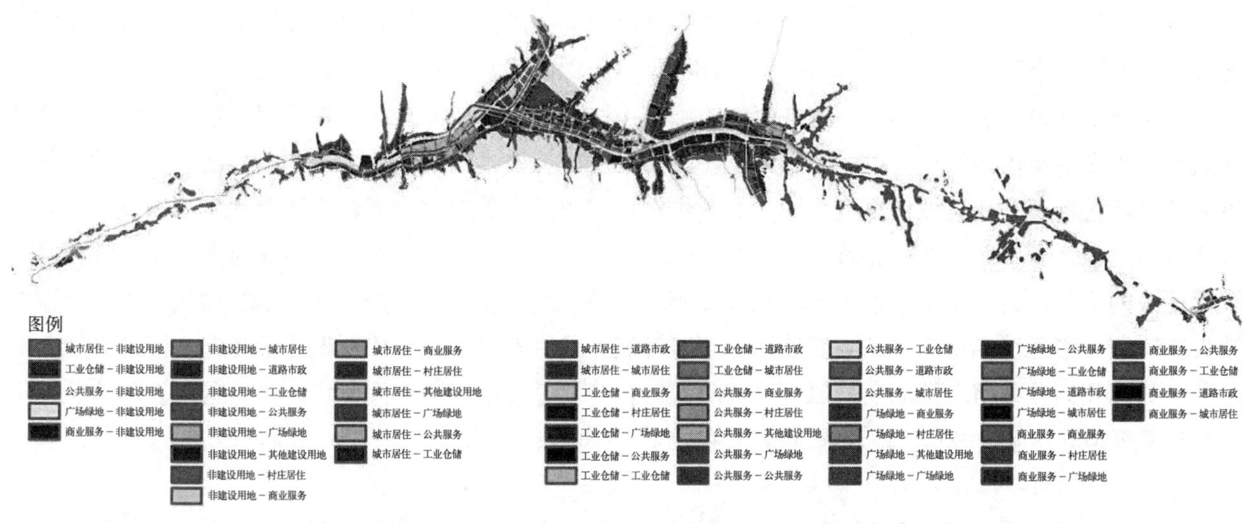

图 8　规划 2010 年—现状 2018 年山阳城区土地利用转换图谱

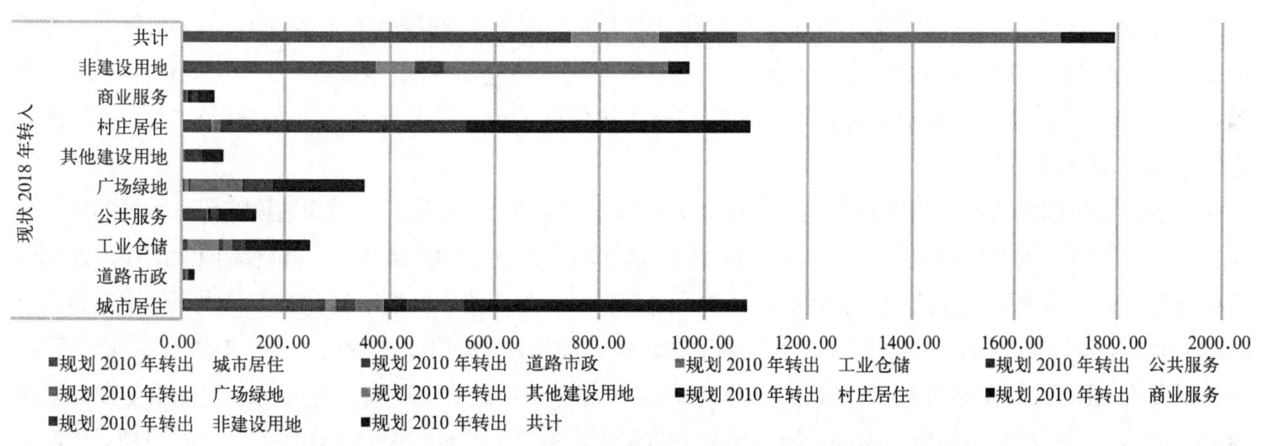

图 9　规划 2010 年—现状 2018 年山阳城区土地利用转换信息

规划实施进程统计表　　　　**表 4**

		城市居住用地类	道路市政用地类	工业仓储用地类	公共服务用地类	广场绿地用地类	其他建设用地用地类	村庄居住用地类	商业服务用地类
用地规模实施情况	规模（ha）	531.52	10.8	110.02	71.35	172.9	39.61	547.97	29.76
	占比（%）	76.73	23.16	66.0	70.62	27.82	2605.92	—	28.70
符地建设实施情况	规模（ha）	269.42	2.52	61.9	39.33	100.85	1.08	0	8.91
	占比（%）	38.90	5.40	37.15	38.93	16.23	71.05	—	8.59
用地规模与空间位置错位情况	规模（ha）	262.1	8.28	48.12	32.02	72.05	38.53	547.97	20.85

4.2　特征解析与问题探源

4.2.1　现状演变

山阳城市地处群屏环抱之间，以丰阳河与西河为主导的川谷地带是城镇发展的主要空间，在地形地貌对城市空间发展格局的限制下，如何集约利用土地，避免带形城市空间的过度轴向延展应成为其发展的正确导向，但山阳城区在其 2010 年老城片区、西河片区、高新产业园片区与比康产业园片区等用地发展条件较好的城市空间大比例闲置的基础上，不仅未有进一步的填充式紧凑布局，反而呈现出以村庄用地建设为主导的低密度蛙跳式蔓延。相对过长的交通距离造成了城市基础设施建设经济性与公共设施服务效率日益趋低的现实状况。

随着城市规模的进一步增长、城市框架的进一步拉大，山阳城区在向东西色河铺镇与高坝店镇蔓延的同时，诸多乡镇用地被纳入城区范围内，区域公用设施等地类建设也随之出现。其他建设用地类的规模需求也随之增长。在各城市建设用地类的变化中，广场绿化类用地与道路市政类用地不增反减，商业服务类用地也仅有 7.3ha 的增长量，且主要为沿街带状分布，经济活力不佳。公共服务类用地规模虽有较大规模的增长，但与城市居住用地的耦合度相对较低，且存在体育设施、社会福利设施等用地类型的缺失，关乎城市环境品质与服务效能的地类普遍发展不佳，背离了规划中所期许的生态功能提升、公共服务增效以及商业经济激活的发展愿景。同时城市在开发过程中出现不同建设地类之间相互转化、用地性质反复更换的现象，城市土地建设的经济性受到一定程度的损害。

4.2.2 规划引导

从图底关系来看，规划 2030 年相对于现状 2010 年建成区范围相对变化不大，表现出以内部非建设用地填充为主的发展意向，规划城区内的村庄居住用地将在城市发展中逐步消解，意在实现居住空间的最大城市化与区域生态基底保育，但从现有村庄居住用地倍速增长的现实发展状况来看，规划所设想的规划期末城区建设范围内实现完全城市化，对处于特定地理环境与现实经济发展水平下的山阳城市而言具有较大的不现实性。且处于川道边缘沿次沟与支毛沟延展的城市居住用地在布局设计中明显以图面形态为主导，缺乏现实考量。

在各地类资源配给中，2030 年用地布局规划中未出现对区域公用设施、区域交通设施等用地类的相关预设，但在山阳城区的发展进程中，区域建设类用地出现了种类与规模的显著增长，且随着西武高铁、通用航空机场等重大交通基础设施的进一步完善，此类用地将进一步改变城市用地结构，城市总体规划用地布局势必需要根据此现实状况做出相应的修改与完善；在城市建设用地类别中，规划于 2030 年将形成 621.57ha 的广场绿化用地，其在城市建设用地中占比 35.88%，人均占有量 31.07ha，巨大的绿地配给量在山阳城市外部山体生态补给相对较佳、内部土地资源紧张的发展背景下，具有较大的不合理性。此外规划对于商业服务用地类给予了较大的关注，相较于现状 2010 年，不仅用地规模实现了 361.23% 的增长，且在布局形态上出现了较大的变化，其意在通过一定比例居住用地的转换实现土地利用混合度与社区服务环境的提升，通过土地规模的充足供给以及在空间节点的适当聚集实现经济活力的提升与城市结构的塑造与支撑。

4.2.3 实施效能

总体而言，城市总体规划用地布局内容在批准后并未得到相应的重视与良好落实，各类建设用地均存在一定程度的错位建设，现有的用地发展不仅占用规划布局中的生态修复用地，同时川道中大量建设条件较好的城市空间未被充分利用以发挥其土地价值，本就空间发展受限、土地资源紧张的河谷城市的发展更加难以为继。

此外规划蓝图制定之后未能形成进一步的建设时序安排，老城区东西两侧的高新产业园区与必康产业园区虽已形成一定的规模，但其在相对独立发展的基础上，周边未有服务设施与居住用地的相应配套建设，进而导致产业区的服务需求需要跨越较长的轴向交通前往老城区才能获取，无疑为带形城市带来更大的轴向交通压力。

规划实施过程中最为显著的特点即是城市建设多集中于地产功用与工业生产等开发性用地，倾向于为土地财政与经济发展考虑，而忽略了城市服务完善、生态特色彰显、人居环境构建等可持续性发展需求。2018 年城市居住用地类与工业生产用地类基本处于相对规划进程高约 30% 的超前发展，甚至大比例占据道路市政用地类、广场绿化用地类与商业服务用地类等服务配套类用地的建设空间，居住密度加大与服务配给的不完善进一步恶化了山阳城市本被期许的宜居环境。

其中实施差距最大的即为广场绿化类用地，现行城市总体规划为实施绿色形象工程、达到国家级生态园林城市要求，规划苍龙山森林公园与翠屏山浅山公园两大山体公园以期扩大绿地规模、提升绿地指标，但其高达 286.71ha 的建设规模不仅建设成本极高、日常应用性不足，同时也将对该区域的生态基底造成一定程度的破坏，进而造成城市发展至今不仅公园建设停滞，且街头绿地、活动广场等居民日常游憩场所也存在较大的缺失。

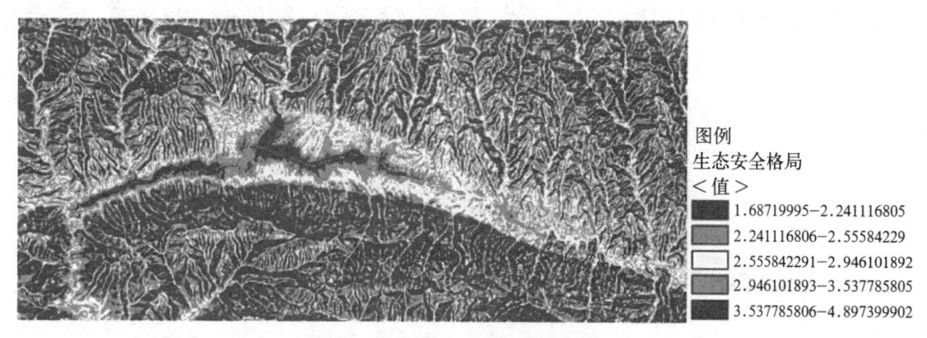

图 10　生态安全格局评价图

图 11　城镇空间扩展速率图

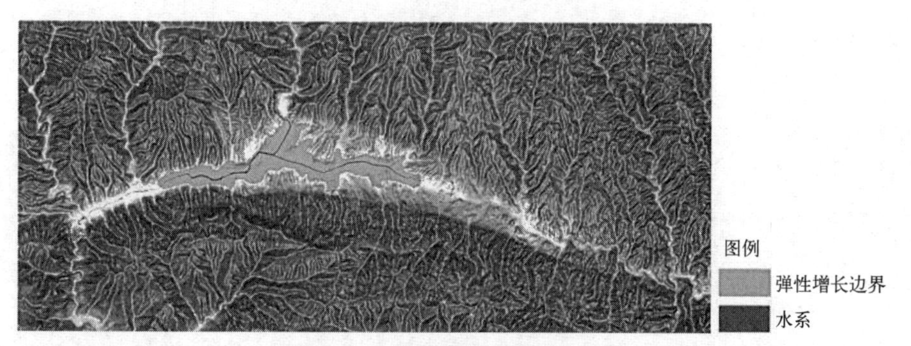

图 12　山阳城区紧凑发展边界图

4.3　规划修正与发展引导

4.3.1　城区紧凑化发展，土地减量式增长

山阳城市受到特殊自然环境和特定城市发展阶段的影响，城市空间扩展存在很大的被动性。因而在山阳城市近阶段的发展中应首先综合城市生态底线约束、空间增长内生动力以及城市发展规模需求对城市发展的空间范围进行限定与约束。即基于生态敏感性评估结果以及用地适宜性评价结果，从保护生态环境、协调适宜发展用地的角度出发，识别城市发展不可逾越的刚性生态限制空间；计算城镇空间不同发展阶段的“弹性半径”，以判定合理的城市空间拓展范围；基于资源承载与增长规律对城市规划期末的

人口规模以及用地需求规模进行确定，进而提取符合城市发展规模需求的多个增长边界；借助紧凑测度指标确定之于山阳城市空间形态紧凑且用地规模集约的城市空间发展边界相对最优解，以从规模与形态两个方面引导城市发展，进而实现山阳城市轴向拓展距离的最小化、川道空间最优地带的最大利用、空间运行效率与基础设施供给经济性的提升。

此外，对于城区范围内现有村庄居住用地大量占用规划非建设用地的现实状况，建议在集建区外编制实施"郊野单元规划"进行应对，即以建设用地减量化为抓手、以土地整治为平台强化生态用地增量、提升农业用地存量、实现土地集约利用。其一是综合现有村庄建设的规模、离散度、建造年代、老龄化、

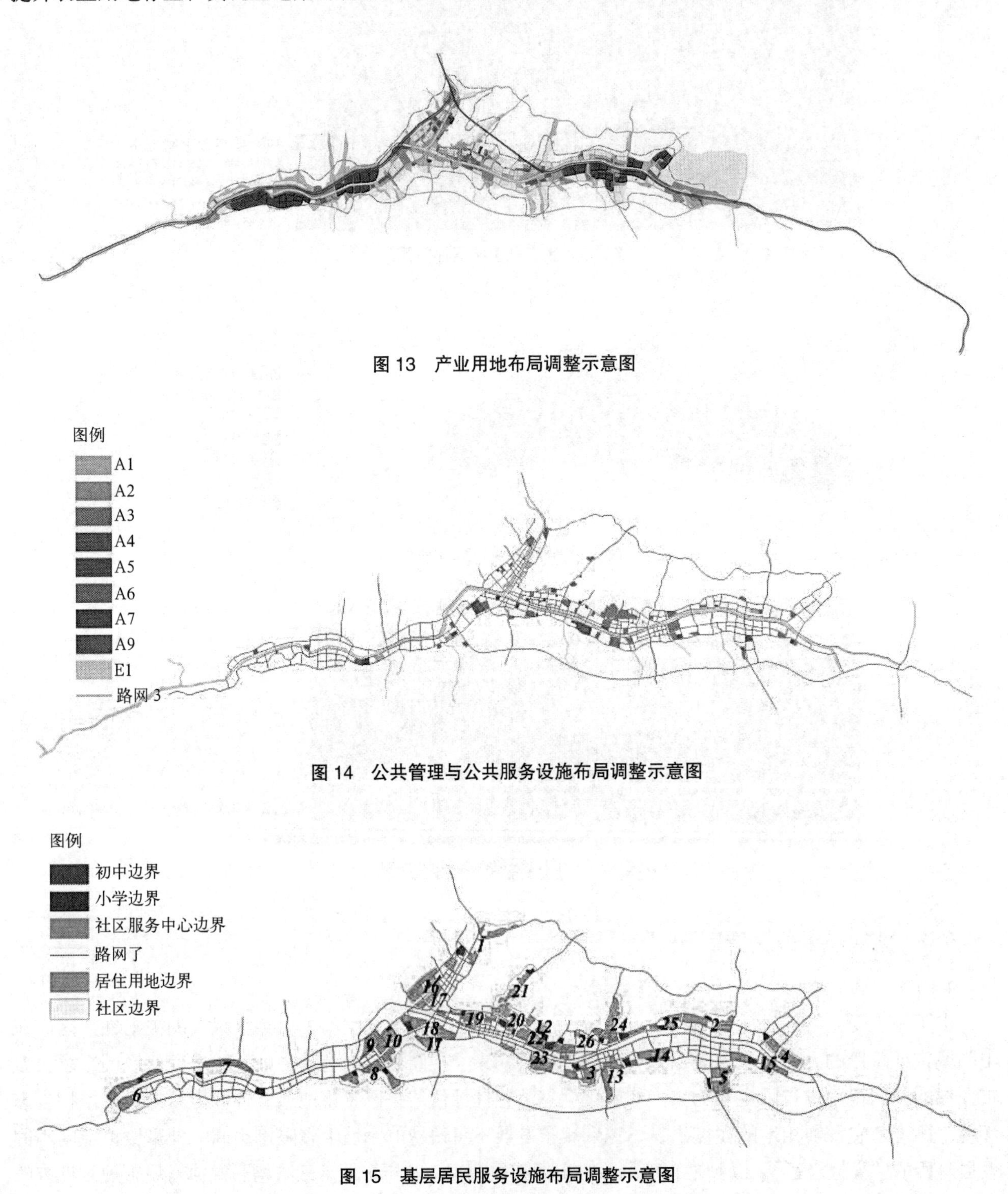

图 13　产业用地布局调整示意图

图 14　公共管理与公共服务设施布局调整示意图

图 15　基层居民服务设施布局调整示意图

自住率等方面内容建立分析模型,并通过实施“类集建区奖励”“村庄合并”“拆三还一”“双指标腾挪”“增减挂钩”“出让金返还”等土地政策与财税政策看现状低效村庄建设用地的综合整治与减量化；其二是综合整治田、水、路、林等环境要素，集中复垦现状未利用或者利用效率较低的土地，并统筹协调农业布局规划、基本农田规划、水利系统规划、设施农用地规划等各项专业规划以增加耕地面积、提升城乡整体生态环境效益。其三是为城市区域交通设施建设、区域公用设施用地、特殊用地等区域重大设施提供发展备用地。集建区紧凑更新与郊野单元减量发展将共同改善山阳城市的土地发展瓶颈。

4.3.2　规划适态性修正，用地低成本更新

随着城市发展环境的深刻变化，城市规划应在追踪新的发展问题与趋势背景的基础上进行相关内容的修正与完善，在规划修编工作中借助实施性评估检验规划绩效，并通过前瞻性评估体现战略引领。在山阳城市现行总体规划实施过程中，“一带一路”与“长江经济带”等倡议或国家重大发展战略、“全域旅游示范区准入”与“撤县设市发展推动”等新的发展指向纷至沓来，其必将在未来城市用地空间的建设中有所投影，而随之出现的“西武高铁”“通用航空机场”等区域重大项目的落位以及其带来的其他相关用地的增长需求也使得城市用地布局规划不得不做出前瞻性预测与适应性调整。在不突破城市刚性生态边界、符合空间管制要求的基础上预留发展储备用地，科学合理的指导城镇建设用地相对从容地进行优化调整，引导城市建立弹性框架、实现可持续健康发展。

此外山阳城市在其近年来的发展中与规划存在较大的错位，若为使其严格按照规划形态指标实施而采取完全重建式的发展路径，无论是从经济性与现实性而言都有极大的难度，因而，基于对现状错位建设内容的“建设质量”“对城市发展格局的影响程度”“用地功能置换调整的难易程度”等方面的综合评估，对应采取土地更新与整备计划应成为山阳城市未来规划建设的主导方向。同时需要城市管理部门建立合理的土地储备制度来保障城市土地规范化利用、挖掘存量建设用地潜力、促进规划用地布局有效实施，进而实现山阳城区土地资源配置合理性与产出效率的最优最大化。

4.3.3　产业融城式发展，公服均等性布局

在山阳城市 2010 版城市总体规划中，其城市性质被定义为生态旅游城市与资源加工型城市，现山阳城东与城西虽已形成高新产业园区与必康医药产业园区，但现状发展用地松散、基础设施配套落后、产业发展缺乏动力，如何充分利用地区资源优势，打造“生态引领、链式循环、服务完善、职住配套”的绿色示范性产业园区应成为未来发展的着力点。基于山阳城市带状河谷形态的空间特征，建议在现有规划用地布局的基础上进行布局微调整，即以河流水系与防护绿地建设为分割，并沿轴向干道交通呈链式间隔布局“就业单元”与“生活单元”，生活性单元内部配给满足就业人口日常生活需求的公共设施与商业服务业等生活性设施，就业单元内配置为产业提供生产性服务的各类机构与平台。同时在地形评估的基础上建立通勤式环路交通，从根源上减少城区轴向交通压力。

山阳城区现有公共服务设施虽从规模上来看处于超前发展状态，但相较规划用地布局有较大的错位发展，且规划布局中，基础教育设施与基础医疗设施等公益性设施的规模配给相对较少，而体现出重指标而轻布局的显著特征，使得现有城市居民的服务获得感大大低于标准水平。因而在城市未来的发展中，应结合社区空间划分与城市人口分布情况，并通过开发政策优惠、用地置换制度与闲置开发措施等方式进行公益性设施的规模补给与布局优化。通过综合不同市民阶层的心理与生理可达性、使用偏好性以及建设投资的经济性，实现居民享有公平性与设施服务效率性的均衡与提升。

4.3.4　生态维育性优先，绿地适地型配置

一方面，山阳城市地处秦岭山区腹地，生态资源禀赋优越、山水格局特色显著。且条带状的城市轮廓与内部河流水系的穿流形态赋予其城市空间可与自然生态界面大比例接触的优越性，居民仅需花费较

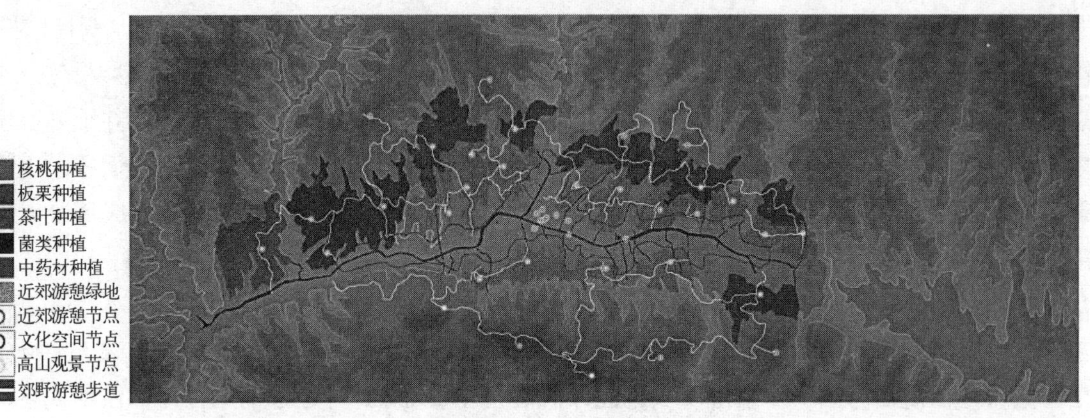

图 16 山阳城区外围绿色空间建设引导图

图 17 山阳城区内部绿地空间更新引导图

少的距离成本便可实现城野空间的感知转换。因而在其绿色空间体系的发展中，应优先通过对山水资源的生态维育与景观提升形成对城区内部绿色空间效益的外围补给，同时通过结合农林生产与休闲游憩等功能，提升郊野地区的景观附加值与经济效益，用最低的建设成本发挥最大的生态价值、景观价值与旅游价值，进而实现水绿益城的目标。

另一方面，土地资源短缺的现实背景以及城市经济发展阶段的限制，势必致使较少的城市建设土地供给总量难能以较为富足的比例向广场绿化用地建设投入，因而山阳城区的绿化用地建设应破除原有的指标侧重性与形象偏好性的规划模式，在现有建设成熟的片区内通过“借地补绿”“见缝插绿”等方式进行微绿地建设，在未来拟进行逐步改建的地区通过在居住用地与人口分布预估的基础上进行绿地“量需”适度布局，并建立公共要素增补清单与容积率奖励体系促进绿地空间的逐步增补，切实保障城市居民的就近使用、发挥绿地空间的最大生态效能。

5 结论与讨论

城市化的快速进展、城市经济的增长和人口的集聚所导致的城市用地向外扩展以及与此同时发生的城市内部用地重组是一个较为复杂的空间转换过程。本文在地理信息系统技术的支持下，通过对山阳城市两期土地利用数据以及城市总体规划用地布局的叠置比对、数据透视与信息挖掘，深入剖析山阳城市在其土地演进过程中所显现出的显著趋势与突出特征、相对于规划用地布局的实施效果与偏离程度以及城市总体规划在其实施中所出现的不适应性特征，进而总结山阳城市的现实发展问题与规划引导误区。

在此基础上提出“城区紧凑化发展，土地减量式增长”“规划适态性修正，用地低成本更新”“产业融城式发展，公服均等性布局”“生态维育性优先，绿地适地型配置”四条应对性策略，以期通过城市总体规划用地布局的适应性调整与土地利用现状的可行性引导实施促进山阳城市土地资源的高效利用与可持续发展。

参考文献

[1] 陈有川，陈朋，尹宏玲．中小城市总体规划实施评估中的问题及对策——以山东省为例[J]. 城市规划，2013，37（9）：51-54.

[2] 何灵聪．基于动态维护的城市总体规划实施评估方法和机制研究[J]. 规划师，2013，29（6）：18-23.

[3] 朱会义，李秀彬．关于区域土地利用变化指数模型方法的讨论[J]. 地理学报，2003（5）：643-650.

[4] 乔伟峰，盛业华，方斌，王亚华．基于转移矩阵的高度城市化区域土地利用演变信息挖掘——以江苏省苏州市为例[J]. 地理研究，2013，32（8）：1497-1507.

[5] 殷玮．上海郊野公园单元规划编制方法初探[J]. 上海城市规划，2013（5）：29-33.

[6] 吴燕．全球城市目标下上海村庄规划编制的思考[J]. 城乡规划，2018（1）：84-92.

[7] 吴沅箐．上海市郊野单元规划模式划分及比较研究[J]. 上海国土资源，2015，36（2）：28-32.

[8] 孙敏，姜允芳．“存量发展”背景下上海市郊野单元规划研究[J]. 城市观察，2015（2）：132-139.

[9] 赵万民，孙爱庐．城市总体规划持续调整的现象与对策研究[J]. 城市规划，2018，42（7）：43-51.

[10] 刘芳，张宇，姜仁荣．深圳市存量土地二次开发模式路径比较与选择[J]. 规划师，2015，31（7）：49-54.

[11] 周阳，郗曼，王振坡．城市新区空间发展引导下的土地储备模式研究——以天津市滨海新区为例[J]. 工程经济，2017，27（9）：57-61.

[12] 陶江，陆玉麒，王昌燕．乌鲁木齐城市用地空间转换及其机制[J]. 经济地理，2008，28（6）：1025-1030.

[13] 贺传皎，陈小妹，赵楠琦．产城融合基本单元布局模式与规划标准研究——以深圳市龙岗区为例[J]. 规划师，2018，34（6）：86-92.

[14] 管韬萍，吴燕，张洪武．上海郊野地区土地规划管理的创新实践[J]. 上海城市规划，2013（5）：11-14.

[15] 匡晓明．上海城市更新面临的难点与对策[J]. 科学发展，2017（3）：32-39.

大数据时代下众人规划全方位参与方法研究

周阳月 *

【摘　要】大数据在城市规划领域的全方位运用，将开创公众参与城市规划的新纪元。文章创新性地提出“众人规划”概念，并认为其包含“显性参与”与“隐性参与”两种公众参与模式，进而指出众人规划与具有海量、多源、时空特征的大数据的高度耦合，将实现城市规划从本质上走向全民规划、动态规划、过程式规划。本文基于“活动理论”的基本原理，指出大数据时代下众规“全方位参与”方法大致具有四个维度：参与对象多元化、参与过程完善化、参与内容深入化、参与表达通俗化。据此，提出大数据时代促进众规“全方位参与”的城市规划响应策略：拓宽公众参与渠道，创新多元参与形式；完善公众参与机制，保障规划有机运行；转换规划决策理念，培育公众参与模式。

【关键词】大数据；众人规划；公众参与；全方位参与

随着移动终端、新媒体、云计算等信息技术的高速进步，大数据正深入渗透到全球社会经济生活的方方面面，这不仅是信息时代一次“颠覆性的”技术革命，更是各行各业思维决策及工作方式巨大革新的机遇期。在城市规划领域，大数据在“智慧城市”建设中的运用，必将为新时期城市规划的编制、实施和管理，尤其是决策理念的革新带来崭新的思路与方法。同时，随着城市规划公共政策属性的逐渐明朗化及我国公民参与城市规划意识的逐步觉醒，公众参与城市规划日益成为社会各界的关注焦点。大数据信息处理技术和方法在城市规划领域的全方位运用，将开启公众参与城市规划的新纪元。目前，国内学界从“公众参与城市规划工作”和“大数据与城市规划结合应用”视角出发的研究成果较为丰富，但针对大数据时代的新背景如何在城市规划的不同阶段、不同层面推动公众参与的具体方法和路径、策略的相关研究则尚属空白，这正是本文的出发点和立足点。

1　大数据与众人规划的耦合

1.1　大数据概述及特征

“大数据”（Big Data）概念最先由麦肯锡咨询公司于 2011 年 5 月在第 11 届 EMC World 年会的研究报告《大数据：下一个竞争、创新和生产力的前沿领域》上提出。随后维克托·迈尔·舍恩伯格出版了《大数据时代》一书。美国于 2012 年 3 月推行“大数据研究和开发计划”(Big Data Research and Development Initiative)。2012 年 5 月，联合国发表《大数据促发展：挑战与机遇》白皮书，指出大数据将深刻、持续地渗透到全球经济社会生活的方方面面。这些都标志着人类社会已经进入大数据时代。

综合国内外学界已有研究对“大数据”概念及其内涵的界定，指出所谓“大数据”，其实是一个庞大

* 周阳月，湖南省长沙市中国电建中南勘测设计研究院有限公司，工程师。

的数据概念集合，它具备“4V”共性特征——数量大（Volume）、类别多（Variety）、速度快（Velocity）和价值高（Value）。从城市规划角度而言，大数据具有海量、多源、时空数据的显著特征，这为大数据时代开创城市规划新的里程碑奠定了坚实基础。

1.2　众人规划

公众参与城市规划既是城市规划作为一项公共政策以维护公民公共利益和提高城市规划工作效率的内在诉求，也是人们畅通其表达自身合法权益的正规渠道。大数据时代的到来将为城市规划领域的“众人规划”奠定坚实的基础。所谓“众人规划”（以下简称“众规”），即指由社会大众和专业机构通过构建一定的大数据规划平台共同参与规划设计，真正实现“一张底图，众人规划”目标的新型公众参与规划模式。“众规”的最大好处在于能通过超级系统的大数据来定性定量、实时动态地反映公众对城市规划建设与发展的意愿，顺应民意。笔者认为大数据时代下的“众规参与”按照公众在参与城市规划的主动性、方式、途径及作用可划分为“显性参与”（主动式参与）和“隐性参与”（被动式参与）两种模式（图 1）。“显性参与”指社会大众通过问卷调查、访谈座谈、听证会、SOLOMO 社交新媒体等多元参与形式积极主动地参与到城市规划的全过程，充分发挥公众规划的主观能动性，类似于通常所说的“公众参与”；“隐性参与”则指通过公众数据的共享，提取手机客户端或电脑终端等提供的海量、多源的开放数据，被动式搜集公众意志，据此分析、映射城市人群在城市中的各种活动，作为城市规划的依据。在智慧城市建设中，大数据介入众人规划是对城市规划的科学合理性、公平透明性、全面可行性的一次极大考验，也是城市规划得到全面提升的大好机遇。

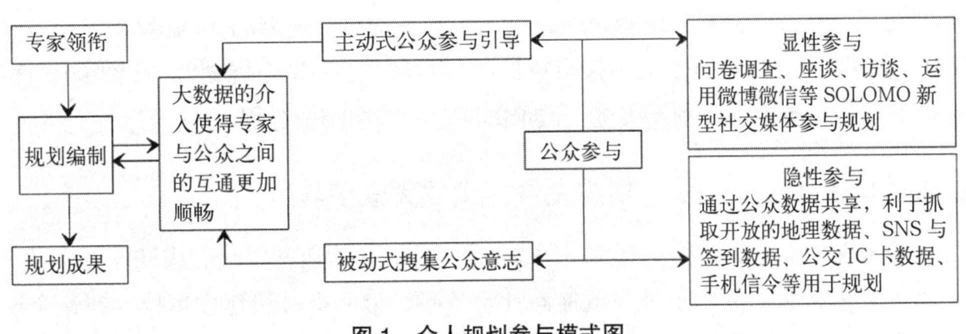

图 1　众人规划参与模式图

资料来源：作者自绘

1.3　大数据与众人规划的耦合

随着新媒体与大数据的高度耦合，以社交网络 SNS（Social Networks Service）、位置服务 LBS（Location Based Service）和移动终端（Mobile）等最具代表性的“SOLOMO”新媒体技术应用将在很大程度上激发并驱动公众主动参与规划，表达其利益诉求，真正实现“自下而上”的微动力汇聚的“集成放大效应”。同时，非政府组织（NGO）、社区组织等第三方力量通过新媒体直接介入公众参与，也将在城市规划中发挥极大效用。此外，天生具有极佳的用户互动交流特征的新媒体与具有海量、多源、时空特征的大数据的有机融合，将促进信息搜集、数据传播、分析处理速度，通过多种社交媒体和新兴数据处理平台，将在很大程度上发挥众人规划的独特优势。“众人规划”将一改以往小数据规划“象征性参与”的状态，从本质上走向“全民规划”“动态规划”“过程式规划”，彻底扭转公众参与度不高，参与对象单一化、参与形式简单化、参与内容表面化、参与程序片段化等问题（表 1）。

传统小数据规划与大数据规划的比较　　表 1

	小数据规划	大数据规划
规划数据获取来源	小样本，随机抽样 数据来源相对单一（主要是地方政府及相关部门、实地调研数据等）	样本＝总体 数据多源（除传统数据外，还有带有地理坐标的时空数据）
规划数据分析与处理	少变量或单一变量 仅考虑主要因素，屏蔽次要因	考对相关变量关联度及相互影响的分析
规划数据获取手段	实地调研考察、调查问卷、统计年鉴资料及相关图书资料	物联网、智能地图、智能交通、智能社区、智能教育、智能医疗、智能物流等
规划数据运作系统	目标—手段—行动	数据—计算—预测—目标—手段—行动—数据反馈
信息传播与大众交流平台	传统媒体（报纸、平面广告、电视等）	既有传统媒体，还有“SOLOMO”新媒体等
公众参与效果	参与对象单一化、参与形式简单化、参与内容表面化、参与程序片段化	参与对象多元化、参与过程完善化、参与内容深入化、参与程序连续化

资料来源：根据参考文献 [4][5] 整理。

2　大数据时代下的众规全方位参与方法

2.1　众规“全方位参与”的基本原理及内涵剖析

根据“活动理论”（Activity Theory）的基本原理：任何行为活动的发展在时间和空间轴上表现为对象、过程、方法和结果相互交织作用的过程。针对传统小数据时代公众参与城市规划普遍存在的问题，笔者认为公众参与城市规划这种特殊活动也应囊括以上四个维度，并提出全新的众规“全方位参与”理念（图 2），其核心内容主要包括参与对象多元化、参与过程完善化、参与内容深入化、参与表达通俗化四个方面。所谓众规“全方位参与”理念，即公民不再是被动接受规划的“伪参与”，而是自始至终主动与规划师、政府、建设单位协同规划。它不仅指在横向层面公众参与城市规划群体层级的多样性和广泛性，更包括垂直层面参与到城市规划编制、实施、监督的各个环节中的全过程。

2.2　参与对象多元化——从“精英主导”到“大众参与”

传统的公众参与规划本质是一种“单线的伪参与”（图 3），即通常由政府或开发商主导，委托规划部门编制规划，在规划成果完成后向上级报批前向社会公示，最后交付给建设单位。在这个过程中，城市规划所涉及的参与对象主要是政府、开发商、规划部门、建设单位，以及专家、媒体，公众始终处于“被动式告知”的地位。

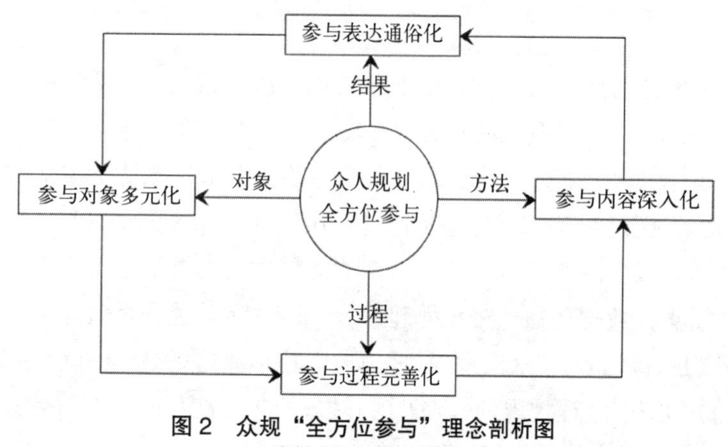

图 2　众规“全方位参与”理念剖析图
资料来源：作者自绘

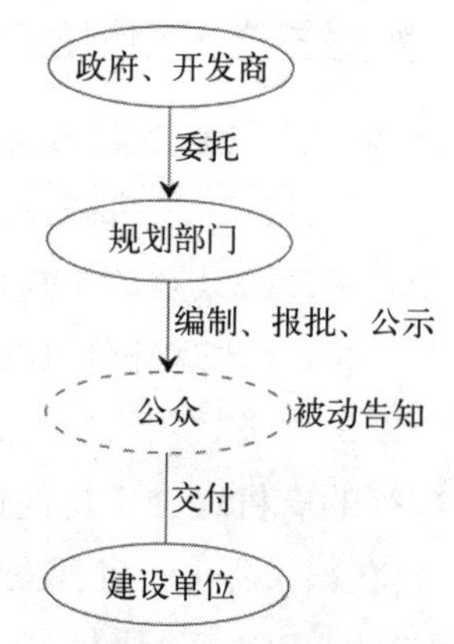

图 3　传统规划“单线的伪参与”
资料来源：作者自绘

大数据时代通过畅通公众参与渠道和创新多元参与形式，将开启“开放协同”的主动性公众参与模式。例如：在规划编制前，规划部门可通过微信、新浪微博等公开平台向市民推送城市规划和建设的相关信息，收集民众意见，听取民众心声。市民无论何时何地都可以接收信息，并实时地通过智能手机、移动网络在Twitter、Flicker等为代表的社交兴趣点，发表自己对规划项目的见解并建言献策。通过大数据平台推动信息的快速传播与扩展，实现“人人都是传感器，人人都是规划师”，将城市规划变成全社会的共同行动。

2.3　参与过程完善化——从“事后告知”到“全程参与”

在传统的公众参与过程中，公民除了在规划调研阶段通过调研访谈、问卷调查等部分参与进来，在规划编制过程中基本无参与，在方案公示阶段或许有部分公众参与但基本处于无互动状态，传统的公众参与流程模式具有明显的“事后告知参与”特点。新时期，通过大数据互动平台的高效运用，将公众参与“触角”主动延伸到城市规划的各个阶段、各个层面的具体内容中，摒弃“走程序式”的“伪参与”，从而实现规划部门与公众长期、持续地“协作互动性规划”，公众能动地参与到“规划调研－规划编制－规划评估－规划决策－规划实施”的全过程，协同调研、协同设计、协同评估、协同实施，以有效应对城市措施规划耗时长、内容复杂、动态性强的特征（图4）。

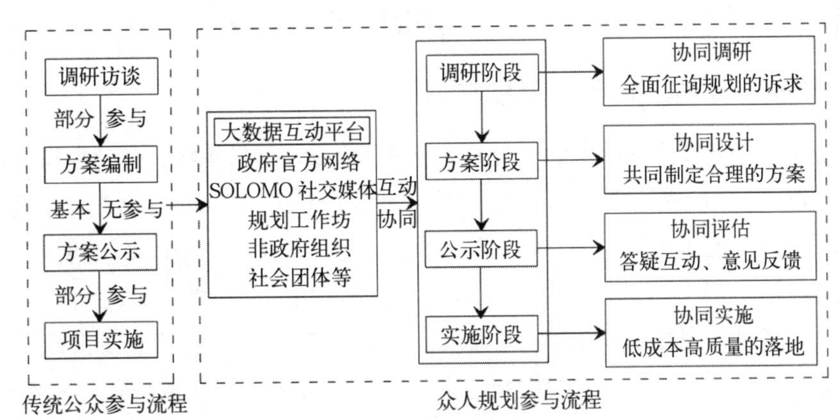

图4　公众参与流程模式对比

资料来源：作者自绘

2.4　参与内容深入化——从“程序参与”到“内容参与”

在以往的城市规划中，一方面政府及规划部门垄断了规划成果；另一方面，公民很少意识到规划调整对其切身利益的影响，习惯于形式上的“程序参与”、被动式接受。事实上，在公众参与群体面广量多及全过程参与基础上，只有公众在规划参与内容上发挥实质性作用，才能有效把公众参与推向纵深。尤其是在城市规划编制阶段，通过搭建多渠道沟通、多专业共享、多层次协商的“众规”平台，针对城市发展中的关键内容与公众进行多次反复磋商，让他们实质性地参与到具体的规划内容中。例如：确定轨道交通站点的具体位置、居住区内的公共设施布局等，通过大数据处理技术与分析手段收集公众相关意见，并将具有针对性、合理性、实践性的建设性意见归纳整合，分类逐条落实，充分体现公众参与的成效性。

2.5　参与表达通俗化——从“技术文件”到“画报指南”

城市规划的主要成果内容一般包括规划说明书、规划图纸和基础资料，多用于专家评审和政府审批，专业技术性很强，并不适合普通民众的阅读理解。通过将这些专业性的“报批版”技术文件，“转译”为富有趣味性、可读性、直观化、便于公众理解的“通俗版”画报指南，可增加公众参与“受众面”和沟

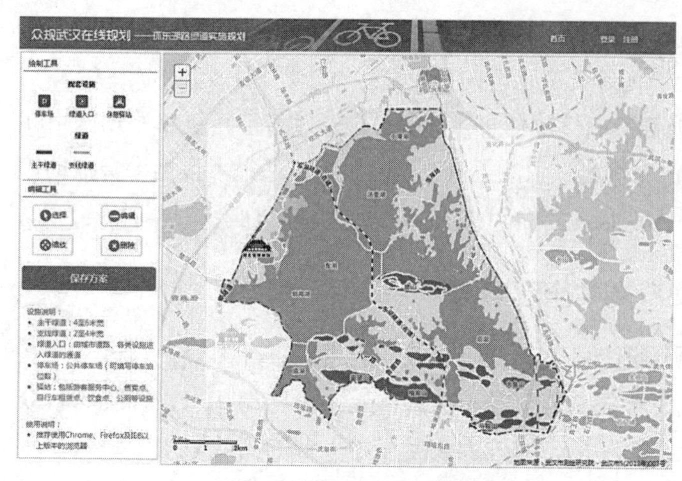

图 5 “众规武汉”平台

资料来源：“众规武汉”官网 http：//zg.wpdi.cn/

通深度。城市规划部门将城市规划要“干什么项目、位于什么地方、未来计划建成怎样”等核心内容和具体管控要求，运用新颖简洁、易于理解的表达形式，转化为公众容易沟通交流、阅读理解的内容，才能真正促进公众参与。

作为全国首例先行先试的“‘众规武汉’——东湖绿道公众规划”（图 5）发挥了很好的“标杆”作用。2015 年 1 月，武汉市国土资源与规划局以武汉东湖绿道系统规划暨环东湖路绿道实施规划为依托，向全社会征集实施方案。市民只需登录“众规武汉”网络平台进入“在线规划”基础地图页面，便可通过相应绘图工具直接描线勾画、打点，表达自己的规划构思和设计理念，并直接上传规划成果，成效极好。

3 大数据时代众规全方位参与的规划响应

3.1 拓宽公众参与渠道，创新多元参与形式

以往城市规划公众参与暴露众多缺陷的极大原因就是公众参与渠道不畅，导致参与形式受限。因此，提高公众参与效率和质量，首先应搭建多向度沟通、多专业共享、多层次协商的大数据“众规”平台，保持“信息高速公路”的畅通，以便汇集民意，使公众与规划师、政府、开发商等进行多元利益主体的协商，为城市规划工作的开展建言献策。同时，应全面创新公众表达利益诉求的多元化参与形式。除了规划访谈、座谈会、电话热线咨询等基本形式外，规划部门和政府可通过官方微博、微信、网络平台等大众化的社交媒体来沟通规划信息与展示规划成果。此外，在为公众提供便捷参与方式的基础上，采取“有奖参与”（如设立“市民规划金点子奖”）等多种方式和手段吸引更多民众参与到规划中，提高公众参与的积极性，实现公众的“主动参与”。

3.2 完善公众参与机制，保障规划有机运行

我国公众参与城市规划的历程较短，公众参与机制尚不健全，直接影响了公众参与城市规划的深度。因此，当务之急是依托大数据平台，构建一套相对完善、长效互动的城市规划公众参与机制，强有力地保障公众参与活动在阳光下有机运行，尤其应明确公众合法、正当参与规划的主体范围、参与途径方式、参与权利等内容。如：在参与主体方面，明确市民、规划师、政府、专家及媒体在公众参与中的职责分工与内容；在参与内容方面，让公众能真正触及维护其自身利益的规划内容；在实施管理方面，鼓励公众反馈意见并及时采纳，在动态规划中予以逐步改善。

3.3 转换规划决策理念，培育公众参与模式

城市规划作为引导政府合理进行资源配置，进行城市综合空间部署的主要工具，本质上是维护最广大利益群体公共利益的公共政策。因而，当前及未来城市规划的核心理念应高度重视“公共利益”，从偏向“效率增长”“独享式增长”的规划理念，走向“包容性增长”和“共享式增长”。在倡导基于微观主体需求的“自下而上”的规划决策理念的基础上，培育众规参与“生长模式”（图 6），在公众参与的萌芽阶段、成长阶段和成熟阶段，有针对性地促发公众参与主体、公众参与方式、公众参与深度的完善化和

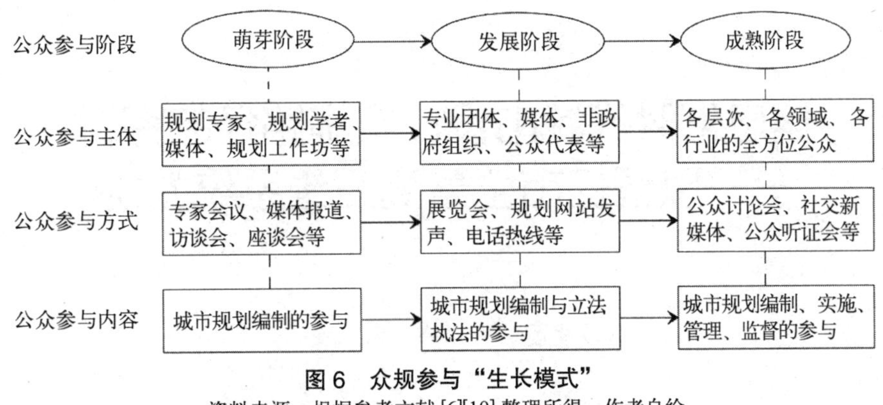

图6　众规参与“生长模式”

资料来源：根据参考文献[6][10]整理所得，作者自绘

深入化。同时，政府职能向“听取民意、专注服务、协同开放、走向成熟”方向转型，规划师立足于政府和公民之间“牵线搭桥”的协调者和纽带，公众参与城市规划的前景将得到极大改善。

4　结语

大数据引导下的众规全方位参与，将在规划技术上实现大数据汇集与专业协同，以支持智慧城市的建设；在规划方式上实现公众参与的全社会化与全过程化，汇聚更多自下而上的“微动力”，以应对社会转型中公共治理模式的改革；在规划价值上，不仅停留在技术革新层面，实现公众话语权与实施动力机制的转变才是其核心价值所在。大规模、多层次、全方位的众人规划将有利于城市规划决策从“科班定论”走向“草根民声”，规划实施管理从“无人问津”走向“大众督导”，使未来城市规划行业走出深宅、迈向社会民主。

参考文献

[1] 郑志平．城市规划编制中的公众参与程序研究[D]．北京：中国政法大学，2010.

[2] 徐明尧，陶德凯．新时期公众参与城市规划编制的探索与思考——以南京市城市总体规划修编为例[J]．城市规划，2012（2）：73-81.

[3] 李刚，高相铎．大数据时代下的城市规划编制工作流程[J]．规划师，2014（8）：19-24.

[4] 张翔．大数据时代城市规划的机遇、挑战与思辨![J]．规划师，2014（8）：38-42.

[5] 叶宇，魏宗财，王海军．大数据时代的城市规划响应[J]．规划师，2014（8）：5-11.

[6] 李开猛，王锋等．村庄规划中全方位村民参与方法研究——来自广州市美丽乡村规划实践[J]．城市规划，2014（12）：34-42.

[7] 吴晓军．公众参与城市规划的角色和作用[J]．天府新论，2011（6）：98-100.

[8] 王鹏．新媒体与城市规划公众参与[J]．上海城市规划，2014（5）：21-25.

[9] 吴一洲，王琳．我国城镇化的空间绩效：分析框架、现实困境与优化路径[J]．规划师，2012（9）：65-70.

[10] 张金荃，罗可，刘艳丽．城市规划不同阶段公众参与的思考——以宁波市两个案例为样本[J]．华中建筑，2012（9）：15-17.

信息化时代城市设计实施路径的探讨
——以铜仁市全景真三维系统为例

彭彦彦 何 涛 张 旻*

【摘 要】信息时期数字化技术为传统城市设计与实施带来了新的挑战和机遇。本文以铜仁市全景真三维系统的构建和运用为案例，探讨新的信息化技术对城市设计以及实施模式的影响与效果。研究发现，通过建设数字化城市设计平台，利用过程可视化、结果多样化、要素精准化、参与多元化等技术手段，有效构建沟通渠道，优化城市设计规划实施和建设管理模式，为同类型山地城市设计提供可借鉴的经验，也为未来全景真三维系统在城市设计中的应用提供参考。

【关键词】城市设计；全景真三维；信息化时代；实施路径

1 引言

城市设计作为落实城市规划、指导建筑设计、塑造城市特色风貌的有效手段，贯穿于城市规划建设管理全过程，是城市发展管理中不可或缺的重要组成部分。2015 年中央城市工作会议提出了要加强城市设计，提高城市设计水平等要求。2017 年，住房和城乡建设部先后公布了北京等 57 个城市设计试点名单，并颁布《城市设计管理办法》，明确提出应当充分利用新技术开展城市设计工作。目前我国城市设计的生态化、整体化和法制化等方向成为发展主流，不少学者指出我国城市设计已进入数字化阶段。

新时期，城市发展对城市设计提出了更高的要求。尤其在我国现阶段城市土地资源紧缺，城市规划由增量转向存量规划，城市建设管理过程越发复杂与不确定、城市规划设计更加精细化的情况下，城市设计面临的挑战更加艰巨。由于自身专业性及技术方法的局限性，城市设计与城市规划、建设、管理等领域的沟通衔接往往不够紧密，在设计过程中容易处于闭门造车、自成体系的状态。此外，面对多元多变的经济社会环境和民生需求，城市设计反应不够及时，导致很多成果最终无法落地，实施困难。

我国城市设计在编制和实施中面临着时间和管理成本高、效率低等问题，究其根本原因是多方相关人员难以达成共识、形成共同行动。那么，如何构建共识呢？就理论而言，公共管理与政策在多年的实践研究中总结出了许多实用的理论框架和分析路径，例如通过建立多次重复论证和反馈机制、构建机构化的政策共同体，或是利用三流汇合与政策之窗构建多源流解释框架，以及充分地公开讨论构建共识决策模型等。

* 彭彦彦，中国人民大学公共管理学院城市规划与管理系，博士研究生，住房和城乡建设部城乡规划管理中心。
何涛，铜仁市自然资源局，用地科科长。
张旻，武汉华正空间软件技术有限公司，技术经理。

就城市设计规划本身而言，近年来，基于公众广泛参与的合作规划，基于决策者、管理者、投资者、城市规划师和建筑师等无边界合作的理念，以及通过沟通与协作达成共识的协作式规划等理论研究成果颇丰。许多学者已经意识到公众参与的重要性，并将公众参与城市规划理念引入中国。所谓城乡规划公众参与就是在一定的社会法制背景下，公众依据合法的参与程序和可行的参与手段参与到城乡规划活动的各个阶段的整个过程中，在参与过程中通过自身意愿的表达来对规划的制定和实施施加影响并保障自身利益。但目前我国城乡规划公众参与水平仍较为低下，公众的介入一般发生在规划设计之后，且主要以座谈会、问卷调查、规划公示等参与途径为主，尚属于谢莉·安斯汀（Sherry R. Arnstein）公共参与阶梯中的告知梯段。这种异步的参与形式多属于象征性参与，这种情况发生的主要原因还是信息不对称和参与方式低效所致。

随着公众参与意识的提高和信息技术的快速发展，公众参与地理信息系统（PPGIS，Public Participatory Geographic Information System）应运而生。PPGIS采用互联网技术与地理信息系统相结合，向用户传递图形化的地理信息和规划信息，突破了传统城乡规划公众参与模式。PPGIS在城市规划公众参与中的应用具有互动性、方便性和可视性等特点，即公众可以通过在线讨论、网络调查和在线决策支持系统的电子参与模式获取、交换有关数据或信息并参与或共享GIS，进而获得参与决策的权利和机会。并采用公众对规划项目的认知阶段、公众对规划决策的反馈阶段及专家评估方案阶段等渐进层次的“三段式”公众参与模型，实现了公众参与城乡规划的有效路径探索，在城市规划、管理、决策、社区微更新等领域得到应用。随后各城市也出现了类似的公众参与软件，如Cityif、众规武汉、路见pinstreet等。

PPGIS等技术的成功应用证明了新技术的运用有助于突破城乡规划中公众参与的专业壁垒，能够为公众、地方政府、专家及规划设计师搭建有效的沟通桥梁。当然，每个时期的技术发展都存在局限性，随着信息技术、空间可视化和海量城市数据的快速发展，新时期的新技术能否提供一些新的展现与沟通的手段，让公众及城市相关部门管理者和行业专家更多地参与到城市规划设计过程中，创造更多的交流渠道和机会，更快更好的达成共识，提高运行效率，降低时间与管理成本，值得我们去探索。

2 铜仁市传统城市设计实施模式

2.1 铜仁市基本情况介绍

铜仁地处云贵高原向湘西丘陵过渡的斜坡地带，全境以山地为主，喀斯特地貌发育典型，是典型的山地城市。境内水流属长江流域的沅江水系和乌江水系，是以“山”与“水”为特质的城市。同时，铜仁市是国家资源枯竭型城市转型发展示范区，目标是2030年打造国内特色山水花园示范城市和谐生态宜居城市的典范。铜仁市全域1.8万km^2，主城区200km^2。同其他城市面临的主要问题相似，铜仁市传统城市设计与城市规划建设管理等相关领域较难达成共识，城市设计难以真正实施。如铜仁市中心城城区金滩片区城市设计和老塘新区城市设计等传统城市设计项目，在设计单位招标、现场调研、方案设计、方案评审、方案实施等各个阶段均存在耗费较多时间和管理成本等问题。

2.2 铜仁市传统城市设计难点——以老塘新区城市设计为例

老塘片区位于铜仁市川铜新城中部，西接川铜教育园区，南望老城区，北靠大兴片区、机场，用地呈南北带状不规则形态，规划面积约9km^2。在片区西北侧拟建杭瑞高速穿越而过，对规划沿线的视觉景观营造提出了较高要求。新城规划建设目标是突出旅游功能，展现民族文化特色，打造“国内著名、国际知名”的山水园林城市，以亮点、特色不断聚集人气，为铜仁城市发展注入新的生机与活力。

铜仁市老塘新区城市设计项目主要时间节点列表　表1

时间	事项
2009年7月	铜仁提出撤地设市的构想，构建“一城四区、南拓北兴”的发展格局
2010年9月20日	铜仁市规划事业局面向社会公开招标老塘片区规划设计项目
2010年10月28日	开标，公布中标单位
2010年10–11月	中标单位现场踏勘，资料收集
2010年11月－2011年1月	中标单位编制城市设计阶段性成果及控规方案
2011年1月中旬	中标单位向铜仁市委、市政府、住建局等主要领导及地区专家汇报城市设计阶段性成果及控规方案，甲方要求将凉湾大道至东环线片区一并纳入规划范围
2011年1月–3月	中标单位按照领导及专家要求修改完善城市设计，并完成控制性详细规划总则内容
2011年3月23日	甲方召开规划论证会，与会领导专家提出修改意见和建议
2011年3–6月	中标单位针对修改意见完善规划与设计方案，期间与甲方多次进行协商审定，并等待专家评审
2011年6月底	甲方召开评审会

作为贵州省委、省政府2011年50个重点项目之一，及地委行署构建“一城两区”发展框架的重要区域，老塘片区城市设计延续了与控制详细规划方案进行捆绑编制的传统，从概念的提出到形成最终方案历经了2年时间（表1），整个过程主要有以下几个方面问题：

（1）综合各阶段耗时比例，该项目在现场勘探和专家咨询与评审会上占用时间较多，从第一次阶段性汇报至最终完成设计结果历时6个多月，期间经历了数十次修改与完善及领导专家咨询汇报会议。反复磋商、咨询却始终难以确定初期方案，缺少即时、可视化的多方案成果展现和必选决策的技术手段是重要制约因素。

（2）在设计单位经过近4个月的时间向甲方提交城市设计阶段性成果和控制性详细规划方案时，甲方提出了纳入新区域进行设计和编制的要求，不仅增加了工作量，也对片区整体布局提出了调整要求。无论这项决定是出于何种原因，均表明了在项目伊始甲方内部或与专家并未达成共识，或许是源于对整体的设计范围和目标把握不准确，抑或是基于城市发展的新需求，但都不可避免地影响了整个城市设计进程，同时涉及相应的管理程序等问题。

（3）在项目最终评审阶段，地区城市规划委员会专家，地、市规划住建、国土、发改、教育、工信、消防、环保等相关部门负责人参加了会议①，设计单位用了近250页PPT向与会专家和领导汇报了包括现状解读、分区详述、土地利用等项目最终成果（表2），展现形式多为二维平面模式及少数传统三维建模成果，其成果展现方式难以精确地表达老塘新区山地城市风貌、视觉走廊、天际轮廓、建筑及生态景观等重要城市设计要素的空间特性。

无论是对城市建设管理等行业专家，还是监、管机构领导而言，评审过程都是一个较大的挑战。尤其对涉及地下空间建设管控的部门，这个问题在铜仁中心城区金滩片区城市设计专家评审意见中也有体现。

① http：//www.tongren.gov.cn/2012/0309/1938.shtml.

铜仁市老塘新区城市设计汇报图表[①]　　**表 2**

1	总平面图	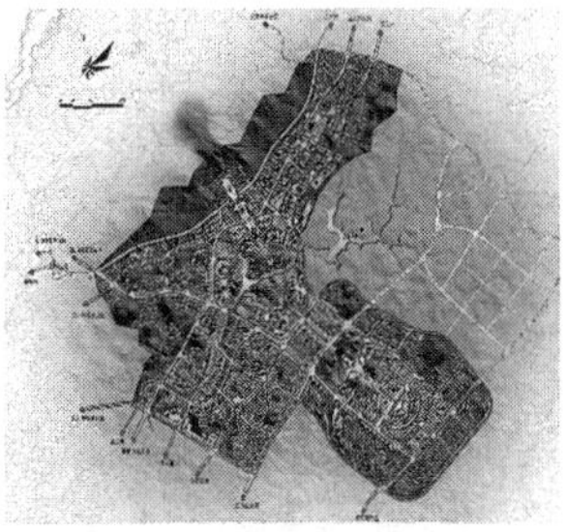	用地适建性分析图	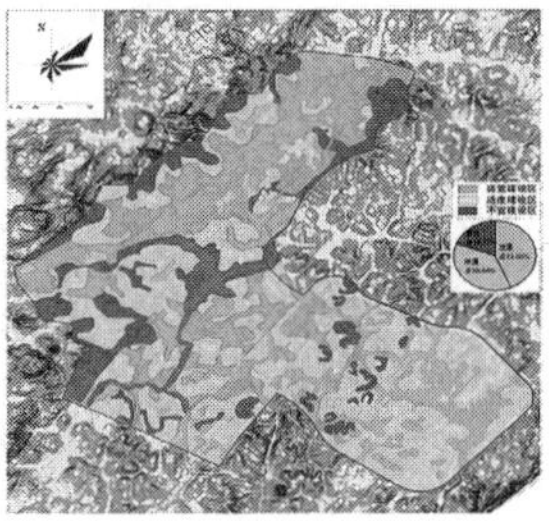
2	综合现状图	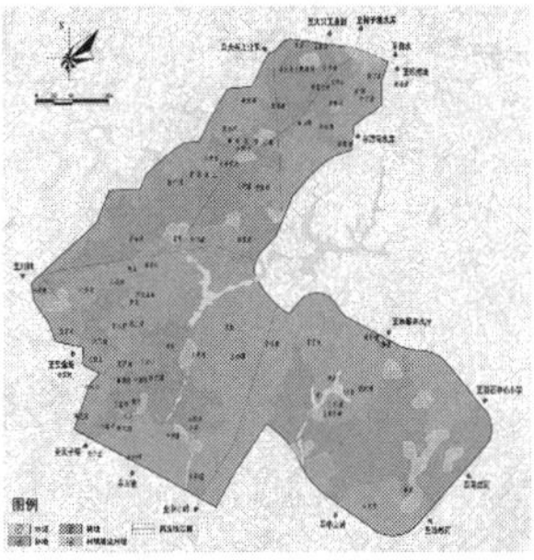	功能分区	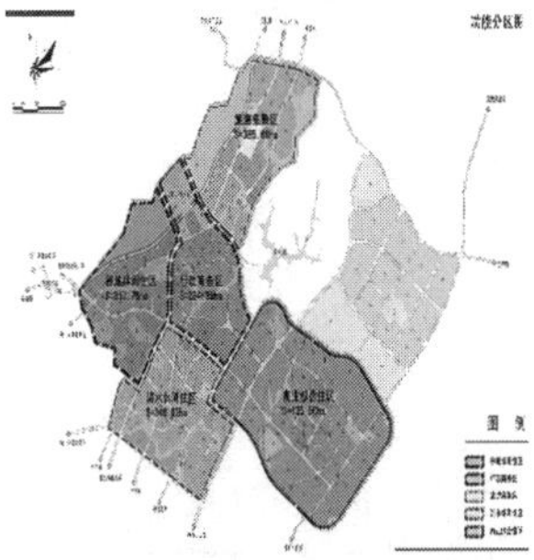
3	底图关系		空间布局模型	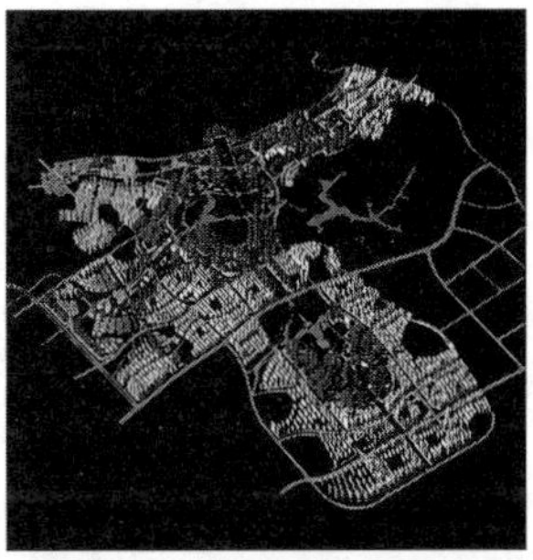
4	天际线分析	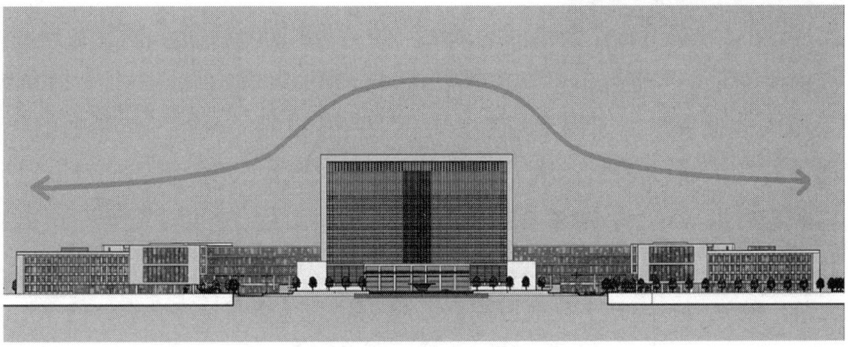		
5	休息中心模型示意图	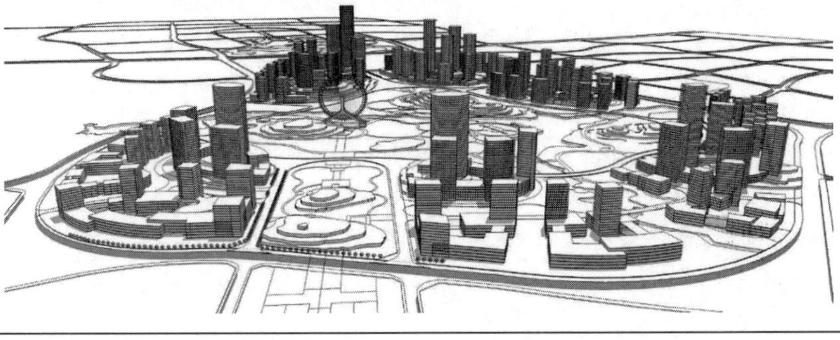		

① 铜仁市老塘新区城市设计文本、图集等资料。

续表

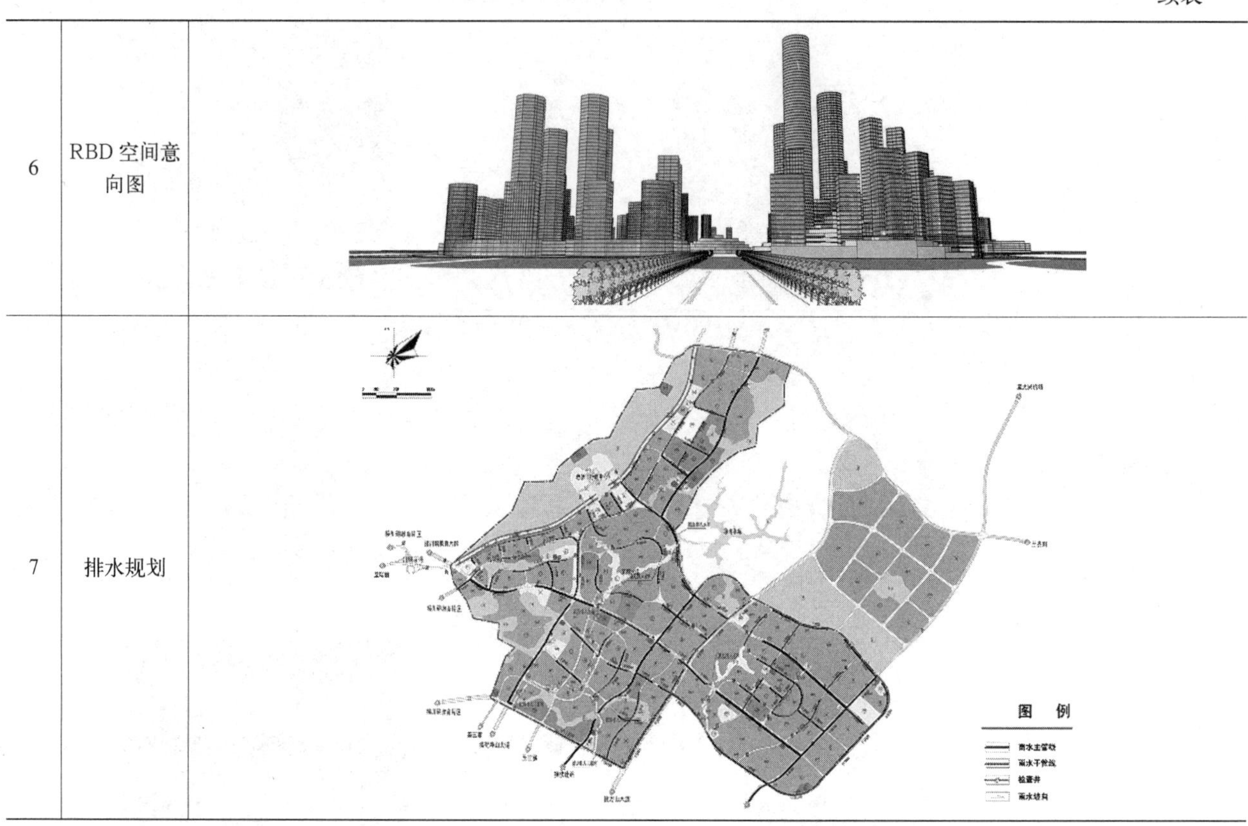

6	RBD 空间意向图	
7	排水规划	

2.3 铜仁市传统城市设计难点——以中心城区金滩片区城市设计为例

铜仁市中心城区金滩片区城市设计是在铜仁市进入快速转型发展的大背景下，保有良好区位资源、生态资源及市民活力的基石，“金滩－花果山”片区也开始自发逐步调整自身功能业态、提升滨水空间风貌品质。但由于缺乏一个整体的转型发展思路，金滩片区依然维持一种较为传统的低品质发展模式，与铜仁市域范围内其他新兴片区相较，其发展前景依然模糊，缺乏一个明晰的转型方向与定位。鉴于此，铜仁市启动了该片区城市设计工作，规划总用地 3.88km^2，总体目标是对该片区内山水要素、建成空间及公共设施等进行深入研究，探索有效的控制和引导办法，提供规划管理与实施的依据，为实际的开发工作提供指导，并对该片区的生态廊道、基础设施、开放空间、功能格局做出具体的安排和规划设计，包括生态廊道、滨水慢行系统、公共设施、景观小品、功能布局等内容。

《铜仁市金滩片区（LC-3、LC-20）城市设计》评审修改意见[①] 表 3

一	加大对项目的深化研究，对现状的分析要深入，要与正在启动的“一带双核”设施项目相结合。同时对该单元组团城市风貌的类型定位及城市发展未来走向提出意见
二	规划构思要开阔，要结合周边的地块单元和沿江景观风貌规划，综合考虑本项目的城市设计，对街区风貌景观与沿江景观视廊的构建打造提出措施
三	扩大旅游规划流线尺度，注重未来老龄化视野下的适老化设计，增加水上公共交通为铜仁山水之城旅游带来活力
四	各项功能要深入研究，增加对幼儿园、福利院、停车场等基础设施及公共服务设施的布局考虑。对片区居住环境有影响的设施及业态提出有无迁移的必要性和可行性意见

① 铜仁市中心城区金滩片区城市设计文本。

续表

五	深化道路路网布局：合理利用已建成道路，并梳理片区的道路交通；对本片区及周边的路网改造提出建设意见；对金滩片区的断头路提出整改措施；道路街道整治中要加强消防设计
六	深化海绵城市设计，对相关指标和技术处理提出建设性的处理措施，同时做到细化、量化，便于规划管理
七	对花果山片区与金滩片区进行整体研究，提出花果山片区与周边的交通组织联系，打通视线景观走廊，重要节点修复需要与整个环境的提升结合
八	继续深化对金滩片区的街区、社区、邻里、建筑、绿化空间、地下空间、市政管线等提出建设性意见
九	设立项目库及提出城市修复时序

2017 年 12 月，铜仁市城市规划管理委员会召开了 2017 年第 25 次专家咨询会，对《铜仁市金滩片区（LC−3、LC−20）城市设计》进行评审，并提出了具体的修改意见（表 3），对城市风貌、景观视廊、地下空间规划、居住环境改造等设计要素提出细化、量化等更高的空间布局要求。此外，还提出了街区、社区、邻里等建设性意见的需求，强调了公众参与的重要性和必要性。表现出监、管机构和城市行业建设对真实城市现状要素、空间环境及未来可持续发展的强烈需求，而这些都是基于传统二维平面和伪三维建模技术，较难以实现，需要借助新的技术手段才能进一步解决。

2.4　铜仁市传统城市设计模式存在的主要问题

基于老塘新区城市设计和中心城区金滩片区城市设计案例可以发现，由于城市设计本身的专业性、复杂性和重要性，以及受当时技术条件限制，监管领导、行业专家、普通大众无法参与其设计过程，导致城市建设管理等各方面的需求无法在城市设计这个重要源头上达成共识，使得传统城市设计的时间成本和管理成本较高，而实施率较低的情况成为常态。新时期，传统的城市设计如何借助新技术为城市转型发展及人民美好生活提供有效的参与机会和渠道，做到让监管领导成为专家，让普通大众成为专家，让非城市设计规划行业的专家成为该领域专家，让城市的设计建造者、监管领导者和实际生活者达成共识，让共建美好城市成为现实，需要进一步的探索和实践。

3　铜仁市城市设计实施路径数字化新模式

3.1　引入信息化手段，创新城市设计方法

意识到早期传统铜仁市城市设计中存在的主要问题，为利用新技术构建城市设计过程中更多的沟通机会及有效的沟通渠道。2015 年，铜仁市提出“以最先进的信息化技术为支撑，打造现代化的城市公共信息平台”，并于 2018 年 1 月，正式启动全景真三维数据建设子项目建设工作，建立了铜仁市主城区 200km^2 的全景真三维现状数据系统。响应了 2015 年中央城市工作会议及 2017 年城市设计试点工作的对城市设计提出的借助新技术和信息化手段探索适用城市设计技术路径的要求，为进一步推动铜仁市信息化发展，缩短行政审批时间，提高政务服务能力，实现城市规划管理从二维到三维的转变，科学辅助规划决策，为实现铜仁市城市精细化管理夯实数据基础（图 1）。

与传统城市设计方法的对比，全景真三维数据技术是基于 LiDAR 获得地物空间形状，具有真实统一的建模技术、单体化建模技术和高度自动化工艺。其注重对城市形体和空间环境的客观还原，满足了城市设计工作对城市要素真实感知的要求，能够还原真实的城市地形、风貌、色彩、建筑风格、建筑体量，并为城市设计高度等精细化城市三维空间信息提供数字化手段，实现建筑、道路、水系、绿地景观、管线管廊、交通轨道等城市设计可管控内容的一体化、要素化、量化和可视化的目标（图 2）。作为新的技

图 1 铜仁市主城区全景真三维数据获取

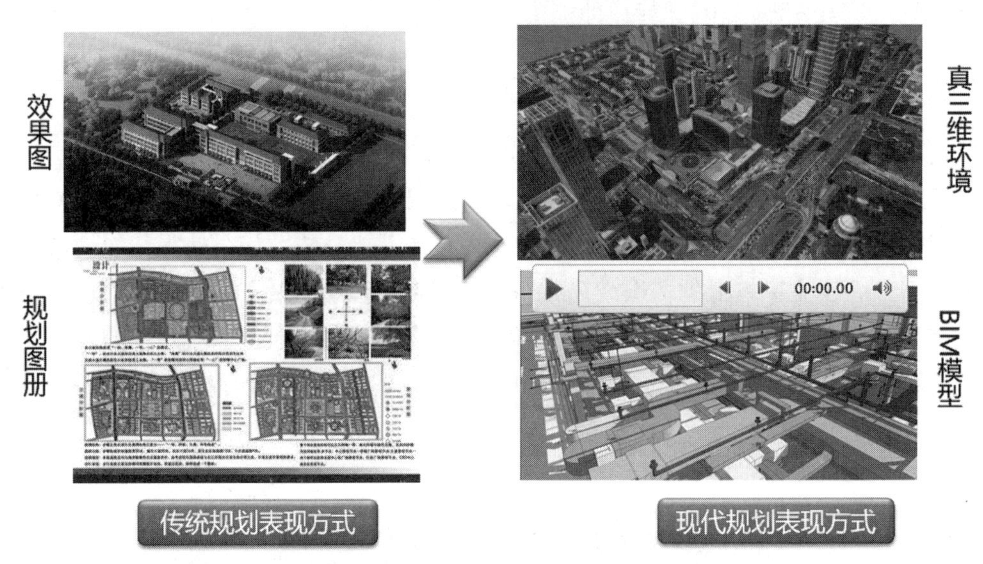

图 2 传统城市规划设计与现代城市规划设计表现方式对比

术保障，可使城市设计达到整体空间布局科学合理，同时起到保护延续历史文化的目标，对城市规划管理和建设都有明确的指导意义。

3.2 构建全景真三维系统，搭建数字化沟通平台

铜仁市传统城市设计的主要问题是缺乏沟通参与渠道、各方公共需求和利益无法得以平衡、城市发展变化需求无法及时体现，以全景真三维技术为基础的数字化城市设计平台可以通过过程可视化、结果多样化、要素精准化、参与多元化等技术手段构建有效沟通渠道，形成城市设计规划建设管理共识。

3.2.1 过程可视化，拓宽参与渠道

传统城市设计过程无法与领导、专家和大众沟通的主要原因是传统技术方法虽然能够做到可视化，但专业性依然过强，不够直观，无法及时有效地向城市规划建设管理部门传递规划设计思路和结果。全景真三维数据技术基于城市真实现状要素，已经实现了单体式建筑设计，能够将规划方案加载到城市真实环境中进行展示和评估，如对红线间距、建筑高度进行量测、统计设计方案对周边地物日照影响等，

保证规划方案的科学性、合理性。可以将城市设计的整个中间过程放置于真三维环境中，实现实时同步，使城市设计工作不再是传统的精英设计模式。同时，可以为建筑、交通、市政、景观等各专业规划、建筑设计单位提供协同设计服务，拓宽了设计单位、领导、专家、公众等城市设计相关人员的公共参与渠道。

以铜仁市在建项目为例（图 3），在项目招标之前，利用全景真三维城市设计平台单体化技术，可以充分考虑这栋楼的构建方式、高度层数、建筑立面等，以及建成前后对周边环境日照、天际线等影响的详细信息（图 4），便于领导决策及对招标要求的细化。也可避免像老塘新区城市设计项目进行到中后期加入新区域和指标的现象发生，有效拓宽了领导、专家和设计单位的参与渠道，节约时间成本和管理成本。

图 3　基于全景真三维数据平台的铜仁市在建项目评审过程

图 4　基于全景真三维数据平台的铜仁市在建项目建设前后周围日照变化

通过全景真三维数据平台对日照（已实现空间单点定量化）、剖面分析（建设项目对周围空间环境的影响）及周边楼宇居住信息查询等功能，可以增加公众参与的直观性、便捷性和有效性，且设计单位再根据公众需求与周边详细居住、商业等活动的属性信息，提高项目设计各方面的便捷性与实用性，形成良性循环。

3.2.2　设计成果更新及时，便于方案备选

由于社会经济的快速发展，城市时时刻刻都在发生着变化，传统城市设计费时较长，无法及时对城市设计地块周边复杂环境变化做出反应。铜仁市数字化城市设计已实现建筑、交通设施、植被、地形等城市要素分层管理，可为城市规划建设管理应用提供多层次的现状空间信息（图 5）。在项目评审阶段需要对设计方案进行修改时，可对专家提出的修改建议进行现场作业，在面对面沟通中完善设计方案。结果快速有效且可视化，这是传统城市设计方法无法做到的。

桥梁层隐藏前后效果　　建筑层隐藏前后效果　　植被层隐藏前后效果

图 5　全景真三维数据城市要素分层管理

以铜仁市火车站片区风貌整治规划设计为例，全景真三维城市设计技术较传统技术而言（图 6），城市现状要素真实直观，省去过多的现场调研拍照等工作。同时，基于现状数据对于该片区风貌有了整体直观的把握，结合真三维平台可以对整个街区的建筑立面、广告牌匾、道路绿化等要素进行设计和修改，避免出现对城市设计总体要求把握不精准而导致大面积返工的现象发生。同时基于要素模板库，可以在评审阶段迅速修改设计方案，以满足相关领导和行业专家的需求。

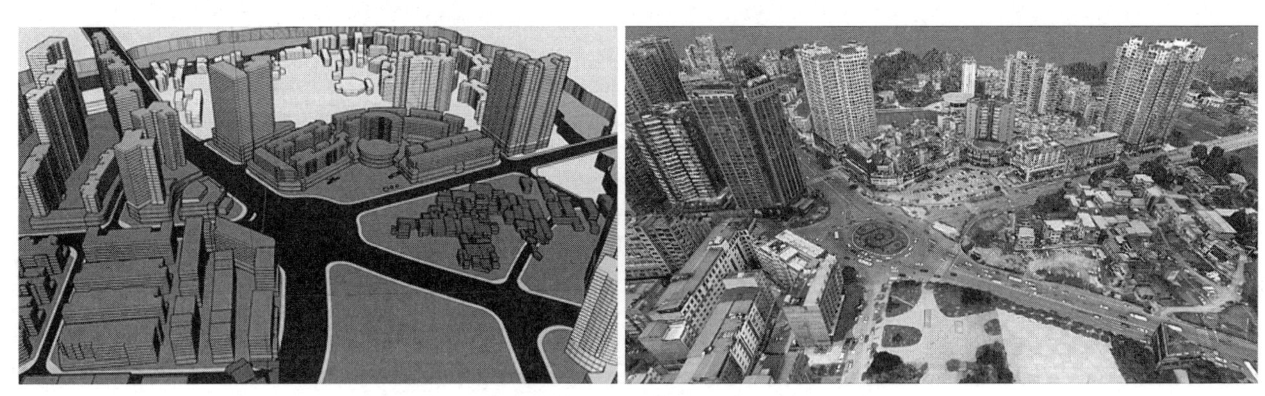

图 6　铜仁市火车站片区风貌整治规划设计新旧技术对比

3.2.3　信息精准全面，辅助决策者把握全局

全景真三维技术能够获取高度真实的城市三维数据，快速还原山、水、林、城等城市风貌。通过对公共空间、交通组织、绿化景观、建筑形式和街道设计要素进行系统的整理，制定统一的技术标准，建立真三维设计要素模板库，使铜仁市城市设计实现了从看山水、看节点、看历史、看全城的角度，引导高密度系统有逻辑、有秩序、可识别的空间形态的构建[①]（图 7）。

① 夏青等．存量时代的空间秩序与价值重构——龙华区总体城市设计实践，规划中国。

图 7　基于全景真三维数据平台的铜仁市“山、水、林、城”风貌

同时，在延续历史文化脉络的基础上，构建符合铜仁地理环境特色的景观骨架，充分开发各个要素的空间价值。避免了利用传统城市设计的二维平面和伪三维人工建模方式构建的非真实的城市要素，导致铜仁市特有的“山、水、林、城”景观特征的真实性、精准性存在很大偏差，难以为城市设计工作提供真实、准确的空间基础信息的事实。如，铜仁市主城区历史街区微更新，就地取材以当地徽派建筑要素特征建立真三维地物要素模板库（图 8），快速构建整体更新方案（图 9）。

图 8　基于铜仁市建设现状提取当地特色的徽派建筑要素

图 9　基于全景真三维数据平台的铜仁市历史街区设计方案与现状对比

3.2.4 融合多方需求，构建多元管理平台

铜仁市真三维城市设计平台融合了地下管线数据、人口、房屋、交通、国土数据等多类数据，构建了地上地下一体化、二维三维一体化、规划现状一体化、全过程全阶段一体化的空间数据组织体系（图 10）。创新规划业务服务模式的同时，不仅实现了各设计单位共同设计方案及相互沟通联系的需求，其作为智慧城市的统一空间载体，也为铜仁市委市政府、规划局及其他政府部门间搭建了完整、真实和高精度的空间信息桥梁。

为全市各行业，规划、城管、交通、公安等提供基础数据底板（图 11），铜仁市真三维城市设计平台，融合了多方需求，实现城市空间联动，构建管理共识，以整体特色和共享力量，推动铜仁市更可持续的发展，也为构建城市规划领域的智慧城市打造良好的数据基础。

图 10 基于全景真三维数据平台的地上地下一体化信息

图 11 融合多方需求的铜仁市全景真三维数据平台

4 结语

全景真三维数据技术的应用能将城市设计规划建设与运行管理的逻辑性、延续性、全局性与复杂性通过真实立体的画面传达到人们的认知格局中，通过搭建设计机构与决策机构、行业专家、普通大众之间有效沟通的桥梁，从城市设计的源头解决了城市规划、管理、建设中的行业壁垒问题，确实能够更快更好的使铜仁市城市设计达成共识，减少管理和时间成本，提高整体效率和质量。铜仁市全景真三维要素模板库、现状数据成果标准和城市设计空间数据标准的建立，将为其他山地城市提供可借鉴的经验模板。

铜仁市数字化城市设计平台在城市设计方法上实现了创新，也符合新时期我国对城市设计提出的面向空间的技术创新，也为未来全景真三维系统在城市设计中的应用提供参考。目前，铜仁市正在启动超级高铁建设项目，确定将采用数字化城市设计平台进行规划设计（图 12）。未来铜仁市将扩大基础数据覆盖面积，完善基于实景真三维数据的规划管理集成平台建设，并将城市设计要求纳入信息平台进行管理，进一步提高城市规划建设管理的精细化水平，促进城市转型发展，提高人居环境质量。

图 12 铜仁市超级高铁项目建设新旧城市设计方法对比

参考文献

[1] 孔斌．中国现代城市设计发展历程研究（1980-2015）[D]. 南京：东南大学，2016.

[2] 陈玲，赵静，薛澜．择优还是折衷？——转型期中国政策过程的一个解释框架和共识决策模型[J]. 管理世界，2010：59-72.

[3] 周盛．参与式政策制定的偏好分歧与共识形成机制[D]. 杭州：浙江大学，2014.

[4] 徐久娟，邓志锋．我国政策共识构建与共识模式研究[J]. 领导科学，2017：15-17.

[5] 周超，易洪涛．政策论证中的共识构建：实践逻辑与方法论工具[J]. 武汉大学学报（哲学社会科学版），2007：913-920.

[6] 朱荣远．集群、共识、合力与设计城市——东莞松山湖新城集群设计有感[J]. 时代建筑，2006：66-71.

[7] 张立新．对话 协作 共识——走向社会互动的沟通规划[J]. 北京规划建设，2009：98-100.

[8] 刘佳燕．社区更新：沟通、共识到共同行动[J]. 建筑创作，2018：34-37.

[9] 仲继寿，杨一帆等．《城市设计郑东共识 2018》：宗旨·视野·实践·教育·使命[J]. 建筑学报，2018（11）：1-5.

[10] 杨瑞华．基于 PPGIS 的城乡规划公众参与研究[D]. 南京：南京大学，2012.

[11] 李文越，吴成鹏．基于 PPGIS 的城市规划公共参与引介——以巴西卡内拉实验为例[J]. 华中建筑，2013（31）：74-77.

[12] 柳林，唐新明等．PPGIS 在城市规划决策中的应用[J]. 测绘科学，2006：111-113.

[13] 柳林，卢秀山等．基于 PPGIS 的城市规划决策系统研究 [J]. 山东科技大学学报（自然科学版），2007：8-11.
[14] 张侃．浅谈 PPGIS 及其公众参与性 [J]. 甘肃科技，2011（27）：90-92.
[15] 胡奥，何贞铭等．PPGIS 在国土空间规划中的应用研究 [J]. 测绘与空间地理信息，2015（38）：77-79.
[16] 谢汀．基于 PPGIS 平台的彭州市城市管理应用研究 [D]. 成都：成都理工大学，2016.
[17] 向妍燕．基于 PPGIS 平台的城市社区类微空间规划研究——以宜昌市西陵区为例 [J]. 绿色科技，2019：10-16.
[18] 张文博，郭建军，张青萍．基于 PPGIS 公众参与的南京锁金村社区微更新研究 [J]. 科技促进发展，2018（14）：89-103.
[19] 张侃．PPGIS 实现的难点探讨 [J]. 测绘与空间地理信息，2012（35）：81-83.
[20] 史维炜．策划在城市设计中的运用——铜仁市老塘片区城市设计解析 [J]. 城市建筑，2014：11.
[21] 任超，霍文虎等．基于全景真三维技术的新型智慧城市时空信息基础设施探索 [J]. 地理信息世界，2017（24）：8-13.

厦门市城市设计公众参与流程探索

孙若曦　许雪琳*

【摘　要】在城市规划设计中，公众参与协调政府部门与利益相关人之间的利益平衡、建立各方共识、将大多数人的利益反映到规划方案和政策上，在推进城市建设中起到不可或缺的作用。文章在梳理厦门市城市设计公众参与现状开展情况的基础上，分析目前存在问题和制度设计困境；通过经验借鉴和总结，提出厦门城市设计公众参与制度设计重点，是针对不同的城市设计项目类型与特点，设置不同的公众参与介入主体、介入时机与介入深度，以达到最佳效果。最后根据厦门市城市设计项目类型，分别提出公众参与流程建议。

【关键词】城市设计；公众参与；厦门；流程

1　引言

城市设计是城乡规划体系的重要组成部分，是提高城乡规划集约化水平的途径，也是指导建筑设计、塑造城市特色风貌的有效手段，是现阶段城市规划管理工作的重点。成功的城市设计方案，往往是不同利益团体各种诉求折衷的平衡。因此，在城市设计中，需要公众参与制度作为政府部门与各利益相关人及普通民众的沟通平台，公众参与的机制设计直接影响城市设计的实施可行性、完整性，也影响规划实施的效率。

然而，目前公众参与环节尚未纳入城市规划法定程序，不同城市设计项目中公众参与的事项确定、参与主体选择、参与方式的运用和参与效力的深度还缺少规范指引。笔者梳理了厦门市现有公众参与的情况，在分析存在问题与困境的基础上，提出不同类型城市设计公众参与流程建议，旨在探索建立良性的城市设计公众参与和城市治理机制，以期为创设城市规划公众参与制度提供启示。

2　研究背景

2.1　厦门市城市设计公众参与现状情况

一般来说，“公共参与”的“公众”被定义为广义公众。本文中“公众”泛指所有利益团体与个人。根据项目决策效力和利益相关程度，“公共参与”大致分为“广泛公众参与”和“特定人群定向参与”两种情况。

虽然尚未形成制度化，城市设计中的公众参与在厦门的规划编制与管理工作中亦有开展。但因受时间和空间限制，且由于行业技术门槛较高，目前公众参与多限于规划程序中的法定环节。参与主体主要是规划主管部门、相关部门、产权业主、规划师以及行业专家等特定人群，介入阶段集中于规划编制和

* 孙若曦，女，厦门市城市规划设计研究院，注册规划师，高级工程师。
许雪琳，女，厦门市城市规划设计研究院，工程师。

规划评审阶段，参与组织方式以调研会、评审会、听证会、草案书面征求意见等传统方式为主。面向普通大众的广泛公众参与除了法定规划公示以外，其他偶有尝试，如借助媒体或网络平台开展意见征集或问卷调查等，但由于缺乏健全的机制，特别是缺少完整的公众意见采纳与反馈程序，广泛公众参与往往被视作“走过场”而不被重视，无法发挥应有的作用。

2.2 存在问题与反思

首先，正如前文所说，由于尚未建立广泛公众参与机制，导致全民参与规划的意识不强，公众普遍漠视规划，或曲解规划意图；项目成果发布范围不够，宣传不到位，对各方意见没有及时解读，导致对项目认识不统一，公众或产生歧义。并且，广泛公众参与的公众介入阶段也局限在规划方案确定之后，公众仅处于“被告知”地位，在城市设计项目（特别是与民生密切相关的项目）中，这种被动接受式的参与方式难以获得应有的效果。其次，公众参与主体仅局限特定人群，对项目后评价过于注重专业评价，没有社会评价，导致主管部门对项目的实施效果认知陷于片面；项目方案编制中对利益相关的目标人群沟通不畅、信息不对等，致使发生在规划项目实施阶段，利益相关人感觉权益受到侵犯后，采取质疑、投诉，或者与部门负责人对话等“被动”公众参与行为。另外，也存在特殊利益群体过多干预城市设计过程，并在一定程度上影响其他利益群体或公众的权益的个别情况。

设立城市设计公众参与制度，建立政府与公众之间的良好沟通关系，既可增加公众对政府的信赖与信心，使城市设计项目能够消除误解、达成共识，进而获得广泛的公众支持，确保城市设计项目的可实施性；又能够在城市设计的全过程中为公众提供参与平台，使大多数人的利益能够反映在政府决策上，以达到优化规划方案、提高政府服务质量的目的。进一步说，公众参与制度能够帮助完善社会进步过程中政府行政行为的需要，符合由“管制型政府”向“服务型政府”转型的大趋势。

3 经验借鉴

3.1 新加坡——政府统一指导与民主自治并行的公众参与

新加坡政府强调精英治国和高效的政府管理体制，城市规划的公众参与主要在政府主导下，由相关机构负责执行。与社区息息相关的公务部门（如 HDB 建屋发展局、URA 城市重建局等）的办公场所，都有较大规模的公众展示空间以及沟通窗口，市民可以在办理事务的同时得到最为及时的信息。政府将社区与城市规划方案制成丰富多彩的各类展览、图解甚至模型，以便更清楚地向公众解释。

新加坡建屋发展局负责新加坡居住新镇的规划、建设和管理。其办公场所不仅承载传统办公功能以及信息资讯、房屋交易等政务服务功能，还承担知识普及、公众宣传、规划释义、互动平台等作用。城市重建局定期召开由专业团体参加的交流会，讨论社区发展的相关政策方针，并收集反馈意见。专业组织、开发商、企业家、利益集团、社会领导以及公众代表等的意见都将被结合进最终的社区发展规划，并在成形实施前充分沟通公众。城市重建局办公场所同样承载公众宣传、规划公示、查询释义等平台功能，定期公示各类规划，征询民众意见；有全市的控规图则文件方便市民索引查询，并提供各类用地释义及规划咨询服务。因而经常可见市民与游客来此了解规划情况，公众参与度极高。

3.2 广东深圳——政府主导、多主体共同参与的趣城计划

深圳趣城计划是一系列城市设计社会行动，其目的在于搭建一个面向多主体、以项目实施为导向的“城市设计共享平台”。该平台由政府主导，建立由社会共同分享的趣城公共案例库和创意分享网络，将城市

设计与市民连接起来。

趣城计划分为创意地点提案、设计、实施和规划后评价四个阶段。在行动过程中充分赋予市民城市设计的主体身份。提案阶段由规划部门主导，在报纸和网站等媒体上发布信息，征集市民的创意地点想法。设计阶段市民可以自己寻找地点，发挥创意，用最小化干预、软性化策略等激发城市活力；由规划部门搭建平台，组织专家、相关部门、项目团队进行座谈，探讨项目的可行性。在实施阶段，有明确公益性内涵的作品，纳入社会公益项目实施库，由政府部门实施，同时鼓励企业参与；属于景观装置和小品类的项目，政府直接委托给建筑师团队，以艺术作品的形式，组织加工、安装和实施。所有作品均公开展览，由市民进行评议。市民投票最喜爱的作品，优先纳入投资实施计划。项目建成并投入使用后，组织市民进行评价与反馈，以作为后续项目的实施参考。通过该计划，深圳市以微公共空间为突破口，采用小尺度介入方法，通过公众参与的方式，创造出有趣味、有创意的地点，激发城市活力。

3.3　中国台湾澎湖——社区居民与项目组共同缔造的马公社区设计

中国台湾澎湖马公中央老街“硬体保存计划”和“回归都市计划”，由中原大学建筑研究所都市设计研究室主导，历时五年完成。项目全程采用设计研究人员与社区居民共同推动的方式，力求让每位参与居民都能透过有效的沟通工具，“看见”大家所讨论的对象，即以“看见”代替“印象”和“想象”。

在初期讨论阶段，将居民提供的意见落在地图确定的空间点，使居民不仅能让自己所提供的意见被看见，而且这些意见是落在确定的空间地点上，更可以在地图上看见自己所关心的问题和别人所提的问题之间的关系，看见个别问题与整体环境的关系。设计过程中，通过制作 1 ： 100 的大模型，居民能够认出“我的家”，并看见自己家和整体环境的关系。并且以 1 ： 50 的全街模型来模拟家屋整建原则及设计规范，让大家看见未来街区的美丽风貌。在设计编制过程中，设计团队通过提供沟通平台，把设计语言通俗表达，模拟实施效果，使居民能够理解方案细节，并且可以充分表达意见，促进居民与设计团队、各利益相关人之间的充分有效沟通，使方案更具可实施性。

3.4　小结

在不同的政府结构和城市管理体制下，城市设计公众参与的组织方式可以不拘一格。不管是政府主导、自上而下方式，或者政府引导、自上而下与自下而上相结合方式，还是社区自治、自下而上的方式，通过合理的机制设计，都能取得良好的社会效果。

以目标人群的利益相关度划分，广泛公众参与由政府部门引导，侧重于加强专业人士与普通市民的互动，扩大项目的影响力，增强公众的地域归属感与认同感；定向参与注重与利益相关人的有效沟通，通过建立平台、运用技术手段让设计团队与利益相关人充分表达交流，以相互交换意见，并且展示方案全部细节构思，其目的不仅在于告知，更在于解决公众与政府之间或公众之间的争执。双方在参与过程中双方逐渐建立共识，追求共同的目标与权益。

4　困境分析

4.1　公众参与意见采纳的悖论

对于提供公共产品或公共服务类城市设计项目，在利益相关人定向参与中，由于不同的利益个体所处立场不同，往往持有相左意见。而公众参与的结论却可能是少数方获胜，不符合大众利益。

例如邻避设施建设的公众参与。假设一座变电站的选址建设可以为周边 $2km^2$ 的 1 万户居民提供稳定电压，但是将对变电站附近的 20 户居民造成负面影响。如果参与主体设定为附近 20 户居民，那么结论将是取消建设或另外选址；若参与主体设定为周边 1 万户居民，那么建设变电站必然获得大多数支持。然而，根据奥尔森提出的“集体行动的逻辑”，此时受损集团人数较少，较低的行为成本可以获得较大的收益份额（取消变电站建设），因此倾向于采取有效行动；而受益集团由于人数较大，同样的行为成本收益额均摊极低，所以个体往往倾向于不参加行动，集体行动力低。因此，该项目公众参与的结果很可能是反对建设变电站方占有优势票数，或发出更大声音。如果依据此结论进行规划决策，城市建设成熟区的改善性邻避设施将难以落地建设。

4.2 公众参与决策效力的斟酌

对于不存在直接利益相关人的城市设计项目，作为参与主体的广泛公众，由于利益相关度较小，方案的决策对其财产的影响微乎其微，所以并不为其建议的成本负责。如果采纳其结论进行规划决策，或将使政府陷入尴尬。例如，由于普通民众对项目成本造价并不关心，在政府投资的公益项目中，往往倾向于选择最“豪华”的方案；但从政府理性决策角度出发，最“豪华”方案显然不是最优决策。“阿罗不可能定理”已经证明，集体偏好不可能满足所有人。因此，在城市设计公众参与制度中必须厘清不同类型项目的公众决策效力，谨慎界定完全民主决策。

5 城市设计公众参与流程探索

5.1 总体思路

在城市设计中，公众参与是把“双刃剑”。如运用得当，可促进规划各方沟通，保障公众利益，推进项目顺利实施；反之，如运用不当，将导致决策失误，或是项目推进受阻，政府陷入两难境地。因此，精准的制度设计是开展城市设计公众参与工作的前提和关键。须针对不同的城市设计项目类型与特点，设置不同的公众参与介入主体、介入时机与介入深度，以达到最佳效果。

5.2 不同类型城市设计的公众参与工作内容与流程探索

根据《厦门市城市设计管理办法》，结合已有的实践总结，厦门市城市设计编制管理体系分为宏观、中观和微观三个层面。

5.2.1 宏观层面城市设计

宏观层面城市设计主要明确城市风貌与特色定位，包括城市总体规划城市设计专篇、城市总体城市设计、总体景观风貌设计、山水格局设计、城市设计要素管控体系规划等。主要为引导城市总体发展的宏观项目，公众参与旨在扩大规划宣传宣导、提高公众参与感、建立共识，决策权以规划主管部门及其他政府部门为主。公众参与在项目立项、规划公示和规划成果宣传阶段，采用问卷调查、集中展示、媒体推广等方式，开展广泛公众参与；在规划编制与评审阶段，采用会议、平台交流等方式，邀请相关部门、专业人士等开展特定人群参与（图 1）。

5.2.2 中观层面城市设计

中观层面城市设计主要为落实宏观层面城市设计框架要求，提出片区发展意向，或制定管控导则，形成各类景观要素控制共识。包括片区概念规划、城市设计专项规划、城市设计导则等项目类型。

片区概念规划为对城市具体片区进行形态设计，指导控制性详细规划与修建性详细规划的编制，对特定人群有一定的利益相关性。公众参与的目的除普及宣传，更侧重于吸纳公众意见，反映公众利益。

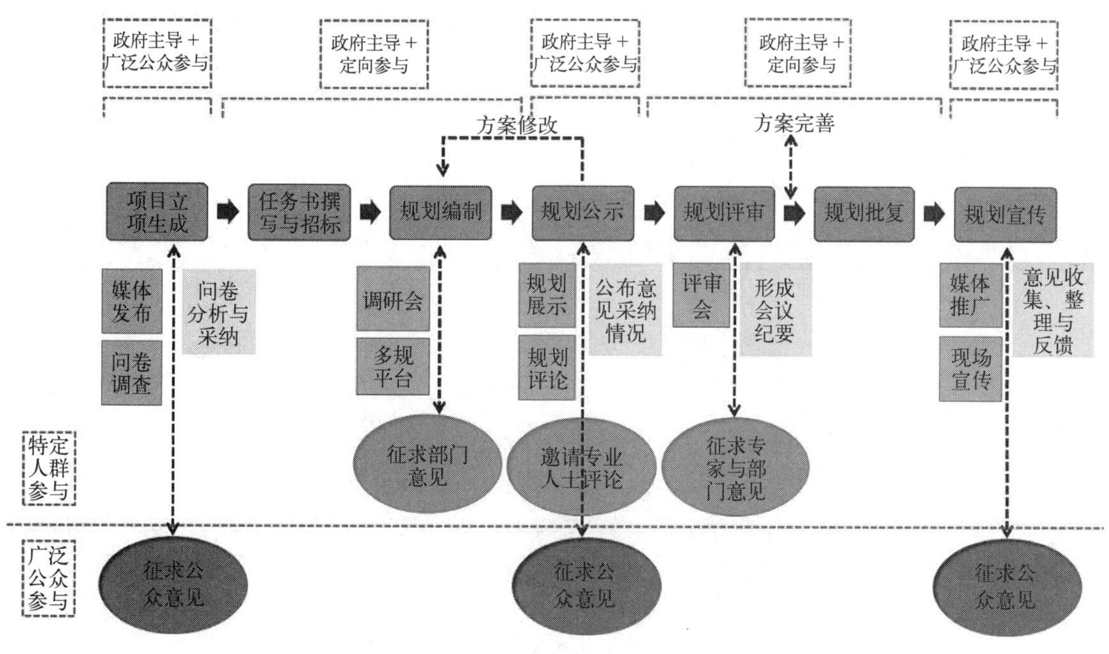

图 1　宏观层面城市设计项目流程图

来源：笔者自绘

规划方案须考虑利益相关人的合理诉求。公众参与在规划编制和评审阶段，采用问卷、调研／听证会等方式，邀请利益相关人和相关部门开展特定人群参与，在规划公示、项目后评价阶段，采用集中展示、媒体宣传等方式，开展广泛公众参与（图 2）。

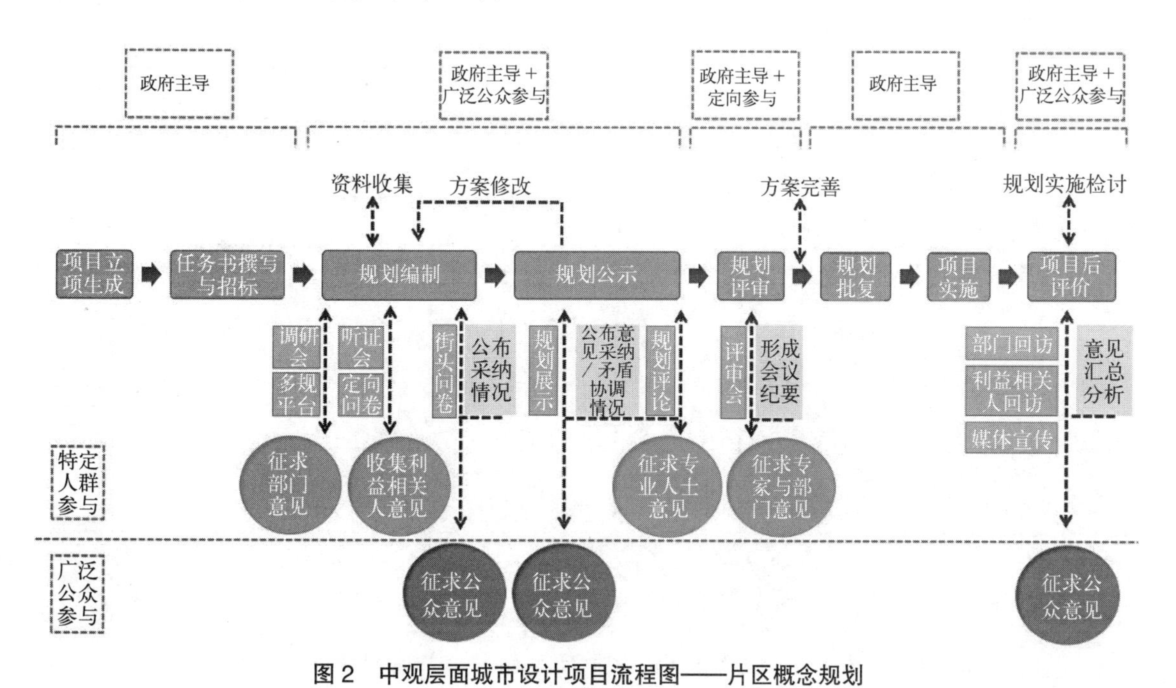

图 2　中观层面城市设计项目流程图——片区概念规划

来源：笔者自绘

城市设计专项规划包括整治类项目和系统类项目。其中整治类项目有明确利益相关人，可参照片区概念规划开展公众参与工作；系统类项目可参照宏观层面城市设计开展公众参与工作。整治类项目与民生关联度较大，可采纳利益相关人意见参与决策。系统类项目公众参与的目的主要为普及知识、宣传宣导（图 3）。

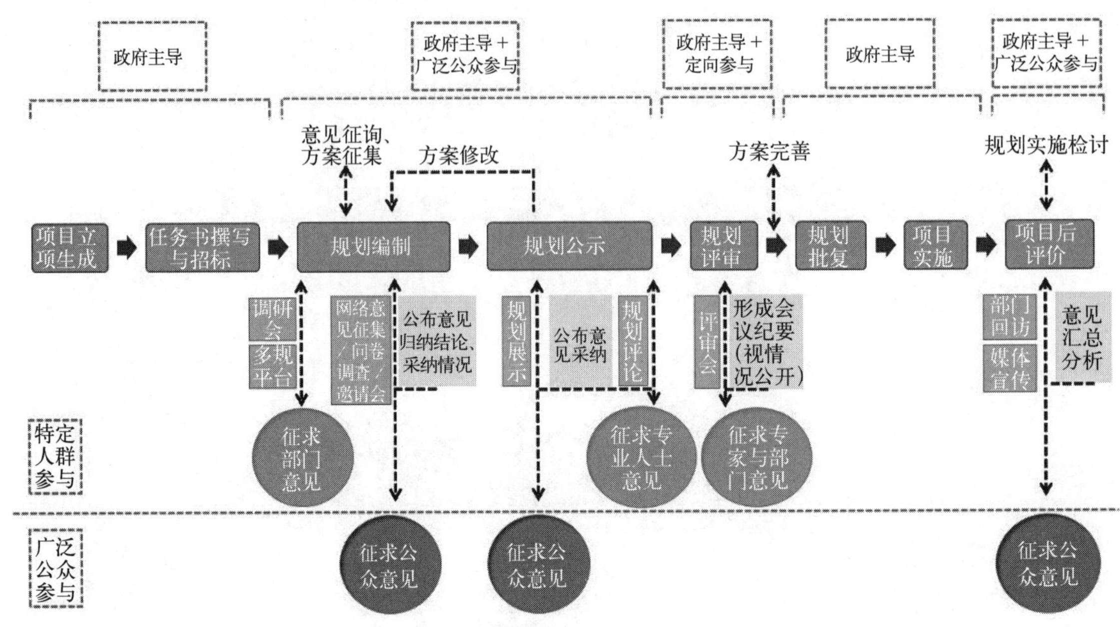

图 3 中观层面城市设计项目流程图——城市设计专项规划

来源：笔者自绘

城市设计导则主要为针对下一阶段微观层面规划设计或项目建设提出规划指引，规划内容与民众日常生活相关，可采纳公众意见参与决策，以提升公众参与感，强化规划宣传。侧重于在规划编制和公示阶段采用网络意见征集、草案公开展示等方式开展广泛公众参与（图 4）。

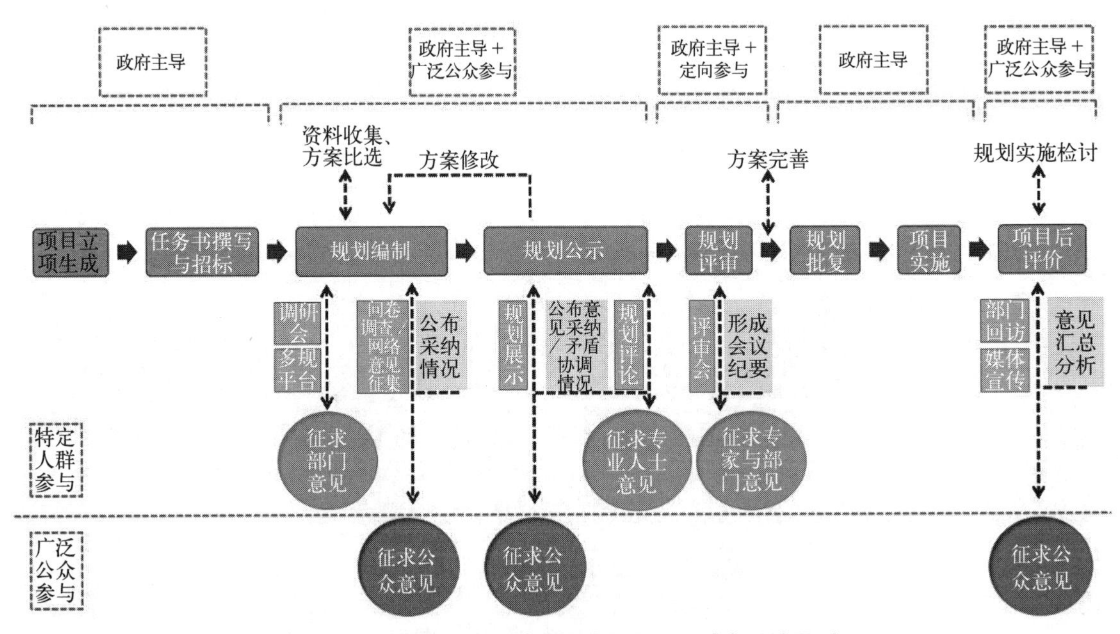

图 4 中观层面城市设计项目流程图——城市设计导则

来源：笔者自绘

5.2.3 *微观层面城市设计*

微观层面城市设计是在宏观和中观管控要求基础上，针对需要进一步精细化管控的城市区域和地块，形成更为具体、细致、可落地实施的管控要求。项目类项包括但不限于空间详细设计、修建性详细规划、历史文化保护规划、地块城市设计、城市设计图则（土地出让条件）、存量改造、项目策划等。微观层面城市设计与民生直接相关，目标人群明确。根据项目的具体类型和范围规模，可分两种方式进行公众参与流程设置。

（1）政府主导、自上而下——适用于法定规划类项目，包括空间详细规划、修建性详细、各类保护规划、地块城市设计、城市设计图则等。公众参与侧重于建立有效的沟通与磋商机制，征询采纳利益相关人意见，参与决策，建立共识（图 5）。

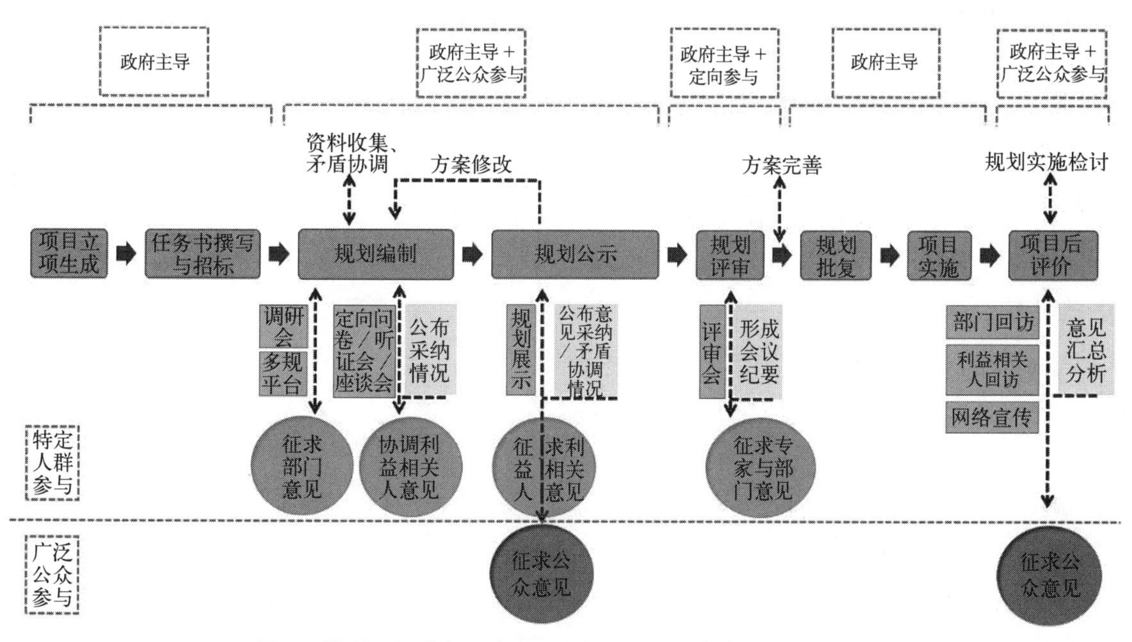

图 5　微观层面城市设计项目流程图——政府主导、自上而下

来源：笔者自绘

（2）政府引导、共同缔造——适用于存量改造、项目策划等，也可用于较小规模的空间设计。可选取试点项目，由规划部门建立平台，引导全流程公众参与。由公众提案建立项目库，选取成熟项目由政府部门或其他实施主体选择实施（图 6）。

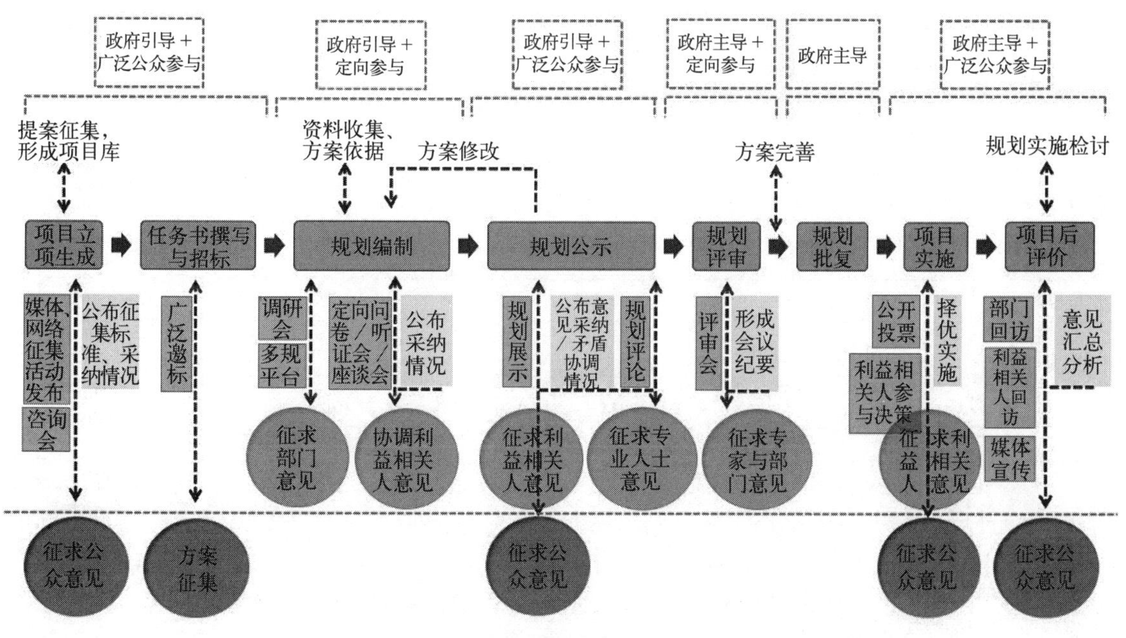

图 6　微观层面城市设计项目流程图——政府引导、共同缔造

来源：笔者自绘

5.3 流程小结（表 1）

厦门市城市设计公众参与流程汇总表 表 1

项目阶段 \ 项目类型		宏观层面	中观层面			微观层面	
			片区概念规划	城市设计专项规划	城市设计导则	政府主导	共同缔造
项目立项生成	参与方式	媒体发布、问卷调查	—	—	—	—	媒体网络征集、活动发布会
	参与人群	广泛公众	—	—	—	—	广泛公众
	参与目的	宣传、征求民意	—	—	—	—	提案征集，形成项目库
任务书撰写与招标	参与方式	—	—	—	—	—	广泛邀标
	参与人群	—	—	—	—	—	广泛公众
	参与目的	—	—	—	—	—	方案征集
规划编制	参与方式	调研会、多规平台	· 调研会、多规平台 · 听证会、定向问卷 · 街头问卷	· 调研会、多规平台 · 网络意见征集、问卷调查、邀请会	· 调研会、多规平台 · 网络意见征集、问卷调查	· 调研会、多规平台 · 听证会、定向问卷、座谈会	· 调研会、多规平台 · 听证会、定向问卷、座谈会
	参与人群	部门	· 部门 · 利益相关人 · 广泛公众	· 部门 · 广泛公众	· 部门 · 广泛公众	· 部门 · 利益相关人	· 部门 · 利益相关人
	参与目的	方案编制依据	资料收集	意见征询、方案征集	资料收集、方案比选	资料收集、矛盾协调	资料收集、意见协调
规划公示	参与方式	规划展示、规划评论	规划展示	规划展示、规划评论	规划展示、规划评论	规划展示	规划展示、规划评论
	参与人群	广泛公众、专业人士	广泛公众	广泛公众、专业人士	广泛公众、专业人士	广泛公众、利益相关人	广泛公众、利益相关人、专业人士
	参与目的	方案修改依据	方案修改依据	方案修改依据	方案修改依据	方案修改依据	方案修改依据
规划评审	参与方式	评审会	评审会	评审会	评审会	评审会	评审会
	参与人群	专家、部门	专家、部门	专家、部门	专家、部门	专家、部门	专家、部门
	参与目的	方案完善依据	方案完善依据	方案完善依据	方案完善依据	方案完善依据	方案完善依据
规划批复	—	—	—	—	—	—	—
项目实施	参与方式	—	—	—	—	—	公开投票、利益相关人决策
	参与人群	—	—	—	—	—	广泛公众、利益相关人
	参与目的	—	—	—	—	—	择优实施
项目后评价／规划宣传	参与方式	媒体推广现场宣传	· 部门回访 · 利益相关人回访 · 媒体宣传	· 部门回访 · 媒体宣传	· 部门回访 · 媒体宣传	· 部门回访 · 利益相关人回访 · 网络宣传	· 部门回访 · 利益相关人回访 · 媒体宣传
	参与人群	广泛公众	· 部门 · 利益相关人 · 广泛公众	· 部门 · 广泛公众	· 部门 · 广泛公众	· 部门 · 利益相关人 · 广泛公众	· 部门 · 利益相关人 · 广泛公众
	参与目的	意见反馈、行政解释	规划实施检讨	规划实施检讨	规划实施检讨	规划实施检讨	规划实施检讨

6　结语

作为城市规划设计中的必备环节，公众参与已纳入政府规范性文件要求，将作为法定制度长期执行并不断深化完善。目前公众参与的具体工作一般由政府部门、规划编制单位或是其他中介性组织实施开展，属于政府主动行为。在普通公众的参与意识不强烈的情况下，必须予以诱导或启发。在这种情况下，对于如何发掘与主流社会较为脱节的弱势群体隐藏声音，仍需要更多的实践探求和深入研究。另外，城市设计公众参与涉及问题也不仅仅关于物质空间，而是物质空间背后的各种社会、经济乃至政策环境层级的隐藏矛盾，需结合多方专业与政策资源来共谋对策。因此，在公众参与制度中，如何对其他社会资源进行有效运用，仍需发掘探索。

参考文献

[1]　曾振荣．城市规划设计中公众参与机制研究——台湾地区公众参与实践剖析[D]．上海：同济大学，2007．

[2]　赵燕菁．公众参与：概念·悖论·出路[J]．北京规划建设，2015（8）：152-155．

[3]　赵燕菁．城市规划职业的经济学思考[J]．城市发展研究，2013（2）：1-11．

[4]　陈振宇．城市规划中的公众参与程序研究[M]．北京：法律出版社．

[5]　杨新海．城市规划实施过程中公众参与的体系构建初探[J]．城市规划，2009（9）：52-57．

城市治理背景下的老城区更新价值判断与策略①

刘 笑*

【摘 要】十九届三中全会提出要推进国家治理体系和治理能力现代化的目标，创新空间治理模式成为新时期城市规划工作的重点。在老城区更新过程中，城市规划更需要发挥其在城市治理中的协调作用。本文从存量土地的内涵出发，提出城市治理在空间、社会、价值三个维度与存量土地的关系，应着重在“以人为本”促进城市空间治理理念的转变，以“针灸式”治疗带动城市功能的修补和提升，以精细化设计推动政府治理能力的提升。以沈阳老城区为例，提出存量土地的价值判断方法和路径，并在加强规划引领、推进存量政策分区，推进规划实施、建立项目全过程的管控，激发社区共治、实现共同缔造三个层面实现从“管理”向“治理”的转型。

【关键词】空间治理；存量土地；价值判断；开发策略

自中央城市工作会议以来，国家明确提出要着力解决城市病等突出问题，治本之策在于转变城市发展方式、大力推进城市高品质建设发展。十九届三中全会的召开，进一步明确了全面推进国家治理体系和治理能力现代化的要求，以城市治理推进城市转型发展已经迫在眉睫。

1 空间治理与存量土地的关系

1.1 存量空间的内涵

“存量土地”作为用地紧约束条件下城乡建设的潜在发展空间，被明确为现状未利用或低效利用的，未来能够利用、二次利用或加强利用的城乡建设用地，是有更新潜力和更新需要的土地。

无论是中央提出的“框定总量、限定容量、盘活存量、做优增量、提高质量”新要求，还是地方的存量更新实践，都是针对建设用地规模的管控和使用效率的提高。存量发展重点还是强调土地利用模式由粗放向集约的转变，即在不新增建设用地的前提下，通过存量用地的挖潜提效来实现经济增长。从国家政策指引和地方实践来看，新时期存量开发更关注土地供给侧结构改革，注重土地合理利用和内涵式增长，是对物质空间和人文空间的重新建构。“存量土地”是存量规划背景下仍然具有发展潜力的珍贵土地资源，从某种意义上“更新”不是对这最后一块资源的掠夺，也可能意味着“储备”和“留白”，更新视角下，目光尤其应当长远。

---

* 刘笑，男，沈阳市规划设计研究院有限公司，工程师、项目负责人。

① 国土资源部公益性行业科研专项辽宁“一区一带”土地城镇化质量提升技术研究 (201411015)

1.2　空间治理的三个维度

城市治理是一个包含空间、社会、价值三个维度的综合治理，所有的城市和社区，都是这三个维度的统一体。规划师、城市建设者和管理者在进行城市设计、规划和管理的过程中必须综合地思考，通过规划管控转型，土地出让、利益分配的体制机制创新，促进城市存量空间提质增效。

（1）空间维度

存量土地直接承载着城市经济、社会、空间资源，承载了城市内在机能，凝聚了人、财、物的建设。城市空间治理是长期而精细的系统工程，其首要原则是以人为本，面向人们的多种需求，对城市建成区环境效益的提升、物质空间改善、产业转型升级、社区重构、文化复兴等内容进一步提升提出精细化建设要求。

（2）社会维度

推进公共服务设施建设，提高城市服务能力是提升城市空间治理能力的重要抓手。目前，老城区主要有明显的空间失衡，享用公共服务资源的公平性较低，空间差异较大等特征。产品供给侧失衡，供给量不足，是导致老城区城市品质日渐衰退的重要原因。应提倡政府与公民、社区开展广泛的合作来共谋公共服务的治理，以公民对话协商和公共利益为基础，三者紧密结合在一起来实现多中心的治理。

（3）价值维度

存量土地的价值，是土地利益再次分配的结果。土地成本是限定更新模式的最大障碍。我们需要制定积极的政策，培育税源经济的多元化，摆脱土地财政单一路径依赖，才能创造出渐进式更新的资本和时间条件。目前老城区迫切需要以多元功能和城市文化回归、人性化空间提升为重点，不断提升城市竞争软实力和吸引力。

1.3　存量土地的路径选择

把握存量土地更新与城市发展的本质关系，在“尊重城市发展规律，以人为本、有机更新、精制管理”的理念基础上，通过城市更新促进城市发展路径的根本转变，提升城市活力，实现城市的持续繁荣发展。

第一，应着重“以人为本”促进城市空间治理理念的转变。应考虑技术的合理性和社会的公众需求，基于充分的规划思考，梳理规划的权威性和公共政策属性，促进政府决策能够充分兼顾多元利益主体诉求，营造良好的投资、发展和生活环境，提高老城区的宜居度和生活便利度。

第二，以“针灸式”治疗带动城市功能的修补和提升。准确判断，正确处理好“拆留改建”之间的关系；重点突出文脉的传承、历史风貌的延续和活力的集聚。其中，土地成本是限定更新模式的最大障碍。我们需要制定积极的政策，培育税源经济的多元化，摆脱土地财政单一路径依赖，才能创造出渐进式更新的资本和时间条件。

第三，以精细化设计推动政府治理能力的提升。首先，目前深圳、上海已有完善城市更新地方法规建设的成功经验，即从制度上明确更新的范围、目的、路径、权责与时序。其次是积极引入时效评估，及时解决实施过程中存在的问题。最后，制定积极的政策，化解城市理想更新模式与土地成本之间的矛盾。

2　沈阳存量土地发展特征与问题

2.1　实施评价

沈阳作为内陆城市，随着城市化进程的加速，城市更新伴随着房地产开发的黄金十年，有了极速的推进和人居环境的持续改善。但是随着“东北现象”后经济艰难转型过程中文化传承的断裂，一批极具价值的文化遗存在城市更新改造的大潮中淹没殆尽。老城的更新未带来预期的效果，相反使城市发展陷入了迷茫，突出表现为城市特色的消失、文化的缺失和竞争力后劲的不足，这些都是城市更新路径伴生的必然现象。

2.2 主要问题

第一，文脉缺失、传统肌理和历史风貌破坏严重，城市人文精神和文化认同感持续弱化。第二，大拆大建的粗放式更新形成了空间资源的浪费。一方面表现为存量居高不下形成的空间浪费，另一方面是储备用地成本升高与市场需求减弱造成的用地出让停滞，大量已完成拆迁的净地闲置，随着时间的推移也进一步增加了更新的成本，加剧了更新的难度。第三，社会结构的离散与分化。“绅士化”更新特点出现，具体体现为高尚消费空间逐步取代公众参与场所，高收入群体的集聚取代不同阶层的融合，面向市民的无差别、公益性设施场所不增反降，降低了中心区活力，催生了社会阶层隔离。第四，城市尺度的非人性化。在土地成本及取利空间作用下，大体量、高强度、高密度满铺开发造成了城市尺度的巨型化，城市公共空间缺少必要的人性化细节，减弱了宜居和舒适度，也带来了交通拥堵、市政容量不足、环境压力增大等问题。第五，管理权下放造成了分区均质化与集中更新。市区两级政府事权相对独立，短期调动了区级政府的积极性，也造成了更新的遍地开花，同质化发展。

3 存量土地价值判断与模型构建

沈阳城市更新的目标应该从追求经济增速的“快更新”转向符合规律的“慢复兴”，通过布局优化、功能复合和公众参与，牢固树立并始终坚持以人为本，以民生为重，兼顾效益和公平，实现稳步、有效更新，真正解决实际问题，推进活力提升。

3.1 土地开发模型构建

地块储备潜力评价的实质是对城市未来开发潜力的评估，是宗地的绝对价值和相对价值叠加的结果。地块开发价值评价是针对影响城市用地开发的区位要素，利用空间定量化分析的方法，综合分析地块的现状区位成熟度与未来规划预期的开发潜力度，并结合通过区域容量控制和房地产库存控制进行校正，系统判断地块的开发潜力与价值。构建存量土地开发的理论模型，依据宗地的绝对价值和相对价值，将存量土地划分为优先开发区、重点开发区、机会开发区和有条件开发区四个部分，是存量土地再开发前置条件（图 1）。

3.2 评价体系构建与权重赋值

根据存量土地实际情况及开发特征，自上向下构建由目标层、要素层和指标层三个层次构成的城市更新评价体系。综合反映了更新评价在空间、生态、社会文化三个方面所要达到的目标。在每个评价目标下，分别对目标层进行分解，形成包含 10 个方面的要素层。要素层进一步细分为指标层，共包含有 15 个指标。

定量分析采用 AHP（层次分析法）对评价指标进行权重计算。运用 AHP 构造一个由总目标（Z）、目标层（A）、要素层（B）、指标层（C）组成的层次分析结构模型（表 1）。

结合评价目的和指标内涵，把 15 个指标分为控制性指标和引导性指标两大类。控制性标准指评价指标对更新对象具有刚性控制、硬性规定，包括公共安全、生态控制、生态保育等 3 个方面，在更新评价

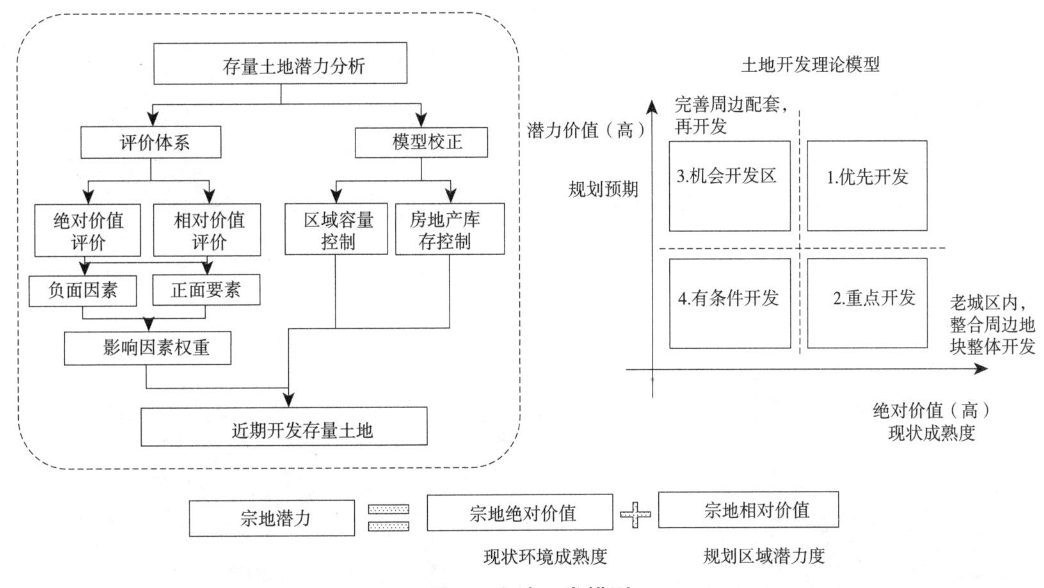

图 1　土地开发模型

各评价要素权重分析　　表 1

目标层	权重	要素层	权重	指标层	权重	最终权重
空间目标 A1	0.33	重点地区 B1	0.58	城市中心（C1）	0.6	0.35
				各级副中心（C2）	0.4	0.23
		城市景观 B2	0.23	景观轴线与门户地区（C3）	1	0.08
		综合交通 B3	0.13	轨道交通站点（C4）	0.83	0.04
				城市主、次道路（C5）	0.17	0.01
		市政设施 B3	0.05	主要市政设施服务范围（C6）	1	0.02
社会文化目标 A2	0.33	公共服务 B4	0.5	教育、医疗、养老、体育等设施（C7）	1	0.17
		历史文化 B5	0.5	紫线范围（C8）	1	0.17
生态环境目标 A3	0.33	环境健康 B6	1	公共绿地（C9）	0.12	0.04
				水系（C10）	0.27	0.09
				公园（C11）	0.61	0.2

中必须首先考虑。引导性标准指评价指标对更新对象具有指导作用，并适当考虑了评价体系的弹性，以应对可能对城市更新造成重大影响的突发事件，包括城市重点地区、道路交通、城市景观、市政设施、公共服务、经济效益、历史文化、重大事件等 8 个方面。

3.3　综合打分与评价和修正

通过对地块规划潜力、相对潜力进行打分，综合分值采用加权求和的方法。根据各指标评价因子的赋值乘以对应的权重，所得到乘积的和作为最终得分（图 2）。

考虑二环内人口疏解和历年来的人口变化情况，将城市区域分为重点开发、一般开发、控制开发三个分区。结合房地产库存现状分析结果，参考国家库存消化周期，沈阳旧城区内、二环内主要为鼓励供应区，二三环之间为适当供应区，对原评价结果进行修正。在综合考虑各个地区的现有库存、月均销售量以及去化周期情况的基础上，结合未来沈阳市土地出让的可能性，进一步提出近年土地供给的建议方案。共划分鼓励供地地区、适当供地地区及限制供地地区三个级别（图 3）。

计算公式为： $X=\sum_{i=1}^{n}(X_i \times Y_i)$

其中，X 表示评价对象的总得分值，Xi 表示某一评价因子的赋值，Yi 表示该评价因子的权重。最终评价结果为：X=0.6036，即该地块具有较高的储备价值

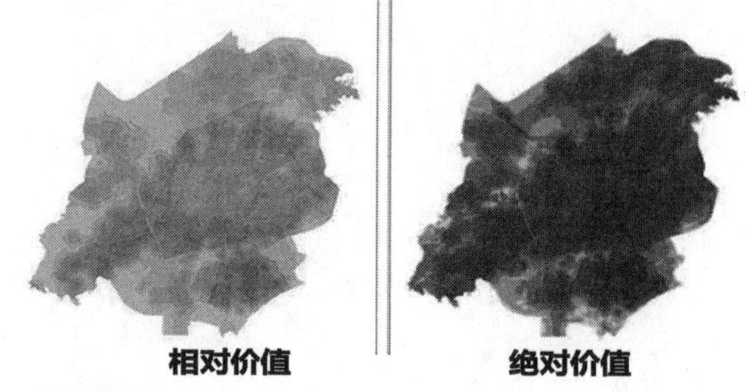

图 2 评价潜力打分

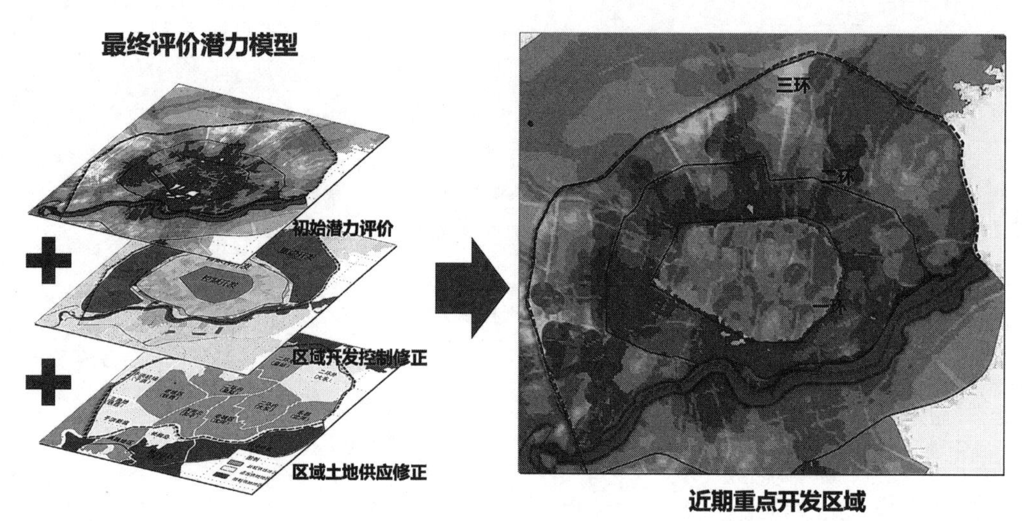

图 3 评价潜力模型

3.4 存量土地开发规模预测

考虑现有存量土地资源，主要包括储备土地、需要进行改造更新的棚户区、城中村等地块、年代较久、环境较差且基础设施配套不足的危房、老旧小区地块、面临功能置换的旧工厂和仓储等地块等，共计约 23 平方公里。根据楼市库存情况，利用多元线性回归模型预测商品房销售面积；根据公式 1 和公式 2，公式 1：商品房住宅用地需求量 = 商品住宅销售面积 / 商品住宅平均容积率 =4350/2.5=120ha。公式 2：商业用地需求量 = 商业销售面积 / 商业平均容积率 =630/4=40ha，分别测算商品住宅用地需求量及商业用地需求量；利用系数法测算土地储备量。并结合历年的平均交易量进行校验。商品住宅销售面积模型（X1 为人口，X5 为居民可支配性收入，X6 为价格指数）Y=−11689.8+4.3746X1−0.0176X5+106.7752X6 预测出 2018—2020 年旧城土地市场约 480 ~ 540ha 较为合理，年均供地 160 ~ 180ha。依据土地储备的净地出让系数占比 65% ~ 70%，折合存量土地资源 740 ~ 830ha（图 4、图 5）。

4 规划实施策略

4.1 加强规划引领，划定更新分区、分类治理

以“规划统筹”为核心，处理好城市存量土地“拆留改建”之间的关系；重点突出文脉的传承、历史风貌的延续和活力的集聚；大力推进城市修补工作，建立存量土地项目库，以“针灸”疗法，合理有序安排城市功能完善和结构调整。

图 4　存量土地现状分布示意图

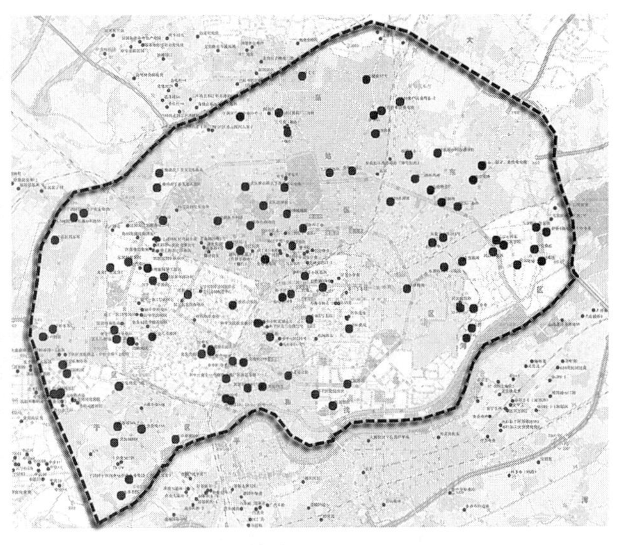
图 5　存量土地开发分布示意图

划定战略功能区、整体风貌改善区、城市功能修复区三类，采取整体控制、统筹规划的手段，实现老城区渐进式更新。针对城市战略功能区主要采取“政府统筹、市场主导、大连片拆除重建”的改造模式。政府负责核算经济账，制定建设的约束条件，通过市场选择合适开发商对街区进行开发。借鉴国内外的经验和考虑重建的经济成本、环境配套等要求。整体风貌改善区主要采取“政府统筹、私人业主主导、小连片整建”的改造模式，通过整建、延续街区风貌和格局，提升或更新片区功能。政府在规划、设计、施工等方面提供必要的技术支持，鼓励私人业主按规划要求联合对小连片或零散地块进行更新改造。在改造过程中，对涉及公共设施建设或风貌保护要求的，政府给予一定补助或容积率奖励。城市功能修复区内公共环境由政府负责改造，小区内部环境及建筑主要采取“政府支持、私人业主组成的业主委员会主导、整体修缮”的改造模式，进行小区环境治理及配套设施完善，改善居住环境。

4.2　推进规划实施，项目推进全生命周期管理

宏观上，强调城市更新的全市统筹布局，依据存量政策分区制定公共政策，促进老城区内土地成本从宗地核算转为区域平衡，强调外围较高强度开发对中心区较低强度更新的反哺，从资金来源和成本核算角度，为中心区塑造特定景观风貌、增加公共开敞空间提供支撑。

中观上，以存量开发单元为蓝本，推进更新片区内所有项目的整体开发统筹，充分面向市场需求，实现有效投资、有序建设，促进投融资渠道和税源经济的多元化发展，避免土地财政单一路径依赖。

微观上，加强土地规划前期咨询，以“实施型”城市设计为依托，指导项目全生命周期的管理。大力推进结合“多规合一”平台建设，结合推进项目审批制度改革，促进营商环境的治理（图 6）。

4.3　从城市治理面向社区治理转变，激发公众参与

强调政府主导、公众参与、市场运作，深入推进实施《沈阳振兴发展战略规划》，在城市更新层面践行国家创新、协调、共享发展理念，顺应中央城市工作会议精神，落实客观需要。变原有单一政府投入为共同参与、共同建设，通过共同缔造，实现商户、居民的内生循环、整合社会资源、维持最佳状态。实现自上而下的政府目标、自下而上的公众需求、贯穿上下的企业经营充分协调，将公众参与成为判断更新路径可行性与合理性的关键因素，实现吴良镛先生所说的“让规划回归实践、回归人民”。

名称	总面积	功能指引	现状建筑拆除率	空间指引	改造模式	政策指引
西塔存量开发单元	273ha	民族文化提升区	10%~50%	朝鲜族文化特色，对环境进行提升改造，发展特色商业、餐饮、娱乐、文化等功能	拆除重建综合整治	更新发展区主要采取"政府统筹、私人业主主导、小连片整建"的改造模式，通过整建、延续街区风貌和格局，提升或更新片区功能 政府在规划、设计、施工等方面提供必要的技术支持，鼓励私人业主按规划要求联合对小连片或零散地块进行更新改造。在改造过程中，对涉及公共设施建设或风貌保护要求的，政府给予一定补助或容积率奖励

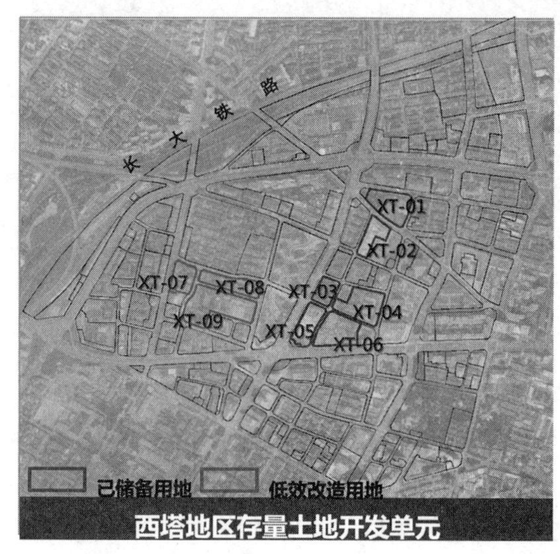

开发指引	收储面积（ha）	可开发面积（ha）	公共服务设施面积（ha）	预计成本	对应地块编号
储备用地	143	97	2	35亿元	01-05
低效用地	7.9	5.9	0.5	14亿元	06-08

编号	用地代码	现状权属	开发模式	出让面积	备注	公共服务设施
1	XT-01	储备用地	整体拆除	19.6	开发方向为商务、商业等功能	拆除重建用地范围内应落实一个12班幼儿园
2	XT-02			11.1		占地面积1200m²的综合服务中心
3	XT-03			8.8		
4	XT-04			22.1		占地面积1000m²的社区综合服务中心
5	XT-05			14.2		
6	XT-06			21.2		
7	XT-07	现状住宅	综合整治	1.1	开发方向为特色商业	占地面积1000m²的社区健身场地
8	XT-08	玉温社区		1.5		建筑面积400m²的托老所
9	XT-09	西塔综合市场		3.3		占地面积1200m²的社区综合服务中心

图 6　存量开发单元示意

以"共同缔造"的模式，开展社区治理工作。主要为搭建平台，成立工作坊，开展访谈沟通，了解需求，宣传共同缔造初步方案。针对现状问题，提出初步方案，多元主体共同讨论，广泛吸纳意见，往复调整，多次沟通，达成愿景共识；更新实施，公共环境清洁整治、动态和静态交通疏导、基础设施更新建设、居住建筑立面整治、开展设计援助，逐步开展店面更新；活动注入，策划民俗活动激发地区人文活力、引入文创孵化产业，增加地区文艺氛围，激发地区活力、加强旅游品牌宣传，注入旅游功能。

参考文献

[1] 罗震东．秩序、城市治理与大都市规划理论的发展[J]．城市规划，2007（12）：20-25.

[2] 杨君．中国城市治理的模式转型：杭州和深圳的启示[J]．西南大学学报，2011（2）：92-95.

[3] 简 · 雅各布斯．美国大城市的死与生[M]．金衡山译．译林出版社，2005.

[4] 易承志．美国的大都市区政府治理实践[J]．城市问题，2001（9）：85-89，96.

[5] 张衔春，边防．行政管理体制改革背景下规划审批制度优化对策[J]．规划师，2014（4）：28-32.

[6] 张京祥，黄春晓．管治理念及中国大都市区管理模式的重构[J]．南京大学学报，2001（5）：111-116.

社区参与式规划的实现途径初探——以北京“新清河实验”为例[①]

陈宇琳　肖　林　陈孟萍　姜　洋*

【摘　要】在城市规划和社会治理重心向社区下移的新阶段，公众参与具有前所未有的重要意义。如何在社区规划基础上探索覆盖面更广和更具有推广性的参与式规划途径，是当前规划理论和实践迫切需要解决的问题。本文将我国参与式规划归纳为组织化、个体化和自组织三种类型，构建“参与动机－参与过程－参与结果”框架进行评估，进而结合北京“新清河实验”公共空间治理实践，利用在线地图互动平台探索了将组织化、个体化和自组织相结合的参与式规划模式，最后从规划程序、参与平台和实施单元等方面对实施路径进行总结。

【关键词】参与式规划；社区治理；社区规划；新清河实验；新媒体技术

在我国城镇化发展的新阶段，城市规划工作的方式方法面临重大转变。一方面，随着城市发展从“增量扩张”向“存量更新”转型，城市规划的重点逐渐从新区和新城建设，转向旧城更新、环境整治和基础设施提升等内容（邹兵，2013），相应地，城市规划的重心也开始向社区下沉，以更精准地应对百姓改善人居环境的需求。另一方面，在我国推进国家治理体系和治理能力现代化背景下，社区作为社会治理的基本单元，社区治理成为建设共建、共治、共享社会治理格局的重要切入点，十九届四中全会提出，“推动社会治理和服务重心向基层下移，把更多资源下沉到基层，更好提供精准化、精细化服务”。在城市规划和社会治理重心向社区下移的双重背景下，公众参与作为规划建设管理决策的关键环节，在社区发展过程中发挥着前所未有的重要作用，是增强民众获得感和幸福感的重要抓手，对探索“以人民为中心”的城市建设和治理体系具有重要意义（李强，赵丽鹏，2018）。

梳理我国城市规划的公众参与状况，大致可以划分为三个阶段。第一阶段是中华人民共和国成立以来至2000年，受到计划经济影响，我国城市规划突出体现为“国家本位”和“政府主导”特征，公众参与在规划编制和实施过程中相对缺失（孙忆敏，赵民，2008），20世纪90年代以来一些学者开始引介西方公众参与理论（梁鹤年，1999；张庭伟，1999）。第二阶段是2000～2010年，参与式规划从理论研究走向初步实践。理论界在持续追踪西方公众参与理论的同时，开始关注中国实施的可行性（陈锦富，2000；唐文跃，2002；田莉，2003；孙施文，殷悦，2004），并在旧城更新、社区规划和总体规划等方面开始实践探索（汪

* 陈宇琳，清华大学建筑学院城市规划系副教授。
肖林，中国社会科学院社会学研究所副研究员。
陈孟萍，清华大学社会学系博士研究生。
姜洋，宇恒可持续交通研究中心副主任，北京数城未来科技有限公司首席执行官。

① 详见：陈宇琳、肖林、陈孟萍等．社区参与式规划的实现途径初探——以北京“新清河实验”为例[J]. 城市规划学刊，2020（01）：65-70.

坚强，2002；饶传坤，等，2007；王登嵘，2006；吴培琦，赵民，2007；徐明尧，陶德凯，2012)。第三阶段是 2010 年以来，以“共同缔造”为代表的参与式规划走向深度实践。2010 年，《云浮共识》提出“美好环境与和谐社会共同缔造”行动纲领（吴良镛，2010；王蒙徽，李郇，2016)，之后厦门、北京和上海等地分别开展了共同缔造工作坊、“新清河实验”、社区规划师等多种形式的探索（李郇，等，2017；李强，王拓涵，2017；刘佳燕，王天夫，等，2019；黄瓴，罗燕洪，2014；袁媛，陈金城，2015)，参与式规划实践在社区层面呈现井喷之势。近年来随着互联网技术的普及，网络平台为公众表达意见提供了多元渠道（李强，等，2013)，新媒体技术开始在参与式规划中得以运用（赵珂，于立，2014；程辉，等，2015)。

综上可见，参与式规划在我国得到逐步发展，以共同缔造工作坊为代表的参与式规划有效推动了社区发展。然而，在城市规划和社会治理重心向社区下移的新阶段，对于全国数量如此众多的社区以及社区之间的公共空间，如何在散点的社区规划基础上进一步推向深入，探索更具普适性和操作性的参与式规划途径，是当前规划理论和实践迫切需要解决的问题。为此，本文将结合“新清河实验”最新的公共空间治理实践，探讨以下问题：现有参与式规划手段是否能满足公众参与的需求？如何在现有体制和已有渠道基础上加以完善？下文首先将对我国现有参与式规划进行分类与评估，进而结合“新清河实验”公共空间治理实践，对参与式规划的实施路径进行分析。

1 参与式规划的理论分析

1.1 参与式规划的类型及其特点

参与式规划（participatory planning）是指在规划过程中，通过利益相关方的平等参与，有效沟通，进而达成共识，推进人居环境的改善提升。在城市规划和社会治理相互融合的背景下，需要将参与式规划纳入一个更为广泛的表达诉求、参政议政的框架中加以认识。在内容上，参与式规划不仅包括物质空间环境，而且涉及综合的社区发展（赵民，赵蔚，2003；徐一大，吴明伟，2002)；在程序上，参与式规划不仅局限于规划编制过程，还包括规划前期的立项和实施后的管理，贯穿规划、建设和管理全过程（黄艳，等，2016；刘怡然，2018)。在我国，最高层级的公众参与当属政治参与，即人民代表大会制度和人民政治协商会议制度，其中与规划相关的提案会提交给有关规划部门予以回应或立项开展专门调研。就本文重点关注的基层公众参与而言，可以根据公众参与的组织方式，划分为“组织化”“个体化”和“自组织”三种形式，下文分别对三种类型的主要渠道及其特点加以分析（表 1)。

(1) 组织化的公众参与，是指由政府自上而下组织的公众参与方式，例如结合规划项目开展的民意征集，以及基层治理中的社区协商。在规划编制过程中，有关部门会根据项目特点，在规划编制初期到相关地区开展座谈会、问卷调查或访谈，了解相关利益方的诉求，并在报送审批前采取公示、听证会等方式征求公众意见。2015 年，中央推行城乡社区协商[①]，鼓励通过社区党支部、居委会、社会组织、业主委员会、物业服务企业和当地居民代表等利益相关方共同协商解决社区公共事务，很多地方也探索了多样化的形式，如社区议事会制度。组织化参与是目前我国民众参与规划决策的主要方式，但在实际操作过程中往往存在参与议题的有限性、参与主体的非开放性，以及信息在传递过程的衰减等问题。

(2) 个体化的公众参与，是指由个人发起的参与方式，例如市民向居委会反映意见、通过热线电话等向政府部门反映意见。居委会作为居民自我服务的基层自治组织，是居民表达意见最直接的渠道。一

① 2015 年 7 月 22 日中共中央办公厅、国务院办公厅印发《关于加强城乡社区协商的意见》。

般而言，居民向居委会反映的问题多为邻里之间或社区内部的问题。很多地方政府也设置了一些专门的市民沟通渠道，如12345市民服务热线、122交通热线、12369环保热线，随时接受民众对政府工作的意见和建议。居民通过这类渠道反映的议题更为广泛，并且跳过了中间环节，提高了接收率。个体化参与虽然个体的积极性高，但也存在议题过于发散、问题解决进展较难跟踪、市民意见很难分享等问题。

(3) 自组织的公众参与，是指进入信息社会以来，民众利用互联网平台自发开展的参与形式，例如地区性网络论坛，其中比较有影响力的有北京回龙观社区网和天通苑社区网，在水木社区和天涯论坛的一些版面也会涉及城市规划管理方面的议题。这些开放社区网络论坛为市民反映规划问题提供了一个方便进入、自由表达、即时共享的平台，而且在互动机制作用下，会涌现出一些好的建议，引导大家达成共识。但这种方式也有其局限性，多数讨论都缺乏与行政部门的有效对接，止步于抱怨和宣泄，很难推动问题的切实解决。

参与式规划的三种形式及其特点　　表1

<table>
<tr><th>项目</th><th>特征</th><th>渠道举例</th><th>优点</th><th>不足</th></tr>
<tr><td rowspan="2">组织化</td><td rowspan="2">由政府自上而下组织</td><td>结合规划项目的民意征集</td><td>编制初期开展实地调查、座谈会、问卷调查、访谈，报送审批前进行公示、召开听证会</td><td rowspan="2">参与议题的有限性，参与主体的非开放性，信息在传递过程的衰减</td></tr>
<tr><td>社区协商</td><td>多方代表共同参与社区公共事务管理</td></tr>
<tr><td rowspan="2">个体化</td><td rowspan="2">由个人发起</td><td>居委会</td><td>最直接的反映问题的渠道</td><td rowspan="2">议题比较发散，政府反馈情况跟踪较难，民众意见难以分享</td></tr>
<tr><td>市长热线</td><td>减少中间环节，问题覆盖面广</td></tr>
<tr><td>自组织</td><td>利用互联网平台自发开展</td><td>网络论坛</td><td>问题覆盖面广，表达自由、讨论互动、即时共享</td><td>缺乏与行政部门的有效对接，多停留于讨论，难以推动问题解决</td></tr>
</table>

说明：参与式规划的渠道上并不局限于上述几种类型，由于篇幅所限，仅列举代表性渠道。
资料来源：笔者整理

1.2　参与式规划有效性分析

判断一种公众参与方式是否有效，学界一般从过程和结果两方面进行评价。如G. Rowe和L J. Frewer (2000) 提出验收和程序两方面的评价指标，其中验收指标包括代表性、独立性、早期参与、影响和透明，过程指标包括资源可获得性、任务界定、结构化的决策制定、成本效益。K. Bickerstaff和G. Walker (2001) 也提出相似的分类方法，认为参与过程要具有包容性、透明性、互动性和连续性，产出结果要对规划的整体布局或特定地区产生影响。针对我国特有的政府主导公共事务和民众参与意识较薄弱的特征，本文在已有分析框架基础上增加动机维度，构建"参与动机（主动性）——参与过程（民主性）——参与结果（实施性）"的评估框架，对上述组织化、个体化和自组织三种参与式规划进行评估（表2)。

组织化、个体化和自组织的公众参与效果比较　　表2

	参与动机（主动性）	参与过程（民主性）	参与结果（实施性）
组织化	低	中	高
个体化	高	低	中
自组织	中	高	低

资料来源：笔者整理

在参与动机的主动性方面，个体化渠道最高，不论是向居委会反映，还是拨打热线电话，居民表达意见的愿望很强；自组织方式次之，民众有一定热情，自发参与论坛讨论；组织化方式则最低，居民参与相对被动。在参与过程的民主性方面，自组织方式最高，在互联网相对匿名的平台上，民众交流比较充分；组织化渠道次之，居委会或规划编制单位在讨论过程中多会主导讨论过程，选择性接收居民意见；个体化渠道则最低，居民之间几乎没有互动。在参与结果的实施性方面，组织化渠道多结合具体项目开展，落实的可能性最高；其次是个体化渠道，居民推进意见落实的愿望较强，往往会跟进事态进展；自组织渠道则最低，民众多停留于线上讨论，较难推进意见落地。

综上，三种参与式规划的方式各有优势，个体化方式参与动机的积极性高，自组织方式参与过程的民主性好，而组织化方式参与结果的可行性强。在我国现有政治制度、规划体制和民众参与意识的前提下，有没有可能在规划过程中避免这些渠道自身的问题、扬长避短、取长补短？为此，清华大学“新清河实验”课题组在北京市海淀区清河街道，运用新媒体技术，探索了组织化、个体化和自组织三种方式结合的参与式规划模式。

2 “新清河实验”：公共空间治理中的公众参与运作

清华大学“新清河实验”课题组从 2014 年开始在清河街道开展基层社区治理实践，在对社区组织再造和社区环境提升的基础上，于 2017 年至 2018 年围绕公共空间治理开展了参与式规划探索，以融合个体化参与的主动性、自组织参与的民主性，以及组织化参与的实施性三方面优势，取得了较好的成效。

2.1 清河街道概况

清河街道地处北京市东北部五环外，是典型的城乡接合部地区。清河街道占地 9.37m^2，2017 年常住人口约 27 万，其中本地人口 17.2 万，外来人口 9.8 万。清河街道共辖 28 个社区，包括单位制解体后的老旧小区、新建商品房小区和城中村等多种类型。多元的社区类型和复杂的人员构成给城市管理带来巨大挑战。

公共空间治理与社区规划相比，涉及的空间范围更广，使用者的流动性更大，诉求也更为多元，并且由于空间涉及的产权边界复杂，往往需要多部门协作，沟通协调的成本也更高。为此，本次公共空间治理实践探索了基于新媒体技术的在线地图互动平台，以期广泛征集民意，促进多方平等对话，进而推动共识达成并实施落地。

2.2 实验设计

第一，结合百姓关心的议题，运用新媒体技术，激发民众参与的主动性。在参与议题上，为了激发居民参与的主动性和积极性，课题组经与清河街道商议，结合当时清河地区比较突出的“共享单车”无序停放、占道停车等百姓关心的公共空间治理问题开展公众参与活动，并预留了“自定义”选项，给居民充分表达意见的空间。在参与渠道上，为了方便居民提案，课题组运用新媒体技术，利用微信公众号“路见 PinStreet”定制开发了在线地图数据平台，民众可以随时随地通过手机标注问题位置、选定问题类型、添加照片文字，从而便捷而又充分地表达自己的想法。此外，为了鼓励居民参与的热情、培育居民的参与习惯，课题组还设置了多种奖项，吸引更多的居民参与到活动中来。

第二，利用在线地图互动平台，实时动态分享意见，促进参与过程的民主性。为了促进居民之间以及与政府和规划师的交流互动，课题组在“路见”数据平台上加载了在线地图和开放社区论坛两种功能。首先，将互联网与地理信息系统（GIS）结合，搭建可视化的在线地图数据平台，有助于民意的实时共享，民众、政府和规划师可以随时了解民众呼声最高的公共空间问题及其分布，同时为精准治理提供支撑。

其次，为了促进居民之间的分享和讨论，课题组还借鉴网络论坛形式，在提案界面上设计了点赞和评论功能，并将点赞数和评论数作为评选最佳提案的重要依据。

第三，全程与政府充分沟通，设置有限选项引导，保障民众意见的落地实施。项目全过程都由课题组与清河街道办事处充分沟通、共同推进。在议题的选择上，在课题组实地调查和文献研究的基础上，尽可能与清河街道近期工作重点相结合。在议题的设置上，为了避免民意过于发散难以达成共识进而付诸实施，课题组进行了有限选项引导，设置了 12 类公共空间问题选项，引导民意适度聚焦。在最佳提案的评选过程中，则请清河街道办事处从政府角度重点考察了提案的可操作性，从而保障下一步立项实施的可能性。

2.3　实验实施

从 2017 年 8 月 24 日至 9 月 6 日，清华大学“新清河实验”课题组联合清河街道开展了“路见清河：共享单车停放与公共空间改善有奖征集”活动，引导民众在在线地图上传提案。在宣传过程中，特别注意覆盖互联网使用率较低的老年人群体，以及社区居民之外的企业员工。首先，通过社区居委会向各个社区的居民进行宣传；其次，于周末在位于清河街道核心区的五彩城商业综合体入口进行宣传，并在以老年人为主的大型老旧居住小区进行了同步宣传；不仅如此，还在工作日在清河街道最大的企业——小米公司进行了宣传。

经过为期两周的征集，这次活动共收到来自 1430 位居民的 1650 份有效提案。其中 88% 为清河居民，18 岁以下、18 ~ 30 岁、30 ~ 55 岁、55 岁以上人群比例分别为 5%、40%、50% 和 5%。在提案内容上，947 条关于共享单车停放，703 条聚焦公共空间改善。根据语义分析，在共享单车停放位置上，五彩城东西入口空间充足、需求量大，许多市民建议设置共享单车停放区、规范停放，改变现在禁止停放共享单车的处理方式。在共享单车管理方式上，居民建议政府可以通过划定共享单车停放区与控制总量等方式加强管理，企业则可以通过增加奖励机制、保证运营人力投入、建立用户信用体系、设置智慧停放设施等手段进行积极的引导，此外，还指出应提升居民素质，推进居民自治自管。在公共空间方面，占道停车和自行车道的问题最为突出，其中朱房路、清河中街、毛纺路占道停车严重。此外，还有居民提出在学校附近增加过街天桥、在清河滨河空间中增加座椅等建议（图 1 ~图 4）。

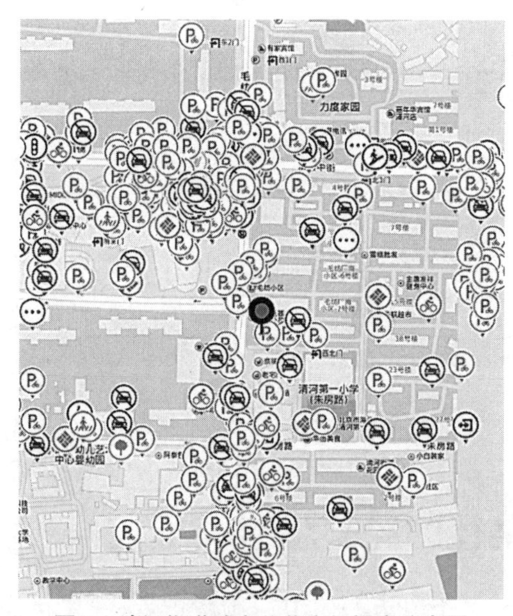

图 1　清河街道城市公共空间提案分布图
资料来源："路见"数据平台

图 2　清河街道共享单车停放提案热力分布图
资料来源："路见"数据平台

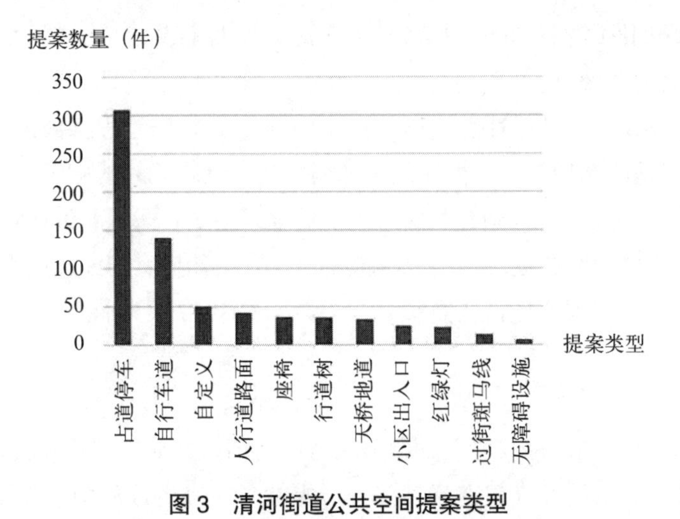

图 3 清河街道公共空间提案类型

资料来源：笔者自绘

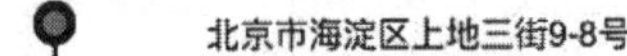

建议1.可以围绕五彩城摆放，但是不能占用广场位置。可以采用图一所示，分层停放，扩大空间利用率。2.划定合理的停车区域，增加指定停放位置标识。3.对不能停车的区域也要做出明显标识，可以增加督导员和志愿者。4.结合五彩城公众号，路见清河等大众熟知的公众号不定期推广。5.运用电子地图等手段，标注可停放区和禁停区，引导大家规范停车。

图 4 清河街道居民针对共享单车停放的提案

资料来源："路见"数据平台

根据专家评审和后台自动筛选，活动共遴选出 30 名最佳提案奖。2017 年 9 月 21 日，清河街道和课题组通过微信平台联合公布了最佳提案获奖名单，并发布《清河街道公共空间改善民意报告》。为了更好地推行项目实施落地，清河街道联合课题组于 2017 年 10 月 15 日开展了“路见清河：共享单车停放于公共空间改善”沙龙，邀请获奖市民、海淀区交通委、清河街道办事处、摩拜和 OFO 单车的企业总监，以及城市规划业界的专家学者等 30 多人参加研讨，就推动共享单车停放立项达成了广泛共识。2018 年清河街道就共享单车停车规划立项，规划编制单位根据居民相关提案，并利用共享单车企业提供的数据，完成了初步的规划设计方案。之后又通过线上线下渠道，与热心民众和政府相关部门沟通讨论，确定了最终方案。目前，位于清河街道核心区的立体自行车停车楼已完成样机调试。

在第一轮公共空间意见征集的基础上，清河街道选择以街头空间治理作为下一步工作的重点，并于 2018 年 6 月开展了第二轮意见征集活动“路见清河：街头微公园怎么做，听你的！”，继续利用在线地图数据平台收集居民对微公园选址和功能设置的建议。公众参与已逐步纳入清河街道的日常工作，形成长效机制，并初见成效（表 3）。

北京“新清河实验”公共空间治理公众参与实践流程 表 3

	步骤	内 容
1	确定主题	结合民生需求，与街道沟通，确定以公共空间治理为主题
2	征集意见	通过线上线下渠道宣传，利用“路见”在线地图数据平台，广泛征集民众意见
3	公布结果	通过线上平台发布意见征集数据报告，并公布最佳提案获奖名单
4	线下协商	邀请获奖民众、政府部门、规划专家、相关企业代表共商治理重点
5	编制方案	规划编制单位根据居民提案，并与相关企业合作，完成初步方案
6	沟通方案	通过线上线下渠道与民众和相关部门沟通讨论，确定最终方案
7	实施项目	街道、规划编制单位和相关企业共同实施规划方案

资料来源：笔者整理

3 “新清河实验”：参与式规划实施路径的经验总结

通过北京“新清河实验”公众参与实践发现，将组织化、个体化和自组织三种方式结合起来的参与式规划模式在实际工作中是行之有效的。发挥三种方式各自优势的关键是要在自上而下和自下而上的公众参与方式之间找到结合点，并发挥网络平台自由、开放、共享的优势。具体可以从“规划程序”“参与平台”和“实施单元”三方面分析。

3.1 规划程序

在规划程序上，为了找到百姓需求与政府工作的契合点，应将以往由政府立项、规划师执行、民众参与的规划程序，与由民众提案、规划师论证、政府实施的程序结合起来，以百姓意见作为规划工作的切入点，按需立项，精准治理（图5）。一方面，根据民众意见立项能够很好地激发民众的主人翁意识，从而有助于民众更为自觉主动地参与到规划编制、实施、管理的全过程；另一方面，政府推动民意落实是公众可持续参与的关键，只有民意诉求与政府响应良性互动，才能更好地提升民众参与决策的热情。

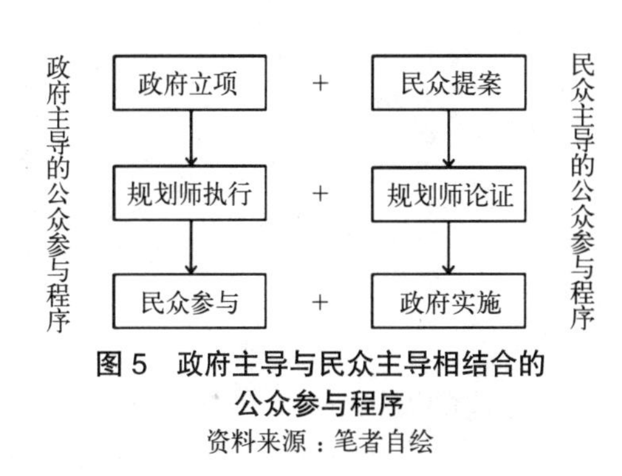

图5 政府主导与民众主导相结合的公众参与程序

资料来源：笔者自绘

3.2 参与平台

在参与过程中，可以充分发挥互联网便捷、共享、互动的优势，构建开放的网络平台（表4）。首先，互联网为民众提供了一个便捷的民意表达平台，相对于传统问卷调查，网络意见征集的成本更低、范围更广，而且在匿名的网络平台上，民众更愿意表达真实的想法。其次，网络论坛具有互动、激发、涌现的功能，在多角色立体监督的平台上，民众、政府和规划师之间的关系更为平等，只要民众的提案言之有理、持之有据，一般都会得到他人的支持而涌现出来，而政府和规划师更多的是作为民意的倾听者、信息的传达者，以及可行性的论证者。第三，更为重要的是，通过这种公开的集体决策过程，有助于多方达成共识，进而为推进项目实施提供支撑。当然，公众参与仅依靠网络论坛是不够的，在立项、编制、实施的全过程，应根据需要随时从线上走向线下，并联合其他信息发布平台，及时更新项目进展、反馈意见落实情况，在方案比选等关键环节还可以邀请民众进行现场讨论。

网络平台与传统公众参与方式的比较 **表4**

	网络平台	传统方式
时间	实时共享	很难共享
成本	成本低、拓展快	成本高、拓展慢
过程	互动、激发、涌现	缺乏互动、意见难聚焦
反馈	快速回应、及时反馈	反馈慢或无反馈
实施	方便引入多方参与、达成共识	需要逐个部门沟通、推进缓慢

资料来源：笔者整理

3.3 实施单元

在城市规划和社会治理重心向社区下移的过程中，建议以街道作为广泛开展公众参与的实施单元。在空间范围上，街道不仅包括多个社区，还包括广阔的公共空间，覆盖了居民日常生活圈的主要范围，是讨论决策公共服务设施规划、提升居民日常生活环境的关键层次（图6）。在实施可行性方面，街道办事处作为属地管理单位，既充分了解上级政府的各种信息资源，又熟悉本地情况，在公众参与过程中承担着重要的组织协调功能，一旦有问题可以快速处理，便于纳入常态化管理，从而保障提案从提出、立

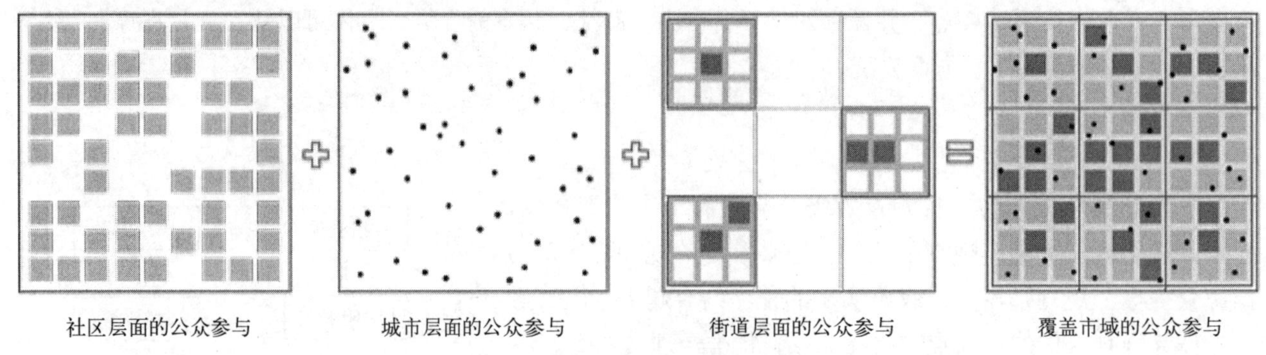

图 6　以街道作为公众参与的实施单元
资料来源：笔者自绘

项到解决的无缝衔接。最新颁布的《北京市街道办事处条例》赋予了街道"参与辖区有关设施的规划编制、建设和验收"的权利[①]，为街道在参与式规划过程中更好地发挥统筹协调作用提供了法律保障。

4　结语

社区参与式规划，是城市规划和社会治理走向融合的关键结合点。在社区规划中引入公众参与，可以让空间规划更好地体现人本精神、富有人文关怀；围绕空间议题推动社区治理，可以赋予社区治理以现实的场景，从而更好地激发社区凝聚力。在我国城镇化发展的新阶段，社区参与式规划必将成为城市规划管理工作的一项核心内容。

推动社区参与式规划需要一个渐进的过程。在参与主体上，不仅需要培育民众的参与意识，而且需要提升政府的治理能力，积极探索以民意为导向的工作思路。在实施过程中，不论是专家推动、政府推动，还是民众推动，关键在于构建民众和政府之间平等对话的平台，促进多方达成共识。在具体操作中，需要城乡规划学和社会学等多学科交叉融合，尤其是规划师与社会工作者的密切合作，根据规划的尺度、议题和受众，采取适宜的方式方法（吴培琦，赵民，2007；莫文竞，夏南凯，2012）。本文基于新媒体在线地图互动平台的实践还属于初步尝试，民众在参与过程中的互动性以及参与方式的常态化还有待进一步加强，期待未来有更多的探索，不断丰富我国参与式规划的理论和实践，推动美好人居环境与和谐社会共同缔造。

致谢：

感谢清华大学社会学系李强教授对"新清河实验"课题开展和本文构思的悉心指导，感谢北京市海淀区清河街道党工委的大力支持，感谢北京市海淀区社区提升与社会工作发展中心和志愿者的辛勤付出，并感谢同济大学建筑与城市规划学院赵民教授在"第七届全国城乡规划实施学术研讨会"上对本文写作提出的宝贵建议。

基金资助：

国家社会科学基金重大项目"大数据时代计算社会科学的产生、现状与发展前景研究"（项目编号：16ZDA085）；国家社会科学基金青年项目"基于空间视角的流动人口社会融合研究"（项目编号：

① 《北京市街道办事处条例》由北京市第十五届人民代表大会常务委员会第十六次会议于 2019 年 11 月 27 日通过，2020 年 1 月 1 日起施行。

16CRK020)；教育部人文社会科学研究青年基金项目“人口疏解背景下特大城市流动人口聚业空间治理研究”(项目编号：15YJCZH016)；北京市社会科学青年基金项目“北京市流动人口聚居区形成机制与社会治理研究”(项目编号：15SHC043)；欧盟地平线2020研究与创新计划“Transition towards urban sustainability through socially integrative cities in the EU and in China”(项目编号：770141)。

参考文献

[1] BICKERSTAFF K，WALKER G. Participatory local governance and transport planning[J]. Environment and Planning A，2001，33 (3)：431-451.

[2] 陈锦富．论公众参与的城市规划制度[J]. 城市规划，2000 (7)：54-57.

[3] 程辉，茅明睿，喻文承等．城乡规划公众参与的网络技术研究与应用[J]. 规划师，2015 (11)：83-88.

[4] 黄瓴，罗燕洪．社会治理创新视角下的社区规划及其地方途径——以重庆市渝中区石油路街道社区发展规划为例[J]. 西部人居环境学刊，2014 (5)：13-18.

[5] 黄艳，薛澜，石楠等．在新的起点上推动规划学科发展——城乡规划与公共管理学科融合专家研讨[J]. 城市规划，2016 (9)：9-21，31.

[6] 李强，刘强，陈宇琳．互联网对社会的影响及其建设思路[J]. 北京社会科学，2013 (1)：4-10.

[7] 李强，王拓涵．新清河实验：基层社会治理创新探索[J]. 社会治理，2017 (7)：56-63.

[8] 李强，赵丽鹏．从社会学角度看以人民为中心的城市建设与治理[J]. 广东社会科学，2018 (5)：186-195.

[9] 李郇，刘敏，黄耀福．共同缔造工作坊——社区参与式规划与美好环境建设的实践[M]. 北京：科学出版社，2016.

[10] 梁鹤年．公众（市民）参与：北美的经验与教训[J]. 城市规划，1999 (5)：49-53.

[11] 刘佳燕，王天夫等．社区规划的社会实践——参与式城市更新及社区再造[M]. 北京：中国建筑工业出版社，2019.

[12] 刘怡然．城市基层治理的民意分类视角——以北京市西城区“民意项目”为例[J]. 国家行政学院学报，2018 (5)：76-81.

[13] 莫文竞，夏南凯．基于参与主体成熟度的城市规划公众参与方式选择[J]. 城市规划学刊，2012 (4)：79-85.

[14] 饶传坤，李军洪，侯建辉等．旧城整治中的公众参与实证探讨——以杭州市背街小巷改善工程为例[J]. 城市规划，2007 (7)：62-67.

[15] ROWE G，FREWER L J. Public participation methods：a framework for evaluation[J]. Science，Technology，& Human Values，2000，25 (1)：3-29.

[16] 孙施文，殷悦．西方城市规划中公众参与的理论基础及其发展[J]. 国外城市规划，2004 (1)：15-20.

[17] 孙忆敏，赵民．从《城市规划法》到《城乡规划法》的历时性解读——经济社会背景与规划法制[J]. 上海城市规划，2008 (2)：55-60.

[18] 唐文跃．城市规划的社会化与公众参与[J]. 城市规划，2002 (9)：25-27.

[19] 田莉．美国公众参与城市规划对我国的启示[J]. 城市管理，2003 (2)：27-30.

[20] 汪坚强．“民主化”的更新改造之路——对旧城更新改造中公众参与问题的思考[J]. 城市规划，2002 (7)：43-46.

[21] 王登嵘．建立以社区为核心的规划公众参与体系[J]. 规划师，2006 (5)：68-72.

[22] 王蒙徽，李郇．城乡规划变革——美好环境与和谐社会共同缔造[M]. 北京：中国建筑工业出版社，2016.

[23] 吴良镛．我识云浮与《云浮共识》[J]. 城市规划，2010 (12)：9-12.

[24] 吴培琦，赵民．从理念到现实：上海友谊路街道社区发展规划中的公众参与[J]. 国际城市规划，2007 (6)：119-126.

[25] 徐明尧，陶德凯．新时期公众参与城市规划编制的探索与思考——以南京市城市总体规划修编为例[J]. 城市规划，

2012（2）：73-81.

[26] 徐一大，吴明伟．从住区规划到社区规划[J]. 城市规划汇刊，2002（4）：54-55，59.

[27] 袁媛，陈金城．低收入社区的规划协作机制研究——以广州市同德街规划为例[J]. 城市规划学刊，2015（1）：46-53.

[28] 张庭伟．从“向权力讲授真理”到“参与决策权力”[J]．城市规划，1999（6）：33-36.

[29] 赵珂，于立．大规划：大数据时代的参与式地理设计[J]. 城市发展研究，2014（10）：28-32.

[30] 赵民，赵蔚．社区发展规划：理论与实践[M]. 北京：中国建筑工业出版社，2003.

[31] 邹兵．增量规划、存量规划与政策规划[J]. 城市规划，2013（2）：35-37，55.

分论坛四

专项规划实施与方法

历史文化名村保护规划实施评估：以大阳泉村为例

史文正 张 彧*

【摘 要】住建部要求要加快建立历史文化名城名镇名村保护工作“一年一体检、五年一评估”的体检评估制度，制定反映历史文化保护状况的量化评价指标，形成动态监管机制。为了知道历史文化名村保护规划编制完成后，实施实际效果和存在问题，本文以山西省大阳泉村为例，分别从规划实施效果和存在问题两个方面，从遗产保护、人居环境、政府履职等几个维度，对保护规划实施进行全面的评估分析。通过评估，全面了解了历史文化名村保护规划实施效果的真实情况。历史文化名城保护规划的实施与经济水平、管理水平和认知水平密不可分。

【关键词】历史文化名村；规划实施；规划评估；保护发展

1 研究背景

在快速化的城市发展阶段，城乡规划工作已经由过去的重规划转向重视实施和管理。依据《住建部：学习贯彻习近平总书记重要讲话精神，进一步加强历史文化保护工作》文件与习总书记的重要指导精神，探索编制历史城区复兴规划，加强历史文化保护成为下一步历史文化保护重要工作内容。历史保护规划实施评估也被明确提上日程，并且要求要加快建立历史文化名城名镇名村保护工作“一年一体检、五年一评估”的体检评估制度，制定反映历史文化保护状况的量化评价指标，形成动态监管机制。从学习精神可看出，历史保护规划实施应当建立在坚定的文化自信基础上，充分认识加强历史文化保护工作的重要意义。而规划实施的评估工作是检验和反馈规划实施的重要途径。如何有效评估并指导历史保护规划的落实是规划实施的重要内容。

众所周知，历史保护规划实施评估是建立在对所评估对象的深刻认知上，系统、科学的评估，才能得出理性和合理的判断，对历史文化遗产的长久发展和规划做出合理决策。此外，从一些国家、城市的实例来看，把历史保护规划实施评估与日常管理工作相结合，建立有效反馈机制，才能有利于反映城市管理系统中的发展轨迹和规划价值观的落实，从而为科学描述实施结果的符合程度提供依据。因此，进行评估只是更好落实和提高规划效果的有效手段，评估本身并非目的，更好地实现规划目标、贯彻落实规划价值观才是评估工作的核心目标。

截至 2018 年底，住建部等部门已经联合评选出七批共 487 个中国历史文化名村。山西省作为历史文化遗存最多的省份，有大量的历史文化名城、街区、名镇、名村和上百个国家传统村落。它们的规划实施问题将成为近年来，城乡规划实施评估的重要内容，好的评估将有利于下一步历史保护工作的顺利开展。评估体制的建立是为了避免在保护规划期内的实施不可避免的出现偏差，发现问题，及时纠正，并建立空间维度和实践维度的双平台进行动态维护。

* 史文正，男，英国谢菲尔德大学博士，山西省城乡规划设计研究院城乡发展研究中心主任，高级工程师。
张彧，女，天津大学硕士，山西省城乡规划设计研究院城乡发展研究中心规划师。

山西省阳泉市郊区义井镇大阳泉村2010年获住房和城乡建设部、国家文物局授予的第五批“中国历史文化名村”称号，并完成历史文化名村保护规划编制工作的。但过去近十年的发展较为艰难，历史文化名村与城中村双重身份使其在发展中感到了迷茫。因此，2018年受到大阳泉村村委和义井镇镇政府的委托，我们开始对该村进行规划实施评估。分析大阳泉村历史文化名村保护历程与保护规划编制背景，通过实地踏勘与问卷调查，评价保护规划实施中存在的问题，以及产生的社会效益和经济效益，同时能够给村庄未来发展指出一条可行的路径。

2 评估内容与技术路线

2.1 评估对象与内容

历史保护规划实施评估是基于保护规划编制以来的国家政策变化情况、保护规划编制情况、相关的地方法规和基础资料以及对基础社会情况的详细了解，在现场调研、实地考察与走访、大数据技术辅助基础上，全面开展的针对历史文化名镇、名村和传统村落保护规划实施情况的系统评估。在评估中应当从历史保护的角度分析保护规划实施过程中的经验与问题；从政府管理的角度开展政府履职情况的分析和管理机制的分析；从当地居民角度开展使用与社会生活的分析，尤其是历史保护与现代生活之间的关系、居民诉求与保护规划落实之间的分析等；从村镇发展与可持续的生态文明建设角度，全面开展地方历史文化挖掘。

历史保护规划实施评估内容应当是成系统、全面、有效的，所包含的主要内容主要分为四大部分：历史文化保护基本情况（摸家底的内容）、政府履职情况评估（包括管理、实施、资金使用等具体内容）、保护规划实施情况评估（实施现状与保护规划内容评估）、人居环境改善与可持续发展评估（从人居环境基本要求到生态文明的评估，主要针对当地居民实际诉求）。

2.2 基础评估方法

由于每一个历史文化名村的历史、现实以及外部环境各不相同，在面对具体某一评估对象时应进一步深化和细化具体的评估内容、方法和手段（图1）。具体如下：

（1）第一层次：针对历史文化名村内外各类客观状态“变化”的评估

主要涉及物质遗产要素状态、人居环境状态、社会经济发展状态等，其目的是进行以客观事实为基础的调查和描述，从而确定作为保护对象的遗产和作为一般空间发生的客观变化；

（2）第二层次：针对村庄本体价值“变化”与社会经济功用“变化”的评估

前者以价值的真实性、物质空间的完整性以及地方生活的延续性为评价标准衡量第一层次中各种“变

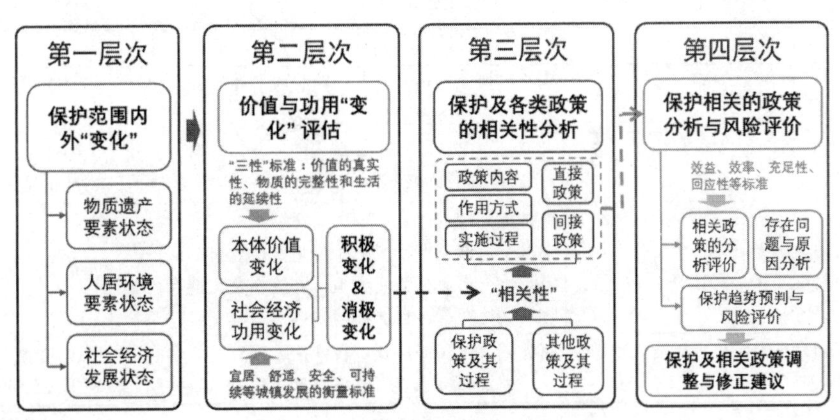

图1 保护规划评估方法

资料来源：笔者自绘

化”是否达成了保护的目的，后者以宜居、舒适、安全、可持续等城市发展的标准衡量第一层次中各种“变化”是否达成了保护的社会经济功用，区分和总结积极和消极的“变化”内容及其表现；

(3) 第三层次：基于“变化”效果的政策相关性分析

在梳理包含保护规划在内的地方各类保护政策和城镇其他社会、经济和空间发展政策以及两者实施历程的基础上，基于第二层次积极与消极“变化”，锁定导致各类“变化”背后的直接与间接政策，包括政策内容、作用方式和实施过程；

(4) 第四层次：保护相关的政策分析与风险评价

在第三层次的基础上，对保护相关的各类政策进行分析，包括政策的效率、效益、充足性、回应情况等以及存在问题，追溯其背后相应的原因，尤其是在我国历史文化名村体系下应重点考察地方基层体制、运作机制、保护和发展理念、管理能力与条件、资金与财政等方面的原因，同时在现实条件下对未来变化趋势和潜在风险进行预判，为保护政策的修正和调整提出依据，也是整个保护评估的结论。

3 大阳泉村及保护规划概况

3.1 大阳泉历史文化名村概况

大阳泉是山西省阳泉市郊区所属的一个行政村，其建村可追溯至北宋时期，距今已有一千多年的历史。村落历史文化底蕴深厚，民风淳朴，是目前山西保存最完整、规模最大的古村落之一。大阳泉古村具有以阳泉街为主轴，八条支巷为骨架的完整外部空间，村落内部留下了诸多珍贵的历史文化遗产，其中有很多设计精美、极具研究价值的古建筑，包括名人故居——张穆故居、15 座以商号命名的院落、86 座无名称的传统院落，以及庙宇、祠堂在内的古建筑面积达 2.8 万 m^2，占保护规划划定的核心保护区面积 70% 以上，在 2010 年获批为“中国历史文化名村”。

3.2 大阳泉保护规划编制情况

3.2.1 保护规划历程

2008 年 5 月，由山西省阳泉市规划院委托，中国建筑北京设计研究院有限公司城市规划院编制《山西省阳泉市大阳泉古村保护与发展规划》。2010 年 07 月 22 日，住建部公布第五批中国历史文化名村名单，山西省阳泉市义井镇大阳泉村入选。在同年，由北京交通大学为其编制《山西省阳泉市大阳泉历史文化名村保护规划》(2010—2025 年)。除此之外，从市级到村落不同部门通过出台一系列相关的政策与条例，建立保护管理机构，制定实施细则来保护古村落（表 1）。

规划编制情况 表 1

时间	规划名称	规划内容	编制单位
1997 年	《阳泉城市总体规划》(1998—2020 年)	周边以住宅用地为主，同时包括少量商业、文化娱乐设施用地及少量工业用地	阳泉市规划局、清华大学城市规划设计研究院
2008 年 5 月	《山西省阳泉市大阳泉古村保护与发展规划》	按照重点保护区、景观生态区、建设控制区、建设发展区四个区块进行规划	中国建筑北京设计研究院有限公司城市规划院
2010 年	《山西省阳泉市大阳泉历史文化名村保护规划》(2010—2025 年)	保护规划的期限是 2010—2025 年，分为近期、中期、远期三期。大阳泉历史文化名村的保护内容总体上可以分为三大类，即物质文化遗产、非物质文化遗产、自然环境要素	北京交通大学
2010 年 4 月	《山西省阳泉市大阳泉古村及周边地区详细规划》	对大阳泉村区域现状进行评估，规划区域功能布局，规划建设强度、建筑高度、建筑风貌控制	中国中建设计集团有限公司城市规划设计研究院

资料来源：笔者自制

3.2.2　保护规划概况

《山西省阳泉市大阳泉历史文化名村保护规划》（2010—2025年）划定的保护规划范围为西以南外环路为边界，南以义井河为边界，东以南山路为边界，北以村北的山地为边界。保护规划主要针对大阳泉村内以寺庙建筑、祠堂建筑、商业建筑、民居建筑为主的物质文化遗产，以反映居民的生活习俗、生活情趣、文化艺术等多方面状态的非物质文化遗产，以及村落内部与外围地形、山貌、山体、自然景观结合的自然环境要素三个方面。为保护整体风貌的完整性和协调性，在分析和研究其价值特色的基础上，保护规划根据现存的遗产分布情况、完整程度，同时考虑现状以及现实的可操作性，采用“整体保护，分区对待”的原则，将全区划分为重点保护点、保护区、建设控制地带、环境协调区四个层次，并提出相应的保护内容和整治措施（图2）。

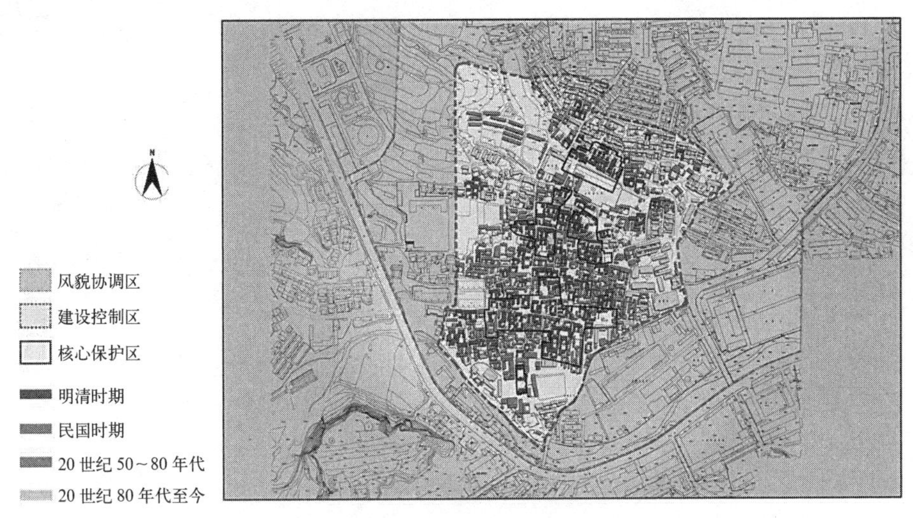

图2　保护规划分区

资料来源：《山西省阳泉市大阳泉历史文化名村保护规划（2010—2025）》

4　保护规划实施情况与问题

4.1　整体保护情况

根据实地调研与规划对比评估发现，大阳泉古村落整体保护良好，外围格局由于城市化进程的影响，发生不小变化。通过历年卫星图对比、叠加、分析，可以发现大阳泉古村落核心保护区域的整体格局较为完整，大尺度范围内村落肌理未发生明显变化。但是古村东向的新村部分存在新建和改建，村南边属于村集体资产的建筑被拆除。风貌协调区范围内存在新增建设项目，主要发生在古村落东部，将原先多层建筑更新为高层建筑。从道路系统看，村落内部道路肌理未发生变化，在村落外部西南方向沿义井河新修一条道路（图3）。

4.2　分区保护情况

大阳泉历史文化名村保护规划对大阳泉村进行分区，分为核心保护区、建设控制区、风貌协调区。基于无人机倾斜摄影于2018年4月采集的平面影像，通过三维数据直观显示村落内部最新状态的建筑外观、位置、高度等属性，将其按照保护规划分区一一对应（图4）。在评估过程中，利用数据落点与现场调研相结合的方式，将村落内部变化进行量化并可视化，才能摸清大阳泉古村落内部本体价值“变化”，推动下一步评估工作。

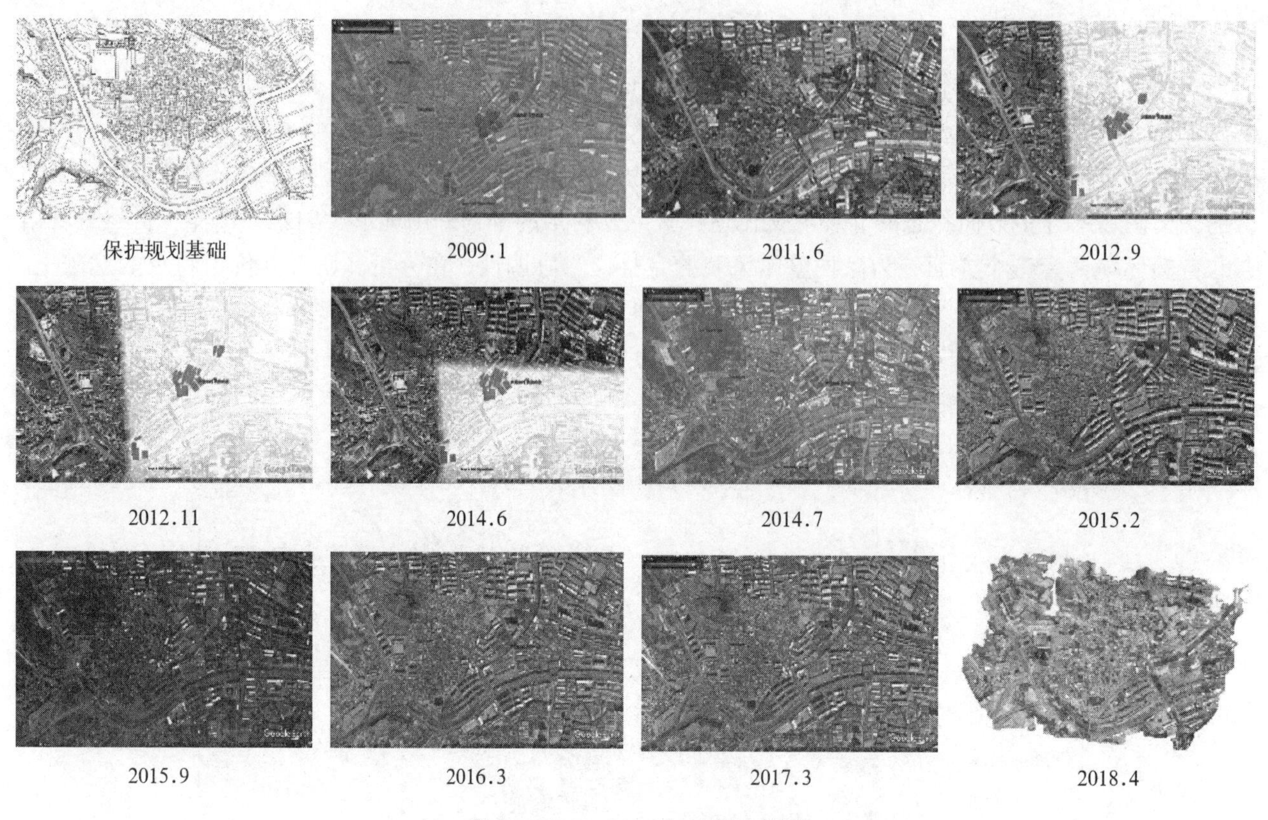

图 3 2009—2018 年卫星航拍图
资料来源：笔者自绘

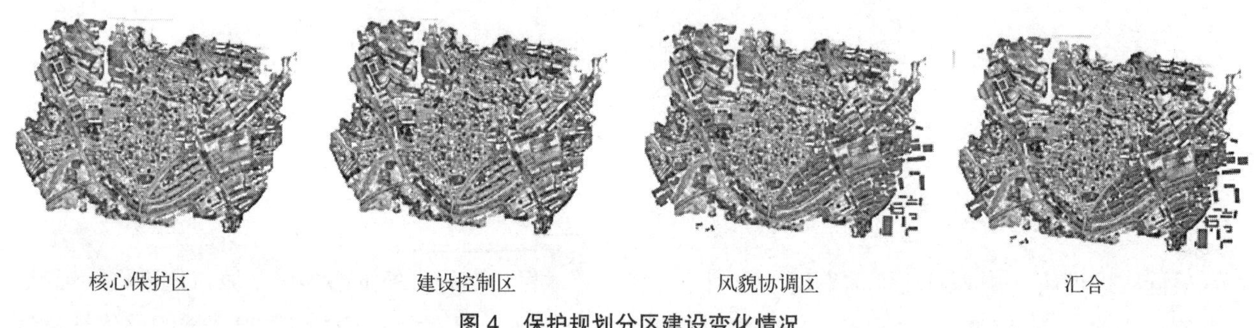

图 4 保护规划分区建设变化情况
资料来源：笔者自绘

4.2.1 *核心保护区保护建设情况*

保护规划要求对包括阳泉街和重要历史建筑、院落在内的核心保护区（41968m^2）进行严格保护，与古村落风貌不协调的历史建筑进行整治，拆除或重建，使其与传统风貌协调（图 5）。但从保护规划实施至今，古村落内部发生有改建和新建的情况。其中，新建建筑（1061m^2）用地占核心保护区面积 2.5%，建筑层数为三层，建筑高度为 9m 左右，违背了保护规划核心保护区新建建筑高度不得超过 6m（两层以下）的要求。这部分建筑风貌较为现代，与古村落传统建筑风格极不相符；古村落内部还存在诸多改建建筑（2427m^2），占核心区面积 5.8%，多为二层建筑，其中部分建筑在原基础上进行砖混结构加建。这部分建筑不仅改变了建筑外观，同时影响到外部空间格局面貌。除此之外，村民为解决漏雨在屋顶上铺彩钢瓦，这成为影响整体风貌的重要问题。

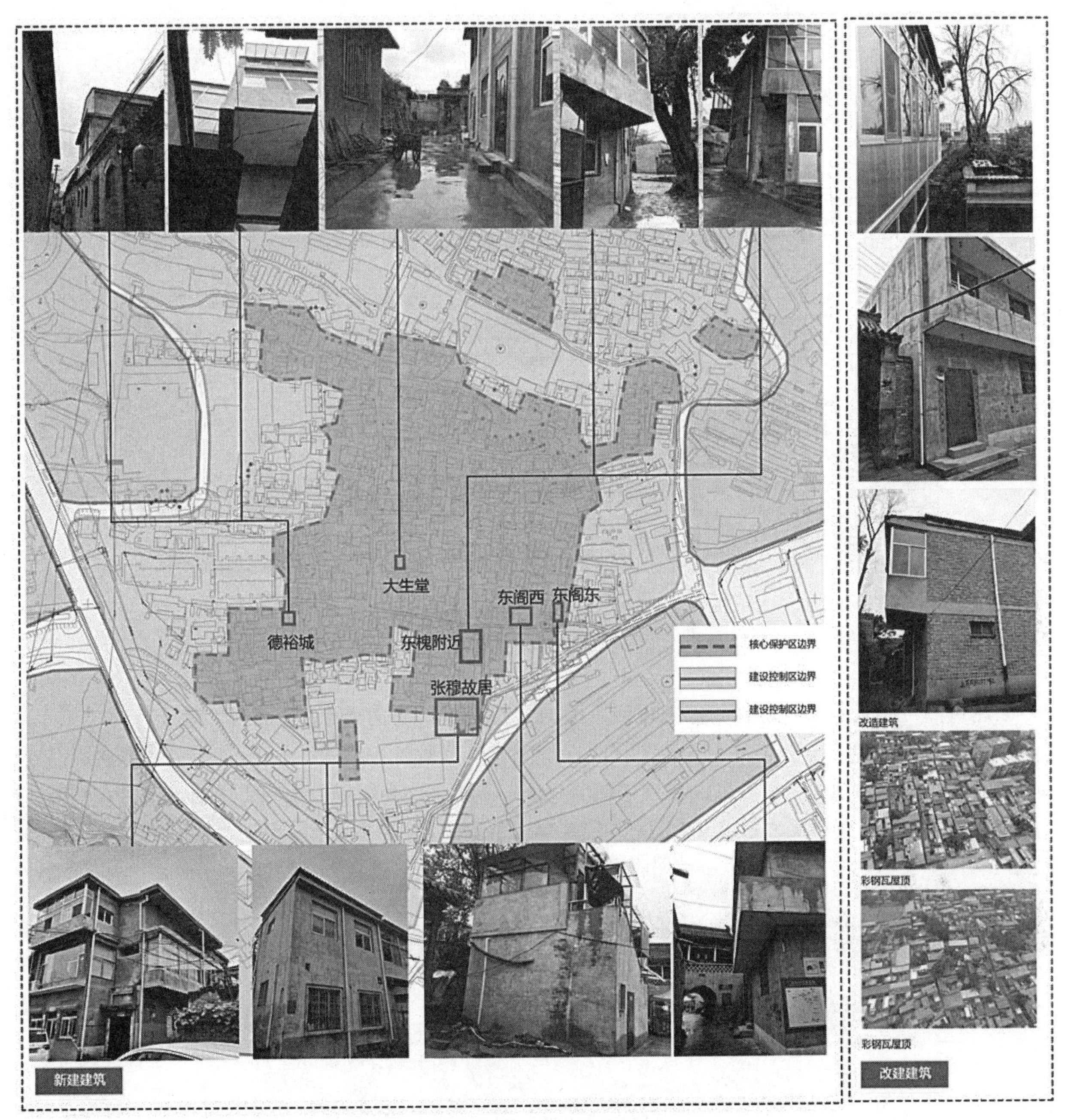

图 5　核心保护区建筑情况

资料来源：笔者自绘

4.2.2　建设控制区

建设控制区需要在不影响核心保护区的空间形态和风貌的前提下，扮演缓解和协调古村落整体形态与风貌的角色。根据调研与对比分析发现，在保护规划之后建设控制区内存在小范围新建建筑。值得注意的是，从村南主入口进入到大阳泉村便是在村集体土地上加建的用作生产作坊的民房，外观形式、建筑色彩都杂乱无章，污水直接排至五龙池当中（图 6）。基于场地调研后进行综合评估，并和村委一同为改善环境和古村形象，按保护规划要求拆除违建后，重新整治南部入口空间，为村民提供公共活动空间同时，激发古村活力。

4.2.3　风貌协调区

保护规划要求风貌协调区内建筑不宜超过 20m，建筑风格和色彩应与核心保护区内建筑风貌协调统

图 6 南入口空间整治变化
资料来源：笔者自绘

一，在建筑高度不能打破核心保护区内视线范围内的天际线。经过调研，新村部分建有 6 层住宅小区，外立面色彩较为鲜艳，十分突兀，无法与核心保护区建筑风貌统一（图 7）。新建高层住宅建筑高度为 70m 左右，严重影响风貌。义井河同样属于环境协调区范围，保护规划以来一直未对河道进行清理，夏天出现水质浑浊，散发恶臭等问题，急需进行河堤环境整治等。

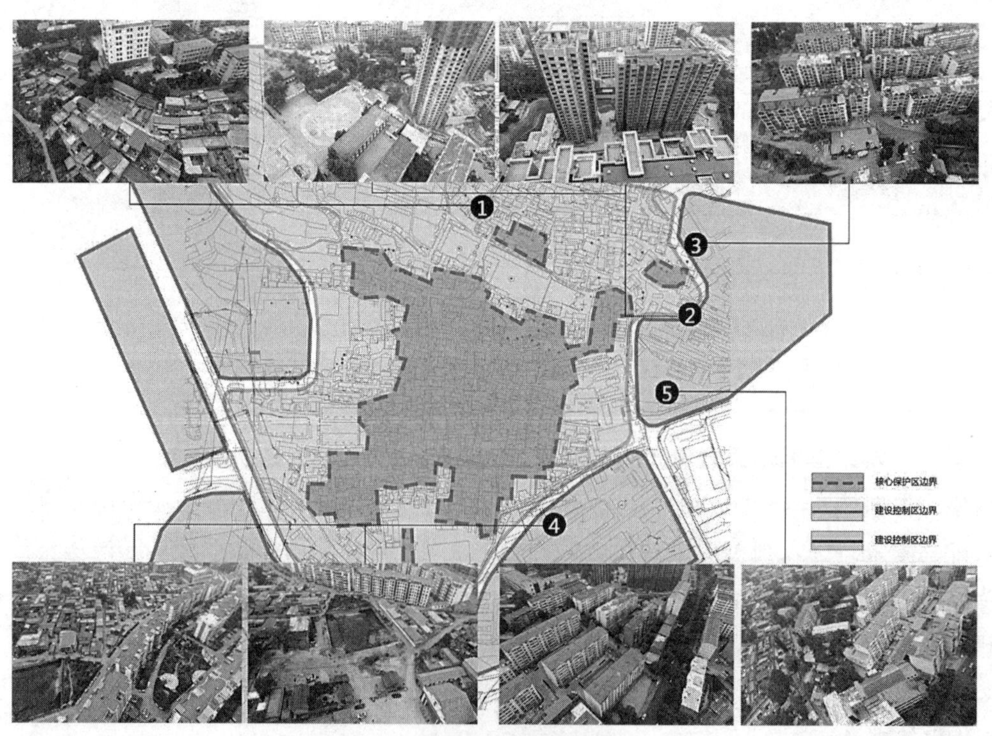

图 7 风貌协调区建设情况
资料来源：笔者自绘

4.3　历史文化遗产保护情况评估

历史文化遗产是历史文化名村的重要组成部分，其中包括村落的选址布局、历史建筑与历史街巷。大阳泉村历史文化遗产的评估是对十年来资源保护情况的摸底，需要了解这些历史遗产留下多少，意识多少，维护修缮是否科学合理。

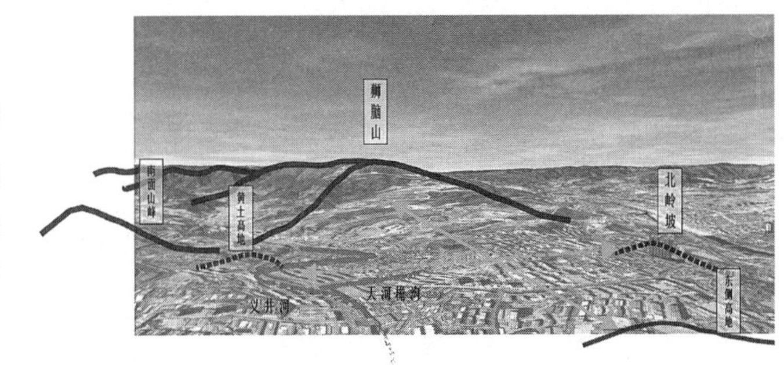

图 8　村落格局

资料来源：笔者自绘

4.3.1　空间格局变化

村域历史布局符合传统风水格局，位于狮垴山余脉朝东南的阳坡，山坡北有北岭坡，南有南山包围，义井河和天河檐沟围合形成的金带环抱古村（图 8）。随着城镇化发展，村落向南北向发展，北岭坡和南向高地逐渐发展成为居住用地，使得南北轴线位置变得不明显。另外，随着天河檐沟入地的推进，水系环抱古村的格局不再明确；村落在选址布局上通过视线、朝向建立了人工要素和自然环境的统一，内部形成近似垂直相交的轴线成为村落的骨架。但是，随着西阁的毁坏，并在遗址位置新建的 6 层砖混结构住宅，轴线格局发生很大变化。整体来说，大阳泉古村域格局受到城镇化发展影响，存在一定程度的破坏。

4.3.2　文物保护单位与历史建筑保护情况

文物保护单位中的公共建筑多数进行修缮，使用传统材料和工艺、技术，保留了原有构件和材料；文物保护单位中的住宅建筑普遍存在居住者，存在许多临时建筑，院落环境较差，这些建筑影响了院落格局。村落内文物保护单位整体利用度较低（图 9）。

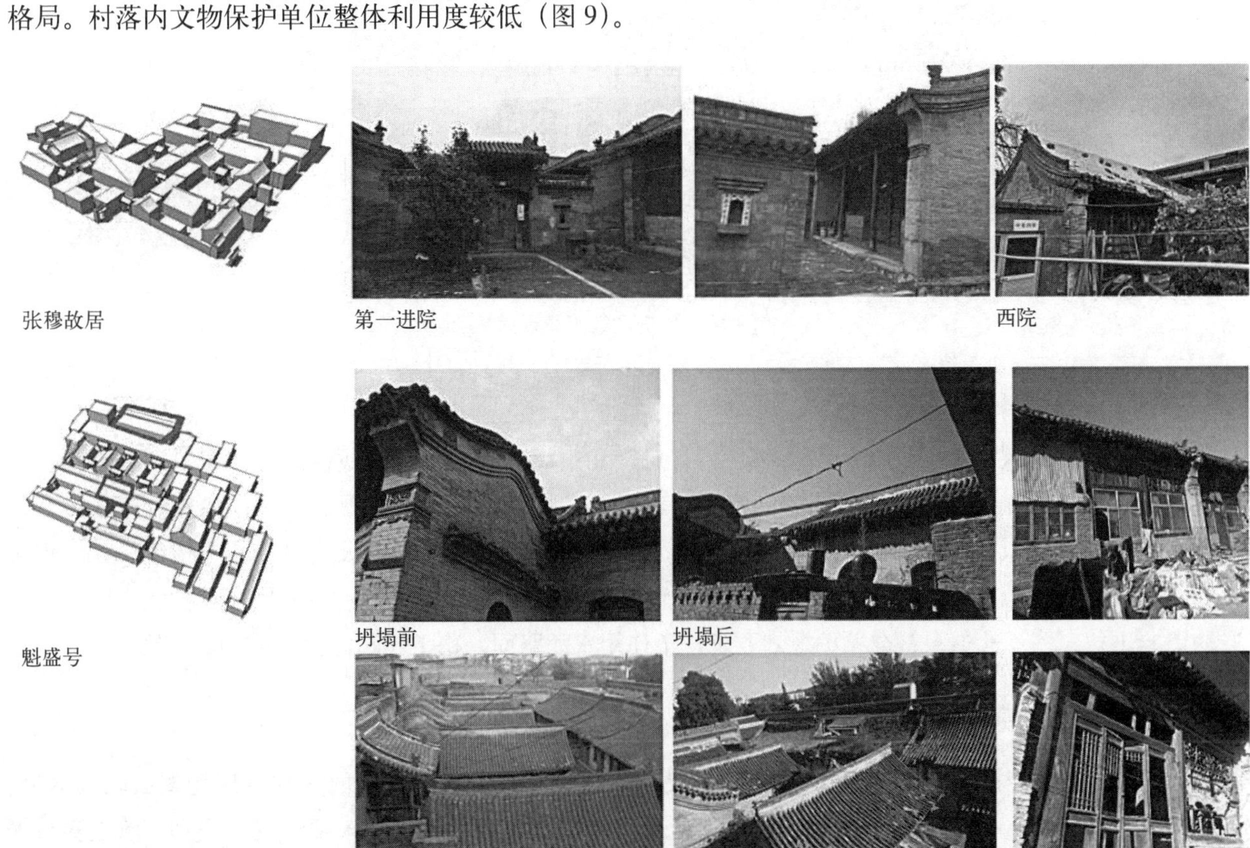

图 9　文物保护单位现状

资料来源：笔者自绘

通过评估发现保护规划中示范性整治做法不完整。规划选取的若干历史风貌较好的历史建筑改造操作说明，包括建筑立面修正，院落格局调整，居住生活功能空间分布等，在内容上缺少指标性约束条件，对局部建筑整治性做法对类似建筑缺少指导性。例如，在进行细部整治的过程中，需要恢复沿街立面窗户并采用传统的门窗形式，但在规划中并未对门窗颜色、比例、材质、纹样等做出具体要求。对于院墙的恢复是普遍性的操作手法，但是对立面改造材质的做法没有给出明确的说明，导致实施过程中出现许多整治失误的地方（图 10）。

图 10 历史建筑修缮现状

资料来源：笔者自绘

4.3.3 *历史街巷保护情况*

保护规划要求保留传统街巷网络格局，原有尺度和空间形态，街道视线通道，传统肌理和材质。通过调研发现现状大阳泉村保留传统街巷网络格局以及街道走向，并没有在现有道路上搭建建筑物或者拓宽道路的情况存在。大阳泉古村街巷的主要铺装形式为石板路，凹凸的石板路虽然具有传统风貌，但是不利于村民出行，给生活带来了极大不便。随着硬化工程以及村容环境改造的项目，对村域范围内可改造的街巷进行了路面改造，符合保护规划要求，不使用水泥路面，路下设暗沟排水的内容（图 11）。

4.4 人居环境改善情况评估

大阳泉古村落内除给水、供电工程得到解决外，供暖、排水厕所等其他基础设施均发展较为落后。该村处于近郊区，2018 年被纳入到城中村改造范围，所有改造项目都要纳入城市统一规划。改造实行属地管理，“城中村”拆迁和建设任务由属地政府负责，采取商业开发和政府投资相结合的方式进行改造，按照城市规划的标准一步到位。因此古村的水、暖、电、气、路、文体设施等配套将逐步完善。古村内部仍然使用旱厕，使用和维护都极为不方便，现仅有的和正在建设的公共厕所不能满足村落未来的发展，

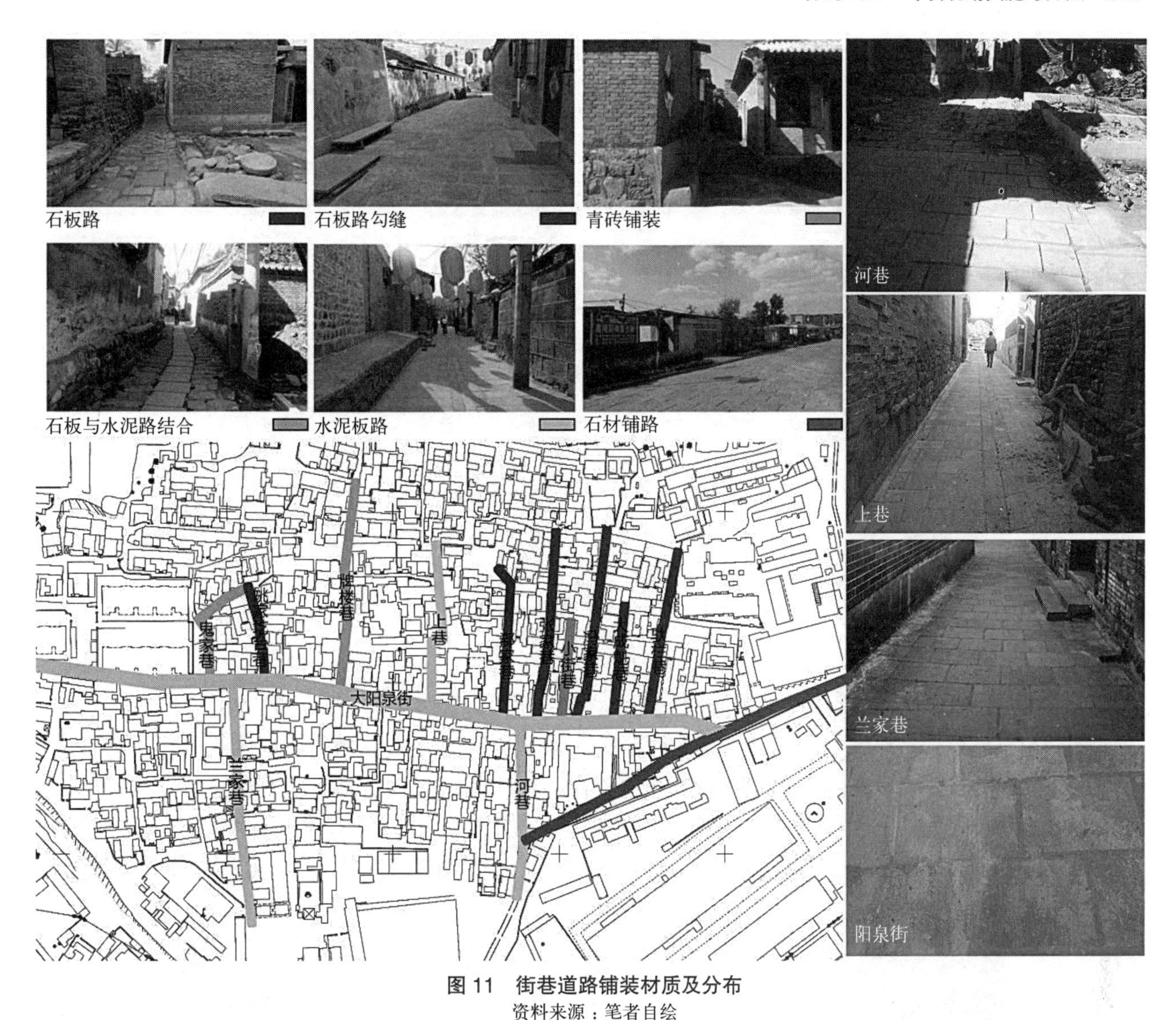

图 11 街巷道路铺装材质及分布
资料来源：笔者自绘

近期内需要积极改善农村厕所冲厕化粪池，并且按照 80 ～ 100m 的服务半径布置，兼顾旅游开发的需求。另外，由于位于近郊区，村民可以被城市的医疗卫生、教育资源以及公共交通等所覆盖，便捷联系周边，基本满足生活需求（图 12）。

4.5 社会价值评估

大阳泉村不仅表现在其拥有的历史文化遗产的社会影响力，作为城中村，更具广泛的城市职能。

4.5.1 社会活力

大阳泉村通过新闻媒介积极开展旅游形象传播，历年来通过政府、新闻和摄影等网站进行宣传，“政府主导、媒体呼吁、社会参与、成果共享”的文物保护新机制。村委还积极配合上级文物主管部门、政府和一些制作商进行文化教育活动和影视拍摄活动。

在社会活力营造中，大阳泉村还逐渐形成不同的主题活动，有“阳泉的中国传统村落摄影展”“阳泉故里闹新春”和每逢五一、十一长假和新春假期时的各种活动等。为了激发村内的艺术创新，还积极吸引艺术家入村，让艺术家从“西院”进村，庙会期间油画展、俄罗斯摄影师讲座、原创民谣弹唱会，在大阳泉村民、文化艺术界圈子甚至许多普通市民中广泛传播。

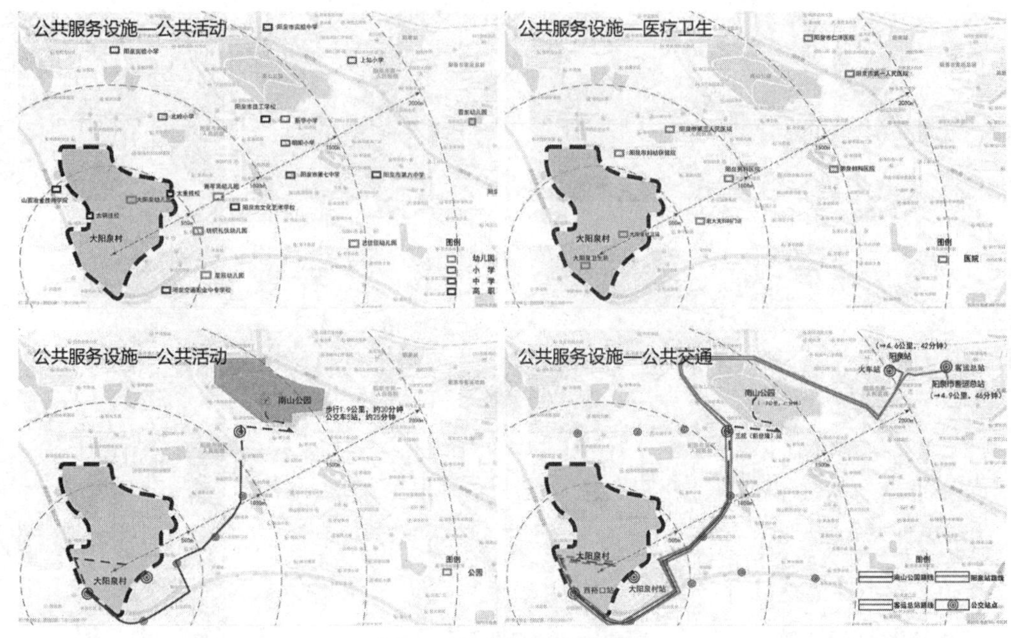

图 12 公共服务设施现状
资料来源：笔者自绘

4.5.2 社区功能

大阳泉村村委注册村民 2675 人，常住人口 1 万余人。在常住人口中，有相当规模是外来人口。其中多为在阳泉市的打工者，作为城中村的一员，独特的城市化历程造就了一批游离于城市居民和农村居民之间以农民工为主体的租赁人口。他们以低廉的价格租住在村中，有的甚至是免费为本地村民看守房子。基于这样的原因，租住者不会主动修缮存在危险的房屋，不会努力改善居住条件，使得其居住的房屋环境较为恶劣（图 13）。

图 13 居住者现状
资料来源：笔者自绘

因此，住房的健康化是完成大阳泉村保护和发展的关键要素，是构建新社区模式的前提。以健康住宅为基础，实现迁移人口家庭化，以家庭为单位落脚城市；家庭生活社区化，实现公共服务均等化，为社会融合建构空间基础。

4.6　政府履职情况评估

政府的政策影响和规划实施主体的施政行为是影响规划实施的重要方面。梳理十年来国家、省、市三个层面相关政策，对以村两委围绕乡村生活更美好和文化让乡村更有活力两个目标的政策实施行为的评估。

4.6.1　政府实政行为

大阳泉村的管理主体经历了从阳泉市－阳泉市郊区－阳泉市城区的变化，应对国家、省、市三个层面的政策引导，管理主体在政策导向下实施了不同的管理行为。对照保护规划要求与实施结果，我们分析总结出积极政策导向和消极政策导向。实施主体的治理能力不足、理解偏差、保护意识差产生了政策引导下的消极影响。

4.6.2　治理能力建设

治理能力的本质内涵是指其为满足各类治理主体共性化和个性化需求所具有的效力和潜能。大阳泉村两委作为规划实施主体：

（1）具有灵活贯彻上级政府公共政策的执行力，但在村保护核心区建设活动的执行力上稍显欠缺。核心保护区范围内存在私自新建、加建行为，村两委并不能有效制止，使得村落风貌存在一定程度的破坏。

（2）具有内外有限资源的优化力：规划实施后期，充分利用组织资源，有助于整合乡村社会资源，对提升其治理水平有重要意义。对内通过一系列活动实现历史与文化宣传与利用，如摄影活动，传统习俗活动等推进媒体宣传，利用内在物质资源，提升大阳泉村的名气；对外，通过纳入外界资源，如艺术家的引入，社会名人效应，社会资金支持等，实现社会资本的积累。

（3）欠缺治理环境关系间的调适力。村落的保护和发展受到资金的制约，村两委在凝聚民心，促进发展的同时，忽视了收集多方信息和争取多渠道获取资金支持。

（4）缺乏高效、优质公共服务与公共产品的供给力。大阳泉村优越的地理位置，可以共享城市高质量、高效的公共服务设施资源，解决了村民的生活需求。但在村落内部并不能满足优质的公共活动空间，提供高效的公共服务。

5　总结：保护规划实施评估要点与成果应用

大阳泉村保护规划实施评估，是通过调查和回顾规划实施的过程，探索和反思保护规划实施的实际效益。在评估中按照规划实施评价依据客观事实的原则，正确认识评价实施结果与规划目标之间存在的差异，从主观认知、客观状况、政策因素、社会背景等多方面分析差异产生原因，正确认识过去实施的过程、经验、问题，可以更好地保护利用珍贵的历史文化遗产，避免保护工作的不合理和缺失给文化遗产带来不可弥补的损失。

保护规划实施效果评估，是对实施主体在保护规划实施过程中问题反思的必备因素，也是为满足未来历史文化村（镇）保护与发展的必然需求。没有历史保护规划实施评估分析，规划的经验将无从总结。无论是体制、机制还是空间安排，都不可能对后续规划提供经验。保护规划实施评估需要为历史保护村（镇）规划的实施、体制改革和规划制定提供基础或依据，这才是其成果的最终应用。

参考文献

[1] 住房城乡建设部办公厅关于学习贯彻习近平总书记广东考察时重要讲话精神进一步加强历史文化保护工作的通知．中华人民共和国住房和城乡建设部办公厅，2018.

[2] 于丽萍，王力恒，薛林平．大阳泉古村／山西古村镇系列丛书[M]．北京：中国建筑工业出版社，2010.

[3] 姜忆南，薛林平，王力恒．“历史型城中村”的发展策略初探——以大阳泉历史文化区域为例[J]．北京规划建设，2010（3）：135-137.

[4] 姜忆南，薛林平，王力恒．“历史型城中村”的发展策略初探[J]．小城镇建设，2009（12）：97-99.

[5] 严少飞．山西省域历史文化村镇保护基础性研究[D]．西安建筑科技大学，2011.

[6] 张松，镇雪锋．遗产保护完整性的评估因素及其社会价值[C]// 中国城市规划年会．2007.

[7] 叶裕民．农民工迁移与统筹城乡发展[J]．中国城市经济，2010（3）：46-51.

[8] 叶裕民，牛楠．转型时期城中村改造：基于农民工住宅选择的实证研究[J]．经济与管理研究，2012（4）：18-25.

[9] 任栋．历史文化村镇保护规划评估研究[D]．华南理工大学，2012.

成都市乡村建设规划许可实施制约因素研究①

赵　炜　向晓琴　张　佳*

【摘　要】为解决现有乡村建设规划许可实施问题，进一步推进许可管理制度的实施。利用 S-CAD 政策分析方法，对成都市乡村建设规划管理相关法律法规和政策文件做主导观点、一致性、必要性和依赖性分析。调查成都市乡村建设规划许可证发放情况，以问卷调查和访谈量化建设主体和技术管理主体对乡村建设规划许可实施的认同度。得出制约成都市乡村建设规划许可实施的关键因素是：上层设计与下层认知错位，具体表现在：上层设计中管理与实施体系脆弱，地方许可制度不健全，基层人员配置不足，技术标准与乡村规划滞后带来的技术衔接不力，资金保障渠道单一、用途局限、缺乏许可奖罚机制；下层建设主体对许可制度的认知不足等。

【关键词】乡村建设；规划管理；乡村规划；规划许可

2018 年 9 月 18 日，住房和城乡建设部发布了《关于进一步加强村庄建设规划工作的通知》，提出要加快建立健全乡村建设规划许可管理制度，尽快完善乡村建设规划许可审批流程和管理措施。当前，乡村建设规划管理逐渐法制化、精细化、全程化和基层化，然而未批先建、少批多建、乱圈乱占、一户多宅等乡村建设无序现象仍层出不穷。表象背后是乡村建设规划许可实施制度未得到广泛推进的问题，牵涉乡村规划及其管理的方方面面。

已有研究零散地从法律法规、技术标准与乡村规划编制内容、与土地利用管理的衔接、组织架构、申请主体意识等方面对许可实施困境及其制约因素进行阐述。法律法规上，城乡“二分”体制带来的乡村建设规划管理范围模糊，除村民住宅外，法规提出的适用对象均无法只用乡村建设规划许可进行管理。对于城市规划区内的集体建设用地和乡村规划区内的国有建设用地，国家相关法律和法规并未明确提出许可办法。乡村规划与许可之间的衔接问题：乡村规划对许可的指导意义不强，规划管控内容缺失，乡村建设活动难以找到合适的乡村规划或技术标准作为许可依据。很多村庄规划编制不达标，审批通过率低也是规划缺失的客观因素之一。可依据的技术标准滞后、模糊，规划部门与其他部门的协同受规划编制和相关标准制约。“多规合一”问题：吕维娟等（2013）举例说明土地利用总体规划与乡村规划的不一致，表现为划定的禁建区往往是新农村建设和乡村旅游的选址地。赵之枫等（2014）归结为城乡规划与土地利用规划的用地分类标准不统一。部门协作上：曹春华等（2010）指出规划、建设、国土、环保等部门职能交叉，机构繁杂，不利于乡村规划建设的强力推进。汤海孺等（2013）诸多学者在乡镇政府人员数量薄弱上、申请主体许可意识薄弱以致积极性差、执法处罚不到位等方面具有共识。即使有足够的基层

---

* 赵炜，男，四川大学建筑与环境学院，教授，硕士生导师。
向晓琴，女，西南交通大学建筑与设计学院，在读硕士生。
张佳，男，成都市规划和自然资源局副局长，教授级高级工程师，四川大学兼职教授。

① 国家自然科学基金项目（编号：51878558）；中央高校基本科研业务费专项资金（编号：YJ201932）

管理人员，整体也较缺乏系统的专业培训，审批方面的业务能力参差不齐。

因此，在乡村建设规划管理愈渐完善和规范化的大背景下，以系统思维对乡村建设规划管理与实施体系做整体梳理，结合相关主体的自身需求，找出乡村建设规划许可实施推行不力的关键制约因素尤为重要。

1 研究框架

乡村建设规划管理与实施体系包含规划编制、规划实施和规划管理三个子系统，以“规划编制－规划实施”为主线，规划管理为辅助。规划编制是乡村建设规划管理的技术手段，在内容上衔接乡村建设规划许可证，主要载体是法定规划和技术标准。乡村规划实施将《乡村建设规划许可证》作为载体，“合三为一”（建设用地管理、建设工程管理和建设项目管理）。规划管理从组织、行政和财政上强化了对乡村建设规划许可管理的制度体系支撑作用，保证规划编制和规划实施工作顺利开展，以法律法规和政策方案为载体。

为挖掘乡村建设规划许可实施制度未得到广泛推进的深层次原因，本文首先通过 S−CAD 政策分析方法，基于已发布的相关政策法规文件，自上而下地对乡村建设规划管理与实施体系进行梳理。从组织架构、实施机制、技术内容、行政等具体手段，分析许可实施存在的政策制约。基于成都市乡村建设规划许可实施现状和相关主体认可度调查，自下而上地分析许可实施的现实困境，以对乡村建设规划许可管理制度的全面推进和优化提供基础参考（图 1）。

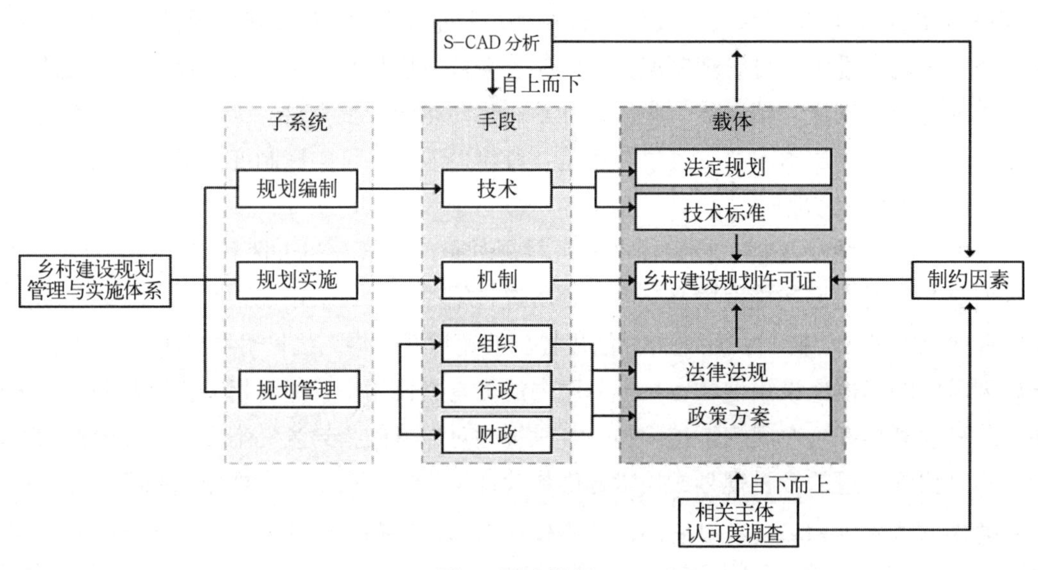

图 1 研究框架

资料来源：作者自绘

2 基于 S−CAD 政策分析方法的成都市乡村建设规划管理与实施体系

S−CAD 政策分析法全称是“主观、一致、充要、依赖”（subjectivity，consistency，adequacy，dependency，或称 S−CAD），是一个分析政策利弊和成败的方法。由“主导性、一致性、充要性、依赖性”4 个分析步骤组成，可用于政策设计和评估。比较于层次分析法、数据包络分析法、模糊综合评判法、灰色评价法等量化政策实施效果的分析方法，S−CAD 更具关注政策制定的具体内容之间的系统性和逻辑关联，其分析过程和结果更具客观性。

2.1 主导观点分析（S-subjectivity）

基于成都市已发布的乡村建设规划管理相关法律法规和政策方案（表 1），梳理得出成都市乡村建设规划管理 S-CAD 逻辑结构（图 2）。主导观点分析的目的是：从解析政策文件内容解析出“价值观、目标、手段、结果”四个层级，其中手段层又包含组织、技术、机制、行政和财政等具体手段。为梳理层级之间、层级内部的一致性、充要性和依赖性做准备。

成都市乡村建设规划管理主要法律法规和政策方案 **表 1**

分类	文件名称
综合	《成都市城乡规划条例》《成都市社会主义新农村规划建设管理办法》
组织手段	《成都市规划管理局主要职责内设机构和人员编制规定》《成都市乡村建设规划师制度实施方案》《成都市人民政府关于设立乡镇建设综合管理所得实施意见》
行政手段	《成都市城乡规划监督规定》《成都市农村新型社区规划群众参与制度（试行）》
技术手段	《成都市城镇及村庄规划管理技术规定》《成都市社会主义新农村规划建设技术导则》《成都市镇（乡）及村庄规划技术导则》《成都市农村新型社区“小组微生”规划技术导则》等
实施机制	《成都市集体建设用地规划管理》《成都市乡村建设规划许可实施意见（试行）》《成都市农村新型社区规划建设选址的指导意见》《四核查一核实》、部分地方许可实施细则等
财政及其他	优秀乡村规划项目的奖励制度

资料来源：成都市人民政府网站、原成都市规划管理局网站

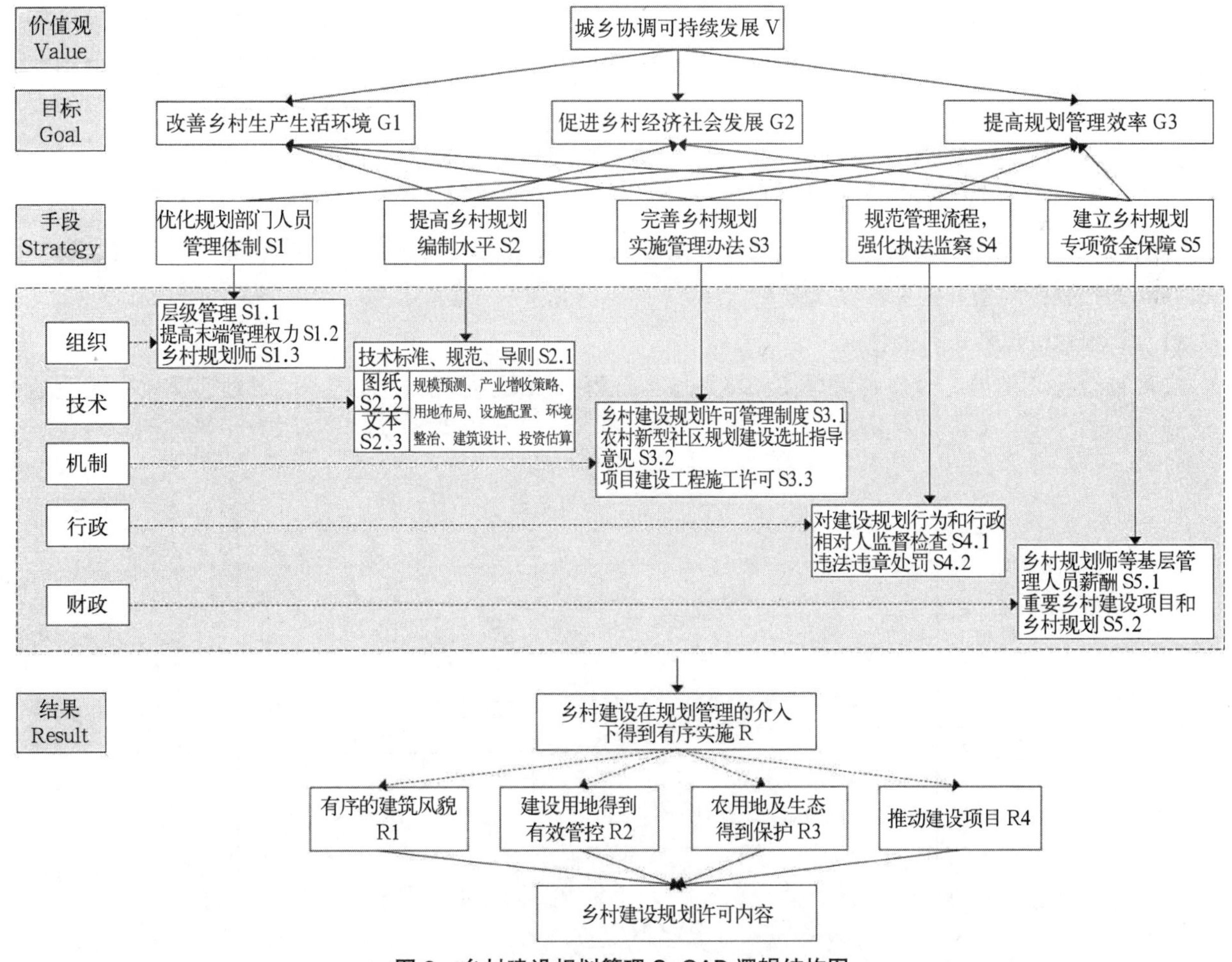

图 2 乡村建设规划管理 S-CAD 逻辑结构图

资料来源：作者自绘

（1）价值观（Value）

现阶段，乡村建设规划管理的价值观是城乡协调可持续发展。

（2）目标（Goal）

乡村建设规划管理以实现改善农村的生产生活条件、促进乡村的经济发展、社会文明和提高政府办公效率为主要目标。

（3）手段（Strategy）

主要管理手段有组织、技术、机制、行政和财政，具体是：优化规划部门人员管理体制，提高乡村规划编制水平，完善乡村规划实施管理办法，规范管理流程，强化执法监察、提供专项资金保障。

（4）结果（Result）

预期结果包括整洁有序的建筑风貌、建设用地得到有效管控、农用地及生态得到保护和推动建设项目等,即乡村建设在规划管理的介入下得到有序实施。这些预期结果都体现在乡村建设规划许可的内容里。《乡村建设规划许可证》作为乡村建设规划管理和实施的重要载体，是衔接上层设计和实施结果的关键组成部分。

2.2 一致性分析（C-consistency）

整体上要素之间相关性较强，未出现矛盾或非常矛盾的情形，逻辑结构清晰，关联性较强。从价值观到结果阶段，价值观与目标、目标与手段具有一致性。目标与乡村规划编制手段的关联性最强，其他四个手段主要服务于乡村规划编制，与目标的直接关联性较弱。目标与结果的不一致：从社会经济环境建设逐渐缩小到环境空间建设和开发项目，与乡村经济社会发展目标的直接关联较弱，以提供活动空间的间接作用为主（图 3）。

2.3 充要性分析（A-adequacy）

逆向思考，讨论下层级对上一级的充分必要性。分析必要性不足的原因，即成都市乡村建设规划许可实施的关键制约因素的主要表现（图 4）。

（1）目标对价值观的充要性

实现社会经济发展、改善农村居住环境是城乡统筹必须要达到的目标之一。规划管理效率无论是否需要城乡统筹，均是客观需要的。

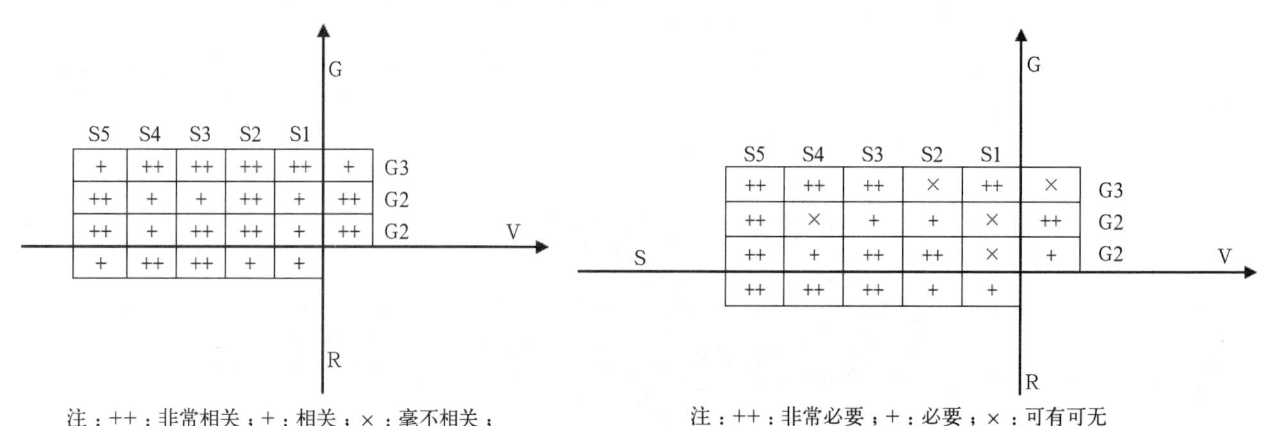

注：++：非常相关；+：相关；×：毫不相关；－：矛盾；－－：非常矛盾

图 3 逻辑一致性分析图

资料来源：作者自绘

注：++：非常必要；+：必要；×：可有可无

图 4 条件必要性分析图

资料来源：作者自绘

（2）手段对目标实现的充要性

乡村规划的编制和实施对改善乡村环境、提高管理效率十分必要，对促进乡村经济社会发展有一定作用，但受土地管理、资源禀赋、其他行业部门等多方影响较大，因此充分性不足。许可制度作为规划实施的载体，其管理对象是实体物质空间，以法定规划图纸为主要依据；社会经济规划的表达多以文字陈述，实施深入存在一定障碍。成都市具有“一指南一规定两办法多导则”“技术规定＋导则＋地方标准”的乡村建设规范标准体系，但在应对农村产业、市场经济和多样化需求上存在明显滞后。

实施机制直接作用于农村居住环境的改善和提高管理效率。受各地方许可实施制度的不健全，以及乡村规划的制约，实施机制对社会经济发展的充要性不足。成都市许可内容、申请材料和核发流程受规划编制内容、地方人员配置、土地入市试点等影响，很难有统一的标准和要求。所有地方许可实施细则中均存在有效期不清晰、未纳入临时建设管理内容等问题。

行政手段除对促进社会经济发展没有直接作用外，其充要性较为显著。项目建成核实机制保证了许可效力，但没有一套统一的标准和规范（例如建筑工程验收中的建筑工程抗震、通风、消防等标准）。在集体经营性建设用地入市和乡村产业项目急剧增多的背景下，大量乡村产业项目将依法依规办理乡村规划许可，验收工作需规范。成都市为解决方案图与施工图脱节，施工图与实施效果脱节两大实施问题，建立了“四核查一核实”的过程管理制度。作为核发《乡村建设规划许可证》和产权登记的关键手段，“四核查一核实”将规划管控落实到建筑施工的每一环节，保证了许可制度的实施效果。

财政保障无论是对环境整治、社会经济发展还是管理效率，都有着强烈的必要性。财政保障渠道单一、用途受限、缺乏许可奖罚机制。成都市建立了专项资金保障制度，主要用于乡村规划师等基层管理人员酬金发放、重要乡村建设项目补助、优秀乡村规划奖励等。资金来源于市、县级政府财政补贴，无法满足资金需求总量较大的乡村规划的编制和实施。奖励机制主要针对乡村规划，缺乏对规划实施的许可管理提出合理的奖罚机制，一定程度上影响村民申请许可证、监督规划实施的积极性。

基层人员配置不足。乡镇政府直接面对各类乡村建设活动和相关人员（企业、个人），其工作量大，事务繁杂。成都市按片区配置乡村规划管理所，共计 33 个，配备工作人员 122 人。平均一个所负责 8 个乡镇的乡村建设工作，一个工作人员对接 3 个乡镇。人员配置和专业程度远不足需求，极大影响许可证的办理效率和违规查处效力。村委会兼具社会组织和半行政单元属性，与乡镇政府的行政隶属关系制约着公众参与的有效性。乡村规划师作为成都首创，起到了关键的技术衔接作用。

（3）效果反映手段的必要性

实施机制、监督处罚等行政手段和财政保障均直接管控乡村建设项目，因此必要性充足。组织架构和乡村规划由于并非直接作用于乡村建成项目，而是提供支撑和依据，充要性略低于前三者。

2.4 依赖性分析（D-dependency）

（1）管理手段环环相扣

管理手段逻辑是单向链条，将乡村规划编制置于技术指导的关键位置，不可或缺，存在一定管理风险。一是规划编制内容的不确定，受规划团队专业技能影响，规划本身是否能指导改善环境提高经济水平在实施前均无法保证，往往规划实施过程中才发现落地困难；二是乡村规划的非完全覆盖，不是所有村庄都有条件能够编制乡村规划并审核通过，存在诸多乡村规划缺失仍继续发放建设的现象，规划明显滞后于建设需求。

（2）对组织架构、社会认同的依赖性强

组织人员作为辅助手段，贯穿所有管理阶段，上层次规划部门对下层次规划部门的工作控制性强。

政策中对公众参与和各利益相关主体的考虑较少，处处体现出政府的绝对指导权和领导权，政府利益与民众需求不一致，导致项目落地受阻。

3 成都市《乡村建设规划许可证》发放情况

成都市乡村建设规划许可制度涵盖了除青羊、锦江、金牛、成华、武侯五城区外的 16 个区（市）县，合计 285 个乡镇。截至 2017 年 6 月，已有 222 个乡镇得以实施，占比达 77.9%。全市超过半数区（市）县的乡镇实施覆盖率达 100%，覆盖率呈现出从远郊到近郊圈层递减的现象（图 5）。

3.1 “西控”区域发放数量最多

截至 2017 年 6 月，成都市共发放《乡村建设规划许可证》1153 份。受地理区位、社会经济因素制约，许可制度执行成效存在区域差异。除简阳市外，许可证发放集中在成都农业腹地“西控”区域，以都江堰市、崇州市为代表（图 6）。

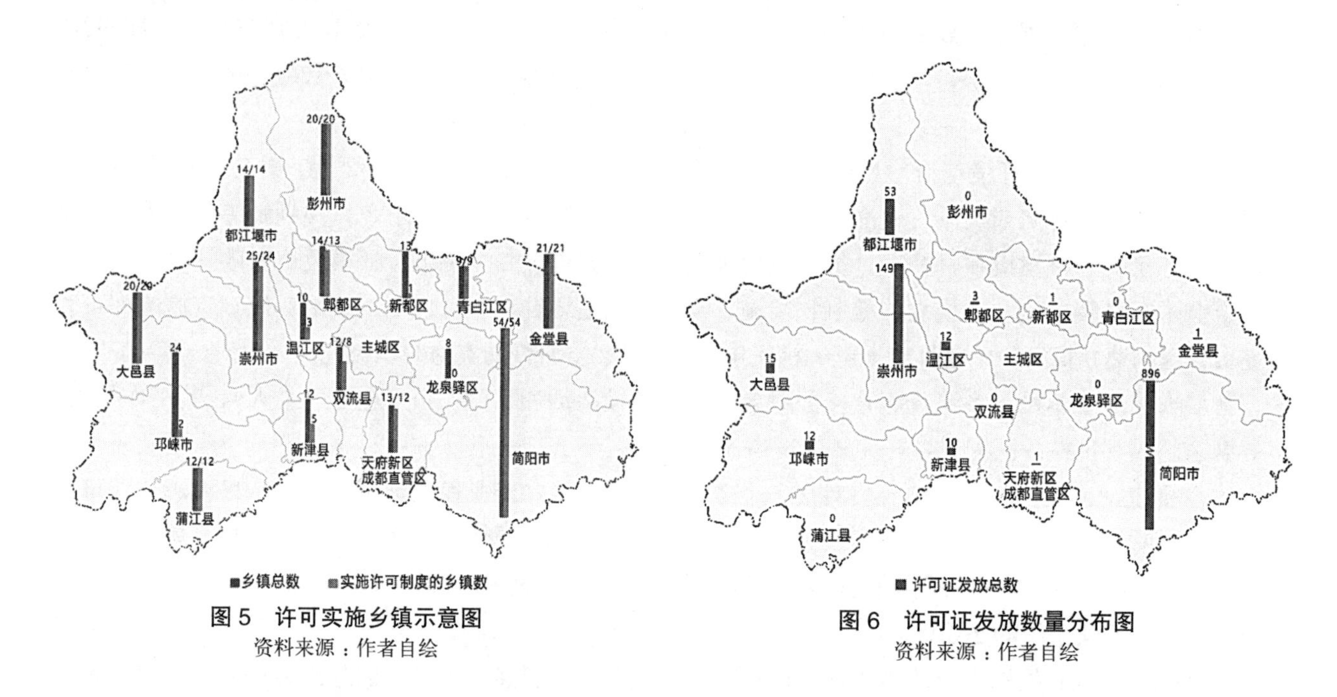

图 5 许可实施乡镇示意图
资料来源：作者自绘

图 6 许可证发放数量分布图
资料来源：作者自绘

3.2 近郊许可类型丰富，远郊以村民自建住宅为主

许可发放类别以农村村民住宅建设为主，共有 1086 份，占比 94.2%；其后依次是乡村公共设施建设、其他产业项目、乡村公益事业建设、乡镇企业建设。

近远郊区（市）县的许可类型存在明显差异。远郊区（市）县许可类型和需求较为单一，以农村村民住宅建设许可为主，住房破旧待改建或扩建新修需求大，农村村民住宅建设许可发放量大。近郊区（市）县是全市工业生产、商业服务、集中居住的重点区域，同时也是“增减挂钩”等乡村改革政策的试点区域，产业建设项目、农村新型社区建设项目、村公设施项目和土地合法性等建设需求较多，许可类型丰富（图 7）。

3.3 村民住宅存在多种核发主体并存，其他许可类型核发主体具有一致性

对于村民申请住宅，许可证核发主体分为三类。一是由乡镇核发的，占所有实施区县的 50%。二是

根据具体情况由规划与自然资源部门（简称规划部门）或者乡镇核发的（30%），如邛崃市在原有宅基地上建设的，由乡镇政府核发；新增宅基地上建设的，由规划部门核发。三是由规划部门核发的（20%）。除村民自建住宅外，其他乡村建设活动许可证的审批与核发主体具有一致性，由村委或乡镇出具意见，然后区（市）县的规划部门审批核发（图 8）。

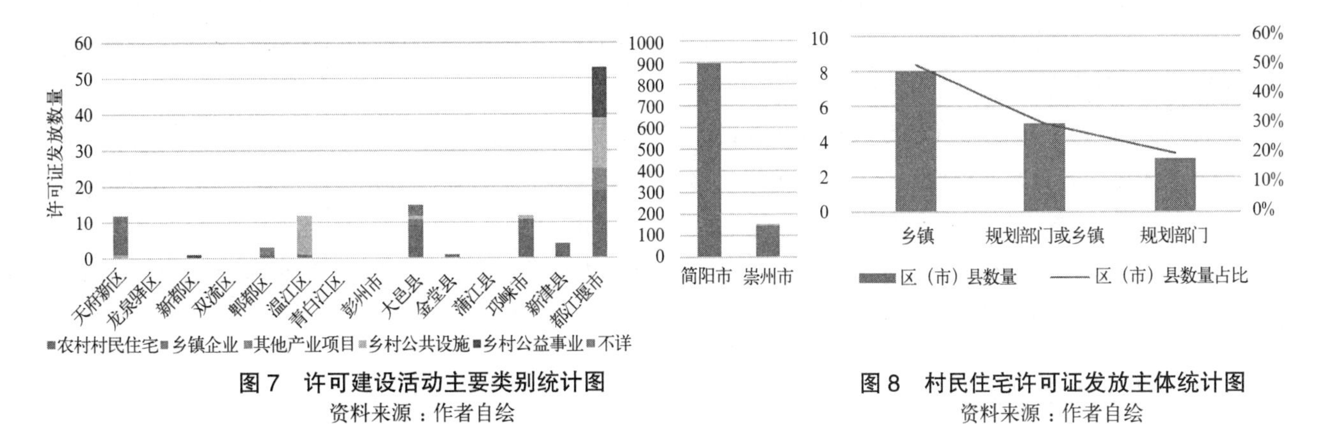

图 7　许可建设活动主要类别统计图
资料来源：作者自绘

图 8　村民住宅许可证发放主体统计图
资料来源：作者自绘

4　成都市许可实施相关主体认可度调查

充分了解相关主体对村建设规划管理的态度，是认识制度实施效果的关键。采用问卷调查（李克特 5 级量表）和田野访谈的方式，了解不同年龄、学历、职业、所在地、工龄的建设主体和技术管理主体对乡村价值观和乡村规划、法律法规、许可制度 3 个载体的认同度。

研究组于 2018 年 9 月，分别向成都市各区（市）县的乡村建设主体和技术管理主体发放了问卷。共回收到问卷 295 份，问卷全部有效。其中，乡村建设群体问卷 182 份，技术管理群体 113 份。分析显示，相关主体整体对乡村建设规划管理持认可态度，但也存在价值观两极分化、对建设主体约束性较差、认知水平制约等问题（图 9、图 10）。

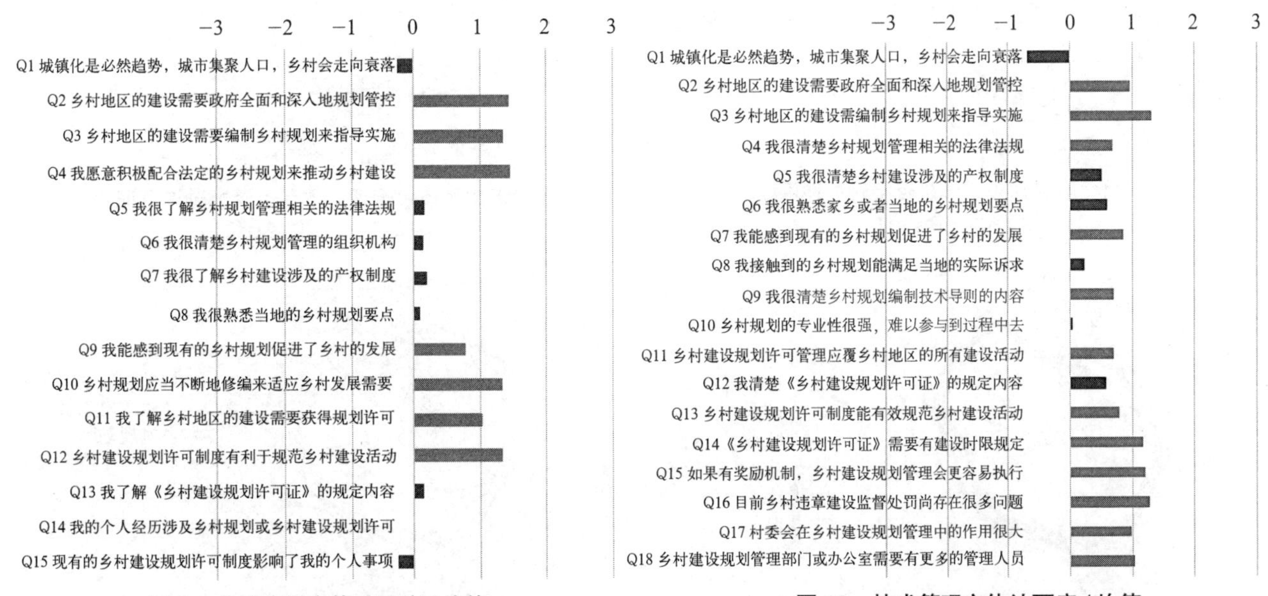

图 9　乡村建设主体认可度 / 均值
（深色表示指标均值低于整体均值）
资料来源：作者自绘

图 10　技术管理主体认可度 / 均值
（深色表示指标均值低于整体均值）
资料来源：作者自绘

4.1 规划实施未达成社会共识

（1）乡村价值观存在两极分化

年轻群体与年龄较大或工作经验丰富的群体对乡村未来发展预判值的高低分布差异。年轻群体认为乡村有很大发展潜力，不会衰亡；年龄较大群体认为城市化脚步不会停止，乡村会衰亡。所有被调查者均同意政府对乡村建设的管控、认可乡村规划对建设开发的指导作用，并且愿意主动配合法定规划实施。

（2）乡村建设管控对建设主体的约束性较差

现有的乡村建设规划许可制度对建设主体的个人事项影响呈负值。许可制度与建设主体的联系上缺少强制约束性，可能与熟知程度和处罚效力有关。乡村建设主体普遍较缺少主动对相关规定的了解和熟知，造成对规划和许可制度的误解。相应对乡村规划的合法性也持怀疑态度，对建设许可规定内容也不遵守。

相较于乡村建设主体，技术管理主体的受教育水平和专业化程度都较高，且是乡村建设规划管理的执行者，整体预期、能动性、认可度都高于乡村建设主体。

4.2 认知水平制约认可度

在法律法规、乡村规划和许可制度上，认可度与熟知程度正相关。无论哪种主体，接触过许可制度的人都比未接触过的人对乡村建设规划管理制度的认可度更高（图 11、图 12）。建设主体中，农民认可度高于均值；公益事业单位职员和乡镇企业人员因职业原因，对相关制度更为较了解，认可度更高（图 13）。技术管理主体对乡村建设规划管理整体的认同度：规划管理部门职员＞乡村规划师＞乡镇政府职员＞规划编制技术人员＞其他职业人员（图 14）。说明制度执行停滞在县一级规划管理层，未完全深入到乡镇村民和管理干部。

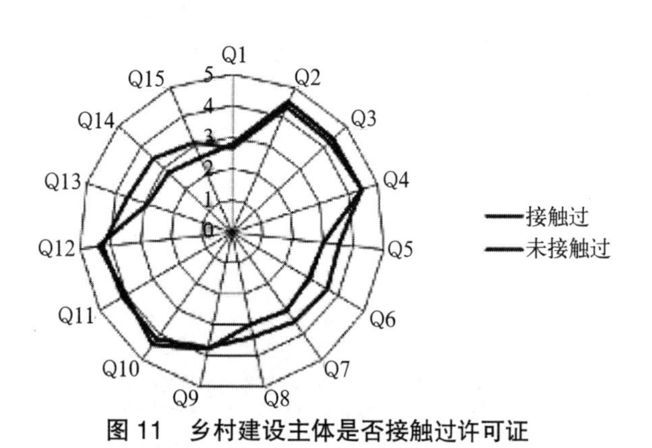

图 11　乡村建设主体是否接触过许可证
资料来源：作者自绘

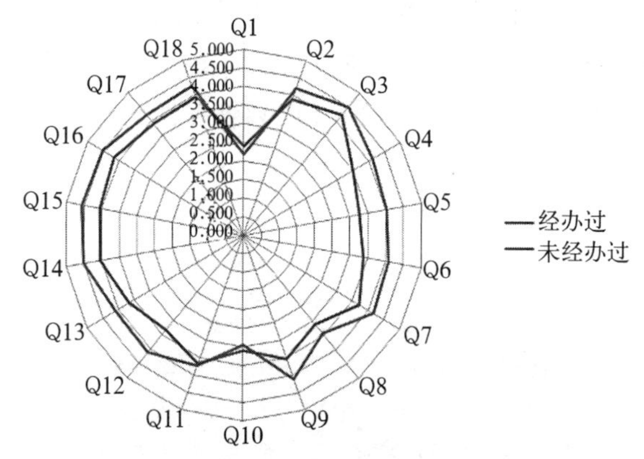

图 12　技术管理主体是否经办过许可证
资料来源：作者自绘

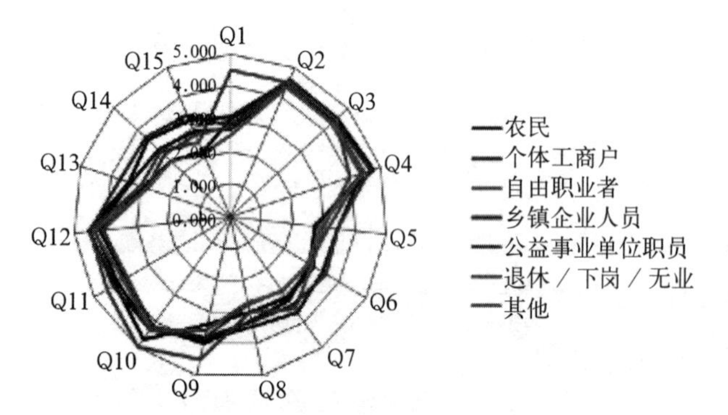

图 13　不同职业乡村建设主体的认可度
资料来源：作者自绘

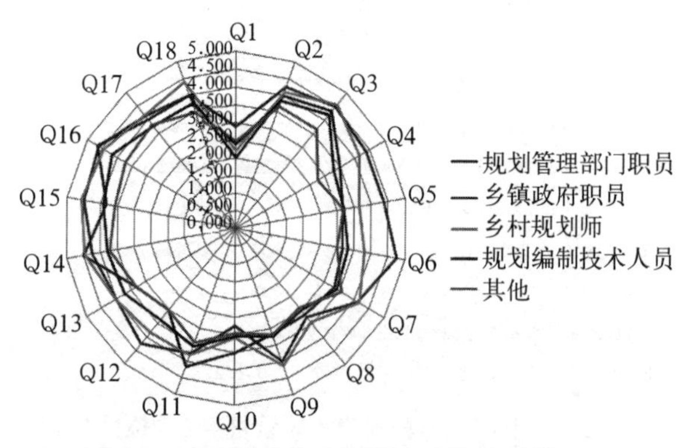

图 14　不同职业技术管理主体的认可度
资料来源：作者自绘

工龄是影响技术管理主体认可度高低的主要因素。许可制度自 2008 年《城乡规划法》实施以来，逐渐得到推广，至今刚好 10 年，在这期间参加工作的技术人员工龄在 7 ~ 10 年，他们对许可制度的认可度最高。3 ~ 6 年工龄的年轻群体看好乡村地区的未来发展。

4.3 价值观、乡村规划、法律法规和许可制度的强相关性

将调查数据导入 SPSS20.0，将问卷选项进行相关性分析。按照相关度在 0.7 以上的为高度相关，在 0.4 ~ 0.7 为中度相关的标准进行评判发现：价值观、乡村规划、法律法规、许可制度四者之间存在强相关性。

认为乡村地区需要进行建设管控的人，普遍看好乡村规划和许可制度。对法律法规了解的人，普遍对乡村许可内容较为了解。唯独在乡村规划与许可制度之间，建设主体与技术管理主体出现了分歧：乡村主体中对于乡村规划的重要性评价高的人，普遍认为许可制度有必要且效果良好（表 2）；但在技术管理主体中，乡村规划与许可制度的直接相关性较弱（表 3）。说明在乡村建设规划管理与实施的实际过程当中，不同主体对规划编制和规划实施存在认知上的隔阂。

乡村建设主体相关性分析 表 2

	Q1	Q2	Q3	Q4	Q5	Q6	Q7	Q8	Q9	Q10	Q11	Q12	Q13	Q14	Q15
Q1	1														
Q2	.267**	1													
Q3	.108	.670**	1												
Q4	.121	.671**	.732**	1											
Q5	.119	.209**	.261**	.341**	1										
Q6	.122	.216**	.229**	.314**	.811**	1									
Q7	.152*	.260**	.278**	.324**	.739**	.834**	1								
Q8	.167*	.224**	.252**	.318**	.685**	.759**	.779**	1							
Q9	.106	.487**	.538**	.513**	.449**	.445**	.493**	.538**	1						
Q10	.059	.591**	.691**	.687**	.261**	.235**	.236**	.233**	.531**	1					
Q11	.064	.384**	.470**	.568**	.503**	.452**	.389**	.441**	.511**	.572**	1				
Q12	.087	.569**	.654**	.734**	.418**	.404**	.342**	.341**	.556**	.684**	.717**	1			
Q13	.156*	.210**	.275**	.325**	.720**	.727**	.718**	.741**	.435**	.241**	.411**	.308**	1		
Q14	.130	.179*	.186*	.274**	.474**	.461**	.482**	.442**	.231**	.141	.320**	.244**	.564**	1	
Q15	.126	.066	.097	.149*	.291**	.237**	.199**	.239**	.081	.064	.148*	.086	.350**	.548**	1

备注：*. 在 0.05 水平（双侧）上显著相关；**. 在 .01 水平（双侧）上显著相关。标深表示强相关性。

资料来源：作者自绘

技术管理主体相关性分析 表 3

	Q1	Q2	Q3	Q4	Q5	Q6	Q7	Q8	Q9	Q10	Q11	Q12	Q13	Q14	Q15	Q16	Q17	Q18
Q1	1																	
Q2	.074	1																
Q3	.085	.577**	1															
Q4	.019	.342**	.390**	1														
Q5	.034	.263**	.152	.664**	1													
Q6	.013	.413**	.276**	.679**	.625**	1												
Q7	.150	.357**	.566**	.376**	.316**	.373**	1											
Q8	.108	.323**	.368**	.376**	.349**	.398**	.588**	1										
Q9	−.001	.217*	.150	.631**	.536**	.568**	.322**	.486**	1									

续表

	Q1	Q2	Q3	Q4	Q5	Q6	Q7	Q8	Q9	Q10	Q11	Q12	Q13	Q14	Q15	Q16	Q17	Q18
Q10	.169	.023	.130	.136	.206*	.167	.157	.165	.010	1								
Q11	.091	.395**	.418**	.261**	.122	.303**	.220*	.254**	.126	.130	1							
Q12	.115	.411**	.311**	.631**	.656**	.701**	.316**	.433**	.577**	.261**	.305**	1						
Q13	.098	.399**	.497**	.468**	.458**	.317**	.437**	.336**	.385**	.172	.358**	.541**	1					
Q14	.007	.259**	.534**	.480**	.375**	.308**	.397**	.299**	.312**	.281**	.337**	.408**	.526**	1				
Q15	.211*	.240*	.413**	.325**	.248**	.304**	.498**	.388**	.285**	.262**	.262**	.395**	.316**	.513**	1			
Q16	.112	.264**	.391**	.386**	.310**	.188*	.289**	.114	.198*	.202*	.234*	.194*	.404**	.502**	.443**	1		
Q17	.154	.126	.220*	.296**	.238*	.132	.350**	.250**	.264**	−.031	.084	.197*	.332**	.233*	.243**	.225*	1	
Q18	.084	.303**	.506**	.448**	.398**	.336**	.559**	.411**	.367**	.169	.179	.361**	.420**	.450**	.353**	.382**	.404**	1

备注：*. 在 0.05 水平（双侧）上显著相关；**. 在 .01 水平（双侧）上显著相关。标深表示强相关性。

资料来源：作者自绘

5 成都市许可实施关键制约因素

成都市乡村建设规划许可实施的关键制约因素是上层政策制定与下层认知错位（图 15），主要表现在：

（1）乡村建设规划管理与实施体系脆弱。各管理手段环环相扣，对乡村规划编制、组织架构和社会认同的依赖性强，变通性不足；许可制度服务于乡村经济、社会、文化发展需求，外部系统制约性明显。

基层人员配置不足。基层人员配置比较低，无论是专业化水平还是数量上，都远不能满足建设量大、地域范围广、个性化的乡村建设需求。

技术标准与乡村规划滞后带来的技术衔接不力。技术标准滞后于集体用地流转入市、农房租赁、农家乐、种植园、农产品加工厂等实际建设活动类型的多样需求。乡村规划层级泛化，规划内容粗略，修建性详细规划类型较少，难以对接许可制度的精细化管理需要。

资金保障渠道单一、用途局限、缺乏许可奖罚机制。成都市乡村建设规划管理专项经费来源于市政拨款，主要用于试点村庄建设和乡村规划师薪酬发放。奖励机制覆盖乡村规划方案和优秀工作人员，对许可推行奖励考虑较少。

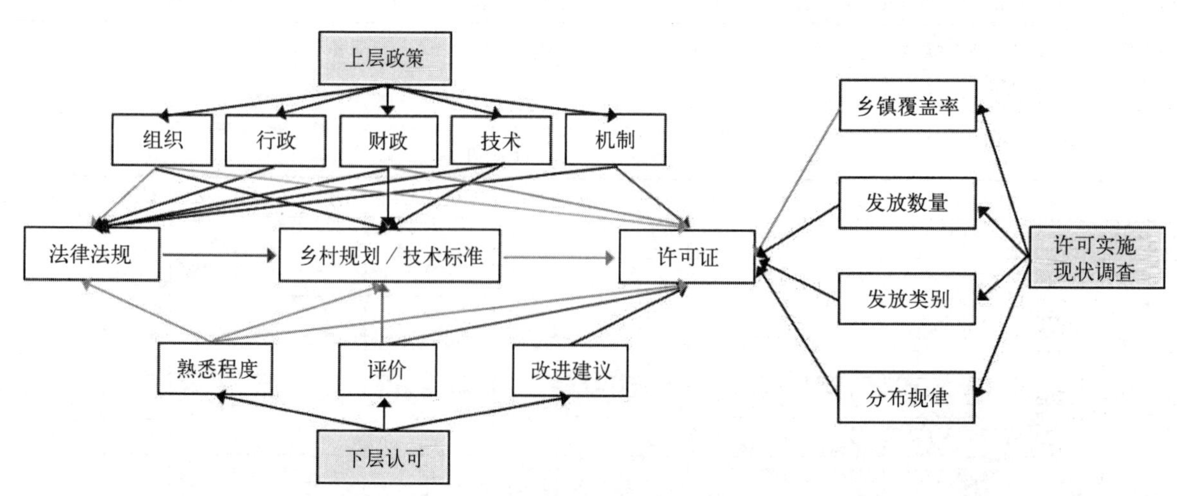

图 15 成都许可实施关键制约因素分析结果（连线颜色深浅代表制约程度，颜色越浅表示制约性越强）

资料来源：作者自绘

（2）地方许可制度不健全。既有的许可制度普遍缺乏对临时建设、违规建设查处和许可时效的明确说明。竣工验收程序中的规划核实，没有一套统一的标准和规范，无法达到像建筑工程抗震、通风、消防等详细具体的验收标准，给了违规建设较大的空间。

（3）建设主体的对法律法规、乡村规划和许可制度的认知不足。受建设主体本身认知水平的影响，乡村规划的编制和实施均不能得到建设主体的较好参与和执行。并且，在乡村建设规划管理与实施的实际过程当中，乡村规划编制宣传不足，许可相关知识传达不到位。导致乡村建设规划实施制度对建设主体的制约性不足。

6　结语及启示

乡村建设规划许可管理制度逐步推进和完善的过程中，对应制约因素提出改进的方向十分重要。通过政策分析、许可证发放情况调查、认可度问卷调查等方式，总结得出上层政策与下层认知错位在乡村建设规划管理与实施体系、地方许可制度和主体认知三方面的制约表现。未来成都市乡村建设规划许可管理改进方向可以是：一方面对成都市的乡村进行分类管理，分别制定对应地方许可实施细则；另一方面，通过解决手段问题消除许可实施的主要制约因素，例如乡镇培育本土基层管理人员、进行许可奖励、利用村庄能人“代言”等。最后，乡村建设规划管理体系受外部社会、经济、政治等的影响不可避免，规划编制作为唯一衔接外部环境的技术手段，需要尽可能地与外部环境保持一致，且满足不同建设主体的实际需求。因此，建议改革传统乡村规划注重空间表达的编制方向和内容、改变坐在办公室画图的编制方式，鼓励规划师在乡村地区开展驻地工作。

参考文献

[1]　汤海孺，柳上晓．面向操作的乡村规划管理研究——以杭州市为例[J]．城市规划，2013，37（3）：59-65．

[2]　胡飞，吕维娟，林云华等．基于利益协调的乡村建设规划许可管理研究——以武汉市为例[M]//中国城市规划学会．城乡治理与规划改革．2014中国城市规划年会论文集．北京：中国建筑工业出版社，2014：125-132．

[3]　李汉飞，冯萍．经济发达地区村镇规划管理思考——以《佛山市村镇规划管理技术规定》为例[J]．规划师，2012（4）：84-87．

[4]　吕维娟，殷毅．土地规划管理与城乡规划实施的关系探讨[J]．城市规划，2013，37（10）：34-38．

[5]　王培民，张维维，刘文杰．以创新机制体制推动乡村规划建设管理[J]．广西城镇建设，2016（5）：54-62．

[6]　赵之枫，郑一军．农村土地特征对乡村规划的影响与应对[J]．规划师，2014，30（2）：31-34．

[7]　曹春华．乡村规划发展与机制建设探讨——统筹城乡发展背景下西部部分地区乡村规划建设考察报告[J]．规划师，2010，26（1）：10-15．

[8]　何豫．乡村建设规划许可管理探索[J]．建设科技，2018（6）：60-61．

面向实施的社区规划方法研究——以沈阳西关为例

陈 晨*

【摘　要】伴随十九大高质量发展指示精神发布，供给侧结构性改革号角吹响，单纯以指标作为衡量标准的传统社区规划编制方法已无法满足现阶段社会发展需求。沈阳市长期存在规划成果难以指导规划实施、规划编制与实践脱离等问题，探索面向实施的规划编制体制尤为迫切。本文重点以研究社区规划方法为先导，力图从优势分析、困境梳理的角度，探索从实施行动策略、体制机制保障双方面的规划方法，直接指导微观公共空间的改造实践。

【关键词】社区规划；北方地区；规划方法；实施；沈阳市

十九大精神要求建设“坚持以人为本，建设和谐宜居、绿色生态的健康城市”。加快构建把社会效益放在首位、社会效益和经济效益相统一的体制机制，加快促进供给侧改革、以实施为导向做规划，是新时代“以人为本”精神的重要体现，是增进人民福祉、提升社会内涵式发展的重要举措。“十三五”时期乃至未来十年，是全面建成小康社会的决胜期。为加快推进沈阳老工业基地率先实现全面振兴，沈阳市提出“幸福沈阳、共同缔造”的战略发展方向，坚持以完善社区基本治理单元为重点、以规划实施为重要引领，以塑造沈阳精神为引领、以整合社会资源为强大合力，实现沈阳市振兴发展。

为进一步加强规划实施落实、促进切实以需求导向编制规划，2016 年 12 月，沈阳市政府向全市发布

图 1　沈阳市振兴发展战略规划“共同缔造”战略主旨

* 陈晨，女，沈阳市规划设计研究院，工程师。

300万份征求意见稿至全市各家庭，广泛的宣传了战略规划主旨思想、扩大了居民群众参与度、提升完整社区的覆盖面，推动以完整社区建设为基础的城市振兴发展。

为进一步落实沈阳市战略规划思想要求，地方区政府层面选取辽宁省最大回族人民集聚区、沈阳市历史风貌区之一的西关历史风貌区作为样板区，探索以规划实施为导向、多方合力推进的社区规划模式。

西关地区规划实践是落实沈阳战略精神，打造市区层面社区共治的样板区域的规划实践，是将规划师、政府、居民、商家等多方关系汇集搭建的实施平台，是在北方地区打破自上而下传统规划模式、冲破体制壁垒的先行突破，是沈阳市由经营型政府向多元参与的治理型政府转变的重要拐点，真正实现从“宏伟叙事”向“嘘寒问暖”的转变，从人性化角度探索增进人民福祉的成功尝试。

1　沈阳西关地区概况

1.1　地区概况

西关历史风貌区位于沈阳市沈河区市府广场以东，西侧靠近盛京皇城，规划范围东至万寿寺街、西至惠工街、北至市府大路、南至小西路，占地面积33公顷，包括朱剪炉街道的回民社区与宝石社区大部分地区。是《沈阳市历史文化名城保护规划》确定的历史风貌区。

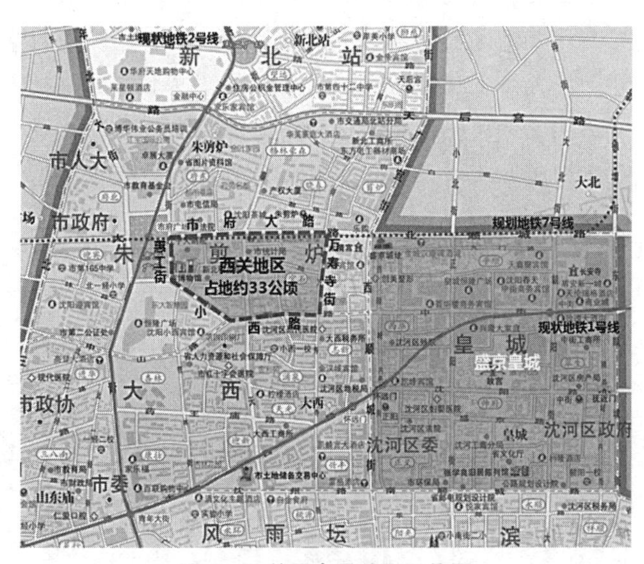

图2　西关历史风貌区区位图

1.2　历史沿革

西关地区历史悠久，从元代开始，中亚穆斯林入居中国，通婚融合形成了回族，元末明初迁居沈阳，明朝时期大量山东、河北回族涌出关外定居沈阳皇城内。清朝皇太极改建皇城迁出城内居民，迁出的回民自行留居“留上岗”（今回民市场）一带。17世纪30年代，铁氏出资兴建清真南寺，回民围寺而居，环绕南寺形成“回回营”（按明军事制度的居民点形式）。乾隆年间，以山东及河北回族为主出资兴建清真北寺、清真东寺，西关地区进一步发展壮大。20世纪80年代进行旧区改建，置换多层住宅，改造建筑大部保留至今，地区内历史肌理基本延续最初形态。

如今，西关地区已成为辽宁省规模最大的回族聚居区和伊斯兰教活动中心，也是沈阳与伊斯兰国家外宾交流的重要场所。西关地区具有伊斯兰特色的地标性，现已形成良好的风貌环境和文化氛围，是沈阳市历史文化名城重要的历史风貌区之一。

图3　西关地区历史照片及地图

2 现状优势及面临困境

2.1 优势

2.1.1 文化方面：汇集北方回族文化的独特瑰宝

（1）是北方回族文化代表性地区

西关地区拥有悠久的历史，并承载着传统民族与宗教文化，具有典型的文化特色。区域内拥有东北地区唯一的伊斯兰教经学院（全国共 8 所在办），在区域范围内具有十分重要的宗教地位，是沈阳及东北地区承载伊斯兰文化的核心区域。

（2）是民族融合、中华文化包容开放的典范

沈阳市是联系蒙、俄、日、韩及“一带一路”的重要北方枢纽，西关风貌区是民族迁徙与文化融合的典型地区，是广泛承载中亚、欧洲等对外交流的重要节点，是当下促进多民族团结发展的代表性区域。

2.1.2 民族方面：体现伊斯兰建筑风貌典型地区

西关地区具有鲜明的民族风貌特色。回民人口集中，是辽宁省内市区范围最大的回族聚居区，现居住回族人口 1.02 万人，占全市回族总人口 14.3%，占沈河区回族人口数 63%，占西关地区总人口 43.2%。区域内回族居民保留着良好的传统民族生活形态，具有回族文化传统、生活习俗，并广泛与汉文化融合，是体现民族共生、文化包容的回族文化代表性区域。

沈阳市沈河区为回族人口最多行政区　　表 1

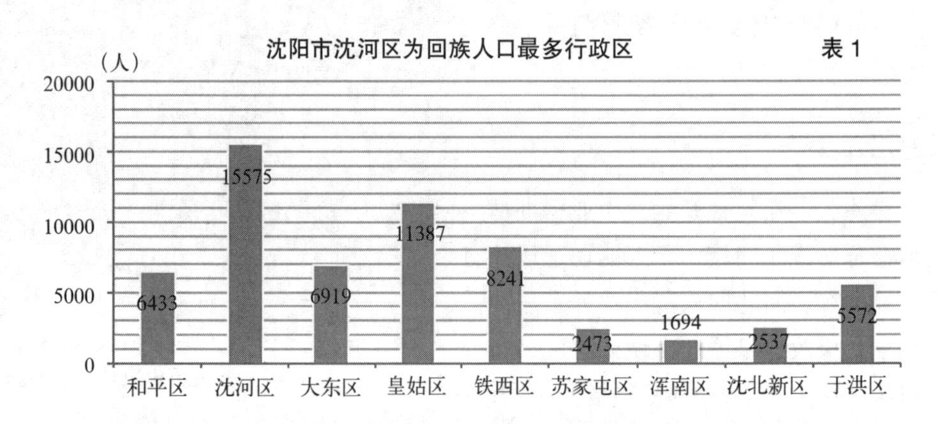

公共服务设施一定程度上具有专属性、独特性。清真寺、经学院、回族小学、回族中学等主要服务于地区内回民群体，满足其礼拜、培训、求学等需求，彰显了浓郁的民族特色风貌；西关回民市场、步行街、居住社区建筑及环境改造，运用新月等符号，以及蓝、白颜色体现了回族文化风貌。

2.1.3 区位方面：地处资源条件优越的核心区域

西关地区地处旧城核心区，东侧毗邻盛京皇城，西侧靠近金廊商务带，北侧对接金融商贸开发区，是连接沈阳市主体功能板块之间重要的过渡区域。周边交通便利，基础设施完备。

2.1.4 共治方面：拥有自下而上的民间共治基础

西关地区作为省内最大的回民聚居区，共同信仰促使居民形成较强向心力，长期以来居民具有共同的回民文化传统、生活习俗，民族融合发展下形成了现在西关和谐的居住氛围。回族人民信奉伊斯兰教，以宽容、理解、和平为主旨，信仰的精神力量促使西关地区形成亲切的庭院围合式居住组团空间，居民之间缔结着互相有爱、团结互助的友好情谊。

同时社区内以宗教为核心自发形成的商会组织，主要就地区改造、物业运营等方面协助管理，对社区良好发展起到促进作用。通过区政府的主导，商会组织、居民的共建，2015 年主要就清真美食街进行改造，社区内主要街路建筑立面均改造完毕，具备一定的共建基础。

2.2　困境

2.2.1　功能方面：业态构成单一传统

业态构成缺乏新意，商业服务功能主要以美食街餐饮、市场零售、快捷酒店为主，业态整体吸引力不足，缺乏主要服务于回民的集服饰穿戴、日常百货、各类食品的综合性商场，民族特色展现不充分。

2.2.2　风貌方面：风貌特色彰显不足

整体特色风貌体现不明显，清真南寺沿奉天街立面被违建严重遮挡，奉天街等主要交通道路沿街立面缺乏特色。目前，除清真美食街标志性景观节点，街区主要街路沿线建筑民族特色风貌特点不突出，视觉感知不明显。

2.2.3　交通方面：交通体系有待提升

交通体系支路道路网通达性不足，区域内街路路网密度较低；睦邻巷至市府大路贯通性不足；清真路东段、宝石社区商业街存在占路经营、沿路违停现象；清真路西段社区通行限时管理，区域内部交通组织需要系统梳理。

现状停车数量供给不足，通过交通调查发现，现状停车位供给约650个（社区内280个），存在较大缺口。停车需求矛盾主要集中在清真美食街、清真南寺、西关回民市场等区域，不能满足商业及公共社会活动停车需求。

2.2.4　环境方面：环境建设有待加强

环境建设存在乱搭乱建、设施不全、卫生较差等问题。其中违建主要集中在宝石社区东部、个别院落内，侵占公共空间、影响居住品质；清真路东段、部分居住区院内缺少环卫设施，导致垃圾随意堆放；清真美食街存在垃圾箱不方便使用、缺少亮化等问题；地区内普遍精细化不足，有待针对铺装、绿化、立面等统一提升。

2.2.5　共治方面：缺乏规范行规统一指导

清真美食步行街现自发形成商会组织，主要有清真美食街商户选举产生，由1位会长、5位副会长共同管理协调，主要负责就日常美食街商业经营、环境维护、环境改造等方面协调统筹，并就相关问题与社区沟通，建立对话通道，形成一定共治基础。

目前，商会组织由于缺少官方委任及表彰，难以树立威信，同时商会组织缺乏相关乡规颁布，处理事宜缺乏依据，容易引发争执。

3　面向实施的规划方法探索

3.1　西关历史风貌区共同缔造行动策略

确立具体实施框架，落实提升行动策略，一目标三支撑六行动，坚持一大目标导向，统筹三大支撑体系，落实六大行动策略。以加强民族团结、促进振兴发展为根本目的，以“改善、提升、优化”为支撑，重点落实“文化、功能、交通、风貌、旅游、民生”六大行动，通过促进活动交流、塑造公共空间、改造建筑立面、整治交通系统、优化生活环境等方式，实现针对西关地区直接、有效的改造行动指导。

3.1.1　促进文化交流展示

突出展示民族、宗教、民俗、历史四大文化，体现多民族、多元文化融合的地域特色。完善承载空间、搭建公共平台，促进多元文化交流。

民族文化：展示沈阳回族发展历史，以清真美食街为依托，开展清真美食节，建设清真商场，经营

图 4 行动策略框架图

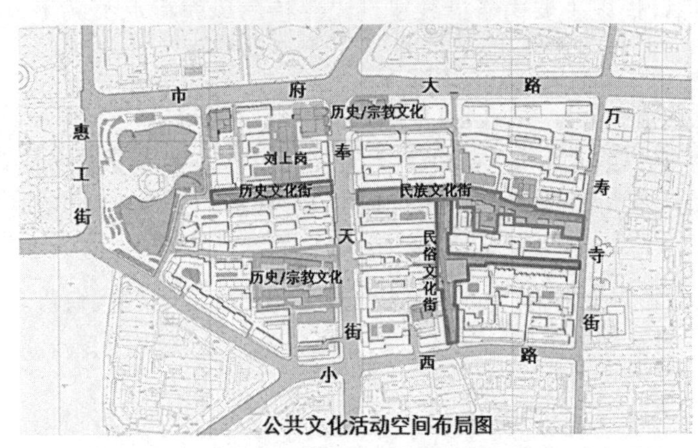

图 5 西关历史风貌区活动空间布局图

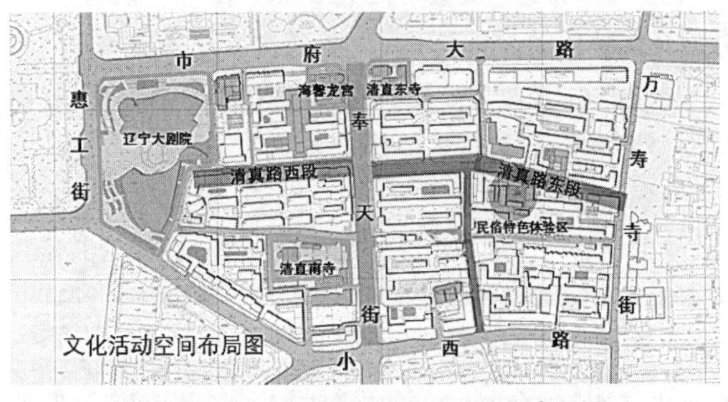

图 6 西关历史风貌区文化交流空间布局图

回族服饰、生活等方面的文化特色。

民俗文化：利用睦邻巷南段、宝石社区商业街等区域打造西关民俗街，体现地域风俗特色。

宗教文化：依托清真南寺、清真东寺承载东北地区伊斯兰文化的交流与传承。

历史文化：加强历史文化资源保护，恢复部分历史路名及传统老字号。

通过完善现有基础，利用西关回民市场门口广场设置历史文化墙，展示西关地区历史，同时引入老地名展示，进一步落实文化交流提升行动。

3.1.2 提升功能业态构成

通过有针对性招商，拓展回族艺术品、民俗文化业态重点提升文化交流、旅游服务、特色商业三大功能，完善地区功能构成，促进多元发展。

文化交流：以“两寺”、辽宁大剧院、海馨龙宫为平台，促进交流合作。

旅游服务：依托“两寺”、辽宁大剧院、奉天街沿线、清真路美食街、睦邻巷商业街等区域完善旅游“吃、住、娱、购”等服务功能。

特色商业：提升清真美食特色商业街，并适度像东西两侧延伸，扩大民族特色商业规模和影响力。

3.1.3 提升交通系统整治

基于交通大数据，开展现场踏勘，发现路网贯通性不足、人行空间不完善等问题，并理清地区内停车缺口共 370 个。

以问题为导向，重点解决路网通达性不完全、慢性交通系统不系统、停车矛盾突出等为题，由此提出规划对策，具体如下：

车行交通系统建设：梳理贯通交通系统，增加路网密度，睦邻巷北侧按定线打通至市府大路；拆除清真南寺西侧违建，连通南清真与小西路支路。

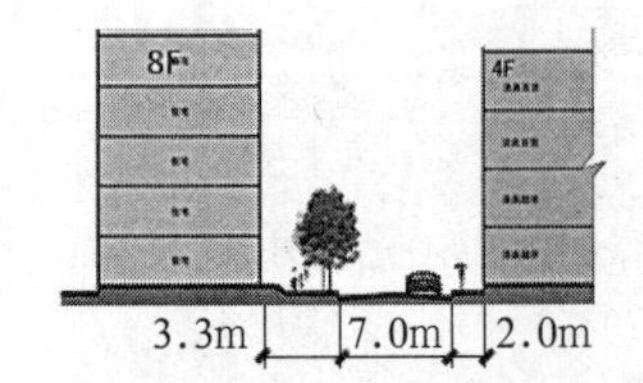

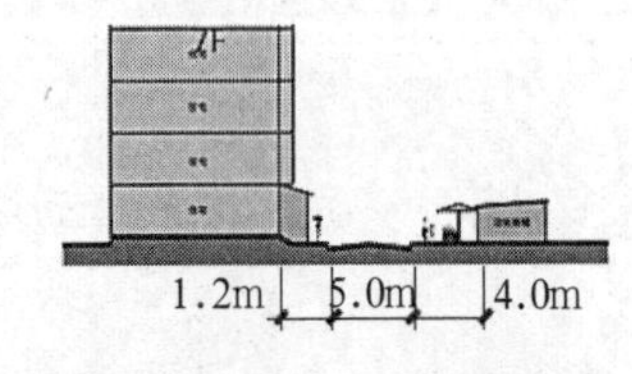

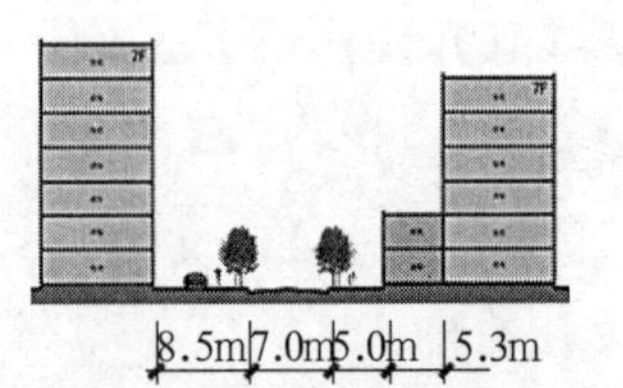

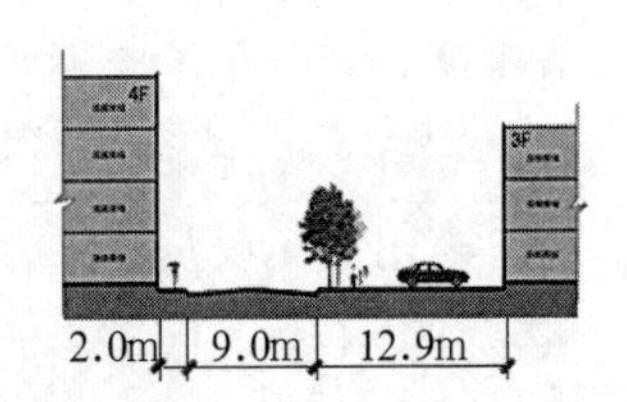

图 7 清真路东段、宝石街道商业街、睦邻巷、万寿寺街道路横断面再设计

慢行交通系统建设：控制清真路东段、宝石商业街为单行线，针对道路横断面进行设计改造，系统规划人行空间，完善慢行系统。

静态交通停车位供给：利用拆除违建、释放空间，以及利用奉天街东侧、北清真路沿线人行空间，增加停车位设置，社区内增加临时车位供给。充分满足停车缺口约370个的需求量。

统一进行限时停车管理：引入第三方公司，统一对地区内公共停车进行限时收费管理，提升交通环境、提供就业。

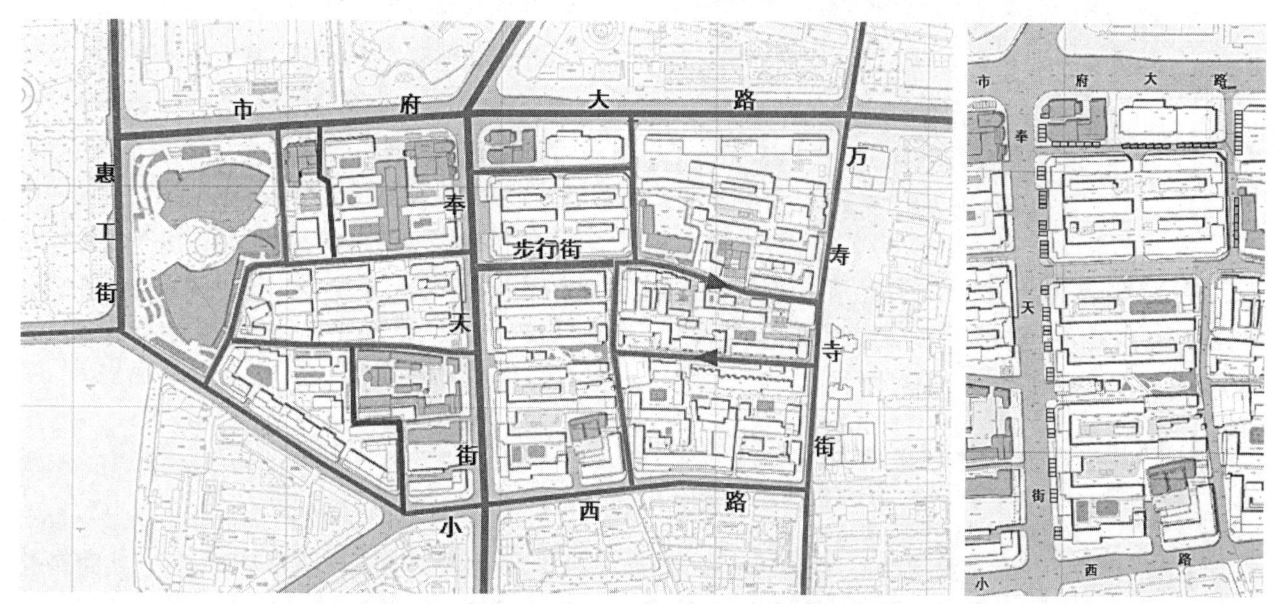

图8　西关历史风貌区交通系统规划图，奉天街沿线停车设置示意图

3.1.4　打造特色风貌塑造

突出“三街三区”特色风貌结构，加强公共空间营造，区域建筑特色风格、色彩的协调建设，充分展现悠久历史的民族特色。其中三街包括：清真路特色美食街、南清真路特色文化街、奉天街特色风貌街，三区包括：西关市场、清真东寺、清真南寺。

通过整治奉天街、清真路等主要街巷立面提升整体风貌，包括突出伊斯兰风格，确定蓝、白、浅黄三种主要色彩引导、完善入口标志性空间等环境提升等手段。

3.1.5　完善旅游品牌策划

整合区域特色旅游资源，宣传策划精品旅行线路。以盛京皇城为核心、串联慈恩寺、太清宫、小南

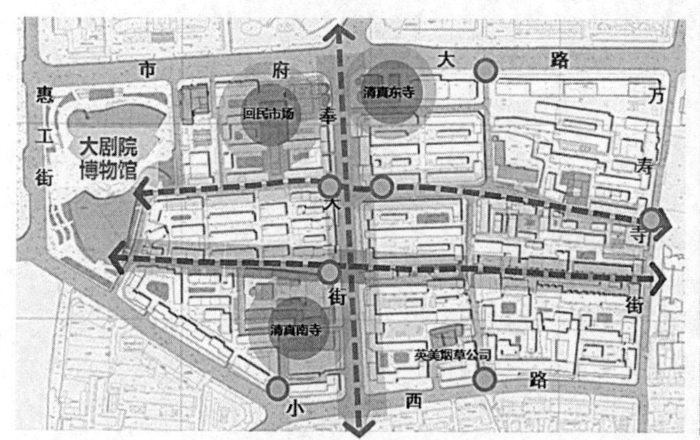

图9　整体风貌结构图

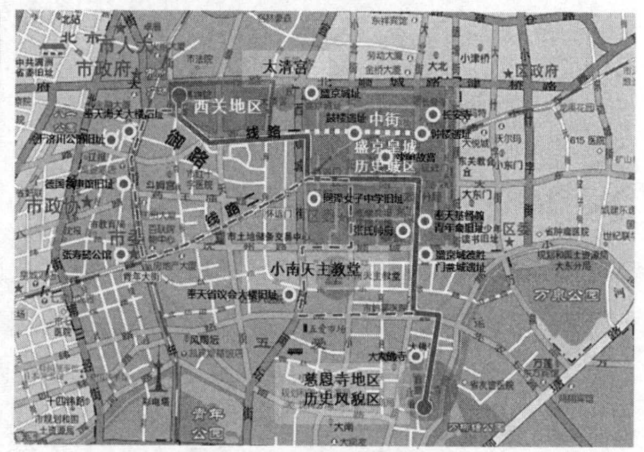

图10　旅游路线规划图

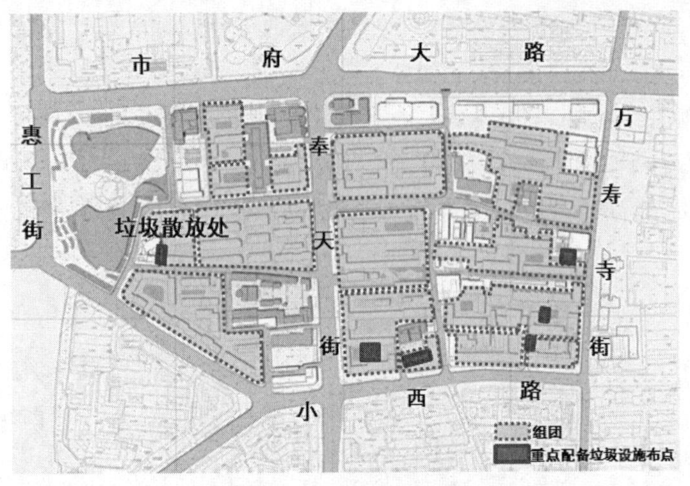

图 11 改造提升布局图

天主教堂、西关等特色历史风貌区；形成清朝皇家文化、各宗教文化、民族民俗文化汇聚的约 3 平方公里范围的旅游金三角。

完善旅游服务要素体系，提升地区旅游服务品质。完善“吃、住、游、娱、购”体验链，以清真美食街、西关回民市场为依托，广泛引入清真御膳及老字号，完善酒店服务；以两寺为节点，体验古寺风貌，奉天街体验伊斯兰风情休闲娱乐，清真路体验民俗文化；同时引入清真超市、清真商场等。

3.1.6 改善民生基础设施

围绕完善设施、环境美化、提升交通等方面改善民生。完善老年中心、托幼看护等服务设施；清理组团内散放垃圾堆放处，集中设置收纳箱；配备健身器材、休闲座椅等设施；同时加强环境美化，增加社区组团绿化，整治活动场地，统一铺装，整体提升社区环境的舒适度、美观性。

3.2 共治实施的体制机制保障措施

3.2.1 机制完善

政府搭建共治平台，建立社区共建机制。以社区、规划师为纽带，问题导向为工作思路，共同缔造为工作方法，搭建共治平台，统筹地方政府部门、街道及区直部门、教会商会组织、规划师、社区居民五大主体关系，建立有效的联系、交流平台，一方面有效建立自下而上反馈通道，实现公众参与；另一方面通过行业规范约束商业行为，有效弥补政府、市场失灵的缺憾，实现地区综合提升发展。

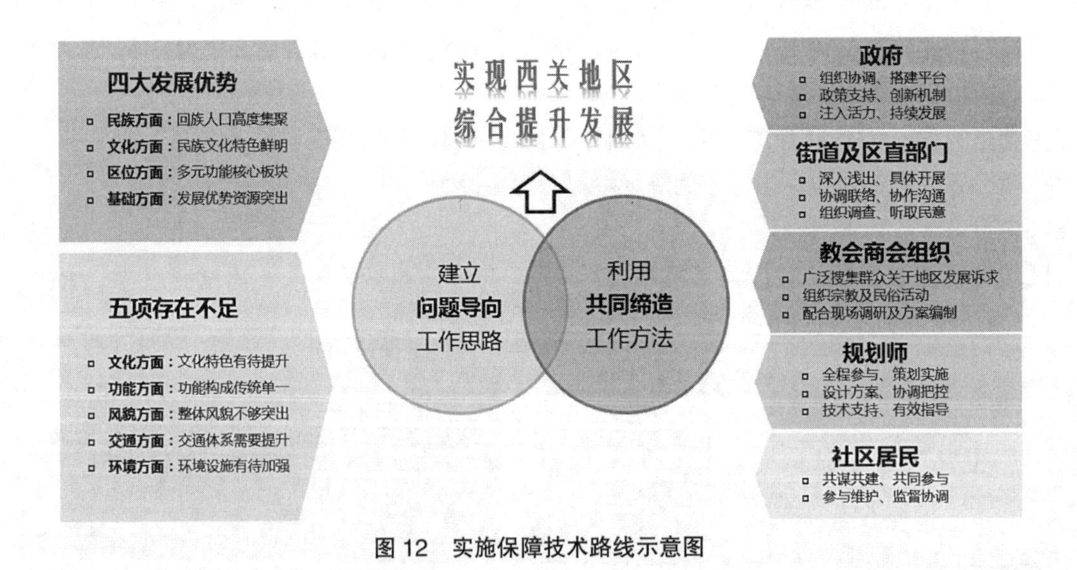

图 12 实施保障技术路线示意图

西关地区现存在商会组织，由清真美食街 38 家商户自发形成商会组织，针对美食街内设施、环境维护，行业规范，消防安全监管，临时停车协调，以及回民社区内紧急突发事件协调管理，建立居民、商户与社区部门的上传下达通道，地区内形成较好共治基础。

为维护并扶持共治力量，确立起协助管理地位，本次缔造规划提出以下几点建议：

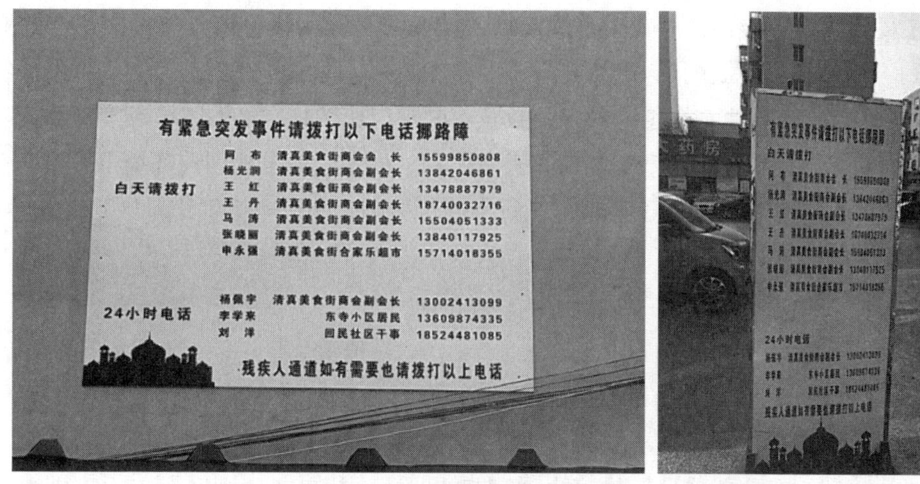

图 13 美食街及回族社区内商会组织联系方式公布牌

图 14 与教会组织沟通想法，与商会组织现场调研

(1) 以社区政府部门为主导，建立反馈理事会制度。

以社区政府为主导，搭建由社区、共治组织组成的理事会平台，并制定详细会议制度，针对定期召开时间、反馈问题类型、会议监督制度等多方面做出规定。

(2) 健全社区共治组织，加强居民生活事宜管理。

通过选举建立社区委员会（简称“社委会”），将社区管理工作从商会组织剥离，社区政府将地区内回民社区相关管理权限下放至社委会，通过与社区政府、商会组织共同建立的理事会形式，反应社区居民共同诉求，对社区环境、物业、设施、停车等多方面问题进行监管并提供日常管理，促进社区健康发展。

(3) 从街道政府部门层面，认可商会组织协管地位。

通过办理身份证书、举行年度评奖等方式，肯定商会会长、副会长的权威性，有助于其推行统一监管等事宜，同时扩大影响力，广泛吸纳会员，形成万众一心、众志成城的地区共建氛围。

通过交流平台的搭建及理事会议的建立，完善社区共治机制，同时做到问题及决议上传下达及保障规定有效落地实施，为解决地区发展多元性问题奠定基础。

3.2.2 实施方法

针对商会组织自建立至施行期间，解决问题过程中遭到质疑、无据可依的情况，建议以社区政府主导、商会组织落实，针对各商家的商业行为达成共识性文件，建立统一的管理标准，如《西关地区商业行为自治公约》，针对美食街范围内店面装修、消费诚信、商业经营、环境维护等秩序进行规范。同时，制定警告机制，通过红黄牌实行警告，针对首次违规商家，由商会进行黄牌警告，并督促其进行整改，如规劝无效，则交由政府执法部门依法干预，进行红牌停业整顿。

公约具体针对：严格规范本店铺摊位摆放点及数量；制定店面装修风格的审核制度；非特殊情况（消防、卸货等）禁止机动车通行；控制商家午夜期间噪声影响；规定商铺维护门前环境卫生等。

通过地方公约形式进行自我约束，建立起统一行为规范准则，为进一步促进地区形成基本商业共识、促进商业环境健康发展起到重要作用。

4 总结及展望

西关历史风貌区共同缔造行动，是落实政府由“宏观叙事”向“嘘寒问暖”转变的重要举措，是落实沈阳新时期发展战略精神的重要体现。目前沈阳市的沈河区、和平区分别以西关历史风貌区、八卦街地区为样板先行先试，为广泛带动社会力量参与到城市建设中来、尝试多方共赢的创新规划路径实现探索，为打破北方地区计划经济体制思想定式、切实有效实现以人为本的新时期规划提供助推力。

探索以规划实施为导向的规划编制方法，是坚持人本关怀，建立自下而上的规划模式，是全面落实中央层面“人本位”思想、具体落实十三五规划“创新、协调、绿色、开放、共享”五大发展理念的规划实践探索，是新时期助推全面建成小康社会的先进理念，在辽宁省乃至全国范围均具有推广意义。

参考文献

[1] 张若曦，张乐敏，韩青，林小琳．厦门边缘社区转型中的共治机制研究——以曾厝垵为例[J]，城市社会，2016（9）．

[2] 黄耀福，郎嵬，陈婷婷，李郇．共同缔造工作坊：参与式社区规划的新模式[J]，规划管理，2015（6）．

[3] 郑国．地方政府行为变迁与城市战略规划演进[J]，城市规划，2017（4）．

[4] 沈阳政府网．沈阳振兴发展战略规划，http：//www.shenyang.gov.cn/app/system/2017/04/15/010180195.shtml.

农村发展用地建设模式与相关机制研究——以厦门为例

李晓刚 *

【摘　要】农村发展用地是一项政策性强、涉及面广的复杂工作。为使该项工作稳妥推进，做到村民满意、集体受益、政府放心，成为名副其实的民生工程、民心工程，充分发挥以发展用地项目为被征地农民提供可持续的收入并确保利益最大化，同时有利于推进征地拆迁工作，本研究以厦门为例，总结现有建设经验，提出发展用地项目可采用的多种建设模式，并在产权办理、项目规模核定、股权配置及经营收益分配体制、监督管理机制、项目开发管理机制、业态控制与引导上提出相关建议。

【关键词】农村发展用地；建设模式；政策；研究

1　背景

所谓农村发展用地，也称留用地，是指为妥善解决被征地农民的生产生活出路，维护好农民利益，而对被征地农村村民提供的，主要用于建设工业区配套生产生活设施，如通用厂房、外口集体公寓、商贸服务设施等经营性项目的用地。目前各地农村发展用地的政策已实施多年，惠及广大群众，其意义已被政府和社会各界广泛认可。在厦门早期实施的农村发展用地项目中，由于建设资金筹集困难，多采用区财政全额投资先期代建、村民回购的开发模式，但因无法确保有收益，大部分村民不愿回购，导致区政府负债累累、区财政无以为继；为此部分项目尝试寻找民营资本合作开发，但因民营资本要求短期回报，想方设法通过“小产权”出售方式获取高额回报，带来社会危害，加剧了不稳定因素。总结各地经验，分享厦门案例，具有深远意义。

2　各地经验概述

2.1　杭州模式：多种方式经营留用地

在 1995 年杭州就实行了 10% 开发性安置用地政策，按照征地面积的 10% 给予被征地村开发性安置用地，以使用或划拨方式供地，用于企业建设或标准厂房建设等。该方式取得了较大的成功，例如：西湖区古荡湾村用地位于文三路“IT 一条街”，该村利用留用地建设“华星科技大厦”，总投资 0.65 亿人民币（自筹），租金收益约为 1800 万～2000 万元 / 年。杭州对留用地进行开发主要有三种模式：第一种是自建式，一些经济实力较强的农村集体经济组织会选择自建。第二种是租赁模式，一般集体经济组织按土地面积收取每亩七万至十万元的固定回报，并在几年后按比例提高租金，租期一般是 30 ～ 50 年，到期后收回物业。第三种是合作模式，有集体经济组织以土地或土地指标折价入股，与具有开发经验和实

* 李晓刚，男，硕士，厦门市城市规划设计研究院，高级工程师，中国城市规划学会会员。

力的合作方进行开发，根据合作双方土地价格和建筑成本分得相应物业权，统一经营或分别出租获益，如四季春街道三叉社区的新业大厦和广新商厦、五福社区的五福新天地项目、三堡社区的东方大厦、览桥镇佰富勤商贸广场项目，等等。

2.2 深圳田厦村模式：宅基地入股

深圳田厦村以村民宅基地入股的方式对村落进行改造。田厦实业股份有限公司负责，村民以宅基地入股，田厦村成立单独的项目运作部门。开发所需要的资金，由市、区两局政府出一部分（该部分主要用于补偿村民的住宅建设成本和拆迁安置的过渡费用），剩下部分则由田厦股份和村民自筹。田厦新村改造完成后，成为集商业、办公、酒店、居住于一体的多功能现代化小区，村民分配获得相应的住宅并根据村民原商铺的位置、租金的高低，也同样可以分得相应商业面积。其余的办公楼、酒店包括停车场等公共设施归田厦股份所有，其收益按项目持股比例进行分配，这样，村民又得到一笔收益。产权处理方面，村集体所有土地需转换为国有土地，村民自住房可取得完全产权并进入房地产市场交易。

2.3 浙江台州模式：复合型居住区

浙江台州采用“通天房”围合的街坊，使每户都有临街的铺面，实现价值最大化；同时利用街、巷、院组织新的生活空间，形成内外有别——底商上住、外商内住的安居形态与充满市井情趣的生活空间。单身公寓、SOHO 等与套房、排屋、跃层等多种形态并存，其中高层公寓主要用来市场开发，“通天房”安置失土农民，裙房用于市场与公共设施开发等，以适应不同业主、不同阶段城市发展的需求。尽量按比例将底商通天房返还农民，这样仅房租就解决养老问题。其次通过土地等“隐性资产”的股份化改造，将部分集体土地以资本金的形式入股、与村民投资结合，发展工商业、服务业、第三产业。村集体经济壮大，为村民承担了医疗、养老等保障，同时村民还从集体经济得到不菲的年终分红。既发展乡村经济，又维护社会稳定。

3 厦门农村发展用地案例

厦门市农村发展用地的政策已实施多年，惠及广大群众，其意义已被政府和社会各界广泛认可，且一直是按照人均 15m^2 用地面积，30m^2 建筑面积（适用于用地紧张区域）的标准实施。

3.1 江头街道蔡塘社区项目

（1）基本情况

蔡塘社区辖两个自然村（五个村民小组），常住人口两千多人，外来流动人口接近 5 万。蔡塘社区发展中心项目用地面积 3.1 万 m^2，建筑面积 12.8 万 m^2。项目定位为中高端“商业综合体＋五星级酒店”模式，打造成一座集高端零售、超市、百货、影院、餐饮、五星级酒店为一体的多功能城市综合体（图 1）。

图 1 蔡塘社区发展中心项目鸟瞰图

（2）建设投资

项目发展用地由厦门市湖里区国有资产投资有限公司负责代建，建成后交由蔡塘社区股份制公司管理。项目总投资 5.5 亿元。社区居民自筹资金 2 亿多元；在发展中心融资方面，农商银行按基准利率为社区办理 10 年按揭，提供 3 亿贷款。社区还贷方式为，前三年归还利息，后七年归还本金和利息，发展中心建成后，租金收入优先归还贷款。在入股资金收取的过程中约有 10%的困难户，社区积极与厦门农商银行蔡塘支行协商，探讨融资办法。由于蔡塘是全省首个“信用社区”，10 多年来，没有一个居民有不良贷款记录，因此，厦门农商银行蔡塘支行与社区结成战略合作关系，为社区提供利率优惠：在居民个人贷款方面，农商银行提供国家规定的基准利率，办理贷款三年，为困难户办理了约 2500 万资金贷款。

（3）运作模式

蔡塘社区成立了发展中心筹建处，设立办公室（含法律）、招商办、建设办以及质量监督组，组建由社区两委、支部书记、小组组长、妇女组长、老人协会会长构成的领导小组，发展中心所有建设、招商事宜通过领导小组讨论决定，由居民代表表决通过（居民代表由户代表推选），最后实施，确保发展中心各项工作更加合理化、透明化。

（4）股东组成

村民入股的原则为：只有“村改居”原始居民，包括娶的媳妇和出生的孩子可以入股，时间截止到 2010 年 12 月 31 日。入股股金分三期缴纳，每期交 4 万，共计 12 万。居民入股率近 100%。2010 年 12 月 31 日前，原持有集体资产股份制的居民或娶入媳妇、公证女婿等，属于国家公务员或事业编制的人员，不享有投资股份资格。发展用地股份制人员身份确认和股份分配工作，根据制定的实施方案组织专业人员，进行调查、核实、张榜公布，最后由社区居民代表大会认定，登记造册。交款时间从小组开始收款之日起至 2010 年 12 月 31 日止，如限定金额没有全额缴清视为自动放弃股份购买。股份资格认定后股权不得转让及买卖，可以继承。今后的管理按照蔡塘社区资产管理委员会章程进行管理。

（5）收益分配

超市、百货、影院在 2013 年春节前投入使用，酒店在 2014 年春节前投入使用。项目建成并投入使用后，平均每年租金收入达到 5000 多万元，每位入股的居民年收入约 3 万元，每月分红约 2500 元。在承租方选择方面，对承租方的要求为：一要有实力，二要有品牌，第三才考虑租金。在设计建设方面，为了减少二次浪费，确定了先招商再建设的模式，让土建部分充分配合商家的经营需要；在信誉保障方面，从招商完成到商业中心开业至少需要两年的时间，为了确保承租方履行合同，为股民投资多加一道保险，在与承租方签订意向书或合同后即要求其交纳押金：超市为 500 万元，百货商店为 2000 万元，酒店为 1000 万元，开业时无息返还。

（6）项目分析

村民经济实力强，社区主要领导有能力，能够自筹大部分建设资金。项目位于岛内繁荣的商业地段，人口密集，开发价值高，投资回报快，村民投资热情高。

3.2　侨英街道叶厝社区霞梧自然村项目

（1）基本情况

叶厝社区共有 2000 多人，辖霞梧、田乾、东内、祖厝边 4 个自然村。叶厝社区活动综合楼为叶厝霞梧自然村 1、2 小组集体所有，按标准需发展用地面积 8010m^2，建筑面积 16020m^2。项目用地面积 2670m^2，建筑面积 5286m^2。

（2）建设投资

项目总投资 630 万元（包含主体建设和底层农贸市场与基础设施配套建设），其中居民每人出资 0.8

万元，共集资 427.2 万元；市、区两级财政补助 95 万元，不足部分由厦门市霞梧房地产开发有限公司牵头向合作社贷款，股民相互担保。项目于 2005 年 10 月竣工并出租，年收益约 160 万元。霞梧采用前三年租金暂不分红的方式，将该租金作为股东的增资，用于抵付前期缺口的建设费用和二期建设（农贸市场）投入。入股居民在 3 年内收回投资，现人均年收益约 0.3 万元。

（3）运作模式

2005 年进行自然村的集体资产改制，建立股权明确、权责分明、监督有力的产权制度，设立由符合身份认定资格的 534 名股东推选出 20 名股东代表共同出资的“厦门市霞梧房地产开发有限公司”。公司成立后，将 1、2 小组纳入公司的开发、管理和适用范围，建成社区第一个居民入股的集体项目——叶厝社区活动综合楼。

该项目的运作采用叶厝居委会与霞梧房地产公司签订《协议书》，约定以叶厝居委会名义向有关部门申请立项，并以改制方案和章程体现等方式，明确该地块的收益、权属，分配给霞梧居民。2010 年 11 月着手叶厝社区霞梧股份经济合作社试点改革，通过召开股东大会（或股东成员代表大会），表决《叶厝社区霞梧股份经济合作社章程》、理事会和监事会成员及后续法人登记、工商登记、领取营业执照等。

（4）股东组成

霞梧自然村出资的 534 居民均为股东成员，以 4～6 户（约 25 人）为小组，每个小组推选一名作为股份合作社成员代表，并由户代表签字，共推选 20 名股东代表。同一家庭的成年成员可以代签，以得票最高且过半数的人当选。当选代表履行职责时行为不正或自然死亡，有一半以上股东成员要求更换时应重新推选。股权量化到个人后，原则上不再随人口的增减变动（生不增、死不减）。个人股可依法继承，个人股权和公司股权经成员代表大会三分之二以上表决权的成员表决同意可在本社内部流转，但不得退股提现、抵押。

（5）收益分配

章程约定：施行独立的财务管理和会计核算；收益分配方案事先报街道办事处核准，经成员大会讨论通过后执行。当年盈余中提取 2% 公益金用于本社福利事业和生活上的互助互济。每年约 10 ～ 12 月份进行分红，年红利分配清单张榜公示，分红由 20 名股东代表代领再分发给股民。霞梧自然村项目以社区名义申请的市、区财政补贴（95 万元）为全村所有，项目以其第 5 层 500 平方米无偿给居委会使用 10 年作为抵偿。

（6）社区提出的建议

今后均以自然村名义立项、审批，每个项目成立“股份经济合作社”进行运作。按照“先收储再立项”的要求，社区发展用地尽快收储。

（7）模式优缺点分析

优点：因项目规模较小，总投资额小，村民有能力自筹大部分建设资金。项目位于工业区内最繁荣的商业地段，开发价值高，投资回报快，村民投资热情高。建设项目以叶厝社区居委会名义申请立项审批，符合现行法律规定，审批手续的办理较顺利。叶厝社区由四个自然村组成，村庄发展相对均衡；发展用地临近自然村设置，适宜以自然村为单位成立“股份经济合作社”经营发展用地项目，每个自然村独立核算，避免村民之间的矛盾纠纷。

缺点：地块及项目在法律上产权属社区居委会，无法使得所有权和使用权流转至改制后设立的公司，以公司名义运营集体项目税赋成本大，每年缴交的税收给公司运营带来较大压力。但今后以“股份经济合作社”进行运作，根据政策将有政策优惠。

3.3　杏林街道曾营社区项目

（1）基本情况

曾营社区共 2400 多人，无细分自然村。已批发展用地 2 个地块（曾营南浦公寓、曾营外口公寓），总用地面积 1.24ha。

（2）建设投资

项目暂未实施，存在缺乏启动资金、村民投资意愿不高、效益难以保证等问题。

（3）运作模式

村民对社区信任度不够、投资意愿不高，不愿出资建设；以街道名义申请办理手续，无法进行抵押、融资；导致启动资金无法到位。目前，社区拟招投资方合作，社区以地入股、合作方建设，社区占 30%，但仍无法找到合作方。

（4）社区提出的建议

用地批给社区（行政村）进行统筹，避免因自然村发展不平衡激发的矛盾。村民以地入股，宁愿减少建筑面积也不要让村民出资建设或回购；或者政府直接建好给建筑面积，可协商扣减建筑面积以抵政府投资。

3.4　农村发展用地存在问题

根据调研结果来看，目前存在以下问题：

（1）利益均享问题

实现人人均享知情权利。个别发展用地项目在大部分村民不知情情况下被少数人贱卖；村民没有得到该有的利益或仅分得极少部分，利益没有实现人人均享。

（2）建设资金问题

因无法确保有收益，大部分村民不愿出资建设或回购。

（3）权属单位问题

如果产权办理给街道办事处，则无法抵押、融资、贷款，对投资大的项目或经济实力较弱的村庄项目运作困难；且村民担心产权不在自己手上，政策变动导致利益无法保障。

实力较强的自然村希望以自然村的名义办理、成立公司运作，避免自然村之间矛盾。发展不均衡的村庄则希望以社区名义办理、统一运作。

（4）业态单一问题

现有业态与建设机制较单一，难以适应村庄的不同特质。

4　农村发展用地建设模式研究

综合考虑农村发展用地所处的区段、交通、市场成熟度、村庄运作能力等多方因素均不同，建议形成多样化的开发模式，以利于村庄选择适合自身发展的开发模式。具体模式及适用范围如下：

4.1　自主开发经营的模式

村庄成立股份经济合作社，自筹资金、自主建设、自我运营、自负盈亏。该模式适用于经济基础好、村民投资意愿高、集体运作实力较强的村庄。

4.2 合作开发经营的模式

村民以土地或土地指标折价入股，政府投资建设或与具有开发经验和实力的合作方进行开发，根据合作双方土地价格和建筑成本分得相应物业权，统一经营或分别出租获益。该模式适用于实力较弱的村庄。

4.3 出让部分土地融资建设开发经营的模式

发展用地规模较大的社区可以申请将部分发展用地委托政府出让（委托出让部分原则上不超过 60%），其收入款扣除收储成本、政府规费及税金后返还给该社区的股份经济合作社，专项用于余下发展用地的建设。该模式适用于规模较大、征地较多、发展用地规模较大，但运作实力较差的村庄。

4.4 异地购买物业（商业、住宅）获得物权的模式

社区或自然村可以申请将预留发展用地委托政府出让，其收入款扣除收储成本、政府规费及税金后返还给该社区（或自然村）成立的股份经济合作社，专项用于购置物业，合作社经营获益分配给股民；或购买的物业直接分给被征地居民，并锁定该物业产权 20 年以上方可转让出售。该模式仅适用于征用少量用地、发展用地规模小（不足 2000m^2）、无法单独建设的村庄，或位置偏远、市场消化量不足、效益较差的村庄。

4.5 农村发展用地与安置房整体设计、同步建设的模式

整体搬迁的社区或自然村，可将农村发展用地与安置房整体设计、同步建设，其中发展用房可集中建设、整体经营、股民分红，或部分分散至每户安置房低层，村民自主经营。该模式适用于整体搬迁的村庄。

4.6 与村庄邻近的经营性项目结合开发的模式

筛选村庄附近拟出让的经营性项目，将村庄的发展用地指标、建筑指标纳入并在土地出让合同中约定，建成后按约定提供建筑面积给自然村（或社区）。自然村（或社区）成立股份经济合作社，运作该部分资产或委托项目开发商统一经营，出租获益后分配给村民。这种模式村民以土地入股，无须村民出资购买；物业具有完全产权、可交易，省却中间环节；利用开发企业丰富的市场经验与建设经验，提升业态品质、提高收益。

4.7 以被征地村民的补偿款成立基金或购买保险的模式

以被征地村民的补偿款成立基金或购买保险，定期向被征地居民发放。

5 农村发展用地相关机制研究

5.1 确定项目产权主体

根据村庄实际情况由村民召开大会自行商议确定，允许以自然村（或小组）为单位成立“某某自然村（或小组）股份经济合作社”申请立项、审批、建设实施、经营管理。

5.2 股权配置及经营收益分配体制

应当确保效益分配给每个村民，保障其长远收入。

5.3 监督管理机制

项目运作需全程经村民大会（或村民代表大会）审议表决同意，街道监督、审核，报区政府批准备案。项目实行独立的财务管理和会计核算，收益分配方案事先报街道办事处核准，经成员大会讨论通过后执行。发展用地项目均为持有型物业，不得分割产权，不得销售、转让。

5.4 业态控制

根据村庄所处区位、交通条件、周边产业与资源特点，引导居民选择适宜村庄发展效益显著的发展业态。

（1）旅游景区周边：适宜发展商务酒店、特色商贸街、休闲农渔业（农家乐、海鲜街）等业态。

（2）文化教育区周边：适宜发展商务酒店、学生商业街、单身公寓等业态。

（3）新城核心区周边：适宜发展集中商业、写字楼、星级酒店等业态。

（4）主要交通枢纽点周边：可发展租赁住房、商业、写字楼、专业服务市场、展销中心、营利性市政服务设施（如加油站、停车楼）等业态。

5.5 含有租赁住房的项目开发机制

方案一：鼓励村集体组织与国有企业，或者具有行业公信力的民营房地产企业合作开发，双方约定项目合作方式、项目权属及运营等。国有企业或者具有行业公信力的民营房地产企业负责实施项目建设，房屋出租和物业管理，利用所获租金向村民进行租金分红，由第三方（区政府或街道办）鉴证。

方案二：社区自主运作，需成立股份经济合作社，并全体村民签字认可。允许集体建设用地由农村经济合作社向银行抵押，贷款专项用于项目建设；同时可将不超过发展用地的60%面积的土地委托政府出让，出让所得作为项目建设资金。村集体自持项目建成后由政府整体向村集体承租租赁住房，商定租赁价格，并按照年度有一定涨幅。在取得租赁住房的使用权后，由政府选取租赁住户，租赁住户的租金向政府相关部门缴纳。

6 结语

农村发展用地是留给被征地的村（社区）集体经济组织用于非农业产业经营性项目开发，为村集体和村民提供长久、稳定、可持续收入的重要来源。农村发展用地项目主体应当成立农村经济合作社，项目用地红线办给各区、镇（街）政府或区政府指定的企业，项目运作需全程向村民（股东）公示，征求意见，并经村民大会（或村民代表大会）审议表决，街道监督、确认，并报区政府审定、备案，以上举措的使用，将会防止出现类似“小产权房”问题，使这项工作成为名副其实的民生工程、民心工程。

参考文献

[1] 全国人民代表大会常务委员会．中华人民共和国土地管理法[S]．北京：2004．

[2] 全国人民代表大会常务委员会．中华人民共和国城乡规划法[S]．北京：2007．

[3] 厦门市城市规划设计研究院．厦门市城市总体规划（2010—2020）[Z]．2010．

[4] 厦门市城市规划设计研究院．厦门市村庄发展用地利用新模式与用地政策研究[Z]．2014．

交易成本视角下广州市历史建筑活化利用研究

郭文文 于 洋*

【摘 要】历史建筑活化利用是保护与传承建筑历史价值的有效途径之一。在广州市历史建筑活化利用过程中存在着保护规划定位不明晰、市场主体积极性不高、建筑面积增加不规范、行政审批困难等问题。从威廉姆森交易成本的分析视角来看，由于历史建筑的使用限制较多是资产专用性较高，提高了事前交易成本；由于历史建筑相关政策的不确定性程度高，行政审批的交易频率较低，使事后交易成本较高。本文最后从构建平台、建立新的合约关系和创新制度两个方面提出了降低交易成本，促进历史建筑活化利用的对策，以期为广州以及其他城市的历史建筑相关制度设计提供参考。

【关键词】历史建筑；活化利用；交易成本

1 研究背景

2017 年 12 月，住房和城乡建设部将北京、广州等 10 个城市列为第一批历史建筑保护利用试点城市，探索历史建筑保护利用新路径，充分发挥历史建筑的使用价值，选取一定数量的历史建筑开展试点工作，通过开设创意空间、咖啡馆、特色餐饮和民宿等利用方式，探索历史建筑功能合理与可持续利用模式及路径。广州市作为第一批历史建筑保护利用试点城市，筛选了 24 个历史建筑率先推进保护利用工作，涌现出了诚志堂货仓开办幼儿园、深井古村微改造等优秀案例，2018 年 10 月 24 日，习近平总书记到试点地区之一荔湾区西关历史文化街区永庆坊调研，沿街察看旧城改造、历史文化建筑修缮保护情况，将历史建筑保护利用工作推向了新的高度。2018 年 7 月，通过在广州市永庆坊、馨园、邓村石屋、增城 1978 等多个历史建筑活化利用案例调研，与历史建筑保护责任人和规划、住房、工商等城市管理部门深入访谈，进一步了解了当下在历史建筑保护利用过程中存在的瓶颈问题。本文试图通过引入威廉姆森的交易成本分析框架，解释历史建筑活化利用的制度障碍，并探讨减少交易费用的可行路径，以期为广州乃至全国历史建筑保护利用工作的推进提供参考。

2 文献综述

交易成本是新制度经济学的分析工具。交易成本的概念在 20 世纪 60 年代被正式提出，1961 年科斯发表了《社会成本问题》，同年斯蒂格勒提出了信息成本，1962 年阿罗研究了专利收费困难问题，他们从不同角度讲述交易费用，在当时学术界掀起了新制度经济学的研究热潮。科斯作为创始者提出了交

* 郭文文，女，中国人民大学公共管理学院，硕士研究生。
于洋，男，中国人民大学公共管理学院，副教授。

易费用和权力的界定问题；阿尔钦发展了产权理论；德姆塞茨提出了交易费用和经济效率的关系；威廉姆森从机会主体视角发展了交易成本经济学；张五常将交易费用与租值消散联系起来，并发展出了合约理论，沃利斯和诺斯率先测度了总量交易成本等，多位学者为新制度经济学的发展做出了重要贡献。交易成本理论表明交易活动是稀缺的，因此存在资源配置和经济效率问题，制度和规则必须提高经济效率，否则就会被新制度所取代，新制度经济学派以交易成本为分析工具，用经济学方法研究制度的运行与演变。交易费用理论、委托—代理理论、产权理论和契约理论共同构成了新制度经济学的理论体系。

对于交易成本的内涵和分类，各个学者观点不一。科斯于1960年发表了《社会成本问题》，认为“交易成本”是为获得准确的市场信息所需要付出的费用以及谈判和经常性契约的费用。阿罗指出交易费用就是市场机制的运行费用，可进一步归结为利用经济制度的费用，扩展了交易费用的概念。阿尔钦和德姆塞茨认为劳动产权的交易涉及偷懒行为的可能性，有关劳动信息的成本就是交易费用。威廉姆森提出事前和事后交易费用，事前费用包括起草、谈判和签订协议的成本；事后费用包括交易偏离、管理机构运行和抵押成本等多个方面。巴泽尔认为交易费用是界定和维护产权的费用。诺斯认为，交易成本包括那些产生于市场可衡量的成本和为了获取信息而花费的时间，监督与实施的不完全而导致的损失等不可衡量的成本。麦克卡恩等对交易费用的边界作了一个简单的分类，分为与市场交易相关的费用、维持市场发展的相关制度费用、制度环境以及法律体制变动的费用。张五常对交易成本的定义最为广泛，认为包括在鲁滨孙·克鲁索经济中不可能存在的所有的各种各样的成本。交易成本即为制度成本，包括信息成本、谈判成本、界定和控制产权的成本、监督成本和制度结构变化的成本。各个学者对交易费用概念的内涵与外延的理解有较大分歧，焦点在于交易费用是否应当包括由于机会主义倾向引起的讨价还价等费用和是否应当扩展到运用市场机制的费用甚至制度动作费用的意义上。

在交易成本研究领域，威廉姆森发展和完善了交易费用理论，是交易费用理论的集大成者。威廉姆森1985年发表了《资本主义经济制度》，引入“比较制度视角”使交易费用概念逐步成为一个可证伪的概念。威廉姆森通过用资产专用性、交易频率和不确定性来刻画交易并度量交易费用，以交易为最基本的分析单位，将所有交易还原为不完全契约，不同的契约根据其属性不同分别对应不同的治理结构，继而通过比较不同治理结构的交易费用，进行比较制度分析。资产专用性可分成五种类型：场所专用性、有形资产用途的专用性、人力资本专用性、专向性资产和品牌资产的专用性，专用性资产与特定的生产目的相联系。如果某一方投资于专用性资产，另一方可能以退出交易相威胁，这种机会主义行为会阻碍专用性投资，从而影响到经济绩效。不确定性，即交易环境的不确定性因素和交易者行为的不确定性，交易环境的不确定性是与有限理性相对应的，而行为的不确定性与机会主义行为对应，指当事人对信息的有意隐瞒、扭曲带来的不确定性。交易频率，即在某段时期的交易次数。任何规制机构的确立和运行都是有成本的，这些成本在多大程度上能被带来的利益所补偿，要取决于这种规制结构中所发生的交易频率。经常发生的交易或者多次发生的交易，比一次性发生的交易，使得规制结构的成本更易被补偿。

历史建筑的活化利用是传承城市文脉的重要内容。法国建筑学家亚当·杰迪德在《理解和创造》中提出“如果历史建筑拥有未来的话，那么从根本上来说，其未来就在于改变和转换历史建筑自身，以适应新的要求”。“活化”历史建筑就是为历史建筑寻得新用途、新生命，展示和发挥历史建筑多方面价值，使社会公众欣赏、体验历史建筑。曹志刚等提出居住性优秀历史建筑（及社区）因承载居住功能，更具存系社区传统文化的历史意义，如何保护与更新居住性历史建筑，对当前的城市发展趋向提出了更为严峻的历史挑战。赖寿华等以制度为切入点，从申报程序、管理分工、行为约束、激励机制、资金保障和活化利用等方面反思了广州历史建筑保护中存在的问题，从历史建筑的商品和公共物品双重属性指出被动式保护的问题根源。由于我国历史建筑活化利用起步较晚，当前的学术研究仍以优秀案例分析和经验引入为主。陈蔚等从政府管理体系、公众参与方式以及活化与保育方法方面了介绍香港对历史建筑“保育与活化”的经验，提出通过设立专门机构与较为完善的管理体系、构建政府－社会机构－公众“伙伴关系”、丰富活化利用多样性来推动内地历史建筑的保护与更新。赵彦等在对芝加哥的经验总结中提出，规划是政府意愿和历史建筑所有者利益的协商平台，也是历史建筑再利用的技术支撑，规划意图能够在历史建筑再利用中的充分贯彻，避免了经济利益对历史建筑的过度破坏。

历史建筑的活化利用涉及政府、业主和投资者等多方利益主体，其中投资者是实施核心，已有研究很少从历史建筑的投资主体出发，分析在实际活化利用过程中存在的瓶颈。本文将从交易成本的视角出发，运用威廉姆森的分析范式，结合在广州市实际调研获取的资料，重点回答两个问题：一是为什么社会投资者对历史建筑的投资尤为谨慎？二是为什么历史建筑的活化利用比普通建筑使用的行政审批更复杂？本文首先将历史建筑的活化利用分为事前和事后两个阶段，事前阶段即为历史建筑的搜寻和缔约阶段，事后阶段即为历史建筑的修缮、投入运营阶段，从资产专用性、不确定性和交易频率三个维度分析交易成本，并解释上述两个问题。本文最后将从制度优化的角度提出如何降低交易成本，解决上述问题。

3 广州市历史建筑现状

根据《广州市历史文化名城保护条例》，历史建筑要求建成三十年以上，未被确定为不可移动文物且符合以下条件之一：反映广州历史文化和民俗传统，具有特定时代特征和地域特色；建筑样式、结构、材料、施工工艺或者工程技术反映地域建筑、历史文化、艺术特色或者具有科学研究价值；与重要政治、经济、文化、军事等历史事件或者著名历史人物相关的建筑物、构筑物；代表性、标志性建筑物或者著名建筑师的代表作品；其他具有历史文化意义的建筑物、构筑物。广州市已确定并公布六批共计 817 处历史建筑。第一批 398 处，第二批 80 处，第三批 88 处，第四批 52 处，第五批 103 处，第六批 96 处。由于第六批历史建筑尚无详细信息，暂对前五批 721 处历史建筑进行统计分析。在前五批历史建筑中，有 1 处为明代建筑，1 处建筑年代不明，88.53% 历史建筑的使用寿命已经超过了 70 年，面临不同程度的修缮需求（图 1）。从空间分布来看，前五批历史建筑主要分布在荔湾区和越秀区，呈现出向核心区集中的特征（图 2）。

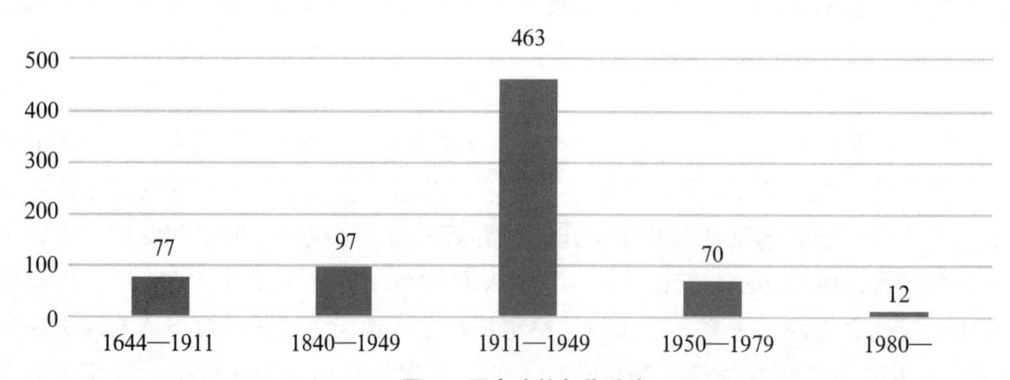

图 1　历史建筑年代分布

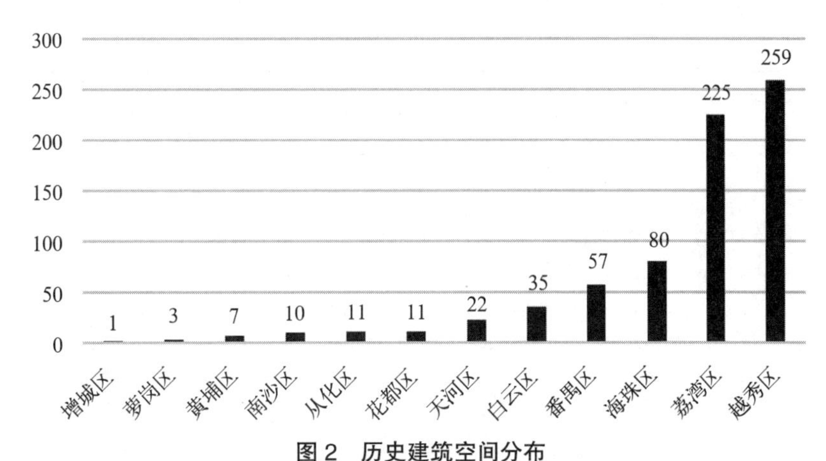

图 2　历史建筑空间分布

注：数据来源于广州市国土资源和规划委员会，建造年代分布有重叠，但数量无重复统计。

对于历史建筑的活化利用，现已形成三种模式。一是政府主导投入模式，对历史建筑进行资金补助；二是私人自主修缮模式，业主自发对历史建筑进行日常维护、修缮，进一步提高历史建筑的使用水平；三是多方合作开发，由政府主导、市场运作、多方参与保护与开发。

4　广州市历史建筑活化利用存在的瓶颈

4.1　历史建筑活化利用存在的瓶颈

4.1.1　历史建筑保护规划的定位不明晰

《广州市历史文化名城保护条例》中提出历史建筑保护规划可以作为该地块的控制性详细规划。目前广州市已公布三批历史建筑保护规划，列明了禁止使用功能和合理利用建议，但未说明介于两者之间的功能如何实施，历史建筑保护规划中未列明地块的容积率、建筑面积等指标。由于内容的不完善使得历史建筑保护规划在当前难以替代控规成为行政审批依据，相关行政部门在审批时仍以控规、产权证为依据。

4.1.2　市场主体活化利用积极性不高

当前广州的市场投资主体对历史建筑的投资较为谨慎，主要包括以下原因：一是符合经营方向的历史建筑搜寻成本较高；二是历史建筑使用往往有一定限制，市场主体难以获得完全信息；三是由于历史建筑附带较多的修缮限制，使市场主体误认为历史建筑“不能动”；四是历史建筑活化利用的行政审批工程烦琐，存在较高的不确定性；五是国有历史建筑的承租期限较短，市场主体难以短期实现资金平衡。

4.1.3　历史建筑增加面积不规范

由于历史建筑的投资成本较高，许多工业遗产类历史建筑容积率较低，投资者往往进行加建面积，而新增面积无法获得建设工程规划许可证、产权证，无法申请工商登记和消防许可等。存在着市场主体过多增加面积的投机行为与合理需求无法获得许可的双重问题。

4.1.4　历史建筑活化利用行政审批困难

一是工商登记困难，广州市历史建筑中比例最高是住宅，在活化利用过程中，大多数历史建筑涉及功能变更，由于经营业态与房地权证中注明的房屋用途不一致，街道办事处对于开具办理工商登记的场地使用证明说法不一，存在着不执行和任意放行双重问题。二是消防许可困难，由于房屋用途变更、缺少建设工程规划许可证和工商营业执照等，无法申请消防审核，其次由于历史建筑年代已久，建设时的消防设计要求较低，难以在承担适当成本的前提下达到现代消防要求。三是历史建筑各项行政审批时间过长，在行政审批过程中由于事项间的前置设计，前项审批暂时未通过，后续审批无法开始。

广州市历史建筑活化利用案例调研情况 表 1

编号	历史建筑	遇到的障碍
1	农林上路 14 号	(1) 历史建筑周围的附属建筑不允许改动，相关部门因缺乏依据不受理 (2) 建筑修缮利用流程时间过长
2	公房类历史建筑	(1) 公房租金较低，租户腾退困难 (2) 国有建筑的租赁期限为五年，不利于收入投资成本 (3) 无法通过现代消防审核
3	永庆坊	(1) 无法通过现代消防审核 (2) 民宿类业态办理营业执照困难 (3) 区政府为促进该片区活化利用制定的指引导则对功能限制较为严格，不利于商户流动和业态调整
4	广州美术公司	(1) 由于建筑容积率过低，增加了建筑面积，与控规不符，新增面积无法办理产权 (2) 产权不明的公有物业招租限制较多 (3) 无法满足现代消防要求
5	新蕾幼儿园	(1) 建筑容积率较低，租金较高，使用时进行了加建，与控规不符，新增面积无法办理产权 (2) 由于房屋使用性质由仓储用地转为教育用地，无法申请消防审核 (3) 土地用途转变，业主不愿补交土地出让金，相关行政审批手续办理受限
6	归觅 · 花坞	(1) 住宅的基础上经营民宿，无法申请消防审核 (2) 民宿业态缺乏经营指引 (3) 由于历史建筑限制较多，对扩大投资持保守态度 (4) 广州市各区针对历史建筑活化利用的态度不一，有积极也有保守
7	馨园	(1) 住宅的基础上经营民宿，办理工商登记困难 (2) 由于经营业态与房屋产权不符，无法申请消防审核 (3) 历史建筑比普通建筑的使用限制多，修缮成本高，投资风险较大 (4) 行政审批的各个部门之间，由于前置事项未办理，后续流程无法进行
8	邓村石屋	(1) 规划中的地块用途为基本农田，改造为酒店后无法申请相关行政许可 (2) 项目建设使用的是村宅基地，无法按城市建设手续办理 (3) 无法申请消防许可和旅游业特种经营许可

4.2 事前交易成本分析

历史建筑活化利用的事前交易成本主要为搜寻成本。从资产的专用性角度来看，历史建筑以住宅为主，由于建设年代久远基础设施不完善，例如有些建筑新增排水设施需要投入较高的成本，有些历史建筑由于消防标准较低，不可使用明火等，历史建筑由于其历史价值的保护要求，附加较多地使用限制，进一步增加了其资产专用性，不同的历史建筑适合的业态存在较大的差异。作为市场主体而言，寻找符合其经营方向的历史建筑需要投入较高的搜寻成本，同时由于历史建筑本体及其使用信息的不完善，缺乏历史建筑相关知识和专业性不足的投资者会面临投资失误的可能。

4.3 事后交易成本分析

历史建筑活化利用的事后交易成本主要来源于获取行政许可的成本，事后交易成本过高主要来源于不确定性和交易频率较低。不确定性表现为政策的不稳定性，江岭北 1 号曾经作为住宅类建筑经营青旅的典范，2014 年被评为“最佳客栈”，但是由于当时广州市对民宿业态的缺乏指引，经营者无法按照旅馆业或租赁住宅获取行政许可，最终因无证经营被取缔。馨园作为古建酒店由于经营业态与房屋产权不符，即使在建筑设计达到消防要求的情况下，无法申请消防审查，消防部门限令其三个月内补足证件，否则将要关停。由于历史建筑的活化利用涉及多个部门的行政审批政策条件改变，短期内存在大的稳定性，而对于历史建筑的投资较高，大幅提高了投资历史建筑的交易成本。事后交易成本过高的第二个原因是交易频率较低，广州市历史建筑活化利用尚处于试点阶段，在行政审批时面临的仍然是普通建筑的许可办法，由于历史建筑普遍面临业态变更、消防要求难以达到等问题，按照普通的办法很难行得通。另外由于当前试点项目较少，相关行政审批事项的交易频率过低，为其设计一套专门的行政审批程序的制度成本较高，也就造成了历史建筑活化利用程序不通畅的困境。

5　促进广州市历史建筑活化利用的制度设计

苏乐在研究共享经济的出现时提出，表面上看是互联网技术降低了信息获取成本，实质上是制度／组织变化的结果，把过去的个人与企业的雇佣关系转变为个人与共享平台的合约关系，用新的合约降低交易成本。这一研究结论对于分析历史建筑活化利用有重要的启发意义。交易费用的变化一般会导致合约结构或组织结构的变化，只有创新改变了潜在的利润或创新成本的降低使制度安排的变迁变得合算才会发生制度创新。广州市历史建筑数量较多，市场主体较为活跃，未来仍有较大的投资空间和利润空间，因此有必要通过搭建平台，建立新的合约关系降低由于资产专用性带来的前交易成本，随着相关行政审批交易频率的增加，促进制度创新减少投资者经营的不确定因素，降低事后交易成本。具体举措包括：

一是完善历史建筑保护规划的内容和法律地位。市城乡规划行政主管部门应会同文物行政管理部门组织编制历史建筑保护规划。为了鼓励历史建筑的多能功能使用，在保护规划中明确鼓励性用途、一般性用途和禁止性用途，并将历史建筑保护规划可以作为规划管理工作的法定依据。

二是搭建历史建筑活化利用信息平台。采取政府购买服务的方式建立历史建筑投资交易平台。允许国有历史建筑进入交易平台进行公开招租，允许私有历史建筑进入平台进行公开租售。由平台提供历史建筑活化利用项目的信息和投资方信息，投资人与产权人可以进行双向选择。交易平台将负责信息的核实、更新管理，以及联动相关部门进行历史建筑活化利用项目运营状况的审核监督。

三是推动面向历史建筑的行政审批改革。允许工业遗产类历史建筑适当新增建筑面积，设定新增上限，并对其进行产权认定；允许历史建筑根据保护规划进行多功能使用，放宽相应的工商登记限制；允许历史建筑“容缺”申请消防审核，并制定适宜历史建筑的消防标准。

四是搭建历史建筑活化利用的综合审批平台。开设历史建筑专项审批通道，向相关市级和区级管理部门开放端口、权限和共享数据，进行联动审批。明确各项行政审批的管理部门、传递流程、材料清单和办结期限，历史建筑保护责任人通过专项审批通道申请行政许可，平台自动保存该历史建筑资料档案，相关重复性资料仅需提交一次。审批过程中，前置许可事项可以实行电子审批或审批结果在线上传，相关结果自动传递到后续审批部门，逐步优化行政审批流程。

6　结论

本文以广州市历史建筑活化利用为例，结合实地调研材料，从交易成本的视角出发，运用威廉姆森的分析框架，将历史建筑活化利用中交易成本划分为事前、事后两个方面，从资产专用性、不确定性和交易频率三个方面分析了交易成本过高的原因，最后从构建平台，建立新的合约关系和推动制度创新两个方面提出了降低交易成本的建议。

从投资者的立场出发，研究历史建筑的活化利用问题是本文的创新所在。交易成本的分析框架对于理解问题背后的本质和思考问题的解决方案提供了有力支撑。未来研究可以进一步将历史建筑保护纳入分析框架，从制度创新的角度探讨如何应对市场主体的投机行为，降低历史建筑保护的交易成本，将保护与发展有机结合。

参考文献

[1] 张五常．新制度经济学的来龙去脉 [J]. 交大法学，2015（3）：8-19.

[2] 张五常．新制度经济学的现状及其发展趋势 [J]. 当代财经，2008（7）：5-9.

[3] Wallis J and D. North. Measuring the Transaction Sector in the American Economy：1870-1970 [M]. Chicago：University of Chicago Press，1986：95-162.

[4] 唐方杰．交易成本与新制度经济理论述评 [J]. 经济学动态，1992（12）：58-63.

[5] 高核，徐渝．从交易费用和契约看新制度经济学研究范式 [J]. 思想战线，2003（5）：7-10.

[6] Coase R H. The Problem of Social Cost [J]. Journal of Law and Economics，1960，25（3）：1-44.

[7] Arrow KJ. The Organization of Economic Activity：Issues Pertinent to the Choice of Market Versus Nonmarket Allocation [J]. The Analysis and Evaluation of Public Expenditure：the PPB system，1969，1：59-73.

[8] Armen A. Alchian，Harold Demsetz. Production，Information Costs，and Economic Organization [J]. The American Economic Review，1972，62（5）：777-795.

[9] （美）奥利弗 · E. 威廉姆森．资本主义经济制度 [M]. 段毅才，王伟译．北京：商务印书馆，2004.

[10] Barzel Y. Measurement Cost and the Organization of Markets [J]. Journal of Law and Economics，1982，25（1）：27-48.

[11] Mccann L，Colby B，Easter K W，et al. Transaction cost measurement for evaluating environmental policies [J]. Ecological Economics，2005，52（4）：527-542.

[12] 科斯等．契约经济学 [M]. 北京：经济科学出版社，1999.

[13] 刘东．交易费用概念的内涵与外延 [J]. 南京社会科学，2001（3）：1-4.

[14] 黄家明，方卫东．交易费用理论：从科斯到威廉姆森 [J]. 合肥工业大学学报（社会科学版），2000（1）：33-36.

[15] 聂辉华．交易费用经济学：过去、现在和未来——兼评威廉姆森《资本主义经济制度》[J]. 管理世界，2004（12）：146-153.

[16] 魏震铭．大连历史建筑的“活化”保护对策研究 [J]. 中外企业家，2016（1）：258-259，268.

[17] 曹志刚，汪敏，段翔．从增量规划到存量更新:居住性优秀历史建筑的重生——以武汉福忠里为例 [J]. 中国名城，2018（1）：81-89.

[18] 赖寿华，孙永生，冯萱．广州历史建筑保护的制度性障碍 [J]. 城市观察，2015（1）：99-106.

[19] 陈蔚，罗连杰．当代香港历史建筑“保育与活化”的经验与启示 [J]. 西部人居环境学刊，2015，30（3）：38-43.

[20] 赵彦，陆伟，齐昊聪．基于规划实践的历史建筑再利用研究——以美国芝加哥为例 [J]. 城市发展研究，2013，20（2）：18-22.

[21] 苏乐．共享经济：交易成本最小化、制度变革与制度供给 [J]. 时代金融，2018（17）：22.

[22] 张五常．交易费用的范式 [J]. 社会科学战线，1999（1）：1-9.

[23] 温洪涛．交易费用和制度变迁的分析与启示 [J]. 经济问题，2010（4）：20-23，45.

特色小镇政策的形成与扩散
——从浙江经验到国家政策，再到地方行动的政策分析[①]

刘　爽　陈　晨*

【摘　要】特色小镇作为浙江省在经济社会发展新常态下推进新型城镇化的实践创新，在短短几年内经历了从浙江实践到国家政策，再从国家政策到地方行动的政策形成和扩散过程，具有自上而下推动和自下而上效仿的双重特征。本文对相关研究和政策文件进行述评，总结了浙江省特色小镇建设的成功经验，梳理了从浙江经验上升到国家政策及其推广到地方的政策形成和扩散过程。同时，研究还在省级层面对地方行动进行比较，分析了地方在政策采纳过程中呈现的差异性，最后对特色小镇政策扩散的驱动机制进行解析，旨在为相关地区的政策制定与实施提供经验借鉴。

【关键词】特色小镇；政策形成；政策转移；国家政策；地方行动

1　引言

特色小镇政策是浙江省立足于经济社会发展新常态推进新型城镇化实践的有益探索，为其他地方政府落实新型城镇化战略提供了学习样本（杨志，2018）。这一政策在短短几年内经历了从浙江实践到国家政策，再从国家政策到地方行动的政策形成和扩散的过程，具有自上而下推动和自下而上效仿的双重特征，其实践经验有较高的研究价值。

政策选择与扩散的研究最早开始于美国，其目的在于对美国联邦体制内的政策选择与扩散现象进行解释。扩散描述了一种实践或政策被多个地域的政府连续不断采纳的现象（陈芳，2013）。相关研究主要通过对于促成政策扩散的条件和影响因素、扩散模式与路径以及扩散机制的分析，试图寻求基于时间和地理位置相近以及资源相似的扩散现象的解释，重点关注政策的发生过程而非其本质内容。相关研究认为，特色小镇政策的传播与推广过程也是通过政策扩散实现的。作为探索新型城镇化建设的尝试，特色小镇的政策在短时间内按照从地方到中央、再到地方的逻辑得以快速出台和执行，作为地方政府先行的政策创新的良好示范，通过政策扩散带动了中央层面的政策创新（王佃利，2018）。

基于相关研究和政策文件分析，本文试图厘清特色小镇政策形成与扩散过程的基本特征。本文主体分三个部分展开：一是特色小镇政策形成过程，即从浙江经验上升到国家政策的过程；二是特色小镇政策扩散的特征，即从国家政策到地方行动的过程；三是特色小镇政策扩散的驱动机制。本研究旨在为相关地区的政策制定与实施提供经验借鉴。

---

* 刘爽，女，同济大学建筑与城市规划学院城市规划系硕士研究生。
陈晨，通讯作者，男，同济大学建筑与城市规划学院，上海市城市更新及其空间优化技术重点实验室，副教授。

① 本文获“十三五”国家重点研发计划课题“县域村镇规模结构优化和规划关键技术”（编号：2018YFD1100802）资助。

2 特色小镇政策的形成：从浙江实践到国家政策

2.1 浙江实践的内涵和特征

发源于浙江的“特色小镇”实践，是在产业转型升级、结构优化调整的大背景下，浙江省立足自身块状经济特点和新型产业发展趋势提出的（杨晓光等，2018）。自 2014 年杭州云栖大会“特色小镇”的概念被首次提及、2015 年 1 月浙江省政府工作报告正式提出特色小镇的建设目标（要求利用三年时间重点建设 100 个左右的特色小镇），后经过 2016 年住建部等三部委力推，“特色小镇”作为区域产业升级的新载体，同时也成为在块状经济和县域经济基础上发展而来的一种创新经济模式，是供给侧改革浙江实践的重要表现之一。

从理念内涵来讲，浙江首创的“特色小镇”既非传统行政区划意义上的“镇”，也不应简单理解为单纯的经济开发区或旅游风景区，而是一个在地理位置上相对独立，但在功能上依托于市区服务配套，按照创新、协调、绿色、开放、共享发展理念，挖掘产业特色、人文底蕴和生态禀赋，形成的“产、城、人、文”四位一体的创新创业发展平台。浙江特色小镇的发展强调经济、社会、环境协调，生产、生活、生态功能融合，注重以城市发展方式转变带动经济发展方式转变（李强，2016；李明超，2018）。与传统产业园区相比，实现产业从“低小散”到“高精尖”的升级，功能从“大车间”到“新社区”的转型，环境从“脏乱差”到“绿净美”的转变，人员从农民工等“工农军”到以大学生、归国人员以及大企业的高管为代表的创业“新四军”为主的转换（翁建荣，2017）。

从建设路径来看，浙江省特色小镇以“小空间承载大战略”（郭林涛等，2017），在建设路径上主要形成了四方面的成功经验，即产业定位“特而强”、功能叠加“聚而合”、建设形态“精而美”、制度供给“活而新”。这主要是基于浙江的优势基础：民营经济活跃，块状经济发达，加之长期以来小城镇建设投入的积累，人口和产业集聚能力强，投资环境较好。

从运作机制来看，特色小镇的成功运作得益于浙江省政府设立的灵活竞争规则：特色小镇创建摈弃了传统的审批制，而采用宽进严定的“创建制”，即“明确目标，竞争入队，中间实行动态管理、优胜劣汰，最后验收命名，达标授牌”[①]。摈弃过去政府大包大揽的方式，通过“政府引导、企业主体、市场化运作”模式，在建设模式、管理方式、服务手段等方面进行创新，初步形成了市场为主的特色小镇运作机制。其发展模式主要有三种：一是企业主体规划、政府提供服务；二是政企合作规划、项目组合联动建设；三是政府规划建设，市场招商模式（李明超，2018）。

总之，作为全国之先导，浙江省在特色小镇的培育、创建、监督、考核等方面探索出了一套行之有效的方法，针对特色小镇建设先后制定了《关于加快特色小镇规划建设的指导意见》《浙江省特色小镇创建导则》《特色小镇评定规范》等十几项政策措施。其基本经验可以概括为四个方面：1）加强顶层引领。各省相关部门应根据不同地区的地方特色与实际情况研究制定建设特色小镇的指导意见、特色小镇创建导则以及完善特色小镇考核指标体系和评价标准等，用以全面指导、系统推进和过程跟踪特色小镇的建设与发展；2）夯实产业基础和小平台建设。特色小镇应该依托原有的产业基础，以自身要素禀赋和比较优势为立足点，紧扣产业升级趋势，挖掘最有基础、最具潜力、最能成长的特色产业，锁定产业主攻方向，构筑产业创新高地，形成错位竞争；3）市场“进”政府“退”。浙江省的特色小镇“非镇非区”，是超越了行政区划范畴和传统意义上产业区发展范畴的特殊政策区，“政府引导、企业主体、市场化运作”模式去除了行政束缚，保障了企业和市场在特色小镇建设中的主导地位（郁建兴，2017）；创新建设模式、管

---

① 来源：http：//news.hexun.com/2016-02-29/182468843．html

理方式和服务手段，推动多元化主体同心同向、共建共享，发挥政府制定规划政策、搭建发展平台等作用（赵桂华，2018），使特色小镇在市场竞争中保持创新动力；4）重视环境建设，坚持三生融合。浙江省要求把小镇建设成为至少 3A 级景区，其根本目的并非仅在于强调发展旅游业，而是期望借此打破传统产业之间的隔阂，实现资本、文化、人才、产业等要素重组，并在其中不断创造新机会，激发新动能。

2.2 从浙江经验到国家政策

在浙江特色小镇实践的基础上，中央领导就浙江特色小镇建设做出重要批示，提出各地应因地制宜借鉴浙江特色小镇的创建经验。2016 年 7 月，住房和城乡建设部、国家发展和改革委员会、财政部联合下发了《关于开展特色小镇培育工作的通知》，这是支持“特色小镇建设”首个国家层面的政策。《通知》要求，“到 2020 年，培育 1000 个左右各具特色、富有活力的休闲旅游、商贸物流、现代制造、教育科技、传统文化、美丽宜居的特色小镇”。此后，特色小镇创建被列为城镇化发展的重点工作之一，各部委、地方政府密集出台相应政策，支持特色小镇创建工作。国家发改委和住建部出台的各项政策成为特色小镇发展的纲领和指导文件，引发了全国特色小镇建设高潮。至此，特色小镇进入了国家层面全面推广的新阶段（秦笑，2018）。2017 年特色小镇首次被写入政府工作报告，其中明确提出，“扎实推进新型城镇化，支持中小城市和特色小城镇发展”。

2015 年以来国家发改委、住建部等部门以及地方各省出台的特色小镇政策文件梳理如表 1 所示。由表可知，2015 年《浙江省人民政府关于加快特色小镇规划建设的指导意见》出台后，已有西藏、海南、贵州、福建、重庆等自治区、省、直辖市先于中央对浙江的地方政策进行了学习和效仿，而自 2016 年 7 月中央政策出台后，地方政策才开始集中大量涌现，而到 2018 年国家和地方政策出台渐少，截至 2019 年 3 月，全国各自治区、省、直辖市中（除港澳台地区）仅有北京市、山西省和新疆维吾尔自治区尚未形成特色小镇建设的指导和实施意见。此外，除了一般性的特色小镇政策文件，在中央各部门还出台了对特色小镇具有明确产业导向的政策文件，如运动休闲特色小镇、农业特色互联网小镇、森林特色小镇等（表 1）。

特色小镇政策梳理　　表 1

时间	政策发布地	文件名称
2015.4.22	浙江	《浙江省人民政府关于加快特色小镇规划建设的指导意见》
2015.5.8	西藏	《西藏自治区人民政府办公厅关于印发西藏自治区特色小城镇示范点建设工作实施方案的通知》
2015.10.19	海南	《海南省人民政府关于印发全省百个特色产业小镇建设工作方案的通知》
2016.2.2	贵州	《贵州省民宗委关于加强民族特色小镇保护与发展工作的指导意见》
2016.3.16	浙江	《浙江省人民政府办公厅关于高质量加快推进特色小镇建设的通知》
2016.6.3	福建	《福建省人民政府关于开展特色小镇规划建设的指导意见》
2016.6.17	重庆	《重庆市人民政府办公厅关于培育发展特色小镇的指导意见》
2016.7.1	中央	《住房和城乡建设部国家发改委财政部关于开展特色小镇培育工作的通知》
2016.7.27	甘肃	《甘肃省人民政府办公厅关于推进特色小镇建设的指导意见》
2016.8.3	中央	《关于做好 2016 年特色小镇推荐工作的通知》
2016.8.8	安徽	《安徽省住房城乡建设厅　安徽省发展改革委员会　安徽省财政厅关于开展特色小镇培育工作的指导意见》
2016.8.9	辽宁	《辽宁省人民政府关于推进特色乡镇建设的指导意见》
2016.8.12	河北	《中共河北省委河北省人民政府关于建设特色小镇的指导意见》
2016.9.1	山东	《山东省人民政府办公厅关于印发山东省创建特色小镇实施方案的通知》
2016.9.14	内蒙古	《内蒙古自治区人民政府办公厅关于特色小镇建设工作的指导意见》

续表

时间	政策发布地	文件名称
2016.10.8	中央	《国家发展改革委员会关于加快美丽特色小（城）镇建设的指导意见》
2016.10.11	中央	《住房城乡建设部关于公布第一批中国特色小镇名单的通知》
2016.10.20	天津	《关于印发天津市加快特色小镇规划建设指导意见的通知》
2016.12.12	中央	《关于实施“千企千镇工程”推进美丽特色小（城）镇建设的通知》
2016.12.12	上海	《关于开展上海市特色小（城）镇培育与 2017 年申报工作的通知》
2016.12.20	江西	《江西省人民政府关于印发江西省特色小镇建设工作方案的通知》
2016.12.20	湖北	《省人民政府关于加快特色小（城）镇规划建设的指导意见》
2017.1.13	中央	《国家发展改革委　国家开发银行关于开发性金融支持特色小（城）镇建设促进脱贫攻坚的意见》
2017.2.14	四川	《中共四川省委　四川省人民政府关于深化拓展“百镇建设行动”、培育创建特色镇的意见（代拟稿）征求意见》
2017.4.1	云南	《云南省人民政府关于加快特色小镇发展的意见》
2017.4.17	湖南	《湖南省人民政府办公厅关于推进集镇建设的意见》
2017.4.25	宁夏	《关于加快特色小镇建设的若干意见》
2017.5.11	中央（体育总局）	《体育总局办公厅关于推动运动休闲特色小镇建设工作的通知》
2017.5.26	中央	《关于做好第二批全国特色小镇推荐工作的通知》
2017.6.9	中央（农业部市场与经济信息司）	《关于组织开展农业特色互联网小镇建设试点工作的通知》
2017.6.12	广东	《关于印发加快特色小（城）镇建设指导意见的通知》
2017.7.4	中央（国家林业局办公室）	《国家林业局办公室关于开展森林特色小镇建设试点工作的通知》
2017.7.7	中央	《住房和城乡建设部关于保持和彰显特色小镇特色若干问题的通知》
2017.7.15	广西	《广西壮族自治区人民政府办公厅关于培育广西特色小镇的实施意见》
2017.8.1	黑龙江	《黑龙江省人民政府办公厅关于加快特色小镇培育工作的指导意见》
2017.8.22	中央	《关于公布第二批全国特色小镇名单的通知》
2017.12.4	中央	《关于规范推进特色小镇和特色小城镇建设的若干意见》
2018.4.12	陕西	《关于规范推进全省特色小镇和特色小城镇建设的意见》
2018.5.22	甘肃	《关于规范推进特色小镇和特色小城镇建设的实施意见》
2018.8.12	河南	《关于规范推进特色小镇和特色小城镇建设的若干意见》
2018.8.30	中央	《关于建立特色小镇和特色小城镇高质量发展机制的通知》
2018.9.21	青海	《青海省人民政府办公厅关于印发全省特色小镇和特色小城镇创建工作实施意见的通知》
2018.10.19	江苏	《关于规范推进特色小镇和特色小城镇建设的实施意见》
2019.1.29	吉林	《支持特色小镇和特色小城镇建设的若干政策》
2019.2.21	山东	《省发展改革委关于开展 2019 年度省级服务业特色小镇培育工作的通知》

资料来源：作者根据网上公开资料整理

随着特色小镇建设的全面推进，在政策落地过程中，地方在实际操作中也暴露诸如滥用概念、房地产化不良倾向抬头等问题，违背了特色小镇建设的政策初衷，也引发了大量的社会负面评价。针对以上突出问题，国家发展改革委会同有关部门及时采取有力举措，2017 年 12 月印发《关于规范推进特色小镇和特色小城镇建设的若干意见》，2018 年 8 月印发《关于建立特色小镇和特色小城镇高质量发展机制的通知》，对特色小镇建设进行规范纠偏，包括若干规范管理措施，要求各地区严格对标对表、认真查摆问题、切实加以整改。

可见，2015 年可以看作是特色小镇建设的“开局元年”，经过 2016 年特色小镇的“启蒙”发展、2017 年由浅水区逐步走向深水区探索发展、2018 年由战略规划向落地实践推进，至 2019 年，给特色小镇热潮的及时刹车及清理优化已经取得阶段性进展，新的一轮特色小镇和特色小城镇的探索工作也已开始展开。虽然从短期来看，特色小镇建设的热度有所降低，但长期来看，特色小镇和特色小城镇发展必将成为我国城乡发展中的重要支点。

3　特色小镇政策的扩散：从国家政策到地方行动

3.1　地方行动比较

在国家政策的号召下，全国各省相继出台了地方性的特色小镇建设指导意见和评价标准。本文从北方、南方、东部和西部分别选取河北、浙江、广东、云南四省，对各地地方政府行动的差异性及其呈现出的特征进行比较与分析。四省特色小镇政策比较如表 2 所示。

（1）申报条件

从产业定位来看，浙江和河北两省在特色小镇的产业定位上都有较为明确和具体的要求，浙江省要求符合信息经济、环保、健康、旅游、时尚、金融、高端装备制造等七大产业，以及茶叶、丝绸、黄酒、中药、青瓷、木雕、根雕、石雕、文房等历史经典产业；河北省要求聚焦特色产业集群和文化旅游、健康养老等现代服务业，兼顾皮衣皮具、红木家具、石雕、剪纸、乐器等历史经典产业，两省都在发展现代产业的同时兼顾了本省的传统产业。与上述两省不同，广东省对特色小镇的产业定位提供了发展方向，即聚焦前沿技术、新兴业态和高端服务业，云南省则未对产业定位做出明确要求。

在建设空间来看，四省的基本条件较为一致，均沿用了浙江省最早提出的“规划面积 3km^2 左右（旅游类特色小镇可适当放宽），建设面积 1km^2 左右”的规定，且相对独立于城市和乡镇建成区中心，原则上布局在城乡接合部。其中云南省特别指出高原特色现代农业类、生态园林类特色小镇可适当规划一定面积的辐射带动区域，这也与本省自然资源禀赋相适应。

在投入资金方面，四省的标准略有不同，与各省经济发展状况密切相关。其中：①浙江省最高，要求完成固定资产投资达到 50 亿元以上（商品住宅项目和商业综合体除外），信息经济、金融、旅游和历史经典产业特色小镇的总投资额不低于 30 亿元，其中特色产业投资占比不低于 70%；②广东省对投资进行了分区考量，珠三角地区固定资产投资要求达到 30 亿元以上（商品住宅项目除外），历史文化类特色小镇不低于20亿元，特色产业投资占比不低于70%；粤东西北的特色小镇完成固定资产投资15亿元以上（商品住宅项目除外），历史文化类特色小镇的总投资额可放宽到不低于 10 亿元，特色产业投资占比不低于 50%；③云南省基于特色小镇的级别对投资额进行设定，创建全国一流特色小镇的，每个累计新增投资总额须完成 30 亿元以上；创建全省一流特色小镇的，每个累计新增投资总额须完成 10 亿元以上。2017 年、2018 年、2019 年，每个特色小镇须分别完成投资总额的 20%、50%、30%。建成验收时，每个特色小镇产业类投资占总投资比重、社会投资占总投资比重均须达到 50% 以上；④河北省要求三年内完成固定资产投资 20 亿元以上（商品住宅项目和商业综合体除外），金融、科技创新、旅游、文化创意、历史经典产业类特色小镇的总投资额可放宽到不低于 15 亿元，特色产业投资占比不低于 70%，第一年投资不低于总投资的 20%。

在功能定位上，浙江、河北、广东三省都要求产业、文化、旅游和社区四大功能的有机融合，其中广东特别强调了文化功能，提出文化基因要植入产业发展，实现创新文化、历史文化、农耕文化、山水文化与产业文化相互融合，产业、文化、旅游、生态、城镇整体化发展。云南省则未对特色小镇的功能定位做出明确要求。

在基础设施与公共服务方面，浙江、河北、云南均要求建成特色小镇公共服务 APP 和实现公共

wi-Fi 全覆盖，广东则将侧重点放在互联交通体系与智慧园区的建设，此外云南省还对集中供水普及率、污水处理率和生活垃圾无害化处理率以及停车场做出了具体要求。

四省份对特色小镇建设标准的要求较为一致，即至少应达到 3A 级以上景区的建设标准。此外对于旅游产业特色小镇，浙江省要求要按 5A 级景区标准建设，河北、广东、云南的要求为 4A 级。

运行方式上，由于浙江省“政府引导、企业主体、市场化运作”的机制较为成功而得以在全国进行推广，广东、河北省也纷纷效仿，将其作为申报条件。云南省则未对特色小镇的运行方式做出要求。

在建设进度上，浙江省要求原则上 3 年内完成投资，其中 26 个加快发展县（市、区）建设期限可放宽到 5 年。第一年完成投资不少于 10 亿元，26 个加快发展县（市、区）和信息经济、旅游、金融、历史经典产业特色小镇不低于 6 亿元。河北省要求第一年投资不低于总投资的 20%，云南省要求前三年分别完成投资总额的 20%、50%、30%。广东省未对建设进度提出要求。

综合效益上，主要考虑新增税收、新增就业岗位数量和营业收入，广东省要求主导产业产值年均增速应达到 10% 以上，此外浙江、广东还将年接待游客 30 万人次也列入申报条件（表 2）。

地方四省特色小镇申报条件比较　　表 2

代表省份	浙江（2015.4）	河北（2016.12）	广东（2018.5）	云南（2017.4）
产业定位	符合信息经济、环保、健康、旅游、时尚、金融、高端装备制造等七大产业，以及茶叶、丝绸、黄酒、中药、青瓷、木雕、根雕、石雕、文房等历史经典产业	聚集特色产业集群和文化旅游、健康养老等现代服务业，兼顾皮衣皮具、红木家具、石雕、剪纸、乐器等历史经典产业	聚集前沿技术、新兴业态和高端服务，着力推动互联网、物联网技术与特色产业深度融合发展，着重构建科技研发、商务会展、知识产权、质量检测、工艺设计、品牌策划、市场营销、金融服务、法律服务等综合服务平台和服务体系	—
建设空间	相对独立于城市和乡镇建成区中心，原则上布局在城乡接合部。规划面积一般控制在 3 平方公里左右（旅游类特色小镇可适当放宽），其中建设面积一般控制在 1 平方公里左右	以现有城镇、景区、产业园区为依托，一般位于城镇周边、景区周边、高铁站周边及交通轴沿线，相对独立于城市和乡镇建成区中心，原则上布局在城乡接合部。严格划定小镇边界，规划面积一般控制在 3 平方公里左右（旅游产业类特色小镇可适当放宽），建设用地面积一般控制在 1 平方公里左右	合理控制特色小镇四至范围，规划用地面积控制在 3 平方公里左右，其中建设用地面积控制在 1 平方公里左右，旅游、体育和农业类特色小镇可适当放宽	规划面积原则上控制在 3 平方公里左右，建设面积原则上控制在 1 平方公里左右。根据产业特点和规模，旅游休闲类、高原特色现代农业类、生态园林类特色小镇可适当规划一定面积的辐射带动区域
投入资金	完成固定资产投资 50 亿元以上（商品住宅项目和商业综合体除外），信息经济、金融、旅游和历史经典产业特色小镇的总投资额可放宽到不低于 30 亿元，特色产业投资占比不低于 70%	三年内完成固定资产投资 20 亿元以上（商品住宅项目和商业综合体除外），金融、科技创新、旅游、文化创意、历史经典产业类特色小镇的总投资额可放宽到不低于 15 亿元，特色产业投资占比不低于 70%	三年创建期内，珠三角地区的特色小镇必须完成固定资产投资 30 亿元以上（商品住宅项目除外），历史文化类特色小镇的总投资额可放宽到不低于 20 亿元，特色产业投资占比不低于 70%；粤东西北的特色小镇完成固定资产投资 15 亿元以上（商品住宅项目除外），历史文化类特色小镇的总投资额可放宽到不低于 10 亿元，特色产业投资占比不低于 50%	2017—2019 年，创建全国一流特色小镇的，每个累计新增投资总额须完成 30 亿元以上；创建全省一流特色小镇的，每个累计新增投资总额须完成 10 亿元以上。建成验收时，每个特色小镇产业类投资占总投资比重、社会投资占总投资比重均须达到 50% 以上
功能定位	实现产业、文化、旅游和一定的社区功能有机融合	立足特色产业，培育独特文化，衍生旅游功能以及必需的社区功能，实现产业、文化、旅游和一定社区功能的有机融合	按照“产、城、人、文、旅”五位一体有机结合的要求，突出产业、景观、文化、生态等特色，深挖、延伸、融合产业、旅游和社区功能、促进各种功能产生叠加效应、融合发展。文化基因要植入产业发展，实现创新文化、历史文化、农耕文化、山水文化与产业文化相互融合，产业、文化、旅游、生态、城镇整体化发展	—

续表

代表省份	浙江（2015.4）	河北（2016.12）	广东（2018.5）	云南（2017.4）
基础设施与公共服务	建有特色小镇公共服务APP，提供创业服务、商务商贸、文化展示等综合功能的小镇客厅，积极应用现代信息传输技术、网络技术和信息集成技术，实现公共Wi-Fi和数字化管理全覆盖，建设产城人融合发展的现代化开放型特色小镇	建有特色小镇公共服务APP，提供创业服务、商务商贸、文化展示等综合功能。加快实现公共Wi-Fi和数字化管理全覆盖	小镇基础设施要与大中城市互联互通。强化小镇与交通干线、交通枢纽的连接，构建发达的小镇公共交通体系，规划建设慢行系统，积极发展共享交通、共享停车，按照智慧小镇的要求建设智慧园区、景区、社区，鼓励片区综合开发、共建共享。统筹布局小镇医疗、教育、文化、体育等公共服务设施，构建便捷的“生活圈”，完善的“服务圈”和繁荣的“商业圈”	每个特色小镇建成验收时，集中供水普及率、污水处理率和生活垃圾无害化处理率均须达到100%；均须建成公共服务APP，实现100M宽带接入和公共Wi-Fi全覆盖；均须配套公共基础设施、安防设施和与人口规模相适应的公共服务设施；至少建成1个以上公共停车场，有条件的尽可能建设地下停车场
建设标准	建设成为3A级以上景区，其中旅游产业要按5A级景区标准建设	一般特色小镇要按3A级以上景区标准建设，旅游产业类特色小镇要按4A级以上景区标准建设	特色产业类和科技创新类小镇参考3A级及以上旅游景区标准规划建设，历史文化类（综合文旅类）参考4A级及以上旅游景区标准规划建设，具有浓郁地方文化特色	创建全国一流旅游休闲类特色小镇的，须按照国家4A级及以上旅游景区标准建设；创建全省一流旅游休闲类特色小镇的，须按照国家3A级及以上旅游景区标准建设
运行方式	政府引导、企业主体、市场化运作。特色小镇要有明确的建设主体，由企业为主推进项目建设。政府做好规划编制、基础设施配套、项目监管、文化内涵挖掘、生态环境保护、统计数据审核上报等工作	政府引导、企业主体、市场化运作。特色小镇要有明确的投资建设主体，以企业为主推进项目建设，尽可能采取企业统一规划、统一招商、统一建设的发展模式。政府引导和服务到位，统筹做好规划编制、基础设施配套、资源要素保障、文化内涵挖掘传承、生态环境保护、统计数据审核上报等方面工作	政府引导、市场运作、企业推进。特色小镇要有明确的投资建设和运营主体，积极引入具有实力的企业为主负责项目投资运营，尽可能避免政府举债建设进而加重债务包袱。特色小镇所在县（市、区）政府做好规划编制、基础设施配套、资源要素保障、文化内涵挖掘传承、生态环境保护、项目监管、统计数据审核上报等工作。完善与特色小镇事权相匹配的管理职能和管理权限，依法依规下放部分经济管理权限	—
建设进度	原则上3年内完成投资，其中26个加快发展县（市、区）建设期限可放宽到5年。其中，第一年完成投资不少于10亿元，26个加快发展县（市、区）和信息经济、旅游、金融、历史经典产业特色小镇不低于6亿元	第一年投资不低于总投资的20%	—	2017、2018、2019年，每个特色小镇须分别完成投资总额的20%、50%、30%
综合效益	建成后有大量的新增税收、新增就业岗位产生，年接待游客30万人次以上，集聚一大批工商户、中小企业、中高级人才，加快形成新业态，培育在全国乃至全世界具有核心竞争力的特色产业和品牌	创建过程中能够带动和形成大规模有效投资，建成后能够创造大量的新增税收、新增就业岗位、营业收入，集聚一大批工商户、中小企业、中高级人才，培育具有核心竞争力的特色产业和品牌，形成新的经济增长点	建成后有大量的新增税收、新增就业岗位产生，小镇主导产业产值年均增速应达到10%以上，年接待游客或客商接近或超过30万人次，集聚一大批工商企业、中高级人才，特色小镇在全国具有一定知名度和影响力，小镇特色产业在全国乃至国际具有核心竞争力	2017—2019年，创建全国一流特色小镇的，每个特色小镇的企业主营业务收入（含个体工商户）年均增长25%以上，税收平均增长15%以上，就业人数年均增长15%以上；创建全省一流特色小镇的，每个特色小镇的企业主营业务收入（含个体工商户）年均增长20%以上，税收年均增长10%以上，就业人数年均增长10%以上

资料来源：作者根据《浙江省特色小镇创建导则》《河北省特色小镇创建导则》《广东省特色小镇创建导则》《云南省人民政府关于加快特色小镇发展的意见》整理获得。

（2）评定内容及指标体系

在特色小镇的具体评定及考核方面，浙江省、云南省和广东省均分别出台了较为详细的特色小镇评价指标体系，而河北尚未形成特色小镇评定的具体方案。

浙江省特色小镇的评定指标由共性指标和特色指标两方面构成。共性指标由功能“聚而合”、形态“小而美”、体制“新而活”等 3 个一级指标构成，总分 400 分。功能“聚而合”为 200 分，由社区功能、旅游功能、文化功能 3 个二级指标、6 个三级指标构成；形态“小而美”指标为 100 分，由生态建设、形象魅力 2 个二级指标、5 个三级指标构成；体制“新而活”为 100 分，由政府引导、企业主体、市场运作 3 个二级指标、6 个三级指标构成。特色指标由产业“特而强”和开放性创新特色工作 2 个一级指标构成，总分 600 分。产业“特而强”为 550 分，指标根据信息经济、环保、健康、时尚、旅游、金融、高端装备制造和历史经典等八类特色小镇的产业特征，设置不同分值、不同评定内容的具体指标；开放性创新特色工作为 50 分，不设具体的评定内容，由申请评定的特色小镇自主申报最具特色和亮点的建设成效。将共性指标和特色指标的评定得分汇总，800 分以上的特色小镇创建对象通过评定。

云南省主要从坚守“四条底线”、聚焦“七大要素”、规划质量、投资主体、形象进度、取得成效、州县重视、加分项、一票否决项 9 个方面对特色小镇进行考核。明确按照打分制进行评选，总分 100 分。其中：规划编制（15 分）、聚焦“特色、产业、生态、易达、宜居、智慧、成网”七大要素（50 分）、投资主体（10 分）、形象进度（10 分）、取得成效（8 分）、组织领导（7 分），依据得分高低确定奖补名单。在总分 100 分的基础上，设置了加分项和一票否决项。其中，对以云南世居少数民族，尤其是人口较少民族和“直过民族”为特色创建的特色小镇给予适当加分倾斜；对出现触碰生态红线、通过政府违规举债来创建等 7 种情况一票否决。

广东省特色小镇评价指标体系主要包括成果齐全、建设基础、规划设计内容、体制机制和投资计划五个方面。其中：成果齐全（15 分）包括创建方案、发展总体规划、概念性城市设计各 5 分；建设基础（以所在镇或区委对象）包括发展基础良好（10 分）、获省级以上称号（5 分）；规划设计内容（50 分）包括创新理念先进（5 分）、目标定位清晰（5 分）、产业特色鲜明（10 分）、空间布局合理（5 分）、生态环境良好（5 分）、公共服务便民（5 分）、人文底蕴深厚（5 分）、旅游条件优越（5 分）、基础设施配套完善（5 分）；体制机制（10 分）主要指政策和保障机制健全；投资计划（10 分）包括投资主体及资金来源明确（5 分）及投资强度符合要求（5 分）。

3.2 各地行动的差异性特征

从申报条件来看，河北省对浙江省的模仿性较强，广东省、云南省则相对更突出了地方特色。总体来看，各省申报条件的差异性除了体现在产业定位考虑到本省历史传统产业基础或未来重点发展方向而各有侧重，同时在资金投入、建设标准和综合效益等方面也略有不同，反映出各省社会经济发展水平的差异。

从评定内容及指标体系来看，浙江省特色小镇的评定将产业、功能、形态、体制作为四项一级指标，其中产业方面赋值比重达到 55%，并在下一层级有各方面详细的考核指标，反映出产业发展在特色小镇建设中的核心地位（图 1、图 2）。云南省和广东省则把产业这一评价指标置于第二层级，分别位于七大要素和规划设计内容这两个一级指标之下，在总体考核中所占权重相对较低，仅占 15% 和 10%，但就本层级而言，产业所占比重相较其他指标更高（图 3 ~ 图 6）。此外，广东省和云南省都将特色小镇的规划编制成果纳入评价体系，凸显了上层规划引领的地位和作用。

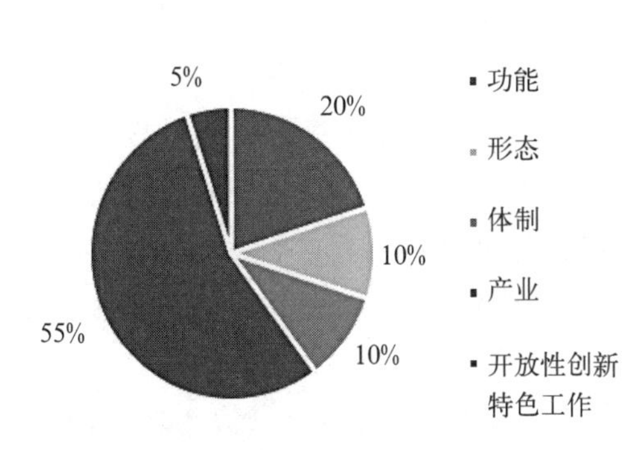

图 1　浙江省特色小镇一级指标分配

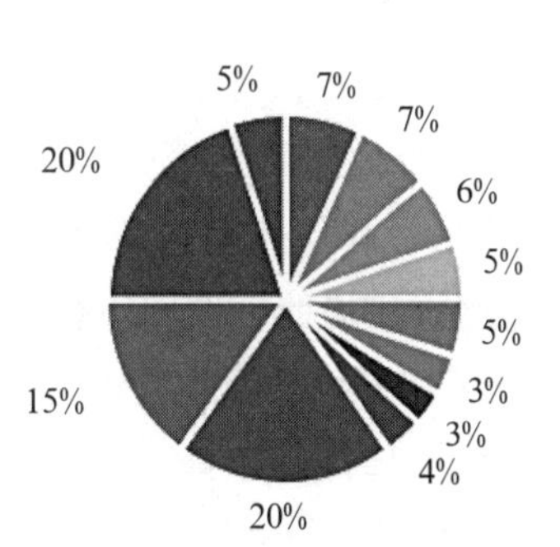

图 2　浙江省特色小镇评价二级指标分配

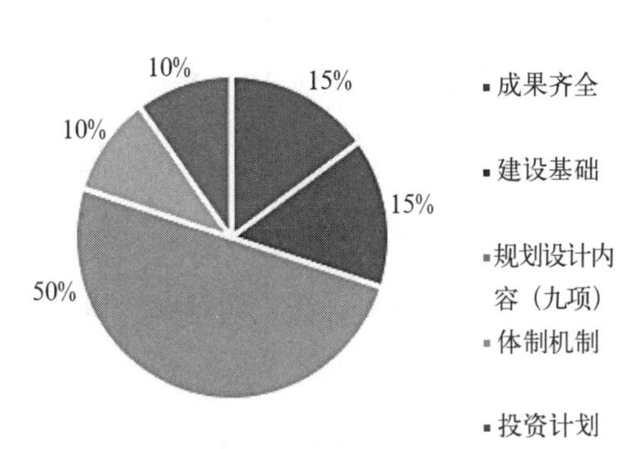

图 3　广东省特色小镇一级指标分配

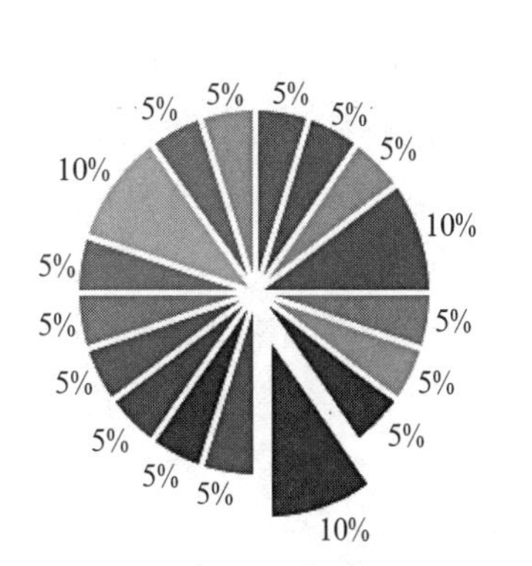

图 4　广东省特色小镇评价二级指标分配

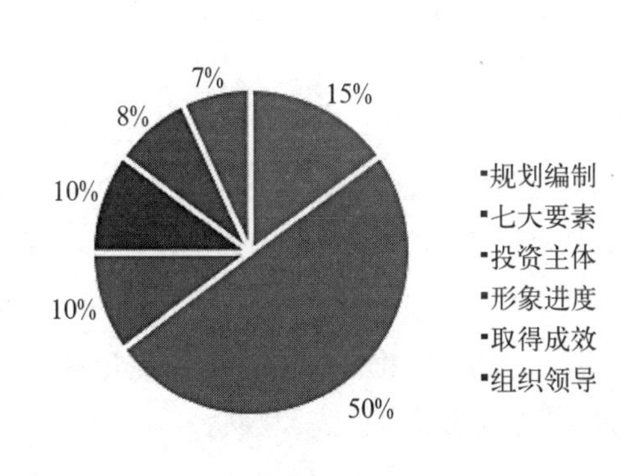

图 5　云南省特色小镇一级指标分配

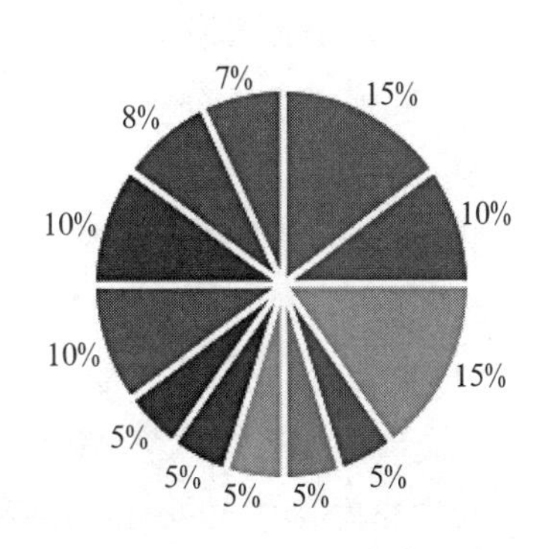

图 6　云南省特色小镇评价二级指标分配

4　特色小镇政策扩散的总体特征与驱动机制

4.1　特色小镇政策扩散的总体特征

相关学者认为，特色小镇政策的省级扩散过程具有非渐进性和受中央政府的压力推动作用明显这两项特征。特色小镇政策的省际扩散过程体现的是爆发式政策扩散模式，其生成有赖于中央政府的压力控制机制和地方政府的社会化采纳机制双重逻辑的共同驱动。中央政府的压力控制机制为特色小镇政策爆发提供了理想的“初始加速度”，地方政府的社会化采纳机制则为其提供了持久“续航力”，两种作用机制的混合驱动使得特色小镇政策爆发成为可能（杨志，魏姝，2018）。

本文认为，特色小镇政策的省际扩散总体呈现出“浙江首创－局部平行式扩散－中央吸纳推广－地方跟进采纳”的一般过程。具体来说：

①第一阶段：从 2014 年下半年浙江省率先提出特色小镇建设的初步构想并积极进行探索与实践，到《浙江省人民政府关于加快特色小镇规划建设的指导意见》对浙江省特色小镇规划建设的总体要求、创建程序和组织领导等方面进行详细说明，实现了特色小镇政策的首次创新；

②第二阶段：特色小镇政策在省际层面首先进行了小范围的平行式效仿。西藏、海南、贵州、福建、重庆四个省份尾随浙江开始尝试引导特色小镇发展；

③第三阶段：在持续性的政策传播和扩散的作用下，地方特色小镇政策创新的成功实践引起了中央政府的关注和肯定。2016 年 7 月和 10 月，《住房城乡建设部　国家发展改革委　财政部关于开展特色小镇培育工作的通知》以及《国家发展改革委员会关于加快美丽特色小（城）镇建设的指导意见》，先后对全国特色小镇建设工作进行了整体部署，实现了特色小镇政策自下而上的吸纳和推广过程；

④第四阶段：在中央政府的持续政策引导和宣传推介下，特色小镇政策热度持续攀升，2016 年和 2017 年为特色小镇政策发布的高潮期，这一阶段源于国家政策自上而下的推动，而 2018 年后，全国绝大多数省份的相关政策都已出台完成，而新政策出台逐渐放缓，进入了平台期。截至 2019 年 3 月，全国共有 29 个省级行政单位正式采纳了该政策，实现了其省际全面扩散。

可见，不同于以往研究中所展现出来的政策创新扩散的方向多为自上而下的，特色小镇政策的扩散以国家政策出台作为时间节点，在国家政策出台以前是自下而上的学习和效仿，国家政策出台以后则是自上而下的推动。

4.2　特色小镇政策扩散的驱动机制

特色小镇政策进入中央推广后，其政策扩散主要呈现出爆发式的扩散模式，并且显示出中央压力控制机制和地方政府的社会化采纳机制相结合的特点。

（1）中央政府的压力控制机制

中央政府的压力控制机制体现为中央层面正式或非正式的介入行为，以及地方政府对中央介入的回应。正式的介入行为主要指中央政府通过行政指令、政府规章或者法律对地方创新经验进行吸纳，使其上升为国家政策并进行推广的过程。在压力型制度安排下，地方政府创新以“红头文件”形式得以推广，使其大规模快速扩散成为可能。非正式介入行为主要有领导考察和批示、公开场合的宣传推广以及评奖评优等多种形式，通过频繁的非正式介入行为，大规模政策动员的舆论空间和互动网络得以形成（杨志，魏姝，2018）。

特色小镇政策省际扩散过程中的部分中央介入行为统计　　表 3

时间	事件	行为类型	介入类型	作用机制
2015.5	中央领导考察	领导考察	非正式	激励
2015.12	中央领导批示	领导批示	非正式	激励
2015.12	中央领导批示	领导批示	非正式	激励
2015.12	中央领导批示	领导批示	非正式	激励
2016.2	发改委新闻发布会	宣传推介	非正式	激励、动员
2016.2	新闻联播（分三个专题报道）	宣传推介	非正式	激励、动员
2016.4	建办村函〔2016〕297 号文	经验学习	非正式	激励、动员
2016.7	建村〔2016〕147 号文	联合发文	正式	压力、激励
2016.1	发改规划〔2016〕2125 号文	发文	正式	压力、激励

续表

时间	事件	行为类型	介入类型	作用机制
2017.12	发改规划〔2017〕2084 号文	联合发文	正式	压力、约束
2018.8	发改办规划〔2018〕1041 号文	发文	正式	压力、约束

资料来源：作者在杨志、魏姝（2018）研究的基础上补充整理形成

自特色小镇政策确立以来，国家领导人、中央政府、相关部委以及主流中央媒体的一系列非正式和正式介入行为（表 3），极大地提升了特色小镇的政策热度。中央领导同志的考察与批示，体现出中央高层领导对特色小镇政策的认可和支持，降低了政策采纳行为的潜在风险和不确定性；国家发改委、住建部和财政部等相关部委的政策供给和经验推介，清晰界定了特色小镇政策的目标指向和技术路线，增强了各地政策采纳的可操作性；主流中央媒体的持续宣传报道，构成了特色小镇政策经验传播的有效载体和全国性沟通网络，增强了特色小镇政策实施效果的显著性（杨志，魏姝，2018）。

笔者认为，从介入类型和作用机制来看，中央政府的介入呈现出一定的阶段性特征。前期主要表现为非正式的激励，中期在非正式激励的基础上增加了动员机制，而在后期中央正式发文之后则从压力和激励转为压力和约束机制。但无论是正式行政指令的强制压力，还是非正式政策动员的激励引导，中央政府的压力控制机制都为特色小镇政策的爆发式扩散过程积蓄了巨大潜能。

（2）地方政府的社会化采纳机制

地方政府是政策创新和政策采纳的主要行动者，其决策动机和行为逻辑在很大程度上塑造着政策扩散过程（杨志，魏姝，2018）。对地方政府行为主要有效率逻辑和合法性逻辑两种理论解释。效率逻辑主要考察地方政府行为的有效性，着眼于竞争和效益最大化原则；合法性逻辑强调的是组织制度环境下，“广为接受的社会事实”对组织行为的影响（周雪光，2003）。受效率机制驱使的采纳决策，建立在对采纳行为的潜在成本收益进行理性分析的基础之上；而受合法性机制控制的采纳决策，则主要取决于采纳行为能否有效消解潜在的制度同形压力和合法性衰减危机（杨志，魏姝，2018）。

合法性采纳机制又称社会化采纳机制，是指采纳者因潜在的规范同形压力服从于全国的或地区的既有标准而做出采纳决策的过程（Weyland.K，2005）。当下，政策创新已成为地方政府的常规行动策略和绩效生产工具，跟进式政策模仿对政治绩效的生产远逊于由效率机制驱动的原创式创新（杨志，魏姝，2018）。笔者认为，对特色小镇的政策创新而言，其政策扩散体现的是地方政府对中央推广的同级政府（浙江省）创新经验的跟进式模仿过程，采纳者通过对既定国家标准的快速遵从和学习，实现的更多是对组织合法性的寻求而非政治绩效的生产。尤其是在 2018 年后中央政府不再力推的情况下，仍要进行特色小镇政策推广的地区，更有可能是社会化采纳机制主导的过程。

回顾特色小镇推行的整个过程，中央政府的及时介入为该项政策奠定了大规模快速扩散的合法性基础，伴生于政策供给的量化任务指标和刚性时间约束则进一步提升了地方政府采纳行为的反应速度和行动效率。当特色小镇政策被越来越多的省份接连采纳，也就意味着其作为一种“标准化”的新型城镇化建设模式而被广泛认可。在这样的大环境下，尚未实现政策采纳的省份面临着渐强的制度同形压力，在社会化采纳机制的作用下而顺势采纳被嵌入的制度环境所认可和支持的做法，从而推动了特色小镇政策的持续扩散（杨志，魏姝，2018）。

5　结语

通过对特色小镇政策发展逻辑的梳理和分析可以看出：源于地方的政策创新在政策扩散的作用下带

给中央政府正面的政策提示，中央政府在采纳地方政策的基础上进行政策的创立和创新，并逐步进行政策的推广，实现从中央到地方的二次政策扩散。其实质是中央政府的压力控制机制下地方政府对创新政策的社会化采纳过程。中央和地方积极互动，共同推动了有关特色小镇政策的形成和扩散。

面对地方政府的政策创新，中央政府一方面作为积极的“学习者”，在科学评估政策创新及其绩效的基础上对其推广价值形成准确判断，积极吸纳和学习地方政策创新的经验；另一方面也是把控全局发展方向的“掌舵人”，在吸纳和借鉴地方政策创新的同时，更要重视负面经验的总结与调整，在全国各地实际情况和区域差异的基础上进行整体统筹，通过自身政策创新对地方政府已有政策进行调整与完善（王佃利，2018）。而随着我国城镇化的进展，区域条件和发展程度的差异在未来将会越来越显著，属地治理的特殊性会更加凸显，地方政府除了能够自上获得制度供给，更需主动寻求解决地方问题的治理之道。

参考文献

[1] Weyland，K.，Theories of Policy Diffusion：Lesson from Latin American Pension Reform，World Politics，2005，57（2）：262–295.

[2] 陈芳．政策扩散、政策转移和政策趋同——基于概念、类型与发生机制的比较[J]. 厦门大学学报（哲学社会科学版），2013（6）：8–16.

[3] 广东省发展改革委．广东省发展改革委关于印发广东省特色小镇创建导则的通知（粤发改区域〔2018〕262号）[R].2018–06–05.

[4] 郭林涛，朱松琳，潘慧琳．特色小镇：小空间承载大战略[J]. 决策探索（上半月），2017（4）：12–17.

[5] 国家发改委．国家发展改革委办公厅关于建立特色小镇和特色小城镇高质量发展机制的通知（发改办规划〔2018〕1041号）[R]. 2018.

[6] 河北省住房和城乡建设厅．河北省特色小镇创建导则[R]. 2016.

[7] 李明超，钱冲．特色小镇发展模式何以成功：浙江经验解读[J]. 中共杭州市委党校学报，2018（1）：31–37.

[8] 李强．特色小镇是浙江创新发展的战略选择[J]. 今日浙江，2016（3）.

[9] 秦笑．特色小镇的发展现状、政策解读及典型案例研究——基于江浙开发与培育多维度融合特色小镇的实践[J]. 对外经贸，2018（6）：85–91.

[10] 王佃利，刘洋．政策学习与特色小镇政策发展——基于政策文本的分析[J]. 新视野，2018（6）：62–68.

[11] 翁建荣．浙江特色小镇建设的重要经验[J]. 浙江经济，2017（10）：25–26.

[12] 杨晓光，赵佩佩，江勇，刘彦．浙江省特色小镇的特色塑造研究——以杭州云谷小镇为例[J]. 小城镇建设，2018，36（8）：113–121.

[13] 杨志，魏姝．政策爆发：非渐进政策扩散模式及其生成逻辑——以特色小镇政策的省际扩散为例[J]. 江苏社会科学，2018（5）：140–149.

[14] 郁建兴，张蔚文，高翔，李学文，邹永华，吴宇哲．浙江省特色小镇建设的基本经验与未来[J]. 浙江社会科学，2017（6）：143–150，154，160.

[15] 云南省人民政府办公厅．云南省人民政府关于加快特色小镇发展的意见（云政发〔2017〕20号）[R]. 2017.

[16] 张祝平，靳晓婷．浙江特色小镇建设经验及对河南的借鉴意义[J]. 河南农业，2018，482（30）：17–20.

[17] 赵桂华．浙江特色小镇的建设经验及启示[N]. 秦皇岛日报，2018–01–29.

[18] 浙江省人民政府．关于加快特色小镇规划建设的指导意见（浙政发〔2015〕8号）[R]. 2015.

[19] 浙江省特色小镇规划建设工作联席会议办公室．浙江省特色小镇创建导则（浙特镇办〔2015〕9号）[R]. 2015.

[20] 周雪光．组织社会学十讲[M]. 北京：社会科学文献出版社．

城市空间治理视角下的保障房专项规划编制探析
——以厦门市实践为例

李佩娟　沈晶晶*

【摘　要】保障房专项规划存在问题主要包括规划时序的前瞻性不够、规划内容的针对性不强、项目策划的合理性不够等。当前空间规划改革进程已经演进到部门要素规划的协同阶段。本文以厦门市 2035 保障性住房专项规划探索为例，分析了厦门市基于整体性的空间规划改革背景下，强化专项要素规划的系统性研究，并围绕保障房专项规划的实施管理，总结了保障房专项规划的编制要点。

【关键词】保障房；空间治理；专项规划；厦门

1　引言

我国的住房保障工作实施已久。自改革开放以来，主要经历了福利分配住房阶段、安居工程与经济适用房并轨阶段、社会保障性住房统筹建设管理阶段等。其中自 2006 年启动的社会保障性住房建设阶段相比之前的各类政策性住房在建设和管理上具有跨越性进步，是住房保障建设的重要转折点。

2006 年建设部等七部委联合出台《关于调整住房供应结构稳定住房价格的意见》、国务院下发《关于解决城市低收入家庭住房困难的若干意见》，首次提出要以住房建设为规划对象、制定和实施住房建设规划，将住房建设规划作为专项规划类型的一种，明确保障房建设规划的编制作为重要内容，通过保障房规划的实施实现住房用地控制，并成为引导和调控房地产市场的有力措施之一。各地积极响应国家号召，相继成立保障性住房建设管理机构、逐步完善保障性住房的配套管理机制，并组织开展了一系列的保障房专项规划编制工作，主要包括《×× 市社会保障性住房发展规划（2007—2010）》《×× 市 2010—2012 年保障性住房建设规划》《×× 市“十二五”住房建设规划》《×× 市社会保障性住房专项规划（2013—2020）》《×× 市社会保障性住房专项规划（2016—2020）》等。这一系列的专项规划对于指导各地保障房建设发挥了重要作用，对于保障性住房的规划编制和建设理念逐步得到优化，例如厦门市通过近 10 年的保障房规划实施，经历了“从保障房到保障房综合体”的转型升级。

随着国家机构改革、各地空间规划改革的深入推进，城市空间的统筹管理和精细化管理需求日渐提高，新的发展形势对保障房规划编制提出了新的要求。同时各地通过多年的保障房建设实施也反映了一些问题，亟待解决。笔者以厦门市保障性住房专项规划的工作实践为例，深入分析面向整体性的城市空间治理要求下，如何开展城市公共要素的专项规划，如何体现专项要素规划的完整性、系统性、科学性，如何设计从蓝图绘制到项目落地全周期的技术路线。以期为国内其他城市的专项规划编制，尤其是保障性

* 李佩娟，厦门市城市规划设计研究院，高工，注册城市规划师。
沈晶晶，厦门市城市规划设计研究院，高工。

住房专项规划的编制，提供有益借鉴。

2 现有保障房规划存在问题

保障房专项规划是政策诱发下的产物，各地对于保障性住房专项规划工作的重要性认识不够，仅视为一项政治任务来应对。保障性住房在规划时序上的前瞻性不够、在规划内容上的针对性不强、在项目策划上的合理性不够，导致系列规划之间缺乏连贯性、系统性，规划编制难以实现有效引导城市发展，难以发挥保障房在提高城市竞争力和吸引力的优势，常常使得规划实施效果与规划目标相偏离。

2.1 规划时序的前瞻性不够

多地普遍认为保障性住房建设是一项政治任务，“保障房建多少？怎么建？”是上级要求，地方只要按照上级文件明确的相关事项遵照执行即可。可以看出，现有保障性住房规划期限往往为短期规划，一般为 3 ～ 5 年，缺乏中长期的规划支撑。

笔者认为，基于我国的城市化发展水平，保障性住房发展已上升为城市发展战略之一，许多城市的保障性住房建设水平已成为城市竞争力重要评价指标。虽然不同阶段上级对于保障性住房发展的具体政策会有局部调整，但是对于住房发展的重大方针、重大方向不会有较大调整。作为规划编制应坚持贯彻的，就是在各阶段的政策变化调整中寻求“不变”的核心，即满足人民群众日益增长的美好生活需求。应该按照中央提出的“一张蓝图绘到底”“一张蓝图干到底”等系列要求，相应制定“保障性住房一张蓝图”，将住房保障工作作为城市发展的重要要素，做好远期谋划，准确判断城市发展的环境和形势变化，以战略眼光审视保障性住房的未来，拉长保障性住房规划的时间维度，与城市总体规划保持一致。

2.2 规划内容的针对性不够

城市规划学科的主要原则之一就是“因地制宜地编制规划”，编制各个层面、各类规划，都应充分结合地方实际特点。但是保障性住房规划虽然有明确的规划任务，但是缺乏明确的规划编制法则。使得各地对于规划编制深度、编制理念、成果构成等方面内容的差异较大，参差不齐。往往是落实应对政治任务，强行套指标、套概念。比如 2011 年，国务院办公厅下发关于保障性安居工程的文件，明确各省、自治区、直辖市人民政府，推进保障性安居工程建设，由于“保障性安居工程”是一个全新概念，文件指出“保障性安居工程”住房体系包括廉租住房、经济适用住房、公共租赁住房、限价商品住房及棚户区改造住房五大类型。其中“城市棚户区”指城市规划区范围内，简易结构房屋较多、建筑密度较大，使用年限久，房屋质量差，建筑安全隐患多，使用功能不完善，配套设施不健全的区域，具体包括城中村、城镇旧住宅区、集中成片棚户区及非集中成片棚户区等。

可以看出，“城市棚户区”的概念较传统北方城市“棚户区”差别较大，内涵过于延展，定义不够精准。实际上，我国部分南部沿海城市行政辖区范围内，含有较少传统意义的棚户区，但是城中村的比例又非常大。造成多地在编制“保障性安居工程专项规划”“棚户区改造专项规划”时，为了满足上级规模的任务安排，随意使用“城中村”的改造数据，按需使用。

2.3 项目策划的合理性不够

保障性住房规划往往是基于政治任务“赶出来”的，使得规划编制任务时间紧、任务重，为了凑规模、赶进度，项目策划均由各区及相关部门提出，规划部门经过空间校核，汇总形成规划项目清单。经常造成建设项目分散、城市配套设施不足、规划实施进度慢。如此的项目策划，无法体现城市空间发展战略，难以引导城市空间有序发展，规划策划项目质量堪忧。随着保障房建设力度的加大，保障房项目策划的好坏成为影响城市发展的重要因素，如何高质量地策划生成保障房项目是城市政府的重要职责。

3　基于城市空间治理、面向规划实施的厦门市保障房专项规划探索实践

3.1　厦门市全域空间规划一张蓝图建构

厦门自2013年以来，按照中央的部署，坚持运用“统筹规划和规划统筹”理念，有序开展了美丽厦门战略规划、“多规合一”一张图、专项规划、详细规划等工作，致力于构建形成统一的空间规划体系。

以战略规划为引领，统筹规划，构建一张蓝图。这“一张蓝图”包括了发展战略蓝图、刚性管控底图、要素系统配置图、审批管理一张图。发展战略蓝图是城市空间发展的顶层规划，是“一张蓝图”的统领，主要是体现国家和区域对城市发展的战略要求，也是城市政府发展的战略蓝图。刚性管控底图则是国家为保护重要空间资源，通过划定“三区三线”等方式，实行空间管制，对应的是国家和城市政府的事权。要素系统配置图是将发展战略蓝图和刚性管控底图的要求落实到部门的专项规划，强化公共资源的系统配置。审批管理一张图则是通过编制单元控规、城市设计等规划，在整合前面三级“图”的基础上，整合形成面向规划部门审批管理使用的“一张图”。

以多规平台为依托，规划统筹，实施一张蓝图。厦门市“多规合一”工作启动之初即开展了“多规合一”业务协同平台的建设，将其作为空间治理的核心管理手段。该平台自2013年6月搭建以来，持续性地结合空间规划体系的改革要求进行功能完善。以平台为依托，相应建立与规划实施体系相匹配的制度体系，建立监测评估预警管理系统。主要包括“五年－年度”规划的实施机制——项目储备机制、项目生成阶段的政策机制、规划强制性内容监测预警机制、“一年一体检、五年一评估”的评估与反馈机制等。

3.2　系统化开展厦门市保障房专项规划研究工作

基于全域空间规划一张蓝图的工作框架，厦门在2018年初，基于“四大板块、八大系统”的空间规划体系，提出近年规划编制计划，强调“系统性”规划编制的理念。明确《厦门市城市总体规划（2017—2035年）》（现已转成“厦门市国土空间总规划（2017—2035年）”）编制同时，同步开展一系列专项规划编制工作。

“住房发展”作为城市开发边界内的基本组成要素，关乎重大民生问题，是促进城市经济社会发展的重要因素。因此对于“住房”要素，制定了系列规划编制计划。从规划对象上，基本覆盖了商品房、保障性住房、安置房、农村建房等各种住房类型，主要包括《厦门市住房发展规划（2017—2035年）》《厦门市保障性住房布局专项规划》《厦门市村庄居民点布局专项规划（2017—2035年）》《厦门市安置房布局专项规划（2018—2035年）》等；从规划全流程看，涵盖了顶层设计、专项规划及年度实施计划，其中先行开展《厦门市住区发展与住房规划专题研究》，重点论证中长期的住房发展战略、发展方向等战略性内容；基于总体的结论判断，再行开展住房专项规划，明确全市的住房规模、供应体系等内容；在全市总量及总体结构基础上，再行开展保障性住房专项工作，细化各区的保障性住房建设规模、分解各类保障性住房建设体系。

与此同时，围绕着住房所关注的人口结构、人口分布等因素，一系列的相关规划也正在编制当中，包括文化、体育、教育、养老等相关专项规划。基于整体性空间规划改革的大背景下，保障房规划坚持“多

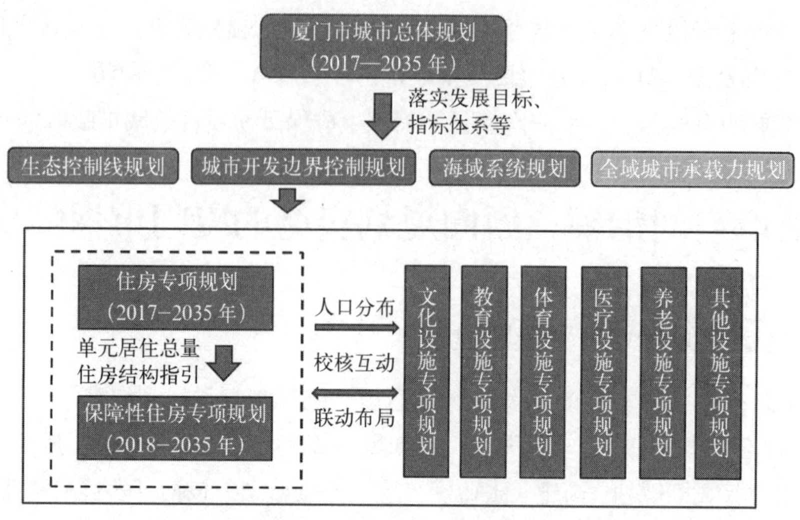

图 1　厦门市全域空间规划一张蓝图体系分析图

规协同”的工作方法，在强化住房体系内部“纵向逻辑”的同时，注重与其他相关专项规划的“横向联系”，加强各类城市要素之间的互动反馈，保证基础数据统一、技术标准统一、规划方案不冲突，实现从“部门专业规划”向“城市要素规划”的转变（图 1）。

因此，保障性住房作为城市公共服务要素之一，它的编制工作不应独立展开。系统化地开展住房研究工作是应对保障房发展变化的重要方法。通过扎实的基础数据统计、系统建构住房专题体系研究，层层递进，环环相扣，保证了规划编制的前瞻性、综合性、科学性及合理性。

3.3　厦门市保障房专项规划的关键要点

3.3.1　*差异化的发展布局*

基于问题、目标双导向，以保障房建设落实城市发展战略，促进城市空间的优化发展。作为城市空间的基础单元、重要组成要素之一，一方面，城市空间发展的格局势必影响保障性住房的空间布局，引导保障性住房项目的空间区位及具体布局；另一方面，在规模化建设保障房的背景下，保障性住房布局将在很大程度上影响着城市空间发展的形态和空间发展方向。因此，保障房的规划建设应既促进城市经济社会的全面发展，又能一定程度地解决、消化城市空间发展面临的实际问题（图 2）。

当前，厦门正面临岛内外跨海湾“摊大饼”向“多中心”城市结构的艰难转型，解决因城市规模增长而导致的交通等压力、实现空间结构优化并谋取“空间绩效”，是厦门市城市空间发展最根本、最紧迫的问题。保障房规划回归到人的需求，基于各区的发展战略、用地条件及保障房基础分析，结合岛内外差异化的人口发展趋势，提出差异化的保障房布局理念。厦门市未来基本可形成三大圈层的人口布局。首先“核心圈层”是本岛，突出存量规划，总量平衡，人口增量来源于人口结构的调整，人口发展趋势是低端人口导出、高端人口导入。因此对于本岛的保障房规模占比较小，保障房类型以公租房的套型住房为主；其次“次级圈层”是指集美区、海沧区，突出精准增量规划，符合产业政策的相应人口导入。

图 2　保障性住房与城市空间发展互动分析图

因此对于这两个区的保障房规划占比以新增城市人口为基数测算，保障房类型以保障性商品房、保障性租赁房为主；其次“外部圈层”是指同安区、翔安区，突出规模增量规划，鼓励各类人群导入。对于该区的保障房规模占比最高，考虑到翔安区的产业园区较多，保障房类型以公租房公寓为主。

3.3.2　有序化的时空传导

（1）时间传导

厦门市保障性住房专项规划制定了“远期——近期——年度”的时间传导路径。中长期规划，充分对接落实 2035 版城市总体规划的城市发展目标、定位及战略等内容。加强国内外对标城市的案例总结，通过住房目标变迁、住房规模、住房结构等指标的对比分析，分析得出厦门至 2035 年保障性住房的发展目标、发展方向，描绘形成“保障房规划的理想蓝图”；近期规划，重点加强 2025 年内的建设项目的可行性，重点梳理用地条件，细化规划指标，参照年度空间实施规划的深度形成近期保障房项目库，纳入厦门市多规合一项目储备库；在近期规划的基础上，梳理 2019 年度、2020 年度保障性住房建设项目，分别纳入《厦门市 2019 年年度空间实施规划》《厦门市 2020 年年度空间实施规划》。

（2）空间传导

基于统一空间规划体系的架构，运用保障房专项要素布局理念，依托“全市层面——分区层面——管控单元”城市空间传导路径，进行空间布局规划。保证“目标指标化——指标空间化——空间法定化”的逻辑自洽性。

首先，全市层面提出保障性住房的总体控制指标，包括“保障性住房覆盖率”“轨道 /BRT 站点 1000m 范围内人才与保障性住房套数”等指标，空间上侧重与城市空间融合发展，对接城市空间结构，即坚持以保障房建设促进 “一核、两湾、多中心”，坚持“控制岛内、拓展岛外”的发展思路。其次分区层面，明晰分区发展目标、战略、规模指标等，对接各区的人口规模、人口结构，细化各区的住房规模、住房结构，明晰各区的保障房建设规模、用地规模及保障性住房供应结构。最后管控单元层面，结合主导功能，明确具体项目的服务对象、地块选址边界及相关建设技术指标，为下一步建设项目的详细设计提供依据（图 3）。

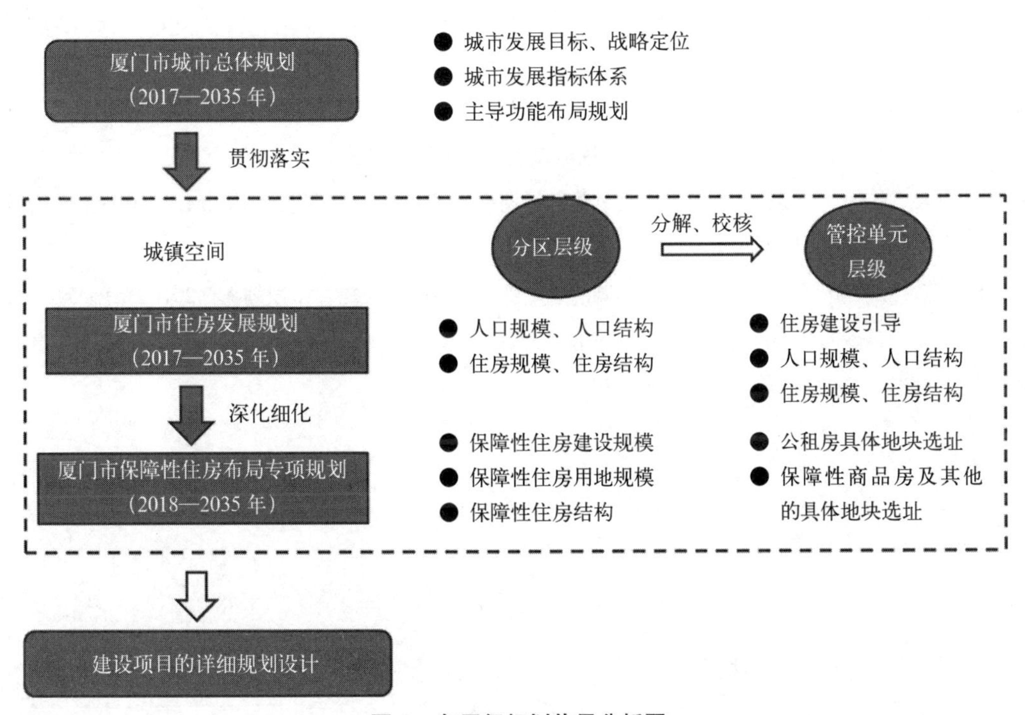

图 3　各层级规划传导分析图

3.3.3 多样化的土地供应

基于存量时代的大背景，本次规划提出“提高增量、挖掘存量”多渠道供应土地，多样化供给住房的供应理念。关于“提高增量”，主要包括新供应国有建设用地（未来新供应用地占比势必减少）、招拍挂商品房用地配建、利用公共设施上盖及周边用地配套，结合轨道站点综合开发的相关交通设施用地、公交场站设施用地等方式。

关于“挖掘存量”，主要包括利用城市更新项目配建、利用旧工业区改造、利用棚户区与城中村改造、鼓励社会单位自有存量用地建设、利用征地返还用地、已批未建的居住用地或商住混合用地建设、租购社会存量住房、利用企业自有商业、宿舍等改造为租赁型保障房等方式。

3.3.4 信息化的平台支撑

本次规划面向实施管理，规划成果内容包括制定“厦门市保障性住房 2035 年专项规划”专题图层，并提交至“厦门市多规合一业务协同平台”，纳入“一张蓝图”实施统一管理。该图层的主要内容是规划建设项目的相关信息，包括四至边界、项目名称、建设规模、住房类型等;该图层的管理主体是市保障办，主要承担专项规划、具体建设项目等内容的动态更新监测；该图层的运维主体依托市多规办，按照“厦门市多规合一业务协同平台运行规则”具体实施。

保障性住房专项规划通过制定专题图层，并提交到全市统一的多规平台上，既促进了部门规划信息的公开化、共享化，也维护了部门规划的严肃性。下一步无论是规划编制或项目通过平台检测，一旦发现与保障房规划存在冲突的情况，必须提请保障办的协调、认可。

4 总结

随着城市空间规划改革的深入推进，城市空间的统筹管理和精细化管理需求日渐提高，部门专项规划要逐步向城市要素规划转变。因此专项规划的编制在延续原有专业核心内容之外，还要加强要素系统性研究，围绕空间治理尺度、时间传导进度、信息化平台支撑等方面做出创新突破。各地可以结合各自的多规合一工作基础，因地制宜地制定要素系统配置图。

参考文献

[1] 张兵．国家空间治理与空间规划 [M]．北京：中国建筑工业出版社，2018．

[2] 李佩娟，蔡莉丽．基于“多规合一”的专项规划编制协调机制研究——以厦门市为例 [M]//2016 年中国城市规划年会论文集．北京：中国建筑工业出版社，2017．

[3] 何子张，蔡莉丽，王秋颖．基于“降成本”的厦门规划供给体系改革策略 [J]．规划师，2016（6）：50-56．

[4] 李佩娟，蔡莉丽．从保障房到保障房综合体——厦门近 10 年保障房规划实施历程浅析 [M]//2015 年中国城市规划实施年会论文集．北京：中国建筑工业出版社，2016．